计算机科学典范教材

数据挖掘原理

（第 4 版）

[英] 麦克斯·布拉默(Max Bramer)　著

李晓峰　逢金辉　　　　　译

清华大学出版社

北　京

北京市版权局著作权合同登记号　图字：01-2021-6095

Principles of Data Mining (4th Edition) by Max Bramer

Copyright © Springer-Verlag London Ltd., part of Springer Nature, 2020

All Rights Reserved.

图书在版编目(CIP)数据

数据挖掘原理：第4版 / (英) 麦克斯·布拉默(Max Bramer) 著；李晓峰，逄金辉译. —北京：清华大学出版社，2021.12

书名原文：Principles of Data Mining, Fourth Edition

计算机科学典范教材

ISBN 978-7-302-59649-3

Ⅰ. ①数… Ⅱ. ①麦… ②李… ③逄… Ⅲ. ①数据采集—教材 Ⅳ. ①TP274

中国版本图书馆 CIP 数据核字(2021)第 257145 号

责任编辑：王　军
装帧设计：孔祥峰
责任校对：成凤进
责任印制：沈　露

出版发行：清华大学出版社
　　　　　网　　　址：http://www.tup.com.cn，http://www.wqbook.com
　　　　　地　　　址：北京清华大学学研大厦 A 座　　　邮　　编：100084
　　　　　社 总 机：010-62770175　　　　　　　　　邮　　购：010-62786544
　　　　　投稿与读者服务：010-62776969，c-service@tup.tsinghua.edu.cn
　　　　　质 量 反 馈：010-62772015，zhiliang@tup.tsinghua.edu.cn
印 装 者：天津鑫丰华印务有限公司
经　　销：全国新华书店
开　　本：170mm×240mm　　　印　　张：29.75　　　字　　数：570 千字
版　　次：2022 年 1 月第 1 版　　　印　　次：2022 年 1 月第 1 次印刷
定　　价：118.00 元

产品编号：089795-01

译 者 序

数据挖掘，又称为资料探勘、数据采矿。它是数据库知识发现(Knowledge-Discovery in Databases，KDD)中的一个步骤。数据挖掘一般指从大量的数据中自动搜索隐藏于其中的有着特殊关系(属于Association rule learning)的信息的过程。数据挖掘通常与计算机科学有关，并通过统计、在线分析处理、情报检索、机器学习、专家系统(依靠过去的经验法则)和模式识别等诸多方法来实现上述目标。

知识发现过程由以下三个阶段组成：①数据准备，是从相关的数据源中选取所需的数据并整合成用于数据挖掘的数据集；②数据挖掘，是用某种方法将数据集所含的规律找出来；③结果表达和解释，是尽可能以用户可理解的方式(如可视化)将找出的规律表示出来。数据挖掘的任务有关联分析、聚类分析、分类分析、异常分析、特异群组分析和演变分析等。

本书的重点是介绍基本技术，而不是展示当今最新的数据挖掘技术。一旦掌握了基本技术，就可通过多种渠道了解该领域的最新进展。本书共23章，分别介绍了概述、用于挖掘的数据、朴素贝叶斯和最近邻算法、使用决策树进行分类、决策树归纳、估计分类器的预测精度、连续属性、避免决策树的过度拟合、关于熵的更多信息、归纳分类的模块化规则、度量分类器的性能、处理大量数据、集成分类、比较分类器、关联规则挖掘、聚类、文本挖掘、分类流数据、神经网络。

本书涉及大量数据集、属性和值，也涉及不少数学公式，字母繁多，格式复杂。为便于检查对所学知识的掌握情况，每章都包含自我评估练习。所以本书末尾还有5个附录，分别介绍了基本数学知识、数据集、更多信息来源、词汇表和符号、自我评估练习题答案。

本书面向计算机科学、商业研究、市场营销、人工智能、生物信息学和法医学专业的学生，可用作本科生或硕士研究生的入门教材。同时，对于那些希望进一步提高自身能力的技术或管理人员来说，本书也是极佳的自学书籍。

　　在这里要感谢清华大学出版社的编辑，他们为本书的翻译投入了巨大的热情并付出了很多心血。没有他们的帮助和鼓励，本书不可能顺利付梓。

　　对于这本经典之作，译者在翻译的过程中虽力求"信、达、雅"，但由于水平有限，失误在所难免，如有任何意见和建议，请不吝指正。

译　者

前　言

　　本书面向计算机科学、商业研究、市场营销、人工智能、生物信息学和法医学专业的学生，可用作本科生或硕士研究生的入门教材。同时，对于那些希望进一步提高自身能力的技术或管理人员来说，本书也是极佳的自学书籍。本书所涉及的内容远超一般的数据挖掘入门书籍。与许多其他书籍不同的是，在学习本书的过程中你不需要拥有太多的数学知识即可理解其中的相关内容。

　　数学是一种可以表达复杂思想的语言。遗憾的是，99％的人都无法很好地掌握这门语言；很多人很早就开始在学校学习一些基础知识，但学习过程往往充满曲折。作者以前是一位数学家，他现在喜欢在任何可能的情况下用简单的英语交流，并相信好例子胜过一百个数学符号。

　　本书涉及数学公式较少，将重点介绍相关概念。但是，完全不使用数学符号是不可能的。附录 A 给出开始学习本书需要掌握的所有内容。对于那些在学校学习数学的人来说，这些内容应该是非常熟悉的。掌握这些内容后，其他内容就较好理解了。如果觉得某些数学符号难以理解，通常可放心地忽略它们，只需要关注结果和给出的详细示例即可。而对于那些希望更深入理解数据挖掘的数学基础知识的人来说，可参考附录 C 中列出的内容。

　　过去，没有一本关于数据挖掘的入门书可使你具备该领域的研究水平——但现在，这样的日子已经过去了。本书的重点是介绍基本技术，而不是展示当今最新的数据挖掘技术，因为大多数情况下，当拿到一本书时，书中介绍的技术可能已被其他更新的技术取代了。一旦掌握了基本技术，你可通过多种渠道了解该领域的最新进展。附录 C 列出一些常用资源，而其他附录包括有关本书示例中使用的主要数据集的信息，供你在自己的项目中使用。此外附录 D 包括技术术语表。

　　为便于检查对所学知识的掌握情况，每章都包含自我评估练习。参考答案见附录 E。

　　封底二维码列出全书各章正文中引用的参考文献。读者在阅读正文时，会不时看到引用；引用的形式为[*]，其中*为数字编号。遇到此类引用时，读者可扫描封底二维码中的参考文献，查阅相关信息。

第 4 版的注意事项

自第 1 版以来，可用于数据挖掘的数据量大幅增加。根据 IBM 于 2016 年所做的统计，每天从各种传感器、移动设备、在线交易和社交网络生成的数据量高达 2.5YB，仅过去两年就创建了世界上 90%的数据。今天，世界上可用的医疗保健数据量估计超过 2 万亿兆字节。为了反映"深度学习"的日益普及，本书新增了最后一章，其中详细介绍了最重要的神经网络类型之一，并展示了如何将其应用于分类任务。

致谢

首先感谢我的女儿 Bryony，她帮助我绘制了许多复杂的图表并提出设计建议。其次感谢 Frederic Stahl 博士，他就第 21 章和第 22 章给出了许多宝贵建议。最后要感谢我的妻子 Dawn，她对本书初稿给出了相当宝贵的意见。不过，最终版本中的任何错误仍然由我负责。

UTiCS

"计算机科学本科生主题"(UTiCS)为计算机和信息科学所有领域的本科生提供高质量的教学内容。UTiCS 书籍采取了新颖、简洁和现代方法，囊括从核心基础和理论材料到最后一年的主题和应用，是自学或一两个学期课程的理想选择。本书由该领域内的知名专家撰写，并由国际顾问委员会审查，包含许多例子和问题，其中许多包括完全有效的解决方案。

目　　录

第**1**章

数据挖掘简介

1.1 数据爆炸

现代计算机系统以令人难以置信的速度从各种来源收集数据。从街头的 POS 机到用于支票结算、现金提取和信用卡交易的机器，再到太空中的地球观测卫星，都在不断地从社交媒体和互联网上收集大量信息。

下面列举一些数据量(当你读到这篇文章时，有些数据已经大大增加了)。

- 目前美国宇航局的地球观测卫星每天生成 1TB 数据。这比以前所有观测卫星所传送的数据总量还要多。
- 生物学家每年产生大约 1 500GB 的基因序列数据。
- 许多公司都维护着大型客户交易数据仓库。一个较小的数据仓库可能包含超过 1 亿个事务。
- 每天在自动记录设备上记录大量数据(如信用卡交易文件和网络日志，以及 CCTV 记录等的非符号数据)。
- 估计有超过 15 亿个网站，其中一些网站非常庞大。
- Facebook 拥有超过 24 亿用户，每天估计上传 3.5 亿张照片。

随着存储技术的不断发展，无论是商业数据仓库、科研实验室还是其他地方，都越来越多地以较低成本存储大量数据，同时人们逐渐认识到这些数据中可能包含以下知识：对公司的兴衰至关重要的知识，可导致重大科学发现的知识，可更准确地预测天气和自然灾害的知识，可找出致命疾病原因及治愈方法的知识，以及可能关乎生死的知识。然而，这些数据大部分仅被存储——人们很少对这些数据进行更深入的探究。所以准确地说，世界正变得"数据丰富但知识贫乏"。

和所有存储的数据一样，每天超过 100 万条记录的数据流(可能永远持续下去)现在也很常见。

机器学习技术(其中一些已经建立了很长时间)有可能解决一直困扰公司、政府和个人的数据爆炸问题。

1.2　知识发现

"知识发现"(Knowledge Discovery)被定义为"从数据中提取隐含的、先前未知的、潜在可用的信息"。该过程虽然只是数据挖掘的一部分，却是核心部分。

图 1.1 显示了完整的知识发现过程的理想化版本。

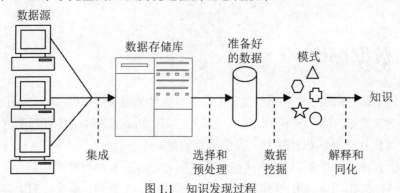

图 1.1　知识发现过程

数据可能有许多来源，被集成并放在一些通用数据存储中。然后将其中一部分数据预处理成标准格式，再将这些"准备好的数据"传递给数据挖掘算法，该算法根据规则或某种其他类型的"模式"生产输出。最后对这些输出进行解释并给出潜在有用的新知识——这就是知识发现的"圣杯"。

通过上面的简述可清楚地看到，数据挖掘算法是知识发现的核心，但并非全部。数据的预处理和结果的解释也非常重要。与其说完成这些任务是一门精确的科学，还不如说是一门艺术。虽然本书也会介绍数据的预处理并解释结果，但重点讨论的是知识发现的数据挖掘阶段涉及的算法。

1.3　数据挖掘的应用

数据挖掘的应用范围越来越广，涉及多个领域，如下所示。

- 分析卫星图像
- 有机化合物分析
- 自动文摘
- 生物信息学
- 信用卡欺诈检测
- 刑事调查
- 客户关系管理
- 电力负荷预测
- 财务预测
- 欺诈检测
- 医疗保健
- 购物篮分析
- 医疗诊断
- 预测电视观众的比例
- 产品设计
- 房地产估价
- 针对性营销
- 文本综述
- 火力发电厂优化
- 毒性危害分析
- 天气预报

此外，还有其他许多应用。潜在的或实际的应用示例包括：

- 超市连锁店挖掘客户交易数据，以更快地找到高价值客户。
- 信用卡公司可使用客户交易数据仓库进行诈骗检测。
- 大型连锁酒店可使用调查数据库识别"高价值"客户的特性。
- 通过提高预测不良贷款的能力预测消费者贷款申请的违约概率。
- 减少 VLSI 芯片的制造缺陷。
- 筛选在半导体制造过程中收集的大量数据，以识别导致问题的条件。
- 预测电视节目的收视率，从而允许管理人员合理安排节目时间，尽量提高收视率并增加广告收入。

- 预测癌症患者对化疗的反应，从而降低医疗费用而不影响护理质量。
- 分析老年人的"动作捕捉"数据。
- 社交网络中的趋势挖掘和可视化。
- 通过分析人脸识别系统的数据，在人群中定位犯罪嫌疑人。
- 分析一系列药物和天然化合物的信息，以确定新抗生素的重要候选药物。
- 分析 MRI 图像以识别可能的脑肿瘤。

应用可分为 4 个主要类型：分类、数值预测、关联规则和聚类。下面简要解释每个类型。但首先需要区分两种类型的数据。

1.4　标签数据和无标签数据

一般情况下，会有一个示例数据集(被称为"实例")，每个实例都包含许多变量的值，这些变量在数据挖掘中通常被称为"属性"。共有两类数据，它们以完全不同的方式处理。

对于第一种类型，通常存在一个专门指定的属性，其目的是使用给定数据为未见实例预测该属性的值。这类数据称为"标签数据"。使用标签数据的数据挖掘称为"监督学习"。如果指定的属性是分类的，即必须取多个不同值中的一个，例如"极好""好""差"，或物体识别应用中的"汽车""自行车""人""公共汽车""出租车"，那么该任务被称为"分类"。如果指定的属性是数字的，例如房屋的预期售价或下一个交易日股票市场的开盘价，那么该任务被称为"回归"。

没有任何特殊属性的数据称为"无标签数据"，而无标签数据的数据挖掘称为"无监督学习"，目的只是从可用数据中提取尽可能多的信息。

1.5　监督学习：分类

分类是数据挖掘最常见的应用之一，对应于日常生活中经常发生的任务。例如，医院可能希望将患者患某种疾病的风险分类为高、中、低三个类别，民意调查公司可能希望将受访者分类为可能投票给某个政党的人或尚未决定的人，或者希望将学生成绩分类为优秀、良好、合格和不合格。

图 1.2 的示例显示了一种典型情况。该例使用一个表格形式的数据集，其中包含 5 个科目的学生成绩(属性 SoftEng、ARIN、HCI、CSA 和 Project 的值)及其整体学位类别(Class)。为简单起见，使用点行表示多行。接下来希望找到一些方法，以

便根据学生成绩档案预测学生的整体学位类别。

SoftEng	ARIN	HCI	CSA	Project	Class
A	B	A	B	B	Second
A	B	B	B	B	Second
B	A	A	B	A	Second
A	A	A	A	B	First
A	A	B	B	A	First
B	A	A	B	B	Second
………	………	………	………	………	………
A	A	B	A	B	First

图 1.2　学位分类数据

可通过多种方法实现上述目标，主要包括：

最近邻匹配。该方法依赖于识别出某种意义上与某个未分类示例"最接近"的 5 个示例。如果 5 个"最近邻"具有等级 Second、First、Second、Second 和 Second，就可以合理地得出结论，新实例应该被归类为 Second。

分类规则。寻找可用于预测未见实例分类的相关规则，例如：

IF SoftEng = A AND Project = A THEN Class = First

IF SoftEng = A AND Project = B AND ARIN = B THEN Class = Second

IF SoftEng = B THEN Class = Second

分类树。生成分类规则的一种方法是使用称为"分类树"或"决策树"的中间树结构。

图 1.3 显示了与学位分类数据对应的决策树。

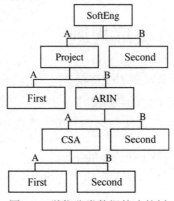

图 1.3　学位分类数据的决策树

1.6　监督学习：数值预测

分类是预测的一种形式，要预测的值是一个标签；而数值预测(通常称为"回归")是另一种预测形式。此时希望预测一个数值，例如公司的利润或股价。

一种实现数值预测的流行方法是使用神经网络，如图 1.4 所示。

这是一种基于人类神经元模型的复杂建模技术，通常向神经网络提供一组输入并用于预测一个或多个输出。

第 23 章将讨论最广泛使用的神经网络类型之一。然而，重点主要是分类而不是数值预测。

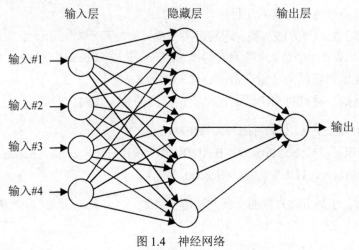

图 1.4　神经网络

1.7　无监督学习：关联规则

有时可能希望使用一个训练集查找变量值之间存在的任何关系(通常以"关联规则"的形式存在)。可从任何给定的数据集中导出许多可能的关联规则。通常会使用一些附加信息说明关联规则，这些信息表明了关联规则的可靠性，如下例：

IF variable_1 ＞ 85 and switch_6 = open
THEN variable_23 ＜ 47.5 and switch_8 = closed (probability = 0.8)

这种应用类型的一种常见形式称为"市场购物篮分析"。如果知道所有顾客在一段时间内(如一周内)购买的商品，就可以找到有助于商店在未来更有效地推销其产品的关系。例如：

IF cheese AND milk THEN bread (probability = 0.7)

上述关联规则表明购买奶酪和牛奶的顾客中有 70%也会购买面包，所以为方便顾客，将面包靠近奶酪和牛奶柜台是非常明智的做法。但如果利润更重要，那么明智的做法是将它们分开，以鼓励顾客购买其他商品。

1.8 无监督学习：聚类

聚类算法检查数据以查找相似的项目集。例如，保险公司可根据收入、年龄、购买的保单类型或先前的索赔经验对客户进行分组。而在故障诊断应用中，可根据某些关键变量的值对电机故障进行分组(见图 1.5)。

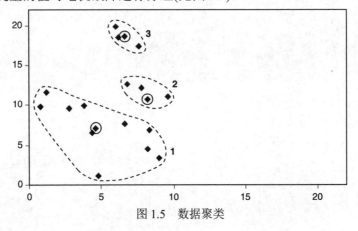

图 1.5 数据聚类

第**2**章

用于挖掘的数据

用于挖掘的数据有多种形式：操作员手动输入的计算机文件、SQL 中的商业信息或其他一些标准数据库格式的信息、由故障记录设备等自动记录的信息以及从卫星发送的二进制数据流。为便于数据挖掘以及帮助读者了解书中介绍的其他内容，假设数据采用 2.1 节介绍的特定标准形式。2.3 节讨论一些准备数据的实际问题。

2.1　标准制定

假设对于任何数据挖掘应用程序，都有一系列感兴趣的对象。这通常指一群人(可能是所有活着或逝世的人，又或是医院的所有病人)，也可能是英格兰的所有狗，或无生命的物体(例如从伦敦到伯明翰的所有火车旅行、月球上的所有岩石或万维网上存储的所有页面)。

对象的范围通常非常大，但我们通常只有很小一部分。通常希望从可用的数据中提取信息，并希望这些信息适用于尚未看到的大量数据。

每个对象由与其属性对应的许多"变量"描述。在数据挖掘中，变量通常被称为"属性"。本书将交替使用"变量"和"属性"这两个术语。

对应于每个对象的变量的值集被称为"记录"或"实例"。为应用程序提供的完整数据组被称为"数据集"。数据集通常被描述为一个表，每行代表一个实例，而每列包含每个实例的一个变量(属性)的值。数据集的典型示例是第 1 章给出的学位数据(见图 2.1)。

SoftEng	ARIN	HCI	CSA	Project	Class
A	B	A	B	B	Second
A	B	B	B	B	Second
B	A	A	B	A	Second
A	A	A	A	B	First
A	A	B	B	A	First
B	A	A	B	B	Second
………	………	………	………	………	………
A	A	B	A	B	First

图 2.1　学位数据集

此数据集是一个"标签数据"示例,其中一个属性被赋予特殊意义,目的是对该值进行预测。在本书中,将为此属性指定标准名称 Class(类别)。当没有这样特殊意义的属性时,可将数据称为"无标签数据"。

2.2　变量的类型

通常,可使用多种类型的变量评估对象的属性。如果不理解各种类型之间的差异,则可能导致数据分析出现问题。至少可划分 6 种主要类型的变量。

名义变量

变量用于将对象分类,例如对象的名称或颜色。名义变量可以是数字形式,但数值没有数学解释。例如,可将 10 个人标记为数字 1~10,但任何使用这些值的算术运算(例如 1 + 2 = 3)都是没有意义的。它们只是标签。可将"类别"视为被赋予特殊意义的名义变量。

二元变量

二元变量是名义变量的一种特殊情况,它只接收两个可能的值之一:true 或 false,1 或 0 等。

序数变量

序数变量类似于名义变量,只不过序数变量具有可按有意义的顺序排列的值,如小、中、大。

整数变量

整数变量是接收真正整数值的变量,如"儿童数量"。与形式上为数字的名义变量不同,使用整数变量的算术运算是有意义的(1 个孩子 + 2 个孩子 = 3 个孩子)。

区间缩放变量

区间缩放变量接收从零点(或原点)开始以相等间隔测量的数值。然而，它的起源并不意味着测量特性的真正缺失。区间缩放变量的两个众所周知的例子是华氏温度和摄氏温度。如果说按摄氏度测量的温度大于另一个温度或某个恒定值(如25℃)，那么这种说法是有意义的。但如果说按摄氏度测量的温度是另一个温度的两倍，则毫无意义。的确，20℃的温度与零值的距离是10℃的两倍，但零值是任意选择的，并不意味着"没有温度"。如果把温度转换成等价的刻度，比如华氏度，"两倍"关系将不再适用。

比例缩放变量

比例缩放变量类似于区间缩放变量，但零点确实反映了被测特性的缺失，例如热力学温度和分子量。在热力学温度中，零值对应于"绝对零度"，因此20开是10开的2倍。10千克的重量是5千克的2倍，100美元的价值是50美元的2倍。

分类和连续属性

虽然在某些情况下，不同类别的变量之间的区别可能很重要，但许多实际数据挖掘系统将属性分为以下两种类型。

- **分类属性**。对应于名义、二元和序数变量。
- **连续属性**。对应于整数、区间缩放和比例缩放变量。

本书将遵循以上惯例。此外，对于许多应用程序，还存在第三类属性，即"忽略"属性。此类属性对应于应用程序中没有意义的变量，例如医院中患者的姓名或实例的序列号，虽然这些属性对于应用程序没有意义，但我们并不希望将其从数据集中删除。

必须根据为特定应用程序存储的变量类型选择适当的方法。本书描述的方法适用于上面定义的分类和连续属性，但不能直接用于某些变量，例如用对数标度测量的变量。对数标度的两个例子包括用于测量地震的里氏震级(6级地震比5级地震大10倍，比4级地震大100倍)，以及地球上观测者观察到的恒星亮度等级。

2.3 数据准备

此处要简要描述"数据准备"，以便为读者学习数据挖掘概念打好基础。

对于许多应用程序，可简单地用2.1节描述的方式从数据库提取数据，或使用标准访问方法(如ODBC)。但对于某些应用程序，最困难的任务可能是将数据转换为可供分析的标准形式。例如，必须从故障记录系统生成的文本输出中提取数据值，或者从证人的访谈记录中提取数据值。完成上述任务需要付出相当大的努力。

数据清理

即使数据采用标准格式，也不能假定它没有错误。在现实世界的数据集中，可能因为各种原因而记录了错误值，包括测量误差、主观判断以及自动记录设备的故障或误用。

错误值可以分为属性的可能值和不可能的值。尽管术语"噪声"的使用方式各不相同，但本书将采用"噪声值"表示对数据集有效但不正确的值。例如，将数字 69.72 意外地输入为 6.972，或将诸如"棕色"的分类属性值意外地记录为"蓝色"值。这种噪声是现实世界数据的永久性问题。

对数据集无效的值会产生一些小问题，例如用 69.7X 表示 6.972 或用 bbrown 表示 brown。我们将这些值视为"无效值"，而不是噪声值。可轻松地检测到无效值，并进行更正或拒绝。

当一个变量的噪声值被"掩埋"在 100 000 个其他值中时，通常很难发现这些值中的"明显"错误。在尝试"清理"数据时，可使用多种软件工具获得帮助；当某些异常值或意外值集比较突出时，这些工具可给出数据的整体视觉效果。即使不使用任何特殊软件，对变量值进行一些非常基本的分析也会有所帮助。简单地将值升序排列(对于相当小的数据集，只需要使用标准电子表格即可完成)，就可能显示意外结果。例如：

- 数值变量可能只取 6 个不同的值，而且所有值都非常分散。此时，最好将此变量视为分类变量而不是连续变量。

- 变量的所有值可能相同。此时该变量应被视为一个"忽略"属性。

- 除一个值之外的所有变量值都相同。此时有必要确定这个不同的值是错误的还是明显不同的值。如果是后一种情况，那么该变量应被视为仅具有两个值的分类属性。

- 可能有一些值超出变量的正常范围。例如，一个连续属性的值都为 200~5 000，但最高的 3 个值 22 654.8、38 597 和 44 625.7 除外。如果是手动输入数据值，那么合理的猜测是这些异常值中的第一个和第三个是由于意外按下第一个数字键两次造成的，而第二个异常值则是遗漏小数点造成的。如果数据是自动记录的，则可能是设备出现故障。虽然情况可能并非如此，但对值进行一些调查是十分必要的。

- 我们可能发现某些值出现异常的次数较多。例如,如果通过填写在线表格分析注册用户的数据,那么可能注意到在"国家"一栏中 10%的人选择了值 Albania。一种可能是该服务对该国居民特别有吸引力;另一种可能是注册的用户未在国家/地区字段的选项中进行选择,从而使用了不是非常明智的默认值;又或者用户不希望提供他们国家/地区的详细信息,随便选择了选项列表中的第一个值。不管是哪种情况,这些用户的其余地址数据似乎也是可疑的。

- 如果分析 2002 年收集的在线调查结果,可能注意到,大部分受访者的年龄记录是 72 岁。这似乎不太可能,特别是对学生进行满意度调查,则更不可能。对此的可能解释是,该调查具有一个"出生日期"字段,其中包含日、月和年的子字段,并且许多受访者没有重写默认值 01(日)、01(月)和 1930(年)。此时,设计不当的程序会将出生日期转换为 72 岁,然后将其存储在数据库中。

此时谨慎一点是很重要的。如果处理上述示例中的异常值,例如 22 654.8、38 597 和 44 625.7,需要格外小心。它们可能是错误的,也可能是"异常值",即与其他值明显不同的真实值。识别异常值及其意义十分关键,在医学和物理学等领域尤其如此,因此需要在认真考虑后丢弃它们或调整回"正常"值。

2.4　缺失值

在现实世界的许多数据集中,不会记录所有属性的数据值。这种情况经常发生,因为存在一些不适用于某些情况的属性(例如,某些医疗数据可能仅对女性患者或超过一定年龄的患者有意义)。此时最好的方法可能是将数据集分为两个(或更多)部分,例如分别处理男性和女性患者。

还可能有应该记录却缺失的属性值,可能的原因如下。

- 用于记录数据的设备出现故障。
- 在收集完一些数据后,向数据收集表格添加了其他字段。
- 无法获得的信息(如住院病人)。

处理缺失值有几种可能的策略,下面介绍两种最常用的策略。

2.4.1　丢弃实例

这是最简单的策略:删除至少有一个缺失值的所有实例,只使用剩余的实例。

这种策略非常保守，具有避免引入任何数据错误的优点，但缺点是可能降低从数据中得到的结果的可靠性。虽然在缺失值比例很小时可尝试使用该策略，但一般不建议这样做。当所有(或大部分)实例都有缺失值时，该策略显然不可用。

2.4.2　用最频繁值/平均值替换

另一种不太谨慎的策略是用数据集中存在的值估计每个缺失值。

对分类属性执行此操作的简单却有效的方法是使用最频繁出现的值。如果属性值不是均匀分布的，那么这么做非常合理。例如，如果属性 X 具有可能的值 a、b和 c，这些值分别以 80%、15%和 5%的比例出现，那么通过值 a 估计属性 X 的任何缺失值似乎是合理的。但如果值更均匀地分布，如 40%、30%和 30%，则该方法的有效性有待考证。

在连续属性的情况下，没有哪个具体数值会连续出现多次。这种情况下，使用的估计值通常是平均值。

当然，通过估计值替换缺失值可能将噪声引入数据，但如果变量的缺失值比例很小，那么对结果产生的影响会非常小。但要重点强调的是，如果变量值对于给定实例或实例集没有意义，那么任何用估计值替换缺失值的尝试都可能导致无效结果。与本书中的许多方法一样，必须慎用"用最频繁值/平均值替换"策略。

还可采用其他处理缺失值的方法(如第 16 章描述的"关联规则")对每个缺失值进行更可靠的估计。然而，一般情况下，对于所有可能的数据集，没有哪种方法比其他所有方法更可靠。而在实践中，除了尝试各种不同的策略，以找到能为手中的数据集提供最佳结果的策略之外，几乎没有其他选择。

2.5　减少属性个数

在一些数据挖掘应用领域，随着存储单价稳步降低，存储容量不断增加，导致每个实例都存储了大量属性，例如关于超市客户三个月内所购买商品的信息或医院中每位病人的详细信息。一些数据集的属性数量可能多达 10 个，甚至 100 个，超出了实际需要。

存储关于每个实例的过多信息可能弄巧成拙(特别是当它避免做出关于哪些信息是真正需要的艰难决定时)。假设有 10 000 条关于每个客户的信息，并希望预测哪些客户会购买新的狗粮品牌。与此相关联的属性数量其实可能很少。在最好的情况下，许多不相关属性会给数据挖掘算法造成不必要的计算开销。而在最糟的情况下，它们可能导致算法给出不准确的结果。

当然，超市、医院和其他数据收集者会说他们不一定知道哪些属性是相关的，或者说日后才能确定哪些是相关的。对他们来说，记录一切信息比丢失重要信息更安全。

虽然更快的处理速度和更大的内存使得处理越来越多的属性成为可能，但从长远看，这无疑是一场失败的斗争。即使不会失败，当属性数量变得越来越多时，始终存在一定风险，即所获得的结果仅表面上看是准确的，但实际上相对于仅使用一小部分属性，使用更多属性更不可靠，即"更多意味着更少"。

在处理数据集前，可使用几种方法减少属性(或"特征")的数量。这个过程通常使用术语"特征约简"(feature reduction)或"降维"(dimension reduction)。这个主题放在第 10 章讨论。

2.6 数据集的 UCI 存储库

大多数公司使用的商业数据集都不能被其他人使用(这一点其实不足为奇)。然而，有许多数据集"库"可随时从万维网免费下载。

其中最著名的是由加州大学维护的数据集"存储库"，常称为"UCI 存储库"[1]。注意，这里的[1]指你可参考本书二维码"参考文献"的"第 2 章"中的第 1 条文献；本书后面的描述方式与此相同，不再赘述。UCI 存储库的 URL 是 https://archive.ics.uci.edu/ml/。UCI 存储库包含超过 350 个主题的数据集，如通过物理方法预测鲍鱼年龄，预测信用风险，根据各种医疗条件对患者进行分类以及从移动机器人的传感器数据中分析概念。一些数据集是完整的，即包括所有可能的实例，但大多数数据集来自更多可能实例的较小样本，包括带有缺失值和噪声的数据集。

UCI 网站还链接到其他数据集和程序的存储库，它们由美国国家空间科学中心、美国人口普查局以及加拿大多伦多大学等组织负责维护。

收集 UCI 存储库中的数据集主要是为使数据挖掘算法能在标准数据集上进行比较。每年都会发布许多新算法，标准做法是使用 UCI 存储库中的一些知名数据集对算法的性能进行比较。其中一些数据集将在本书后面介绍。

标准数据集的可用性对于数据挖掘包的新用户也非常有用，用户可在将数据挖掘包应用于自己的数据集之前，使用带有已发布性能结果的数据集熟悉一下该包。

近年来，建立这样一套广泛使用的标准数据集的潜在弱点已经变得很明显。在绝大多数情况下，UCI 存储库中的数据集在使用本书描述的标准算法处理时都能得到良好的结果。导致糟糕结果的数据集往往与不成功的项目相关联，因此可能不会添加到存储库中。从存储库中选择的数据集获得良好的结果并不能保证方法成功应用于新数据，但是使用这些数据集进行实验是开发新方法的有价值的一步。

最近一个较受欢迎的发展成果是 UCI 知识发现数据库(http://kdd.ics.uci.edu)。其中包含大量复杂的数据集，这对数据挖掘研究界来说是一个挑战。因为随着存储数据集大小的增加，算法规模也会不可避免地增加。

2.7　本章小结

本章首先介绍用于数据挖掘算法的数据输入的标准形式。此后区分不同类型的变量，并考虑数据准备的相关问题，特别是如何处理缺失值和噪声。最后介绍数据集的 UCI 存储库。

2.8　自我评估练习

自我评估练习的参考答案在附录 E 中给出。

1. 标签数据和无标签数据有什么区别？

2. 下面的信息保存在一个雇员数据库中：

Name、Date of Birth、Sex、Weight、Height、Marital Status、Number of Children 中各变量的类型是什么？

3. 给出两种处理缺失值的方法。

第 **3** 章

分类简介：朴素贝叶斯和最近邻算法

3.1 什么是分类

分类是日常生活中经常发生的任务。从本质上讲，分类主要是划分对象，以便将每个对象分配给具有互斥性的类别。术语"互斥性"意味着每个对象必须被精确地分配给一个类别，既不能分配给多个类别，也不能不分配。

许多实际决策任务可被表述为分类问题，即将人或对象分配给多个类别中的一个，例如：

- 可能在超市购买或不购买特定产品的客户；
- 患有某种疾病的高、中或低风险的人；
- 需要区分的学生成绩，比如及格或不及格；
- 雷达显示器上显示的物体，对应于车辆、人、建筑物或树木；
- 与犯罪者非常相似、略有相似或不相似的人；
- 房屋价值可能上涨、下跌或在 12 个月内价值不变；
- 未来 12 个月内发生车祸的高、中、低风险人群；
- 可能为多个政党(或不为任何政党)投票的人；
- 预报第二天下雨的可能性(非常可能、很可能、不太可能、非常不可能)。

第 1 章简要介绍了一个虚构的分类任务，即"学位分类"示例。

本章将介绍两种分类算法：一种算法可在所有属性都是分类属性时使用；另一种算法则在所有属性都连续时使用。后续章节将介绍用于生成分类树和规则的算法。

3.2 朴素贝叶斯分类器

本节将介绍一种不使用规则、决策树或任何其他明确分类器的方法。相反，使用被称为"概率论"的数学分支找到最可能的分类。

"朴素贝叶斯"(Naïve Bayes)分类器中的第一个单词(即 Naïve)的重要性将在后面解释。第二个单词(即 Bayes)指的是牧师托马斯·贝叶斯(1702—1761)，他是英国长老会的牧师和数学家，曾撰写 *Divine Benevolence, or an Attempt to Prove That the Principal End of the Divine Providence and Government is the Happiness of His Creatures*，曾完成关于概率的开创性工作。他被认为是第一位以归纳方式使用概率的数学家。

对概率论的详细讨论超出了本书的讨论范围。简单来讲，概率的数学概念与日常生活中的很多词语的含义非常接近。

"事件"的"概率"，例如下午 6 时 30 分从伦敦开往当地车站的火车准时到达，就是一个从 0 到 1 的数字，0 表示"不可能"，1 表示"确定"。概率为 0.7 意味着如果进行了一系列试验，比如 N 天之内每天记录下午 6 点 30 分火车是否到达，就可以预计火车将在 $0.7 \times N$ 天准时到达。试验时间越长，估计越可靠。

通常我们对一个事件不感兴趣，而对一组可能的概率事件感兴趣。这些事件是互斥的，这意味着必须始终只出现一个事件。

在前面的列车示例中，可定义 4 个相互排斥的事件。

$E1$——火车取消了；

$E2$——火车迟到十分钟或更长时间；

$E3$——火车迟到不到十分钟；

$E4$——火车按时或更早到达。

事件的概率通常用大写字母 P 表示，所以可表示为：

$P(E1) = 0.05$

$P(E2) = 0.1$

$P(E3) = 0.15$

$P(E4) = 0.7$

读作"事件 E1 的概率为 0.05"等。

每个概率都在 0 和 1 之间(包括 0 和 1)，因为它必须符合概率的要求。此外，它们还满足第二个重要条件：4 个概率之和必须为 1，因为其中一个事件必须始终发生。这种情况下：

$$P(E1) + P(E2) + P(E3) + P(E4) = 1$$

通常，一组互斥事件的概率之和必须始终为 1。

一般来说，无法知道事件发生的真实概率。对于前面的列车示例，必须记录列车计划运行的所有可能日期的到达时间，然后计算事件 E1、E2、E3 和 E4 发生的次数并除以总天数，从而得到 4 个事件的概率。在实践中，这样做通常是非常困难或者不可能的，当试验可能会永远持续下去时更是如此。相反，可以保留 100 天"样本"的记录，计算 E1、E2、E3 和 E4 出现的次数，然后除以 100(天数)，从而得出 4 个事件的频率并将其用于估计 4 个概率。

对于本书讨论的分类问题，"事件"是一个具有特定分类的实例。请注意，分类满足"互斥"要求。

每个试验的结果记录在表格的一行中。每行必须只有一个分类。

对于分类任务，常用的术语是调用一个表(数据集)，如图 3.1 中的 train 数据集所示。train 数据集的每一行称为一个"实例"。实例包括多个属性的值和相应的类别。

train 数据集构成了可用于预测其他未分类实例分类的试验样本的结果。

假设 train 数据集包含 20 个实例，每个实例记录 4 个属性的值以及类别。可使用类别 cancelled、very late、late 和 on time 对应于先前描述的事件 E1、E2、E3 和 E4。

应该如何使用概率找到如下所示的未见实例的最可能类别呢？

weekday	winter	high	heavy	????

一种简单(但存在缺点)的方法是查看 train 数据集中每个分类的频率并选择最常见的类别。这种情况下，最常见的分类是 on time，所以可选择该类别。

当然，这种方法的缺点是，所有未见实例都将以相同的方式进行分类，此时即按照 on time 进行分类。这种分类方法不一定是错的：如果 on time 的概率是 0.7 并且猜测每个未见实例都应该按照 on time 进行分类，那么可以预期大约 70%的情况下是正确的。然而，这样做的前提是尽可能进行正确预测，这需要更复杂的方法。

day	season	wind	rain	Class(类别)
weekday	spring	none	none	on time
weekday	winter	none	slight	on time
weekday	winter	none	slight	on time
weekday	winter	high	heavy	late
saturday	summer	normal	none	on time
weekday	autumn	normal	none	very late
holiday	summer	high	slight	on time
sunday	summer	normal	none	on time
weekday	winter	high	heavy	very late
weekday	summer	none	slight	on time
saturday	spring	high	heavy	cancelled
weekday	summer	high	slight	on time
saturday	winter	normal	none	late
weekday	summer	high	none	on time
weekday	winter	normal	heavy	very late
saturday	autumn	high	slight	on time
weekday	autumn	none	heavy	on time
holiday	spring	normal	slight	on time
weekday	spring	normal	none	on time
weekday	spring	normal	slight	on time

图 3.1 train 数据集

train 数据集中的实例不仅记录了类别，还记录了 4 个属性的值：day、season、wind 和 rain。据推测，这些值之所以被记录是因为我们认为它们在某种程度上会影响结果(真实情况可能并不一定是这样，但出于本章的需要，假设推测是真的)。为有效地使用由属性值表示的附加信息，首先需要引入"条件概率"的概念。

使用 train 数据集中 on time 的频率除以实例的总数可以得到列车准时到达的概率(也称为"先验概率")。此时，P(class = on time) = 14/20 = 0.7。如果没有其他信息，这就是能做的最好事情。但如果有其他(相关)信息，则情况就不同了。

如果知道季节是冬天，那么火车准时到达的概率是多少呢？首先可使用 class = on time 和 season = winter(在同一实例中)计算次数，然后除以季节为冬季的次数，即 2/6 ≈0.33。这远小于 0.7 的先验概率，并且看起来直观合理，因为火车在冬季不太可能准时到达。

如果知道某个属性具有特定值(或多个变量具有特定值)，则发生事件的概率被称为事件发生的"条件概率"，写为如下形式。

P(class = on time | season = winter)

　　式子中的竖线可被理解为"给定",因此整个术语可被解读为"给定季节是 winter 时 on time 的出现概率"。

　　P(class = on time | season = winter) 也称为 "后验概率"。在获得季节为冬季的信息后,可计算类别的概率。相比之下,先验概率是在任何其他信息可用之前估计的概率。

　　为计算先前给出的"未见"实例的最可能分类,可以先计算如下概率:

$$P(\text{class} = \text{on time} \quad | \quad \text{day} = \text{weekday and season} = \text{winter}$$
$$\text{and wind} = \text{high and rain} = \text{heavy})$$

　　并对其他 3 种可能的分类做同样的事情。但在 train 数据集中只有两个带有属性值组合的实例,并且基于这些概率的任何估计都不太可能有用。

　　为获得对 4 种分类的可靠估计,需要一种更间接的方法。可首先使用基于单个属性的条件概率。

　　对于 train 数据集:

P(class = on time | rain = heavy) = 1/5 = 0.2

P(class = late | rain = heavy) = 1/5 = 0.2

P(class = very late | rain = heavy) = 2/5 = 0.4

P(class = cancelled | rain = heavy) = 1/5 = 0.2

　　其中第三个具有最大值,因此可以得出结论,最可能的分类是 very late,与之前使用先验概率的结果不同。

　　也可以用属性 day、rain 和 wind 执行类似的计算。这可能导致其他分类具有最大值。哪种分类最合理呢?

　　朴素贝叶斯算法为我们提供了一种在单个公式中组合先验概率和条件概率的方法,可使用它依次计算每个可能分类的概率。完成此操作后,选择具有最大值的分类。

　　顺便说一下,名字 Naïve Bayes 的第一个单词指的是该方法的假设,即一个属性的值对给定分类的概率的影响与其他属性的值无关。但在实践中,情况可能并非如此。尽管存在这种理论上的弱点,但朴素贝叶斯方法在实际应用中通常会得到良好结果。

　　该方法使用了条件概率,但走的路却与前面不同(这似乎是一种奇怪的方法,但通过以下方法证明是正确的,该方法基于众所周知的贝叶斯规则得出的数学结果)。

　　此时使用的是给定 class 为 very late 时 season 为 winter 的条件概率[即 P(season =

winter | class = very late)]，而不是使用给定 season 为 winter 时 class 为 very late 的概率[P(class = very late | season = winter)]。使用在同一个实例中出现 season = winter 且 class = very late 的次数除以 class = very late 的实例数，就可以得到条件概率。

以类似的方式，可计算其他条件概率，例如 P(rain = none | class = very late)。

对于 train 数据，可将所有条件概率和先验概率制成表格，如图 3.2 所示。

	class = on time	class = late	class = very late	class = cancelled
day = weekday	**9/14 = 0.64**	**1/2 = 0.5**	**3/3 = 1**	**0/1 = 0**
day = saturday	2/14 = 0.14	1/2 = 0.5	0/3 = 0	1/1 = 1
day = sunday	1/14 = 0.07	0/2 = 0	0/3 = 0	0/1 = 0
day = holiday	2/14 = 0.14	0/2 = 0	0/3 = 0	0/1 = 0
season = spring	4/14 = 0.29	0/2 = 0	0/3 = 0	1/1 = 1
season = summer	6/14 = 0.43	0/2 = 0	0/3 = 0	0/1 = 0
season = autumn	2/14 = 0.14	0/2 = 0	1/3 = 0.33	0/1 = 0
season = winter	**2/14 = 0.14**	**2/2 = 1**	**2/3 = 0.67**	**0/1 = 0**
wind = none	5/14 = 0.36	0/2 = 0	0/3 = 0	0/1 = 0
wind = high	**4/14 = 0.29**	**1/2 = 0.5**	**1/3 = 0.33**	**1/1 = 1**
wind = normal	5/14 = 0.36	1/2 = 0.5	2/3 = 0.67	0/1 = 0
rain = none	5/14 = 0.36	1/2 =0.5	1/3 = 0.33	0/1 = 0
rain = slight	8/14 = 0.57	0/2 = 0	0/3 = 0	0/1 = 0
rain = heavy	**1/14 = 0.07**	**1/2 = 0.5**	**2/3 = 0.67**	**1/1 = 1**
Prior Probability	**14/20 = 0.70**	**2/20 = 0.10**	**3/20 = 0.15**	**1/20 = 0.05**

图 3.2　条件概率和先验概率：train 数据集

例如，条件概率 P(day = weekday | class = on time)是 train 数据集中 day = weekday 且 class = on time 的实例数除以 class = on time 的实例数的结果。这些数字可分别从图 3.1 中计算为 9 和 14。所以条件概率是 9/14 ≈ 0.64。

class = very late 的先验概率是图 3.1 中 class = very late 的实例数除以实例总数，即 3/20 = 0.15。

现在可使用这些值计算我们真正感兴趣的概率。这些概率是针对指定实例发生的每种可能分类的后验概率，即所有属性的已知值。可使用图 3.3 给出的方法计算这些后验概率。

图 3.3 中的公式将 c_i 的先验概率与 n 个可能的条件概率的值相结合，包括对单个属性值的测试。

朴素贝叶斯分类

给定一组 k 个互斥的分类 $c_1, c_2, ..., c_k$，每个分类的先验概率为 $P(c_1), P(c_2), ..., P(c_k)$，以及 n 个属性 $a_1, a_2, ... , a_n$（针对给定实例值分别为 $v_1, v_2, ... , v_n$）。对于指定实例，类 c_i 的后验概率可显示为与 $P(c_i) \times P(a_1 = v_1, a_2 = v_2, ... , a_n = v_n \mid c_i)$ 成正比。

假设属性是独立的，可用下面所示的乘积计算该表达式的值。

$$P(c_i) \times P(a_1 = v_1 \mid c_i) \times P(a_2 = v_2 \mid c_i) \times ... \times P(a_n = v_n \mid c_i)$$

可针对 i 从 1 到 k 的每个值计算该乘积，并选择具有最大值的类别。

图 3.3   朴素贝叶斯分类算法

通常可写成 $P(c_i) \times \prod\limits_{j=1}^{n} P(a_j = v_j \mid \text{class} = c_i)$

请注意上述公式中的希腊字母 $\prod$（发音为 pi）并非数学常数，它表示 n 个值 $P(a_1 = v_1 \mid c_i)$、$P(a_2 = v_2 \mid c_i)$ 的乘积。

$\prod$ 是 pi 的大写形式，小写形式是 π。

当使用朴素贝叶斯方法对一系列未见实例进行分类时，最有效的方式是计算所有先验概率以及包含某一属性的所有条件概率。虽然并非所有这些都需要用于对任何特定实例进行分类。

依次使用图 3.2 的每列中的值，可获得针对未见实例的每种可能分类的后验概率。

weekday	winter	high	heavy	????

class = on time

$0.70 \times 0.64 \times 0.14 \times 0.29 \times 0.07 \approx 0.0013$

class = late

$0.10 \times 0.50 \times 1.00 \times 0.50 \times 0.50 = 0.0125$

class = very late

$0.15 \times 1.00 \times 0.67 \times 0.33 \times 0.67 \approx 0.0222$

class = cancelled

$0.05 \times 0.00 \times 0.00 \times 1.00 \times 1.00 = 0.0000$

最大值用于 class = very late。

注意，所计算的 4 个值本身并不是概率，因为它们的总和不为 1。这也是图 3.3 中使用"后验概率可显示为与……成正比"的原因。只需要将每个值除以所有 4 个值的总和，就可以将每个值"标准化"为有效的后验概率。但实际上，我们只对找到最大值感兴趣，因此不需要完成此标准化步骤。

朴素贝叶斯方法非常受欢迎，通常效果很好，但也存在许多潜在的问题，最明显的问题是它要求所有属性都是分类的。实际上，许多数据集都组合使用分类和连续属性，甚至只有连续属性。通过使用第 8 章描述的方法或其他方法可将连续属性转换为分类属性，从而克服此问题。

第二个问题是，如果具有给定属性/值组合的实例数量很少，那么通过相对频率计算概率可能给出较差的估计。在极端情况下(实例的数量为零)，后验概率将不可避免地计算为零。在上例中，这种情况就发生在 class = cancelled 时。通过使用更复杂的公式估计概率可克服这个问题，但这里不再进一步讨论。

3.3 最近邻分类

最近邻分类主要用于所有属性值都连续的情形，但也可对它们进行修改以便按分类属性处理。

主要思想是通过使用与之最接近的实例分类估计未见实例的分类。

假设有一个只有两个实例的训练集，如下所示：

a	b	c	d	e	f	类别
yes	no	no	6.4	8.3	low	negative
yes	yes	yes	18.2	4.7	high	positive

共有 6 个属性值，其后紧跟着类别(negative 或 positive)。

接下来给出第三个实例：

yes	no	no	6.6	8.0	low	????

此时的类别应该是什么呢？

即使不知道 6 个属性代表什么，但从直观上看，相对于第二个实例，未见实例显然更接近第一个实例。在没有任何其他信息的情况下，可使用第一个实例合理地预测其分类，即 negative。

在实践中，训练集中可能有更多实例，但都遵循同样的原则。通常根据 k(其中 k 是诸如 3 或 5 的小整数)个最近邻进行分类，而不仅是一个最近邻。因此，将该方法称为 k 最近邻或 k 最近邻分类(见图 3.4)。

基本的 k 最近邻分类算法
- 找到最接近未见实例的 k 个训练实例。
- 对这 k 个训练实例进行最常见的分类。

图 3.4　基本的 k 最近邻分类算法

当维度(即属性数量)很小时，可用图解说明 k 最近邻分类。下例说明了维度为 2 时的情况。但在实际的数据挖掘应用程序中，维度当然会大得多。

图 3.5 显示一个包含 20 个实例的训练集，每个实例给出两个属性的值以及相关的类别。

Attribute 1	Attribute 2	Class
0.8	6.3	−
1.4	8.1	−
2.1	7.4	−
2.6	14.3	+
6.8	12.6	−
8.8	9.8	+
9.2	11.6	−
10.8	9.6	+
11.8	9.9	+
12.4	6.5	+
12.8	1.1	−
14.0	19.9	−
14.2	18.5	−
15.6	17.4	−
15.8	12.2	−
16.6	6.7	+
17.4	4.5	+
18.2	6.9	+
19.0	3.4	−
19.6	11.1	+

图 3.5　k 最近邻示例的训练集

当第一个和第二个属性分别为 9.1 和 11.0 时，如何估计"未见"实例的类别呢？

对于少量属性，可将训练集表示为二维图上的 20 个点，其中第一个和第二个属性的值分别沿水平轴和垂直轴测量。每个点都标有+或-符号，分别表示类别为+或-。结果如图 3.6 所示。

接下来添加一个圆圈以包含未见实例的 5 个最近邻，这些近邻显示为靠近较大实例中心的小圆圈。

5 个最近邻中有 3 个标有符号+，2 个标有符号-，因此基本的 5-NN 分类器会通过多数表决形式将未见实例分类为"positive(+)"。当然会有其他可能性，例如，可对 k 个最近邻中的每一个"表决"进行加权，使得更近邻分类被赋予比稍远邻分类更大的权重。在此不做这一要求。

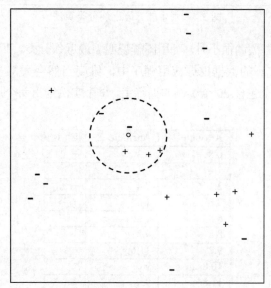

图 3.6   图 3.5 中训练数据的二维表示形式

可将二维(常用术语是"二维空间")中的两个点表示为 (a_1, a_2) 和 (b_1, b_2)，并将它们可视化为平面中的点。

当有 3 个属性时，可通过 (a_1, a_2, a_3) 和 (b_1, b_2, b_3) 表示点，并将它们视为具有 3 个坐标轴的空间中的点。但随着维度(属性)数量的增加，很快就无法将它们可视化，至少对于那些不是物理学家的普通人而言是这样的。

当存在 n 个属性时，可通过"n 维空间"中的点 $(a_1, a_2, ..., a_n)$ 和 $(b_1, b_2, ..., b_n)$ 表示实例。

3.3.1　距离测量

可使用多种可能的方法测量具有 n 个属性值的两个实例之间或者 n 维空间中两个点之间的距离。通常使用的任何距离测量都必须满足三点要求。可使用符号 $\mathrm{dist}(X, Y)$ 表示两个点 X 和 Y 之间的距离。

(1) 任何点 A 与其自身的距离为零，即 $\mathrm{dist}(A, A) = 0$。

(2) 从 A 到 B 的距离与从 B 到 A 的距离相同，即 $\mathrm{dist}(A, B) = \mathrm{dist}(B, A)$(对称条件)。

(3) 第三点要求称为"三角不等式"(见图 3.7)。它符合"任意两点之间的最短距离是直线"的直观思想。因此，第三点要求是：对于任何点 A、B 和 Z，dist$(A, B) \leqslant$ dist$(A, Z) +$ dist(Z, B)。

像前面一样，最简单的方法是在二维空间中将其可视化。

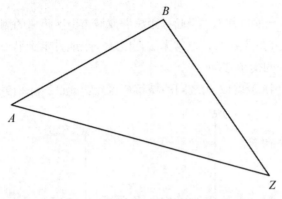

图 3.7　三角不等式

如果 Z 与 A 或 B 重合，或在它们之间的直线路径上，会出现相等的情况。

虽然存在许多可能的距离测量方法，但最受欢迎的几乎肯定是"欧几里得距离"(又称"欧氏距离")，如图 3.8 所示。该测量方法以希腊数学家欧几里得命名。他生活在公元前 300 年左右，被誉为几何学的创始人。图 3.8 展示了假设的距离测量方法。

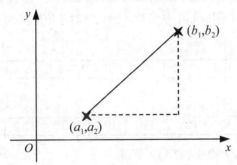

图 3.8　欧几里得距离的示例

首先在二维空间中说明欧几里得距离的公式。如果用(a_1, a_2)表示训练集中的实例，用(b_1, b_2)表示未见实例，那么按照毕达哥拉斯定理，连接点的直线长度是：

$$\sqrt{(a_1 - b_1)^2 + (a_2 - b_2)^2}$$

如果在三维空间中有两个点(a_1, a_2, a_3)和(b_1, b_2, b_3)，则相应公式为：

$$\sqrt{(a_1 - b_1)^2 + (a_2 - b_2)^2 + (a_3 - b_3)^2}$$

n 维空间中的点$(a_1, a_2, ..., a_n)$和$(b_1, b_2, ..., b_n)$之间的欧几里得距离公式是对上述两个公式的概括。其欧几里得距离公式如下所示：

$$\sqrt{(a_1 - b_1)^2 + (a_2 - b_2)^2 + \ldots + (a_n - b_n)^2}$$

有时可使用另一种被称为"曼哈顿距离"或城市街区距离的测量方式。比如你在曼哈顿这样的城市周围旅行，通常无法直接从一个地方走到另一个地方，只能沿着水平和垂直对齐的街道移动。

图 3.9 中的点$(4, 2)$和$(12, 9)$之间的城市街区距离是$(12-4) + (9-2) = 8 + 7 = 15$。

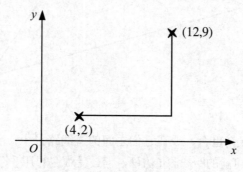

图 3.9　城市街区距离示例

第三种测量方法是最大维度距离(maximum dimension distance)，即任何一对相应属性值之间的最大绝对差值(如果是负数，那么绝对差值转换为正数)。例如，下面所示的实例：

| 6.2 | −7.1 | −5.0 | 18.3 | −3.1 | 8.9 |

和

| 8.3 | 12.4 | −4.1 | 19.7 | −6.2 | 12.4 |

之间的最大维度距离为 12.4-(-7.1) = 19.5。

对大多数应用来说，欧几里得距离似乎是测量两个实例之间距离的最自然方式。

3.3.2　标准化

使用欧几里得距离公式(和其他许多距离公式)时的一个主要问题是较大值经常淹没较小的值。

假设对于与汽车相关的一些分类问题，两个实例如下(本身被省略)。

mileage(英里)	number of doors	age(年)	number of owners
18 457	2	12	8
26 292	4	3	1

当计算这些实例与未见实例之间的距离时, 属性 mileage 几乎肯定为总平方和贡献很大的值(即数百万)。而属性 number of doors 可能只贡献一个小于 10 的值。很明显, 在实际中, 使用欧几里得距离公式决定哪个是最近邻时, 唯一重要的属性是 mileage。显然这是不合理的, 因为测量单位(此时为英里)是可以任意选择的。还可选择其他替代的距离测量方法, 如毫米或光年。同样, 属性 age 也可选择不同的单位, 例如毫秒或千年。所选择的单位不应影响决定哪个是最近邻。

为解决这个问题, 通常将连续属性的值标准化。主要思想是使每个属性的值从 0 到 1。假设对于属性 A, 在训练数据中找到的最小值是-8.1, 最大值是 94.3。首先, 通过加 8.1 调整 A 的每个值, 调整后的值从 0 到 94.3 + 8.1 = 102.4。现在从最大值到最小值的范围是 102.4 单位, 因此将所有值除以该数字, 从而得到值的范围 (从 0 到 1)。

通常, 如果属性 A 的最小值是 min, 最大值是 max, 那么可将 A 的每个值(如 a)转换为(a − min) / (max − min)。

通过这种方法, 所有连续属性都被转换为 0~1 的小数字, 因此测量单位的选择对结果的影响会大大降低。

注意, 对于属性 A, 未见实例可能具有小于 min 或大于 max 的值。如果要将调整后的数字保持为 0~1, 可将任何小于 min 或大于 max 的 A 值分别转换为 0 或 1。

测量两点之间距离时出现的另一个问题是不同属性贡献的权重。可认为汽车的行驶里程比车门数量更重要(尽管毫无疑问不会像非标准化值那样重要一千倍)。为此, 可调整欧几里得距离公式:

$$\sqrt{w_1(a_1 - b_1)^2 + w_2(a_2 - b_2)^2 + \ldots + w_n(a_n - b_n)^2}$$

其中 $w_1, w_2, \ldots, w_n$ 是权重。通常按比例缩放权重值, 使得所有权重的总和为 1。

3.3.3　处理分类属性

最近邻分类方法的缺点之一是无法提供一个完全令人满意的方法来处理分类属性。一种可能是, 任何两个相同属性值之间的差为 0, 而任何两个不同属性值之间的差为 1。对于颜色属性而言, 实际上就等于说红色-红色 = 0、红色-蓝色 = 1、蓝色-绿色 = 1 等。

有时会对属性值进行排序(或部分排序), 例如, 可能排序为 good、average 和

bad。可将 good 和 average 之间或 average 与 bad 之间的差视为 0.5,而将 good 与 bad 之间的差视为 1。虽然这看起来不完全正确,但可能是可用于实践的最佳方法。

3.4　急切式和懒惰式学习

3.2 节和 3.3 节中描述的朴素贝叶斯算法和最近邻算法说明了两种自动分类的替代方法,分别以略微神秘的名称“急切式学习”和“懒惰式学习”来表示。

在急切式学习系统中,训练数据被“急切地”概括为某种表示或模型,例如概率表、决策树或神经网络,而不必等待新的(未见)实例进行分类。

在懒惰式学习系统中,训练数据“懒惰地”保持不变,直到出现未见实例时进行分类。即使是分类,也仅执行对单个实例进行分类所需的计算。

虽然懒惰式学习方法有一些热心的倡导者,但若有大量未见实例,那么与急切式学习方法(如朴素贝叶斯以及后续章节介绍的其他分类方法)相比,它的计算成本非常高。

懒惰式学习方法的一个最根本弱点是它没有给出任务域的潜在因果关系的任何概念。虽然基于概率的朴素贝叶斯急切式学习算法也是如此,但程度稍低。如果计算的 X 就是答案,那么 X 无疑就是所需的分类。现在可使用另一种方法,这种方法提供一种明确的方法分类任何未见实例,而这些实例可独立于生成它的训练数据而使用。这种方法被称为“基于模型”的方法。

3.5　本章小结

本章介绍分类,这是最常见的数据挖掘任务之一。详细描述了两种分类算法:朴素贝叶斯算法(使用概率论找到最可能的类别)和最近邻分类算法(使用最与之接近的实例类别来估计未见实例的类别)。这两种算法通常假设所有属性分别是分类和连续的。

3.6　自我评估练习

1. 将朴素贝叶斯分类算法与 train 数据集一起使用,计算以下未见实例的最可能类别。

weekday	summer	high	heavy	????
sunday	summer	normal	slight	????

2. 使用图 3.5 所示的训练集和欧几里得距离度量，分别计算第一个属性为 9.1、第二个属性为 11.0 的实例的 5 个最近邻。

第**4**章

使用决策树进行分类

本章将介绍一种广泛使用的方法，即以决策树或一组等价决策规则的形式从数据集构建模型。与其他有意义且易于理解的方法相比，这种数据表示通常更有优势。

4.1 决策规则和决策树

在许多领域，可能随时获得为其他目的而收集的大量示例集。事实证明，自动为此类任务生成分类规则(通常称为"决策规则")是标准专家系统方法的现实替代方案。英国学者 Donald Michie[1]报告了两大应用程序，分别有 2 800 和 30 000 多条规则，通过使用自动技术仅用 1 人年(即一个人工作一年)和 9 人年即可完成，而相比之下，开发传统的专家系统 MYCIN 和 XCON 估计需要 100 人年和 180 人年。

大多数情况下，可方便地将决策规则拟合在一起以形成以下示例中所示的树结构。

4.1.1 决策树：高尔夫示例

许多作者(特别是 Quinlan[2])喜欢使用"高尔夫球手根据天气状况决定每天是否比赛"这一虚构示例进行讲解。

图 4.1 显示了两周(14 天)观测的天气状况和决定是否比赛的结果。

假设高尔夫球手的行为一致，那么决定每天是否比赛的规则是什么呢？如果明天的 Outlook、Temperature、Humidity 和 Windy 分别是 sunny、74℉、77%和 false，那么决定是什么？

回答这个问题的一种方法是构建一个决策树，如图 4.2 所示。该决策树是一个典型示例，也包含本书几个章节的主题。

Outlook	Temp (°F)	Humidity (%)	Windy	Class
sunny	75	70	true	play
sunny	80	90	true	don't play
sunny	85	85	false	don't play
sunny	72	95	false	don't play
sunny	69	70	false	play
overcast	72	90	true	play
overcast	83	78	false	play
overcast	64	65	true	play
overcast	81	75	false	play
rain	71	80	true	don't play
rain	65	70	true	don't play
rain	75	80	false	play
rain	68	80	false	play
rain	70	96	false	play

Classes
play, don't play
Outlook
sunny, overcast, rain
Temperature
numerical value
Humidity
numerical value
Windy
true, false

图 4.1　高尔夫示例的数据

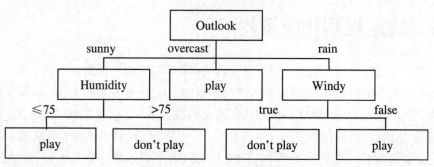

图 4.2　高尔夫示例的决策树

为从决策树确定给定天气条件集的决策(分类)，首先查看 Outlook 的值。共有 3 种可能性。

(1) 如果 Outlook 的值是 sunny，则接下来考虑 Humidity 的值。如果该值小于或等于 75，则决定是 play；否则决定是 don't play。

(2) 如果 Outlook 的值是 overcast，则决定是 play。

(3) 如果 Outlook 的值是 rain，那么接下来要考虑 Windy 的值。如果 Windy 的值为 true，则决定是 don't play，否则决定是 play。

注意，没有用过 Temperature 的值。

4.1.2 术语

假设第 2 章给出数据的“标准公式”仍然适用。现在有一个“对象”世界(人、房屋等),每个对象都可通过属性集合的值描述。其中具有有限值集(如 sunny、overcast 和 rain)的属性被称为“分类”属性。而具有数值的属性(如 Temperature 和 Humidity)通常被称为“连续”属性。我们将区分称为分类的特殊类别属性和其他属性值,一般只使用术语“属性”指后者。

许多对象的描述以表格形式保存在“训练集”中,该表的每一行包括一个“实例”,即(非分类)属性值和对应于一个对象的分类。

最终目的是根据训练集中的数据制定“分类规则”。这通常以“决策树”的隐式形式完成。

决策树由一个被称为“分裂属性值”(或“分裂属性”)的过程所创建。例如,首先测试一个属性(如 Outlook)的值,然后为每个可能的值创建一个分支。如果是连续属性,测试通常判断该值是“小于或等于”还是“大于”给定值(也被称为“分裂值”)。分裂过程一直持续到每个分支只能用一个分类进行标记为止。

决策树有两种不同的功能:“数据压缩”和“预测”。可简单地将图 4.2 视为图 4.1 中数据的一种更紧凑的表示方式。这两种表示法是等价的,即对于 14 个实例中的每个实例,4 个属性的给定值都将导致相同的分类。

但决策树不仅是训练集的等效表示,还可用于预测不在训练集中的其他实例的值,如先前给出的 4 个属性的值分别为 sunny、74、77 和 false。从决策树中很容易地看出,此时的决定为 don't play。重要的是要强调这个“决定”只是预测,可能正确,也可能不正确。没有绝对可靠的方法预测未来!

因此,不仅可将决策树看成原始训练集的等价物,也可看成可用于预测其他实例分类的泛化。其他这些实例通常被称为“未见实例”,与原始训练集相比,未见实例的集合通常被称为“测试集”或“未见测试集”。

4.1.3 degrees 数据集

图 4.3 所示的训练集取自一所虚构的大学,其中显示了编码为 SoftEng、ARIN、HCI、CSA 和 Project 的 5 门学科的学生成绩及相应的学位类别。在这个简化的示例中,类别包含 FIRST 或 SECOND。共有 26 个实例。接下来要问,什么决定了谁归类为 FIRST 或 SECOND?

SoftEng	ARIN	HCI	CSA	Project	类别
A	B	A	B	B	SECOND
A	B	B	B	A	FIRST
A	A	A	B	B	SECOND
B	A	A	B	B	SECOND
A	A	B	B	A	FIRST
B	A	A	B	B	SECOND
A	B	B	B	B	SECOND
A	B	B	B	B	SECOND
A	A	A	A	A	FIRST
B	A	A	B	B	SECOND
B	A	A	B	B	SECOND
A	B	B	A	B	SECOND
B	B	B	B	A	SECOND
A	A	B	A	B	FIRST
B	B	B	B	A	SECOND
A	A	B	B	B	SECOND
B	B	B	B	B	SECOND
A	A	B	A	A	FIRST
B	B	B	A	A	SECOND
B	B	A	A	B	SECOND
B	B	B	B	A	SECOND
B	A	A	B	B	SECOND
A	B	B	B	A	FIRST
A	B	A	B	B	SECOND
B	A	B	B	B	SECOND
A	B	B	B	B	SECOND

类别
FIRST, SECOND
SoftEng
A,B
ARIN
A,B
HCI
A,B
CSA
A,B
Project
A,B

图 4.3　degrees 数据集

图 4.4 显示了与该训练集对应的可能决策树。它由许多"分支"组成，每个分支以"叶节点"结束，叶节点标记有一个有效分类，即 FIRST 或 SECOND。每个分支包括从根节点(即树的顶部)到叶节点的路由。既不是根节点也不是叶节点的节点称为"内部节点"。

可将根节点视为对应于原始训练集。而其他所有节点对应于训练集的子集。

在叶节点处，子集中的每个实例具有相同的分类。共有 5 个叶节点，因此有 5 个分支。

每个分支对应于一条"分类规则"。5 条分类规则可以写成：

IF SoftEng = A AND Project = A THEN Class = FIRST

IF SoftEng = A AND Project = B AND ARIN = A AND CSA = A

THEN Class = FIRST

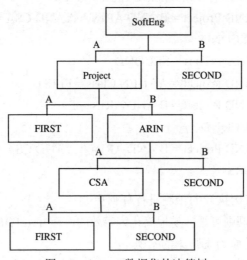

图 4.4　degrees 数据集的决策树

IF SoftEng = A AND Project = B AND ARIN = A AND CSA = B

THEN Class = SECOND

IF SoftEng = A AND Project = B AND ARIN = B

THEN Class = SECOND

IF SoftEng = B THEN Class = SECOND

　　每条规则的左侧(称为"先导")包含由逻辑 AND 运算符连接的多个"条件"。每个条件是对分类属性(例如 SoftEng = A)或连续属性(如图 4.2 中的 Humidity > 75)的值的简单测试。

　　这类规则被称为析取范式(DNF)。有时个别规则也被称为"析取"(disjunct)。

　　从数据压缩的角度分析这个示例,决策树可写成 5 条决策规则,共有 14 个条件,每条规则平均 2.8 个条件。此外,原始 degrees 训练集中的每个实例也可被视为一条规则,例如:

IF SoftEng = A AND ARIN = B AND HCI = A AND CSA = B

AND Project = B THEN Class = SECOND

　　共有 26 条这样的规则,每个实例对应一条规则,而每条规则有 5 个条件,共计 130 个条件。即使对于这个非常小的训练集,从训练集(130 个条件)到决策树(14 个条件),需要存储的条件数量减少了近 90%。

　　编写从决策树生成的规则的顺序是任意的,因此上面给出的 5 条规则可重新排列为:

IF SoftEng = A AND Project = B AND ARIN = A AND CSA = B
THEN Class = SECOND
IF SoftEng = B THEN Class = SECOND
IF SoftEng = A AND Project = A THEN Class = FIRST
IF SoftEng = A AND Project = B AND ARIN = B
THEN Class = SECOND
IF SoftEng = A AND Project = B AND ARIN = A AND CSA = A
THEN Class = FIRST

而不必对未见实例执行的预测进行任何更改。

在实际应用中，规则可很容易地简化为等效的嵌套 IF…THEN…ELSE 规则，压缩程度更高，下面是原始规则集的示例。

```
if (SoftEng = A) {
    if (Project = A) Class = FIRST
    else {
        if (ARIN = A) {
            if (CSA = A) Class = FIRST
            else Class = SECOND
        }
        else Class = SECOND
    }
}
else Class = SECOND
```

4.2 TDIDT 算法

决策树之所以被广泛用作生成分类规则的手段，是因为存在一种称为 TDIDT(Top-Down Induction of Decision Trees，决策树的自上而下归纳法)的简单但非常强大的算法。从 20 世纪 60 年代中期开始，该算法已为人所知，成为许多分类系统的基础；其中两个最著名的是 ID3 [3]和 C4.5 [2]，它们已用于许多商业数据挖掘包中。

该方法以决策树的隐式形式生成决策规则。通过反复分裂属性值生成决策树。此过程称为递归分裂(recursive partitioning)。

　　在TDIDT算法的标准公式中，有一组训练实例。每个训练实例对应于一组对象的成员，而对象由一组分类属性值描述(该算法也适用于处理连续属性，见第8章的讨论)。

　　基本算法只需要几行代码，如图 4.5 所示。

```
TDIDT: BASIC ALGORITHM

IF all the instances in the training set belong to the same class
THEN return the value of the class
ELSE (a) Select an attribute A to split on⁺
     (b) Sort the instances in the training set into subsets, one
         for each value of attribute A
     (c) Return a tree with one branch for each non-empty subset,
         each branch having a descendant subtree or a class
         value produced by applying the algorithm recursively

⁺ Never select an attribute twice in the same branch
```

图 4.5　TDIDT 算法

　　在每个非叶节点处，都会选择一个属性用于分裂。所选择的属性是任意的，但在同一分支中不能选择相同的属性两次。这种限制完全是无害的，例如在对应于不完整规则的分支中：

　　IF SoftEng = A AND Project = B ......

　　不允许选择 SoftEng 或 Project 作为要分裂的下一个属性，它们的值已知，所以没必要这样做。

　　这种无害的限制非常有价值。对属性值的每次分裂都将相应分支的长度扩展一个条件，但一个分支的最大可能长度是 M 个条件，其中有 M 个属性，由此保证了算法的终止性。

　　在应用 TDIDT 算法之前必须满足一个重要条件。这是一个充分条件：没有两个具有相同属性值的实例会属于不同的类别。这是一种确保训练集一致性的方法。9.1 节将讨论如何处理不一致的训练集。

　　TDIDT 算法存在一个不太明显的问题，那就是没有具体说明如何选择属性。该算法指出"选择一个进行分裂的属性 A"，但并没有给出选择属性的方法。

　　如果满足上述充分条件，则可保证算法终止，并且任何属性选择(甚至随机选择)都会生成决策树，只要没有在同一分支中选择某一属性两次即可。

　　虽然上述规范似乎符合需要，但许多最终生成的决策树(以及相应的决策规则)对于预测未见实例的类别几乎没有任何价值。

因此，选择属性的方法可能比其他方法更有用。在每个阶段做出明确的属性选择对于 TDIDT 方法的成功至关重要，这是第 5 章和第 6 章将讨论的主题。

4.3 推理的类型

从示例中自动生成决策规则被称为"规则归纳"(rule induction)或"自动规则归纳"(automatic rule induction)。

以决策树的隐式形式生成决策规则通常也称为规则归纳，但有时使用术语"树归纳"(tree induction)或"决策树归纳"(decision tree induction)更合适。在本章结束时，将解释这些短语中"归纳"一词的意义，并在第 5 章回到属性选择的主题。

逻辑学家能区分不同类型的推理。我们最熟悉的推理是"演绎"(deduction)，即结论必须遵循前提的真实性。例如：

$$
\frac{\text{All Men Are Mortal}}{\text{John is a Man}}
$$
Therefore John is Mortal

如果前两个陈述(前提)是真的，则结论必然为真。

这种推理完全可靠，但在实践中，100%确定的规则(例如"所有人都是凡人")通常无法获得。

第二种推理称为"溯因"(abduction)。一个示例是：

All Dogs Chase Cats
Fido Chases Cats
Therefore Fido is a Dog

此时的结论与前提的真实性一致，但不一定正确。Fido 可能是捉老鼠的其他类型的动物，或者根本不是动物。这种推理在实践中通常非常成功，但有时会导致错误的结论。

第三种推理称为"归纳"(induction)。这是一个基于重复观察的概括过程。

对 x 和 y 进行多次观察后，学习到规则：if x then y。

例如，如果看到 1000 只有 4 条腿的狗，那么可合理地得出结论："如果 x 是狗，那么 x 有 4 条腿"(或简单地说"所有的狗都有 4 条腿")。这就是归纳。golf 数据集和 degrees 数据集的决策树就使用这种推理。这是通过重复观察训练集中的实例归纳出来的，大多数情况下可用于预测未见实例的分类，但并非绝对可靠。

4.4　本章小结

本章介绍通过决策树的中间表示来归纳分类规则的 TDIDT 算法。如果训练集中的实例满足"充分条件"，那么该算法总是适用的。最后讲述如何区分演绎、溯因和归纳三种类型。

4.5　自我评估练习

1. 训练集中的实例需要满足的充分条件是什么？
2. 对于给定的数据集，不满足条件的最可能原因是什么？
3. 充分条件对使用 TDIDT 算法生成自动规则有何意义？
4. 如果将基本 TDIDT 算法应用于不满足充分条件的数据集，会发生什么情况？

第**5**章

决策树归纳：使用熵
进行属性选择

5.1　属性选择：一个实验

在第 4 章中，证明了 TDIDT 算法可保证终止，而且只要满足充分条件，即可给出与数据完全对应的决策树。但这种情况的前提是没有两个具有相同属性值的实例具有不同的类别。

但也有人指出 TDIDT 算法不够准确。如果满足充分条件，那么任何属性选择方法都可生成决策树。从本章开始，将首先使用一些非最佳的属性选择策略来生成决策树，然后介绍一种被广泛使用的属性选择方法，并比较两者的结果有什么不同。

首先，看一下使用下列 3 种属性选择策略生成的决策树。

- **takefirst**——对于每个分支，按照属性出现在训练集中的顺序从左到右进行选择，例如 degrees 训练集中的顺序为 SoftEng、ARIN、HCI、CSA 和 Project。
- **takelast**——与 takefirst 相似，只不过是从右到左进行选择，例如 degrees 训练集中的 Project、CSA、HCI、ARIN 和 SoftEng。
- **random**——随机选择(以相等的概率选择每个属性)。

和前面的章节一样，在同一分支中不能两次选择同一属性。

警告:

这里给出的上述 3 种策略仅用于说明。它们并不一定具有实际用途,但为后面介绍的其他方法奠定了基础。

图 5.1 显示了使用 takefirst、takelast 和 random 策略的 TDIDT 算法的结果,为 7 个数据集 contact_lenses、lens24、chess、vote、monk1、monk2 和 monk3 生成了决策树。后续章节将经常提及这些数据集。附录 B 给出有关这些数据集的信息。每个数据集使用 random 策略 5 次。每种情况下,表中给出的值是生成的决策树的分支数。

最后两列记录了为每个数据集生成的最大树和最小树的分支数。不管是哪个数据集,两者都存在相当大的差异。这表明虽然原则上可采用任意方式选择属性,但选择有优劣之分。5.2 节将从不同的角度分析这个问题。

数据集	take-first	take-last	random					最大	最小
			1	2	3	4	5		
contact_lenses	42	27	34	38	32	26	35	42	26
lens24	21	9	15	11	15	13	11	21	9
chess	155	56	94	52	107	90	112	155	52
vote	40	79	96	78	116	110	96	116	40
monk1	60	75	82	53	87	89	80	89	53
monk2	142	112	122	127	109	123	121	142	109
monk3	69	69	43	46	62	55	77	77	43

图 5.1 TDIDT 使用 3 种属性选择策略生成的分支数

5.2 替代决策树

虽然上一节描述的任何选择属性的方法都可生成决策树,但并不意味着所选择的方法是无关紧要的。一些属性选择方法比其他方法更有用。

5.2.1 足球/无板篮球示例

一所虚构的大学要求学生报名参加其中一个体育俱乐部,无论是足球俱乐部还是无板篮球(netball)俱乐部,但禁止同时加入两个俱乐部。没有加入任何俱乐部的学生在授予学位时会自动失败(不参加任何体育俱乐部被认为是一项重要的违纪行为)。

图 5.2 给出大约 12 名学生的数据训练集,列出与加入的俱乐部相关的每项数据。

眼睛颜色	婚姻状况	性别	头发长度	类别
棕色	是	男	长	足球
蓝色	是	男	短	足球
棕色	是	男	长	足球
棕色	否	女	长	无板篮球
棕色	否	女	长	无板篮球
蓝色	否	男	长	足球
棕色	否	女	长	无板篮球
棕色	否	男	短	足球
棕色	是	女	短	无板篮球
棕色	否	女	长	无板篮球
蓝色	否	男	长	足球
蓝色	否	男	短	足球

图 5.2　足球/无板篮球的训练集

是哪项数据决定谁加入哪个俱乐部呢？

TDIDT 算法可从上述数据生成许多不同的决策树。图 5.3 显示了一个可能的决策树(括号中的数字表示与每个叶节点对应的实例数)。

结果十分有趣。所有蓝眼睛的学生都在踢足球。而对于棕色眼睛的学生来说，决定因素是他们是否已经结婚。如果结婚了，那么长发的人都会踢足球而短发的人都会打无板篮球。如果没有结婚，就恰好相反：短发的人踢足球，而长发的人则打无板篮球。

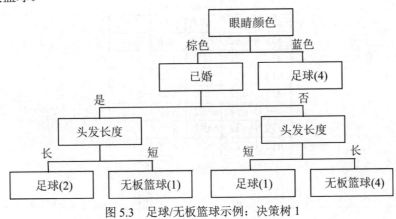

图 5.3　足球/无板篮球示例：决策树 1

这是一个令人惊讶的结果，如果它是正确的，可能会引起全球性关注——但它真的正确吗？

可从训练集生成另一个如图 5.4 所示的决策树。该决策树看起来更可信，但它是否正确呢？

图 5.4   足球/无板篮球示例：决策树 2

虽然该决策树可能更正确，但此时最好避免使用诸如"正确"和"不正确"的术语。我们只能说，两个决策树都与生成它们的数据相兼容。知道哪种决策树可为未见数据提供更好结果的唯一方法是分别使用它们然后比较结果。

但不管怎样，人们往往认为图 5.4 是正确的，而图 5.3 是错误的。接下来就来谈谈这个问题。

5.2.2   匿名数据集

现在考虑图 5.5 中的不同示例。

a1	a2	a3	a4	类别
a11	a21	a31	a41	c1
a12	a21	a31	a42	c1
a11	a21	a31	a41	c1
a11	a22	a32	a41	c2
a11	a22	a32	a41	c2
a12	a22	a31	a41	c1
a11	a22	a32	a41	c2
a11	a22	a31	a42	c1
a11	a21	a32	a42	c2
a11	a22	a32	a41	c2
a12	a22	a31	a41	c1
a12	a22	a31	a42	c1

图 5.5   匿名数据集

这是一个包含 12 个实例的训练集，共有 4 个属性 a1、a2、a3 和 a4，值为 a11、a12 等；还有一个类别(class)属性，值为 c1 和 c2。

可从这些数据生成一个可能的决策树，如图 5.6 所示。

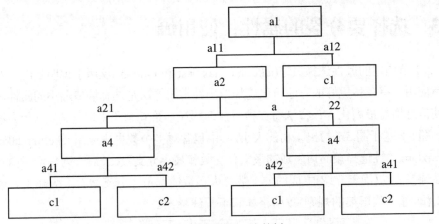

图 5.6　匿名数据：决策树 1

另一个可能的决策树如图 5.7 所示。

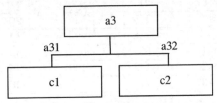

图 5.7　匿名数据：决策树 2

哪个决策树更好呢？

当然，可将其看成匿名形式的足球 /无板篮球示例。

如果将有意义的属性名(如 eyecolour 和 sex)替换为无意义的名称(如 a1 和 a3)，那么效果是非常显著的。虽然我们可能更喜欢图 5.7，因为它更简单，但似乎没理由不接受图 5.6。

数据挖掘算法通常不允许用户使用数据提取领域的任何背景知识来确定实例的类别，例如属性的"含义"和相对重要性，或者哪些属性最可能或最不可能。

很容易就能看出，如果孤立地看，涉及 eyecolour、hairlength 等测试的决策树是没有意义的，但如果这些属性是实际应用程序中大量属性的一部分，那么有什么方法能防止产生无意义的决策规则呢？

除了保持警惕和选择良好的算法外，对此的回答是"什么方法也没有"。用于选择"在每个阶段进行分裂的属性"的策略的优劣显然至关重要。这也是接下来要讨论的主题。

5.3 选择要分裂的属性：使用熵

5.1 节描述的属性选择策略(takefirst、takelast 和 random)仅用于说明目的。对于实际应用，有几种更好的方法可供选择。一种常用方法是选择熵值最小的属性，从而使信息增益最大化。该方法将在稍后详细解释。第 6 章还将讨论其他常用方法。

图 5.8 基于图 5.1 给出了树的大小，其中包含对多个数据集应用 takefirst、takelast 和 random 属性选择策略后生成的最大分支数和最小分支数。最后一列显示了由"熵"属性选择方法(尚未介绍)生成的分支数。大多数情况下，分支数会大大减少。最小分支(即每个数据集的规则)数用粗体和下画线标出。

数据集	未使用的熵		熵
	最大数	最小数	
contact lenses	42	26	**<u>16</u>**
lens24	21	**<u>9</u>**	**<u>9</u>**
chess	155	52	**<u>20</u>**
vote	116	40	**<u>34</u>**
monk1	89	53	**<u>52</u>**
monk2	142	109	**<u>95</u>**
monk3	77	43	**<u>28</u>**

图 5.8　图 5.1 中的最大数和最小数(增加了关于熵属性选择的信息)

所有情况下，使用"熵"方法所生成决策树中的规则数量小于或等于前面介绍的其他任何属性选择标准生成的最小数量。某些情况下(如 chess 数据集)，数量会少得多。

虽然无法保证使用熵总会生成一个小的决策树，但经验表明，它通常会生成比其他属性选择标准更少分支的树(不只是在 5.1 节中使用的基本方法)。此外经验还表明，小树往往比大树预测更准确，尽管无法保证绝对正确。

5.3.1 lens24 数据集

在介绍使用熵的属性选择方法前，有必要详细说明图 5.1 和图 5.8 中使用的一个小数据集。lens24 数据集包含关于隐形眼镜的眼科数据。它有 24 个实例，将 4 个属性 age(年龄)、specRx(眼镜处方)、astig(是否散光)和 tears(泪液生成率)的值与 3 个等级 1、2 和 3(分别表示患者应佩戴硬性隐形眼镜、软性隐形眼镜或不必佩戴隐形眼镜)中的一个相关联。完整的训练集如图 5.9 所示。

属性值				类别
age	specRx	astig	tears	
1	1	1	1	3
1	1	1	2	2
1	1	2	1	3
1	1	2	2	1
1	2	1	1	3
1	2	1	2	2
1	2	2	1	3
1	2	2	2	1
2	1	1	1	3
2	1	1	2	2
2	1	2	1	3
2	1	2	2	1
2	2	1	1	3
2	2	1	2	2
2	2	2	1	3
2	2	2	2	3
3	1	1	1	3
3	1	1	2	3
3	1	2	1	3
3	1	2	2	1
3	2	1	1	3
3	2	1	2	2
3	2	2	1	3
3	2	2	2	3

类别
1: 硬性隐形眼镜
2: 软性隐形眼镜
3: 不必佩戴隐形眼镜

age
(年龄)
1: 年轻
2: 老花眼前期
3: 老花眼

specRx
(眼镜处方)
1: 近视
2: 高度远视

astig
(是否散光)
1: 否
2: 是

tears
(泪液生成率)
1: 较少
2: 正常

图 5.9 lens24 示例的训练集

5.3.2 熵

> **注意：**
> 该描述依赖于对数学函数 $\log_2 x$ 的理解。如果你不熟悉此函数，可参阅附录 A.3，其中概述了相关信息。

由于存在多个可能的分类，熵是训练集中包含的"不确定性"的信息理论度量。

如果有 K 个种类，对于 $i = 1 \sim K$，可用 p_i 表示具有分类 i 的实例的比例。p_i 的值等于类 i 的出现次数除以实例总数，所得的结果是 0 和 1(包括 0 和 1)之间的一个数字。

训练集的熵由 E 表示。它以信息的"比特"(bit)来度量，并由如下公式定义：

$$E = -\sum_{i=1}^{K} p_i \log_2 p_i$$

主要是对非空类进行求和，即 $p_i \neq 0$ 的类。

第 10 章将解释该公式，此处仅简单介绍含义。

如附录 A 所示，对于 p_i 大于 0 且小于 1 的值，$-p_i \log_2 p_i$ 的值为正。当 $p_i = 1$ 时，$-p_i \log_2 p_i = 0$。这意味着对于所有训练集，E 为正或为 0。当且仅当所有实例都具有相同的类别时(这种情况只有一个非空类，概率为 1)，E 为最小值(0)。

当实例在 K 个可能的类中平均分布时，熵取最大值。

此时，每个 p_i 的值是 $1/K$，与 i 无关，所以：

$$\begin{aligned} E &= -\sum_{i=1}^{K} (1/K) \log_2(1/K) \\ &= -K(1/K) \log_2(1/K) \\ &= -\log_2(1/K) = \log_2 K \end{aligned}$$

如果有 2、3 或 4 个类，那么最大值分别为 1、1.5850 或 2。

对于初始 lens24 训练集的 24 个实例，共有 3 个类。分类为 1 的有 4 个实例，分类为 2 的有 5 个实例，分类为 3 的有 15 个实例。因此 $p_1 = 4/24$，$p_2 = 5/24$，$p_3 = 15/24$。

我们将其称为熵 E_{start}，如下所示：

$E_{\text{start}} = -(4/24)\log_2(4/24) - (5/24)\log_2(5/24) - (15/24)\log_2(15/24) = 0.4308 + 0.4715 + 0.4238 = 1.3261$(在本书中，类似数字都保留4位小数)。

5.3.3 使用熵进行属性选择

通过重复分裂属性生成决策树的过程等同于重复地将初始训练集划分为更小的训练集，直到这些子集中每一个子集的熵为 0(即每个实例仅具有单个类别)为止。

在该过程的任何阶段，分裂任何属性都具有以下特性：所得子集的平均熵将小于(或偶尔等于)先前训练集的平均熵。这是一个重要结果；此时暂不能证明这个结论，第 10 章将讨论该问题。

对于 lens24 训练集，对属性 age 的分裂将生成 3 个子集，如图 5.10(a)、图 5.10(b) 和图 5.10(c)所示。

训练集 1(age = 1)

熵 $E_1 = -(2/8)\log_2(2/8) - (2/8)\log_2(2/8) - (4/8)\log_2(4/8) = 0.5 + 0.5 + 0.5 = 1.5$

训练集 2 (age = 2)

熵 $E_2 = -(1/8) \log_2(1/8) - (2/8) \log_2(2/8) - (5/8) \log_2(5/8)$

　　　$= 0.375 + 0.5 + 0.4238 = 1.2988$

训练集 3 (age = 3)

熵 $E_3 = -(1/8) \log_2(1/8) - (1/8) \log_2(1/8) - (6/8) \log_2(6/8)$

　　　$= 0.375 + 0.375 + 0.3113 = 1.0613$

属性值				类别
age	specRx	astig	tears	
1	1	1	1	3
1	1	1	2	2
1	1	2	1	3
1	1	2	2	1
1	2	1	1	3
1	2	1	2	2
1	2	2	1	3
1	2	2	2	1

(a) 训练集 1

属性值				类别
age	specRx	astig	tears	
2	1	1	1	3
2	1	1	2	2
2	1	2	1	3
2	1	2	2	1
2	2	1	1	3
2	2	1	2	2
2	2	2	1	3
2	2	2	2	3

(b) 训练集 2

属性值				类别
age	specRx	astig	tears	
3	1	1	1	3
3	1	1	2	3
3	1	2	1	3
3	1	2	2	1
3	2	1	1	3
3	2	1	2	2
3	2	2	1	3
3	2	2	2	3

(c) 训练集 3

图 5.10　lens 24 示例的 3 个训练集

虽然第一个训练集的熵(E_1)大于 E_{start}，但加权平均值要小于 E_{start}。需要根据 3 个子集中原始实例的比例对值 E_1、E_2 和 E_3 进行加权。此时，所有权重都是一样的，即 8 / 24。

如果对属性 age 进行分裂后产生的 3 个训练集的平均熵用 E_{new} 表示，那么 E_{new} = $(8 / 24)E_1 + (8 / 24)E_2 + (8 / 24)E_3 = 1.2867$。

如果定义信息增益 = $E_{start} - E_{new}$，那么对属性 age 进行分裂后产生的信息增益为 1.3261 − 1.2867 = 0.0394 比特(如图 5.11 所示)。

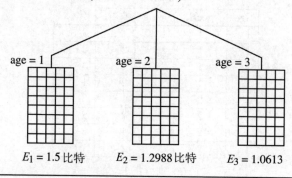

图 5.11　对属性 age 进行分裂后得到的信息增益

属性选择的"熵方法"是在可最大限度减少平均熵的属性(即可使信息增益最大化的属性)上进行分裂。也就是让 E_{new} 的值最小化，因为 E_{start} 是固定的。

5.3.4　信息增益最大化

用于分裂 4 个属性 age、specRx、astig 和 tears 中的每个 E_{new} 和信息增益的值如下。

属性 age
$E_{new} = 1.2867$
信息增益 = 1.3261 比特 − 1.2867 比特 = 0.0394 比特

属性 specRx
$E_{new} = 1.2866$
信息增益 = 1.3261比特 − 1.2866比特 = 0.0395比特

属性 astig

$E_{new} = 0.9491$

信息增益 = 1.3261比特 − 0.9491比特 = 0.3770比特

属性 tears

$E_{new} = 0.7773$

信息增益 = 1.3261 比特 − 0.7773 比特 = 0.5488 比特

因此，信息增益的最大值(以及新熵 E_{new} 的最小值)通过分裂属性 tears 获得，如图 5.12 所示。

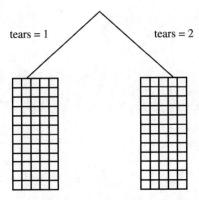

图 5.12　在属性 tears 上进行分裂

对于不断进化的决策树的每个分支都会重复节点上的分裂过程，直到每个叶节点子集的熵为 0 时终止。

5.4　本章小结

本章探讨在 TDIDT 决策树生成算法的每个阶段选择属性的一些替代策略，并比较了多个数据集的结果树的大小，重点介绍了获得完全无意义的决策树的风险，并指出了属性选择策略的重要性。最广泛使用的策略之一是最小化熵(或等效地最大化信息增益)，并详细说明了该方法。

5.5　自我评估练习

1. 通过构建电子表格或其他方法，计算 4.1.3 节给出的 degrees 数据集(如图 4.3

所示)的以下内容。

(a) 初始熵 E_{start}。

(b) 依次计算对属性 SoftEng、Arin、HCI、CSA 和 Project 进行分裂后得到的训练子集的加权平均熵 E_{new} 以及每种情况下信息增益的对应值。

通过上述结果，可证实 TDIDT 算法在使用熵选择标准对数据进行第一次分裂时所选择的属性是 SoftEng。

2. 为什么在使用 TDIDT 决策树生成算法时，熵(或信息增益)是最有效的属性选择方式？

第**6**章

决策树归纳：使用频率表
进行属性选择

6.1 实践中的熵计算

5.3.3 节介绍了在进化决策树中选择要在节点上分裂的属性所需的详细计算。在每个节点上，需要为每个分类属性的每个可能值计算类似于图 5.10(a)的值表。为方便说明，图 6.1 将其再次列出。

属性值				类别
age	specRx	astig	tears	
1	1	1	1	3
1	1	1	2	2
1	1	2	1	3
1	1	2	2	1
1	2	1	1	3
1	2	1	2	2
1	2	2	1	3
1	2	2	2	1

图 6.1　lens24 示例的训练集 1(age = 1)

在实际应用中，可使用更高效的方法，仅需要为每个节点处的每个分类属性构建单个表。该方法等效于前面使用的方法(参见 6.1.1 节)，使用了"频率表"。此表的单元格显示了训练集中每个类别和属性值组合的出现次数。对于 lens24 数据集，属性 age 分裂对应的频率表如图 6.2 所示。

	age = 1	age = 2	age = 3
class 1	2	1	1
class 2	2	2	1
class 3	4	5	6
列总计	8	8	8

图 6.2   lens24 示例中属性 age 的频率表

用 N 表示实例总数，因此 $N = 24$。

可通过如下过程生成的总和计算 E_{new} 的值，即通过分裂指定属性得到训练集的平均熵。

(1) 对于表格中的每个非零值 V(即"列总计"行上方的部分)，减去 $V \times \log_2 V$。

(2) 对于"列总计"中的每个非零值 S，加上 $S \times \log_2 S$。然后除以 N。

图 6.3 给出了 x 为小整数值的 $\log_2 x$ 值，以供参考。

x	$\log_2 x$
1	0
2	1
3	1.5850
4	2
5	2.3219
6	2.5850
7	2.8074
8	3
9	3.1699
10	3.3219
11	3.4594
12	3.5850

图 6.3 $\log_2 x$ 的一些值(保留 4 位小数)

使用图 6.2 给出的频率表，在属性 age 上分裂得出 E_{new} 值。

$$-2 \log_2 2 - 1 \log_2 1 - 1 \log_2 1 - 2 \log_2 2 - 2 \log_2 2 - 1 \log_2 1$$
$$-4 \log_2 4 - 5 \log_2 5 - 6 \log_2 6 + 8\log_2 8 + 8\log_2 8 + 8\log_2 8$$

然后除以 24。可重新排列为：

$(-3 \times 2 \log_2 2 - 3 \log_2 1 - 4 \log_2 4 - 5 \log_2 5 - 6 \log_2 6 + 3 \times 8 \log_2 8)/24 = 1.2867$ 比特(保留 4 位小数)，这与先前计算的值一致。

6.1.1 等效性证明

需要证明的是，该方法总是给出与第 5 章所述基本方法相同的 E_{new} 值。

假设存在 N 个实例，且每个实例将多个分类属性的值与 K 种可能分类中的一种关联起来(对于前面使用的 lens24 数据集，$N = 24$ 且 $K = 3$)。

如果在可能有 V 种可能值的分类属性上进行分裂，会生成训练集的 V 个子集。第 j 个子集包含属性等于第 j 个值的所有实例。假设 N_j 表示该子集中的实例数。则：

$$\sum_{j=1}^{V} N_j = N$$

对于图 6.2 所示的频率表来说，属性 age 有 3 个值，因此 $V = 3$；而 3 个列总和分别为 N_1、N_2 和 N_3，它们都具有相同的值(8)。N 的值为 $N_1 + N_2 + N_3 = 24$。

假设 f_{ij} 表示分类为第 i 个值且属性取第 j 个值的实例数(例如，对于图6.2来说，$f_{32} = 5$)。

$$\sum_{i=1}^{K} f_{ij} = N_j$$

以上给出的 E_{new} 求和的频率表方法相当于使用公式：

$$E_{new} = -\sum_{j=1}^{V} \sum_{i=1}^{K} (f_{ij}/N) . \log_2 f_{ij} + \sum_{j=1}^{V} (N_j/N) . \log_2 N_j$$

第 5 章描述了使用在指定属性上分裂生成的子集 j 的熵来计算 E_{new} 的基本方法。第 j 个子集的熵是 E_j 为：

$$E_j = -\sum_{i=1}^{K} (f_{ij}/N_j) . \log_2 (f_{ij}/N_j)$$

E_{new} 的值是这些 V 个子集的熵的加权和。权重是子集所包含的原始 N 个实例的比例，例如，第 j 个子集的权重为 N_j / N。所以：

$$
\begin{aligned}
E_{new} &= \sum_{j=1}^{V} N_j E_j / N \\
&= -\sum_{j=1}^{V} \sum_{i=1}^{K} (N_j/N) . (f_{ij}/N_j) . \log_2 (f_{ij}/N_j) \\
&= -\sum_{j=1}^{V} \sum_{i=1}^{K} (f_{ij}/N) . \log_2 (f_{ij}/N_j) \\
&= -\sum_{j=1}^{V} \sum_{i=1}^{K} (f_{ij}/N) . \log_2 f_{ij} + \sum_{j=1}^{V} \sum_{i=1}^{K} (f_{ij}/N) . \log_2 N_j \\
&= -\sum_{j=1}^{V} \sum_{i=1}^{K} (f_{ij}/N) . \log_2 f_{ij} + \sum_{j=1}^{V} (N_j/N) . \log_2 N_j \quad [as \ \sum_{i=1}^{K} f_{ij} = N_j]
\end{aligned}
$$

从而证明了结果。

6.1.2　关于零值的说明

5.3.2 节给出的求熵公式在求和时排除了空类别。它们对应于频率表中的零项，这些项被排除在计算之外。

如果频率表的一整列为 0，则意味着分类属性永远不会在所考虑的节点上采用任何一个可能值。任何这样的列都被忽略。也就是说，在生成决策树时忽略空子集，参见 4.2 节的图 4.5。

6.2　其他属性选择标准：多样性基尼指数

除了熵或信息增益之外，还可在 TDIDT 算法的每个阶段使用其他许多方法来选择要分裂的属性。Mingers[1]总结了几种有用的方法。

一种常用的衡量指标是"多样性基尼指数"(Gini Index of Diversity)。如果有 K 种类别，并且第 i 个类别的概率为 p_i，那么可将多样性基尼指数定义为 $1 - \sum_{i=1}^{K} p_i^2$。

这是衡量数据集"杂质"的指标。它的最小值为 0，当所有分类都相同时，该指标为 0。当类别在实例之间均匀分布时，则取其最大值 $1 - 1/K$，即每个类别的频率为 $1/K$。

对所选属性进行分裂，可减少所得子集的平均多样性基尼指数(和熵一样)。可使用 6.1 节中用于计算新熵值的相同频率表来计算新的平均值 G_{new}。

如果使用 6.1 节介绍的符号，并假设在指定属性上分裂所生成的第 j 个子集的多样性基尼指数值为 G_j，那么

$$G_j = 1 - \sum_{i=1}^{K} (f_{ij}/N_j)^2$$

分裂属性所生成子集的多样性基尼指数的加权平均值为：

$$\begin{aligned}
\text{Gini}_{\text{new}} &= \sum_{j=1}^{V} N_j.G_j/N \\
&= \sum_{j=1}^{V} (N_j/N) - \sum_{j=1}^{V} \sum_{i=1}^{K} (N_j/N).(f_{ij}/N_j)^2 \\
&= 1 - \sum_{j=1}^{V} \sum_{i=1}^{K} f_{ij}^2/(N.N_j) \\
&= 1 - (1/N) \sum_{j=1}^{V} (1/N_j) \sum_{i=1}^{K} f_{ij}^2
\end{aligned}$$

在属性选择过程的每个阶段，应该选择可最大限度地降低多样性基尼指数值的属性，即 G_{start}–G_{new} 值最大。

再次以 lens24 数据集为例，第 5 章给出的 3 个类别的初始概率分别是 $P_1 = 4/24$、$P_2 = 5/24$、$P_3 = 15/24$。因此，多样性基尼指数的初始值是 $G_{start} = 0.5382$。

图 6.4 显示了在属性 age 上分裂的频率表。

	age = 1	age = 2	age = 3
class 1	2	1	1
class 2	2	2	1
class 3	4	5	6
列总计	8	8	8

图 6.4　lens24 示例的属性 age 的频率表

现在可按下列步骤计算多样性基尼指数的新值。

(1) 对于每个非空列，计算表中值的平方和，并除以列总和。

(2) 将所有列获取的值相加并除以 N(实例数)。

(3) 从 1 减去第(2)步所得的值。

对于图 6.4 来说，计算过程如下。

$$\textbf{age = 1: } (2^2 + 2^2 + 4^2)/8 = 3$$
$$\textbf{age = 2: } (1^2 + 2^2 + 5^2)/8 = 3.75$$
$$\textbf{age = 3: } (1^2 + 1^2 + 6^2)/8 = 4.75$$

$G_{new} = 1 - (3 + 3.75 + 4.75)/24 \approx 0.5208$。

因此，在属性 age 上进行分裂的多样性基尼指数的值减少了 0.5382-0.5208 = 0.0174。

而对于其他 3 个属性，对应的值和减少值分别为：

specRx：$G_{new} = 0.5278$，因此减少了 0.5382-0.5278 = 0.0104

astig：$G_{new} = 0.4653$，因此减少了 0.5382-0.4653 = 0.0729

tears：$G_{new} = 0.3264$，因此减少了 0.5382-0.3264 = 0.2118

此时，所选择的属性应该是使多样性基尼值减少量最大的属性，即 tears。这与使用熵进行属性选择的结果是相同的。

6.3　χ^2 属性选择准则

另一种使用频率表进行计算的有用属性选择度量是 χ^2 值。χ 是希腊字母，通常在罗马字母中表示为 chi(发音为 "sky"，没有首字母 "s")。术语 χ^2 发音为 "卡方"，它通常用于统计，与属性选择的关联也变得越来越明显。

该方法将在后面关于连续属性的离散化的章节中详细介绍，因此这里仅给出简短描述。

假设对于一个具有 3 种可能类别($c1$、$c2$ 和 $c3$)的数据集，属性 A 可拥有 4 个值 $a1$、$a2$、$a3$ 和 $a4$，图 6.5 给出了频率表。

	$a1$	$a2$	$a3$	$a4$	总计
$c1$	27	64	93	124	308
$c2$	31	54	82	105	272
$c3$	42	82	125	171	420
总计	100	200	300	400	1000

图 6.5　属性 A 的频率表

首先假设 A 的值对分类没有任何影响，并设法证明这个假设(统计学家称之为零假设)是错误的。

可以很容易地想象肯定或几乎肯定与类别无关的四值属性(four-valued attributes)。例如，可将每行中的值与从某种医学治疗中获得较大益处、较小益处或没有益处(分类为 $c1$、$c2$ 和 $c3$)的患者数量相对应，而属性值 $a1{\sim}a4$ 表示根据患者兄弟姐妹的数量(如 0、1、2、3 或更多)将病人分为 4 组。对于外行人来说，这种划分似乎没有什么相关性。而其他的四值属性更有可能相关，比如年龄和体重，且每个属性也都可转换为 4 个范围。

如果说 $c1$、$c2$ 和 $c3$ 表示在某种智力测验中所达到的水平，而 $a1$、$a2$、$a3$ 和 $a4$ 表示已婚男性、已婚女性、未婚男性或未婚女性(具体顺序不重要)，那么该例的争议可能更大。所获得的测试分数是否取决于所在的类别？注意，本章并不试图解决如此敏感的问题，尤其不会使用虚构数据，只是决定在构建决策树时应该选择哪个属性。

从现在开始，会将数据视为测试结果，但为了避免争议，示例不会列出哪些人属于 $a1{\sim}a4$ 这 4 类。

首先要注意，通过检查"总计"行，可以看到参加测试的人的属性值为 $a1{\sim}a4$ 的比例是 1：2：3：4。这只是一个碰巧获得数据的事实，本身并不意味着零假设，即把测试对象分成 4 组是不相关的。

接下来考虑 $c1$ 行。可看到共有 308 人获得了类别 $c1$。如果属性 A 的值与类别无关，那么可预期单元格中的 308 值以 1：2：3：4 的比例分裂。

在单元格 $c1 / a1$ 中，预期值为 $308 \times 100 / 1000 = 30.8$。

在 $c1 / a2$ 中，预期值是上面期望值的 2 倍，即 $308 \times 200 / 1000 = 61.6$。

在 $c1 / a3$ 中，预期值为 $308 \times 300 / 1000 = 92.4$。

在 $c1 / a4$ 中，预期值 $308 \times 400 / 1000 = 123.2$。

注意，4 个值的总和必须是 308。

可将上面计算的 4 个值称为每个类别 / 属性值组合的预期值。$c1$ 行中的实际值——27、64、93 和 124 与这些预期值相差不远，那么 $c2$ 和 $c3$ 行的实际值和预期值是否支持或破坏零假设，即属性 A 是无关的？

虽然"理想"情况是所有预期值都与相应的实际值(称为观测值)相同，但这需要另外说明。如果你曾读过已发表的研究论文、报纸文章等，会发现对于某些数据来说，预期值都是精确的整数，与所有类别/属性值组合的观测值完全相同，对此最可能的解释是所发布的数据是虚假的。在现实世界中，永远不会实现如此完美的准确性。在本例中，与大多数真实数据一样，任何情况下，预期值都不可能与观测值完全相同，因为前者通常不是整数而后者必须是整数。

图 6.6 是先前给出的频率表的更新版本，其中列出每个单元格中的观测值，括号内表示的是预期值。

	$a1$	$a2$	$a3$	$a4$	总计
$c1$	27 (30.8)	64 (61.6)	93 (92.4)	124 (123.2)	308
$c2$	31 (27.2)	54 (54.4)	82 (81.6)	105 (108.8)	272
$c3$	42 (42.0)	82 (84.0)	125 (126.0)	171 (168.0)	420
总计	100	200	300	400	1000

图 6.6　增加了期望值的属性 A 的频率表

通常使用的表示法是用 O 表示每个单元格的观测值，而用 E 表示预期值。每个单元格的 E 值等于相应列总和与行总和的乘积除以表格右下角给定实例的总数。例如，单元格 $c3 / a2$ 的 E 值是 $200 \times 420 / 1000 = 84.0$。

如果零假设(属性 A 不相关)是正确的，那么可使用每个单元格的 O 和 E 的值来计算频率表与预期值相差多远(即相差度量)。在每个单元格中的 E 值始终与相应的 O 值相同的情况下，我们希望相差度量为 0。

通常使用的度量是 χ^2 值，即所有单元格上 $(O - E)^2 / E$ 值的总和。

计算上述更新频率表的 χ^2 值，可得到 $\chi^2 = (27-30.8)^2 / 30.8 + \cdots + (171-168.0)^2 / 168.0 = 1.35$(保留两位小数)。

这个 χ^2 值是否小到足以支持属性A与类别无关的零假设呢？或它是否足以证明零假设是假的？

将上述方法用于后面连续属性的离散化时，该问题就显得非常重要了，但就本章而言，可忽略零假设的有效性问题，并简单地记录 χ^2 的值即可。然后重复该过程，将所有考虑的属性作为要在决策树中进行分裂的属性，并选择具有最大 χ^2 值的属性作为判断类别的决定因素。

6.4 归纳偏好

在继续介绍属性选择的另一种方法前，先介绍一下"归纳偏好"(Inductive Bias)的概念，这将有助于解释为什么需要使用其他方法。

考虑以下问题，这是为学龄儿童设置的一个典型问题，作为"智力测验"的一部分。

找到序列中的下一项

1, 4, 9, 16, …

在继续阅读后面的内容之前请先暂停一下，并给出上述问题的答案。

大多数读者可能选择答案 25，但这是错误的。正确答案是 20。显而易见，该序列的第 n 项由以下公式计算：

第 n 项 $= (-5n^4 + 50n^3 - 151n^2 + 250n - 120)/24$

如果选择 25，则表明你对完全平方表现出最令人遗憾的偏好。

当然这种偏好并不严重，但它却可让问题变得更复杂。例如，在数学上可找到一些公式证明该序列的任何进一步发展。

$$1, 4, 9, 16, 20, 187, -63, 947$$

序列中的项甚至不必是数字。序列

$$1, 4, 9, 16, \ 狗, 36, 49$$

在数学上是完全有效的。对数值的限制只是表明对数字(而不是动物名称)的偏好。

尽管如此，毫无疑问，任何用 20 回答原始问题的人都会被认为是错误的。当然肯定不建议回答"狗"。

在实践中，往往倾向于假设某些解决方案是合理的。序列

1, 4, 9, 16, 25   (完全平方)

或

1, 8, 27, 64, 125, 216   (完全立方)

或

5, 8, 11, 14, 17, 20, 23, 26   (数值相差 3)

似乎都是合理的，但序列

$$1, 4, 9, 16, 20, 187, -63, 947$$

却不合理。

不能绝对地说是对还是错——这取决于具体情况。但它说明了一种归纳偏好，即对一种选择而不是另一种选择的偏好，这种偏好不是由数据本身决定的，而是由外部因素决定的，例如喜欢简单或熟悉完全平方。在学校里，很快就会发现该问题的设计者偏向于完全平方等序列，如果可以，可给出前面的答案来匹配这种偏好。

使用任何公式(无论该公式基于什么原理)都会引入一种归纳偏好，这种偏好完全不是由数据证明的。但偏好有益还是有害取决于数据集本身。我们可选择一种偏好的方法，但不能完全消除归纳偏好。不存在中立的、无偏好的方法。

显然，能说出特定方法引入了什么偏好是很重要的。虽然对于许多方法来说，这并不容易，但如果使用一种最熟悉的方法，则可说出引入了什么偏好。例如，如果使用熵，则表明偏好是选择具有大量值的属性。

对于许多数据集来说，这没什么害处，但对于某些数据集来说，这可能是不可取的。例如，有一个关于病人的数据集，其中包含属性"出生地"，并将其分类为对某些治疗效果的反应："效果良好""效果较差"或"完全无效"。虽然出生地会对分类产生一些影响，但可能只是一个次要因素。遗憾的是，信息增益选择方法几乎肯定会选择该属性作为在决策树中分裂的第一个属性，为每个可能的出生地生成一个分支。此时决策树将非常庞大，并且许多分支(规则)的分类价值非常低。

6.5　使用增益比进行属性选择

为减少因使用信息增益产生的偏好影响，澳大利亚学者 Ross Quinlan 在系统 C4.5[2]中引入了一种称为"增益比"(Gain Ratio)的变体。增益比调整每个属性的信息增益，考虑了属性值的广度和一致性。

该方法将使用 6.1 节给出的频率表进行说明。如前所示，E_{new} 的值(即因分裂属性 age 而产生的训练集的平均熵)为 1.2867，而原始训练集 E_{start} 的熵为 1.3261。

$$信息增益 = E_{start} - E_{new} = 1.3261 - 1.2867 = 0.0394$$

增益比的公式定义如下所示：

增益比 = 信息增益 / 分裂信息

其中"分裂信息"(Split Information)是基于列总计的值。

每个非零列的总计 s 对应的值[计算公式为$-(s/N)\log_2(s/N)$]都会成为分裂信息的一部分。因此，对于图 6.2 来说，分裂信息的值是：

$$-(8/24)\log_2(8/24) - (8/24)\log_2(8/24) - (8/24)\log_2(8/24) = 1.5850$$

所以，如果对属性 age 进行分裂，那么增益比 = 0.0394 / 1.5850 ≈ 0.0249。

对于其他三个属性，分裂信息的值都为 1.0。属性 specRx、astig 和 tears 的增益比分别为 0.0395、0.3770 和 0.5488。

此时，增益比最大的是属性 tears，因此增益比选择了与熵相同的属性。

6.5.1　分裂信息的属性

分裂信息构成了增益比公式中的分母。因此，分裂信息的值越高，增益比越低。

"分裂信息"的值取决于分类属性所拥有的值的数量以及这些值的均匀分布程度("分裂信息"因此得名)。

为说明这一点，假设有 32 个实例，并考虑对属性 a 进行分裂，其值分别为 1、2、3 和 4。

下表中的"频率"行与本章前面使用的频率表中的"列总计"行相同。

以下示例说明了多种可能性。

(1) 单个属性值

	$a=1$	$a=2$	$a=3$	$a=4$
频率	32	0	0	0

分裂信息 = $-(32/32) \times \log_2(32/32) = -\log_2 1 = 0$

(2) 给定总频率的不同分布

	$a=1$	$a=2$	$a=3$	$a=4$
频率	16	16	0	0

分裂信息 = $-(16/32) \times \log_2(16/32) - (16/32) \times \log_2(16/32) = -\log_2(1/2) = 1$

	$a=1$	$a=2$	$a=3$	$a=4$
频率	16	8	8	0

分裂信息 = $-(16/32) \times \log_2(16/32) - 2 \times (8/32) \times \log_2(8/32)$

$= -(1/2)\log_2(1/2) - (1/2)\log_2(1/4) = 0.5 + 1 = 1.5$

	$a=1$	$a=2$	$a=3$	$a=4$
频率	16	8	4	4

分裂信息 $= -(16/32) \times \log_2(16/32) - (8/32) \times \log_2(8/32) - 2 \times (4/32) \times \log_2(4/32)$

$\qquad\qquad = 0.5 + 0.5 + 0.75 = 1.75$

(3) 属性频率的均匀分布

	$a=1$	$a=2$	$a=3$	$a=4$
频率	8	8	8	8

分裂信息 $= -4 \times (8/32) \times \log_2(8/32) = -\log_2(1/4) = \log_2 4 = 2$

通常，如果存在 M 个属性值，并且每个值以相同的频率出现，那么分裂信息为 $\log_2 M$(与频率值无关)。

6.5.2 总结

当存在单个属性值时，分裂信息为 0。

对于给定数量的属性值，且属性频率均匀分布时，分裂信息值最大。

对于均匀分布的给定数量的实例，当不同属性值的数量增加时，分裂信息会增加。

当存在多个可能的属性值，且分裂信息值最大时，所有属性值以同样的频率出现。

当存在多个可能的属性值时，信息增益通常最大。将该值除以"分裂信息"后得到的增益比可显著降低在选择具有大量值的属性时所产生的偏好。

6.6 不同属性选择标准生成的规则数

图 6.7 重复了图 5.8 中给出的结果，并添加了增益比。每个数据集的最大值显示为粗体，并带有下画线。

数据集	未使用的熵和增益比		熵	增益比
	最大值	最小值		
contact_lenses	42	26	**<u>16</u>**	17
lens24	21	**<u>9</u>**	**<u>9</u>**	**<u>9</u>**
chess	155	52	**<u>20</u>**	**<u>20</u>**
vote	116	40	34	**<u>33</u>**
monk1	89	53	**<u>52</u>**	**<u>52</u>**
monk2	142	109	**<u>95</u>**	96
monk3	77	43	28	**<u>25</u>**

图 6.7 使用不同属性选择方法的 TDIDT

对许多数据集来说，信息增益(如减熵)和增益比给出的结果是相同的。而对于使用增益比的人来说，可得到明显更小的决策树。但图 6.7 所示的信息增益和增益比都无法给出最小决策树。这与一般结论是一致的，即没有哪种属性选择方法对所有可能的数据集都是最佳的。在实际中，信息增益是最常用的方法，但 C4.5 的普及使得增益比成为其强有力的竞争者。

6.7 缺失分支

虽然缺失分支的现象可在决策树生成的任何阶段发生，但更多发生在实例数较少的树的较低端。

例如，假设决策树的生成已到达以下阶段(仅标记了一些节点和分支)。

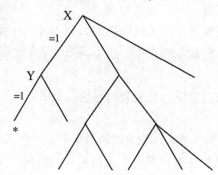

最左边的节点(标记为*)对应于一个不完整的规则：

IF X = 1 AND Y = 1 …

假设在*处决定分裂分类属性 Z，其具有可能的值 a、b、c 和 d。通常，这会导致在该节点处创建 4 个分支，每个分支对应于每个可能的分类值。然而，对于当前实例(可能只是原始训练集的一小部分)，可能存在属性 Z 在任何情况下都不等于 d 的情况。此时，只会生成 3 个分支，如下所示。

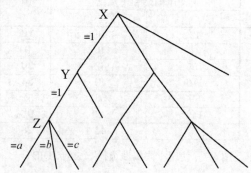

$Z = d$ 没有分支。这对应于 Z 具有该值的实例的空子集。TDIDT 算法声明 "将实例划分为非空子集"。

这种缺失分支的现象经常发生，但通常影响不大。当使用该决策树对属性 X、Y 和 Z 分别为 1、1 和 d 的未见实例进行分类时，其缺点才会显现出来。此时，没有树的分支与该未见实例相对应，因此不会触发相应的规则，实例仍保持未分类。但这通常并不是大问题，因为将一个未见实例保持为未分类而不是错误地对其进行分类被认为是一种非常可取的做法。然而，对于一个实用的规则归纳系统来说，为任何未分类的实例提供默认分类(如最大的类别)是很容易的。

6.8　本章小结

本章介绍了一种计算训练子集的平均熵的替代方法，该方法通过使用频率表对属性进行分裂而得到。事实证明，它与第 5 章中使用的方法是等效的，但所需的计算更少。此外，还说明了两个备选属性选择标准，即基尼指数和 χ^2 统计量，并演示了如何使用频率表计算它们。

最后介绍了归纳偏好的问题，同时讨论了另一个属性选择标准 "增益比"，并以此来克服 "熵最小化" 方法的偏好；但对于某些数据集来说，该方式并不可取。

6.9　自我评估练习

1. 使用计算熵的频率表方法重复第 5 章中的自我评估练习 1。确定这两种方法是否给出相同的结果。

2. 为 degrees 数据集使用 TDIDT 算法时，分别使用增益比和基尼指数属性选择策略，找到首次分裂数据所选的属性。

3. 列举两个数据集，使得增益比属性选择策略优于 "熵最小化" 策略。

第7章

估计分类器的预测精度

7.1 简介

任何为未见实例指定分类的算法都称为"分类器"(classifier)。前面章节中介绍的决策树就是一种非常流行的分类器,此外还有其他类型的分类器,其中一些将在本书的其他地方进行介绍。

本章主要讨论评估任何类型的分类器的性能,同时使用通过信息增益的属性选择生成的决策树来说明,如第5章所述。

虽然第4章中提到的数据压缩有时很重要,但实际上生成分类器的主要目的是对未见实例进行分类。但前面已经看到,可根据给定数据集生成许多不同的分类器。每种分类器在一组未见实例上的表现也有所不同。

用于估计分类器性能的最明显标准是"预测精度"(predictive accuracy),即可以正确分类一组未见实例的比例。虽然这通常被视为最重要的标准,但其他标准也很重要,如算法复杂性、机器资源的有效使用和可理解性。

对于大多数感兴趣的领域,未见实例的数量可能非常庞大(例如,所有可能患病的人,未来每天的天气或可能出现在雷达显示器上的所有物体),所以任何分类器永远不可能实现毫无争议的预测精度。相反,通常通过测量分类器对生成时未使用的数据样本的精度来估计分类器的预测精度。一般来说使用3种主要策略:将数据划分为训练集和测试集,k折交叉验证(k-fold cross-validation)和 N 折(或弃一法)交叉验证。

7.2　方法 1：将数据划分为训练集和测试集

对于"训练和测试"方法，可用数据分为两部分，分别称为"训练集"和"测试集"(如图 7.1 所示)。首先，训练集用于构造分类器(决策树、神经网络等)。然后使用分类器预测测试集中实例的分类。如果测试集包含 N 个实例且正确分类的实例数为 C，那么测试集的分类器的预测精度为 $p = C/N$。可使用该精度对任何未见数据集进行性能估计。

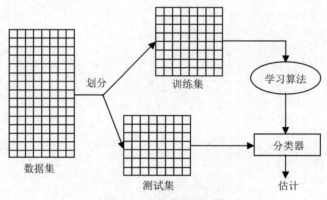

图 7.1　训练集和测试集

注意，对于 UCI 和其他存储库中的一些数据集，数据是以两个独立的文件形式提供的，可分别指定为训练集和测试集。此时可将两个文件视为应用程序的"数据集"。而如果数据集只是一个文件，则需要在使用方法 1 之前将其划分为训练集和测试集。可通过多种方式完成划分，但通常按比例随机分成两部分，例如常见的比例为 1∶1、2∶1、70∶30 或 60∶40。

7.2.1　标准误差

需要重点记住，我们的总体目标不是仅对测试集中的实例进行分类，而是估计分类器对所有可能未见实例的预测精度，而未见实例的数量往往是测试集中实例数量的许多倍。

如果在测试集上计算的预测精度为 p，并且继续使用分类器对不同测试集中的实例进行分类，那么很可能获得不同的预测精度。此时只能说，p 是分类器对所有可能未见实例的真实预测精度的估计。

只有收集所有实例(通常这是一项不可能完成的任务)并在其上运行分类器，才能确定真正的预测精度。不过，可使用统计方法，在给定概率或"置信度"的情况下，找到预测精度的真实值所在的范围。

为此，需要使用与估计值 p 相关联的标准误差。如果使用包含 N 个实例的测试集计算 p，那么其标准误差的值为 $\sqrt{p(1-p)/N}$。该值的计算过程超出了本书的讨论范围，但在许多统计教科书中都可以找到。

标准误差的意义在于，在特定的可选概率下，分类器的真正预测精度在高于或低于估计值 p 的标准误差范围内。概率越大，标准误差值越大。我们将概率称为"置信水平"(Confidence Level)，由 CL 表示，而标准误差值通常写为 Z_{CL}。

图 7.2 显示了 CL 和 Z_{CL} 的常用值之间的关系。

CL	0.9	0.95	0.99
Z_{CL}	1.64	1.96	2.58

图 7.2　一些置信水平对应的 Z_{CL} 值

如果针对测试集的预测精度为 p，且标准误差为 S，那么通过该表可知，当使用概率 CL(或置信水平 CL)时，真实的预测精度位于区间 $p \pm Z_{CL} \times S$。

示例

如果一个测试集包含 100 个实例且准确预测了其中 80 个实例，那么在该测试集上的预测精度为 80/100 = 0.8。标准误差为 $\sqrt{0.8 \times 0.2/100} = \sqrt{0.0016} = 0.04$。此时可以说，当概率为 0.95 时，真实的预测精度在 $0.8 \pm 1.96 \times 0.04$ 区间内，即 0.7216 和 0.8784 之间。

我们通常说错误率为 0.2(或 20%)，而不说预测精度为 0.8(或 80%)。错误率的标准误差与预测精度的标准误差是相同的。

在估计预测精度时如何选择 CL 值是一个问题，通常选择大于或等于 0.9 的值。在技术论文中，分类器的预测精度经常引用为 $p \pm \sqrt{p(1-p)/N}$，而没有乘以任何 Z_{CL}。

7.2.2　重复训练和测试

本节介绍的分类器用于对 k 个而不仅是一个测试集进行分类。如果所有测试集具有相同的大小 N，那么对 k 个测试集所获得的预测精度进行平均以得到总体估计值 p。

由于测试集中实例的总数为 kN，因此估计值 p 的标准误差为 $\sqrt{p(1-p)/kN}$。

如果测试集的大小不同，则计算稍微复杂一些。

如果在第 i 个测试集中存在 N_i 个实例($1 \leqslant i \leqslant k$)并且针对第 i 个测试集计算的预

测精度是 p_i，那么总体预测精度 p 等于 $\sum_{i=1}^{i=k} p_i N_i / T$，其中 $\sum_{i=1}^{i=k} N_i = T$，即 p 是 p_i 的加权平均值。标准误差是 $\sqrt{p(1-p)/T}$。

7.3   方法 2：k 折交叉验证

当实例数量很少(并且许多人都喜欢使用)时，通常采用"训练和测试"的替代方法，即 k 折交叉验证，如图 7.3 所示。

如果数据集包含 N 个实例，那么可将这些实例划分为 k 个相等的部分，k 通常是一个小数字，例如 5 或 10。如果 N 不能完全被 k 整除，那么相对于其他 $k-1$ 个部分来说，最后一部分包含的实例较少。现在进行 k 次运行。第 k 个部分依次用作测试集，而其他 $k-1$ 个部分用作训练集。

将在 k 次运行中组合得到的正确分类的实例总数除以实例总数 N，就可以得到预测精度 p 的总体水平，标准误差为 $\sqrt{p(1-p)/N}$。

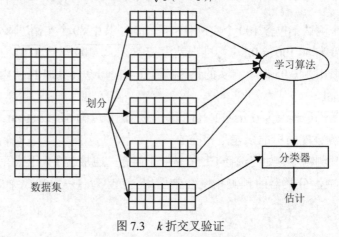

图 7.3 k 折交叉验证

7.4   方法 3：N 折交叉验证

N 折交叉验证是 k 折交叉验证的极端情况，通常称为"弃一法"(leave-one-out)交叉验证或刀切法(jack-knifing)，其中数据集被分成与实例一样多的部分，而每个实例可有效地形成一个测试集。

生成 N 个分类器，每个分类器来自 $N-1$ 个实例，每个分类器用于对单个测试实例进行分类。预测精度 p 是正确分类的实例总数除以实例总数。标准误差为

$\sqrt{p(1-p)/N}$。

由于涉及大量计算，使得 N 折交叉验证不适用于大数据集。而对于其他数据集，目前尚不清楚使用 N 折交叉验证产生的估计精度是否可以证明所涉及的额外计算是合理的。在实践中，对于非常小的数据集，该方法可能非常有用，其中需要使用尽可能多的数据来"训练"分类器。

7.5 实验结果 I

本节将通过实验估计为 4 个数据集生成的分类器的预测精度。

本节的所有结果均使用 TDIDT 树归纳算法获得，并使用信息增益选择属性。

有关数据集的基本信息如图 7.4 所示。有关这些数据集以及本书提到的大多数其他数据集的更多信息，请参见附录 B。

数据集	说明	类别数量	属性⁺		实例数量	
			分类	连续	训练集	测试集
vote	Voting in US Congress in 1984	2	16		300	135
pima-indians	Prevalence of Diabetes in Pima Indian Women	2		8	768	
chess	Chess Endgame	2	7		647	
glass	Glass Identification	7		9*	214	

注：*表示"忽略"属性。

图 7.4 4 个数据集

vote、pima-indians 和 glass 数据集都来自 UCI 资料库，而 chess 数据集是为一系列众所周知的机器学习实验而构建的[1]。

vote 数据集具有独立的训练集和测试集；而其他 3 个数据集则首先分为两部分，每次放置 3 个实例，前两个实例放置在训练集中，而第三个实例放置在测试集中。

vote 数据集的结果证明了一点，即 TDIDT 及其他一些分类算法有时无法对未见实例进行分类(如图 7.5 所示)。原因在 6.7 节讨论过。

未分类实例可通过分类器"默认策略"来处理，例如总将它们分配到最大类别，这也是本章后续部分遵循的方法。可以这样说，将未分类的实例原样保留是较好的做法，而不是将它们分配给特定的类别而增加错误风险。在实践中，未分类实例的数量一般较少，并且如何处理它们对总体预测精度几乎没有影响。

数据集	测试集 (实例数)	正确分类数量	错误分类数量	未分类
vote	135	126 (93% ± 2%)	7	2
pima-indians	256	191 (75% ± 3%)	65	
chess	215	214 (99.5% ± 0.5%)	1	
glass	71	50 (70% ± 5%)	21	

图 7.5   4 个数据集的训练和测试结果

图 7.6 给出了修改后的 vote 数据集的"训练和测试"结果,将"默认为最大类别"策略纳入其中。可看出差异不大。

数据集	测试集(实例数)	正确分类数量	错误分类数量
vote	135	127 (94% ± 2%)	8

图 7.6   vote 数据集修改后的训练和测试结果

图 7.7 和图 7.8 给出了针对 4 个数据集使用 10 折和 N 折交叉验证所获得的结果。

数据集	实例数	正确分类数量	错误分类数量
vote	300	275 (92% ± 2%)	25
pima-indians	768	536 (70% ± 2%)	232
chess	647	645 (99.7% ± 0.2%)	2
glass	214	149 (70% ± 3%)	65

图 7.7   4 个数据集的 10 折交叉验证结果

对于 vote 数据集,使用了训练集中的 300 个实例;而对于其他两个数据集,则使用所有可用的实例。

数据集	实例数	正确分类数量	错误分类数量
vote	300	278 (93% ± 2%)	22
pima-indians	768	517 (67% ± 2%)	251
chess	647	646 (99.8% ± 0.2%)	1
glass	214	144 (67% ± 3%)	70

图 7.8   4 个数据集的 N 折交叉验证结果

本节给出的所有数字均为估计值。相对于"训练和测试"实验的测试集中的实例,所有 4 个数据集的 10 折交叉验证和 N 折交叉验证结果都基于更多实例,因此更可靠。

7.6　实验结果 II：包含缺失值的数据集

接下来看一下在数据集具有缺失值的情况下如何通过实验估计分类器的预测精度。和以往一样，将使用TDIDT算法生成所有分类器，并使用信息增益进行属性选择。

在实验中使用了 3 个数据集，全部来自 UCI 存储库。每个数据集的基本信息见图 7.9。

数据集	说明	类别数量	属性＋		实例数量	
			分类	连续	训练集	测试集
crx	Credit Card Applications (信用卡应用)	2	9	6	690 (37)	200 (12)
hypo	Hypothyroid Disorders (甲状腺功能减退)	5	22	7	2514 (2514)	1258 (371)
labor-ne	Labor Negotiations (劳资谈判)	2	8	8	40 (39)	17 (17)

图 7.9　带有缺失值的 3 个数据集

每个数据集都有训练集和独立的测试集。但每种情况下，训练集和测试集中都存在缺失值。"训练集"和"测试集"列的括号中的值显示至少有一个缺失值的实例数。

可用"训练和测试"方法估计预测精度。

2.4 节介绍了两种处理缺失属性值的策略。接下来给出每种策略的结果。

7.6.1　策略 1：丢弃实例

这是最简单的策略：删除至少具有一个缺失值的所有实例并使用剩余实例。该策略具有避免引入任何数据错误的优点。其主要缺点是丢弃数据可能损害所得分类器的可靠性。

另一个缺点是当训练集中的大部分实例都具有缺失值时不能使用该方法，例如 hypo 和 labor-ne 数据集。最后一个缺点是，使用此策略无法对测试集中具有缺失值的任何实例进行分类。

这些缺点累加在一起就非常重要了。虽然缺失值比例很小时，可尝试使用"丢弃实例"策略，但一般不建议这样做。

对于图 7.9 列出的 3 个数据集，"丢弃实例"策略只能应用于 crx，并且应用后可能产生令人惊讶的结果，如图 7.10 所示。

数据集	处理缺失值的策略	规则数量	测试集	
			正确	错误
crx	丢弃实例	118	188	0

图 7.10   对 crx 数据集应用"丢弃实例"策略

显而易见,从训练集中丢弃 37 个至少具有一个缺失值的实例(占 5.4%)并不妨碍算法构建一个决策树,该决策树能对测试集中 188 个不具有缺失值的实例进行分类。

7.6.2   策略 2:用最频繁值/平均值替换

如果使用此策略,那么分类属性的任何缺失值都将替换为训练集中最常出现的值;而连续属性的任何缺失值都将替换为训练集中的平均值。

图 7.11 显示了将"最频繁值/平均值"策略应用于 crx 数据集的结果。对于"丢弃实例"策略,测试集中的所有实例都被正确分类,而此时测试集中的所有 200 个实例都被分类,而不仅是测试集中没有缺失值的 188 个实例。

数据集	处理缺失值的策略	规则数量	测试集	
			正确	错误
crx	丢弃实例	118	188	0
crx	最频繁值/平均值	139	200	0

图 7.11   crx 数据集的策略比较

通过使用"最频繁值/平均值"策略,还可从 hypo 和 crx 数据集构建分类器。

对于 hypo 数据集来说,可得到一个只有 15 条规则的决策树。每条规则的平均条件数为 4.8。当应用于测试数据时,该树能正确地对测试集的 1258 个实例中的 1251 个进行分类(占 99%;如图 7.12 所示)。由于规则很少,因此这是一个非常好的结果,尤其是当训练集中的每个实例都有缺失值时。它使得人们相信使用熵构建决策树是一种有效方法。

数据集	处理缺失值的策略	规则数量	测试集	
			正确	错误
hypo	最频繁值/平均值	15	1251	7

图 7.12   对 hypo 数据集应用"最频繁值/平均值"策略

对于 labor-ne 数据集,得到一个具有 5 条规则的分类器,可正确地对测试集的 17 个实例中的 14 个进行分类(如图 7.13 所示)。

数据集	处理缺失值的策略	规则数量	测试集	
			正确	错误
labor-ne	最频繁值/平均值	5	14	3

图 7.13　对 labor-ne 数据集应用"最频繁值/平均值"策略

7.6.3　类别缺失

值得注意的是，对于图 7.9 给出的每个数据集，缺失的都是属性值，而不是类别值。在训练集中缺失类别比缺失属性值产生的问题要大得多。一种可能的方法是用最常见的类别替换缺失的类别，但大多数情况下这样做并不会成功。最好的方法是丢弃任何缺少类别的实例。

7.7　混淆矩阵

除了未见实例的整体预测精度外，查看分类器性能信息通常也很有帮助，即类别 X 的实例被正确分类为类别 X 或错误分类为其他类别的频率。该信息以"混淆矩阵"的形式给出。

图 7.14 中的混淆矩阵给出了 vote 测试集在"训练和测试"模式下根据 TDIDT 算法(使用信息增益进行属性选择)获得的结果，具有两个可能的类别：republican 和 democrat。

正确类别	分类为	
	democrat	republican
democrat	81 (97.6%)	2 (2.4%)
republican	6 (11.5%)	46 (88.5%)

图 7.14　混淆矩阵的示例

对于每种可能的类别，表内都有对应的一行和一列。其中行对应于正确的类别，而列对应于预测的类别。

第 i 行和第 j 列对应的值给出了正确分类为第 i 个类别而被分类为第 j 个类别的实例数。如果所有实例都被正确分类，那么非零条目将全部位于从左上角(即第 1 行的第 1 列)到右下角的"主对角线"上。

为证明混淆矩阵的使用不仅限于具有两个类别的数据集，图 7.15 显示了使用 TDIDT 算法进行 10 折交叉验证所获得的结果(属性选择使用信息增益)，该数据集具有 6 个类别：1、2、3、5、6 和 7(此外还有一个类别为 4，但不用于训练数据)。

正确类别	分类为					
	1	2	3	5	6	7
1	52	10	7	0	0	1
2	15	50	6	2	1	2
3	5	6	6	0	0	0
5	0	2	0	10	0	1
6	0	1	0	0	7	1
7	1	3	0	1	0	24

图 7.15　glass 数据集的混淆矩阵

真正例和假正例

当一个数据集只有两个类别时，一个类别通常被称为"正例"(即主要感兴趣的类别)，而另一个则被称为"负例"。这种情况下，混淆矩阵的两个行和列中的条目被称为"真正例"和"假正例"以及"真负例"和"假负例"(如图 7.16 所示)。

正确类别	分类为	
	+	−
+	真正例	假负例
−	假正例	真负例

图 7.16　真假正例和负例

当有两个以上的类别时，一个类别有时很重要，足以被认为是正例，而所有其他类别则被视为负例。例如，可将 glass 数据集的类别 1 视为"正例"类，而将类别 2、3、5、6 和 7 视为"负例"类。然后重写如图 7.15 所示的混淆矩阵，如图 7.17 所示。

正确类别	分类为	
	+	−
+	52	18
−	21	123

图 7.17　glass 数据集修改后的混淆矩阵

在被分类为正例的 73 个实例中，有 52 个确实是正例(即真正例)，而其他 21 个实际上是负例(即假正例)。在被分类为负例的 141 个实例中，有 18 个实际上是正例(即假负例)，而其他 123 个真正是负例(即真负例)。如果使用完美的分类器，则不会出现假正例或假负例的情况。

假正例和假负例可能并不同等重要，例如，只要没有假负例，我们可能更愿意接受一些假正例，反之亦然。该主题将在第 12 章详细讨论。

7.8　本章小结

本章讨论了如何估计任何类型的分类器的性能，介绍了用于估计分类器的预测精度的 3 种方法。第一种方法是将可用数据分别划分为用于生成分类器的训练集和用于评估其性能的测试集。其他方法包括 k 折交叉验证，及其极端形式 N 折(弃一法)交叉验证。

随后，本章引入了使用上述方法形成的估计精度的统计度量，称为"标准误差"；给出了估计分类器预测精度的实验，包括具有缺失属性值的数据集；最后介绍了一种表示分类器性能信息的方式(称为"混淆矩阵")，以及真假正例和负例的概念。

7.9　自我评估练习

1. 计算与图 7.14 和图 7.15 中给出的混淆矩阵对应的预测精度和标准误差。对于每个数据集，请说明预测精度的真实值(概率为 0.9、0.95 和 0.99)所在的范围。

2. 给出一些分类任务，其中假正例或假负例分类(或两者兼有)都不符合需要。对于这些任务，为将假正例(负例)的比例降至 0，你愿意接受多少比例的假负例(正例)分类？

第8章

连 续 属 性

8.1 简介

许多数据挖掘算法(包括 TDIDT 树生成算法)要求所有属性都采用分类值。然而，在现实世界中，许多属性都是自然连续的，例如高度、重量、长度、温度和速度。实际的数据挖掘系统必须能处理这些属性。某些情况下，算法适用于连续属性；而在另外一些情况下，则很难或不可能做到。

虽然可将连续属性视为具有值 6.3、7.2、8.3、9.2 等的分类属性，但这通常不太令人满意。如果连续属性在训练集中具有大量不同的值，那么任何特定值出现的次数可能非常少，甚至只出现一次，并且包含对特定值(例如 $X = 7.2$)进行测试的规则可能对预测没什么价值。

常用的标准方法是将连续属性的值拆分为多个非重叠的范围。例如，连续属性 X 可被划分为 4 个范围：$X < 7$、$7 \leqslant X < 12$、$12 \leqslant X < 20$ 和 $X \geqslant 20$。这样一来就可将其视为具有 4 个可能值的分类属性。在下图中，值 7、12 和 20 被称为切割值(cut values)或切割点(cut points)。

$$\underset{7}{X < 7} \quad | \quad \underset{12}{7 \leqslant X < 12} \quad | \quad 12 \leqslant X < 20 \quad \underset{20}{|} \quad X \geqslant 20$$

再举一个示例，可将 age 属性从连续数值转换为 6 个范围，分别对应于婴儿、儿童、少年、成年、中年和老年，或者连续属性 height 可由具有值(如非常矮、较矮、中等、高、非常高)的分类数据替换。

将连续属性转换为具有离散值集合的属性(即分类属性)的过程被称为离散化。

可使用多种方法离散化连续属性。理想情况下,为范围选择的边界点(切割点)应该反映被研究域的真实属性,如物理或数学定律中的常数值。在实践中,很难给出选择一组范围而不选择另一组范围的原则性理由(例如,边界应该在高和非常高之间还是在中等和高之间?),通常应该根据实际情况进行选择。

假设有一个连续属性 length,其值为 0.3~6.6。一种可能性是将这些值分成相同大小的 3 个范围,即:

0.3≤length < 2.4

2.4≤length < 4.5

4.5≤length≤6.6

这种分法被称为"等宽区间法"。但存在一个明显的问题。为什么选择 3 个范围,而不是 4 个或 2 个(或 12 个)范围?更有一种可能是,很多值处于一个狭窄范围内,例如 2.35~2.45。这种情况下,任何涉及 length < 2.4 测试的规则可能接受 length 为 2.39999 的实例而排除 length 为 2.40001 的实例。这些值没有任何实质区别,当它们在不同时间被不同的人不精确地测量时更是如此。另一方面,如果在 2.3 和 2.5 之间没有值,那么诸如 length < 2.4 的测试可能更合理。

另一种可能性是将 length 分为 3 个范围,以便在 3 个范围中都存在相同数量的实例。例如:

0.3≤length < 2.385

2.385≤length < 3.0

3.0≤length≤6.6

这种方法称为"等频区间法"。上面介绍的等宽区间法似乎是优选的方法,但在切割点处仍容易出现相同的问题。例如,为什么 2.99999 的长度与 3.00001 的长度在处理方式上不同?

任何离散化连续属性的方法所存在的问题都是非常敏感的。无论选择哪个切割点,总会存在一个潜在问题,即低于切割点的值的处理方式与高于切割点的值的处理方式不同,并不存在任何原则性原因。

理想情况下,希望在值范围内找到"区间"。如果在 length 示例中有许多值位于 0.3 和 0.4 之间,并且接下来最小值为 2.2,那么诸如 length < 1.0 的测试就会避免出现围绕切割点所出现的问题,因为在训练集中没有实例的值接近 1.0。值 1.0 显然是任意的,并且是不同的切割点,例如,也可选择 1.5。但遗憾的是,在未见测试数据中可能不会出现相同的区间。如果测试数据中存在诸如 0.99、1.05、1.49 和 1.51 的

值，那么切割点的选择是 1.0 还是 1.5 就显得至关紧要了。

尽管等宽区间法和等频区间法都合理有效，但就分类问题而言，它们都存在根本性弱点，它们在确定切割点的位置时未考虑分类。通常优先选用分类的其他方法，其中两种方法将在 8.3 和 8.4 节中介绍。

8.2 局部与全局离散化

可调整一些数据挖掘算法，例如 TDIDT 规则生成算法，使得每个连续属性在计算过程的每个阶段(例如，在决策树的每个节点处)被转换为分类属性。这称为"局部离散化"。

另一种方法是使用"全局离散化"算法将每个连续属性一次性转换为分类属性，并独立于随后应用于转换训练集的任何数据挖掘算法。例如，连续属性 Age 可转换为分类属性 Age2，并具有 4 个值 A、B、C 和 D，分别对应于 0~16、16~30、30~60以及 60 以上。从整体上考虑整个训练集，全局性地确定了 3 个"分裂值"16、30和 60。虽然从原则上讲很具有吸引力，但在实践中实现适当的全局离散化并非易事。

8.3 向 TDIDT 添加局部离散化

TDIDT 算法是广泛使用的通过决策树的中间表示生成分类规则的方法(为明确起见，假设使用信息增益作为属性选择标准，但这并非是必需的)。可对 TDIDT 进行适当扩展，从而以多种方式处理连续属性。例如，在决策树中的每个节点处，可通过 8.1 节描述的方法之一或其他方法将每个连续属性转换为具有多个值的分类属性。

另一种方法是在每个节点处将每个连续属性转换为一些可选的分类属性。例如，如果连续属性 A 具有值-12.4、−2.4、3.5、6.7 和 8.5(每个值可能多次出现)，那么诸如 A < 3.5 的测试将训练数据分成两部分，即 A < 3.5 的实例和 A ⩾ 3.5 的实例。诸如 A < 3.5 的测试可被认为等同于具有两个可能值 true 和 false 的分类属性。可使用短语"伪属性"描述它。

如果连续属性 A 具有 n 个不同的值 $v_1, v_2, ..., v_n$(按升序排列)，那么有 $n - 1$ 个可能的对应伪属性(都是二元的)，即 $A < v_2$, $A < v_3$, ..., $A < v_n$ (此处省略了 $A < v_1$，因为 A 的值不能小于 v_1，v_1 是最小值)。

这样，对于每个节点上考虑的训练集部分，所有连续属性列都可被连续属性所派生的伪属性列所替换。然后它们就会相互竞争并选择任何真正的分类属性。这个虚构的替换表可能具有比原表更多的列,但由于所有属性/伪属性都是分类的,因此可通过标准 TDIDT 算法进行处理,以找到具有最大相应信息增益(或其他度量)的属性。

如果事实证明在给定节点处选择了一个伪属性,例如 Age < 27.3,那么可认为连续属性 Age 被切割点 27.3 离散化为两个区间。

这是一种局部离散化,在这种方法的标准形式中,它没有导致连续属性本身被丢弃。因此,在测试 Age < 27.3 的 Yes 分支的较低层中可能存在进一步的测试,例如 Age < 14.1。

上述过程看似是资源密集型的,但并不像最初出现的那样糟糕。我们将在 8.3.2 节介绍相关内容,目前暂时将其放在一边。接下来介绍一种算法,将局部离散化结合到 TDIDT 中。

在每个节点

(1) 对于每个连续属性 A:

    a. 将实例按数字升序排序。

    b. 如果有 n 个不同的值 $v_1, v_2, ..., v_n$,那么计算 $n-1$ 个对应伪属性 $A < v_2$, $A < v_3, ..., A < v_n$ 的信息增益(或其他度量)值。

    c. 找出 $n-1$ 个属性值中哪个给出了最大信息增益值(或优化某些其他度量)。如果是 v_i,则返回伪属性 $A < v_i$,以及相应度量的值。

(2) 计算任何分类属性的信息增益或其他度量值。

(3) 选择具有最大信息增益值(或优化某些其他度量)的属性或伪属性。

8.3.1 计算一组伪属性的信息增益

在进化决策树的任何节点处,都可通过单次遍历训练数据来计算从给定连续属性导出的所有伪属性的熵值(也就是信息增益值)。该过程同样适用于第 6 章描述的使用频率表方法所计算的其他度量。共分为 3 个阶段。

第 1 阶段

在处理节点处的任何连续属性之前,首先需要计算在节点处考虑的训练集部分中每个可能分类的实例数(也就是频率表的每一行中值的总和,如图 6.2 所示)。这些值不依赖于随后处理的属性,因此只需要在树的每个节点处计算一次即可。

第 2 阶段

接下来逐个处理连续属性。假设正在考虑的特定连续属性名为 Var，并且目标是为所有可能的伪属性 Var ＜ X 找到指定度量的最大值，其中 X 是给定节点当前考虑的训练集中的一个 Var 值。可将属性 Var 的值称为候选切割点，同时将度量的值称为 maxmeasure，而将提供了最大值的 X 称为属性 Var 的切割点。

第 3 阶段

找到所有连续属性的 maxmeasure 值和相应的切割点后，接下来需要找到最大值，然后将其与任何分类属性所获得的度量值进行比较，以确定在节点上拆分哪个属性或伪属性。

为说明上述过程，下面以第 4 章的 golf 训练集为例。为简单起见，假设当前处于决策树的根节点，但同样的方法也适用于树的其他节点(当然，必须是一个简化的训练集)。

首先计算每个可能分类的实例数。此时 play 的实例数为 9，而 don't play 的实例数为 5，共有 14 个实例。

接下来需要依次处理连续属性(第 2 阶段)。共有 2 个连续属性：Temperature 和 Humidity。我们将使用属性 temperature 说明第 2 阶段中涉及的处理。

第一步将属性的值按升序排序，并创建一个仅包含两列的表：一列用于排序的属性值，另一列用于对应的类别。可将该表称为"排序实例表"。

图 8.1 显示了示例的结果。可看到，温度值 72 和 75 都出现了两次。共有 12 个不同的值：64, 65, …, 85。

temperature	类别
64	play
65	don't play
68	play
69	play
70	play
71	don't play
72	play
72	don't play
75	play
75	play
80	don't play
81	play
83	play
85	don't play

图 8.1 golf 数据集的排序实例表

用于处理连续属性 Var 的排序实例表的算法如图 8.2 所示。假设有 n 个实例，并且排序实例表中的行编号 1~n。对应于行 i 的属性值用 value(i)表示，而对应的类别用 class(i)表示。

一般来说，从上到下逐行处理表格，累计每个分类的实例数量。当处理每一行时，将其属性值与下面行的值进行比较。如果后面的值较大，则将其视为候选切割点，并使用频率表方法计算度量值(下例说明如何完成此操作)。否则，属性值保持不变，并继续处理下一行。在处理完最后一行后，处理过程停止(最后一行没有任何内容可供比较)。

该算法返回两个值：maxmeasure 和 cutvalue，它们分别是从属性 Var 派生的伪属性所能得到的最大度量值和相应的切割值。

处理排序的实例表的算法

将所有类别的实例数量设置为 0。

将 maxmeasure 设置为小于所用度量的最小值。

for i = 1 to $n-1$ {
 将 class(i)的数量增加 1
 if value(i) < value($i + 1$){
  (a) 构造伪属性的频率表
   Var < 值($i + 1$)
  (b) 计算 measure 的值
  (c) If measure > maxmeasure {
   maxmeasure = measure
   cutvalue = value($i + 1$)
  }
 }
}

图 8.2　处理排序的实例表的算法

回到 golf 训练集和连续属性 temperature，从第一个实例开始，其温度为 64，类别为 play。所以将类别 play 的数量增加 1，而 don't play 的数量为 0。此时温度值小于下一个实例的温度值，因此构造了伪属性 temperature < 65 的频率表，如图 8.3(a)所示。

在该表格以及本节中的其他频率表中，"temperature < xxx"列中 play 和 don't play 的次数都标有星号。最后一列中的条目是固定的(对所有属性都相同)并用粗体

显示。而其他所有条目都是通过简单的加减法计算出来的。一旦构建了频率表，就可从中计算信息增益和增益比等度量值，如第 6 章所述。

图 8.3(b)显示了在检查排序的实例表的下一行后得到的频率表。现在，play 的数量为 1，don't play 的数量也为 1。

可根据该表再次计算信息增益或其他度量值。此时需要重点注意第二个频率表如何从第一个频率表中得出。只有 don't play 行发生了变化，才将一个实例从"大于或等于"列移到"小于"列。

以相同的方式处理第 3~6 行，并为每一行生成一个新的频率表(以及新的测量值)。当到达第 7 行(temperature = 72)时，注意下一个实例的温度值与当前值相同(均为 72)，因此不需要创建新的频率表，而是继续进行到第 8 行。因为该实例的温度值与下一个实例的温度值不同，所以仍需要构建一个频率表，即伪属性 temperature $<$ 75，如图 8.3(c)所示。

类别	temperature $<$ 65	temperature $\geq$ 65	类别总计
play	1 *	8	9
don't play	0 *	5	5
列计	1	13	14

(a)

类别	temperature $<$ 68	temperature $\geq$ 68	类别总计
play	1 *	8	9
don't play	1 *	4	5
列计	2	12	14

(b)

类别	temperature $<$ 75	temperature $\geq$ 75	类别总计
play	5 *	4	9
don't play	3 *	2	5
列计	8	6	14

(c)

图 8.3　golf 示例的频率表

按照上述方法继续处理，需要处理 13 行(共有 14 行)，从而确保了为除第一个温度值外的所有不同温度值构建频率表。候选切割值有 11 个，对应于伪属性 temperature $<$ 65、temperature $<$ 68, …, temperature $<$ 85。

这种方法的价值在于，这 11 个频率表是通过一次遍历排序的实例表逐个生成的。在每个阶段，只需要更新相应类别中相关实例的数量，以便从一个频率表移到下一个频率表。具有重复的属性值是一个复杂问题，但有办法克服。

8.3.2　计算效率

本节将介绍与 8.3.1 节所述方法相关的 3 个效率问题。

(1) 将连续值按升序排序

这是使用上述方法的主要开销，也是限制可处理的训练集大小的主要因素。几乎其他任何离散化连续属性的方法都有此限制。决策树的每个节点处的每个连续属性都要执行一次排序算法。

使用有效的排序方法很重要，在实例数量很大的情况下尤其如此。最常用的一种方法是 Quicksort，很多书籍(和网站)都对该方法进行了详细介绍。其最重要的特征是所需的操作数约为 $n \times \log_2 n$ 的常数倍，其中 n 是实例数。也就是说，随着 $n \times \log_2 n$ 而变化。这看起来似乎并不重要，但还有其他排序算法是随着 n^2 而变化或更糟糕，两者的差异还是很明显的。

图 8.4 显示了不同 n 值对应的 $n \times \log_2 n$ 和 n^2 的值。从表中可以清楚地看出，排序算法的选择是否正确至关重要。

n	$n \times \log_2 n$	n^2
100	664	10 000
500	4 483	250 000
1 000	9 966	1 000 000
10 000	132 877	100 000 000
100 000	1 660 964	10 000 000 000
1 000 000	19 931 569	1 000 000 000 000

图 8.4　$n \times \log_2 n$ 和 n^2 值的比较

此表第二列和第三列中的值之间的差异相当大。以最后一行为例，如果假设一个包含 1 000 000 个条目(这并不是一个庞大数字)的排序任务需要 19 931 569 个步骤来完成，每个步骤只需要 1 微秒来执行，那么所需的时间将是 19.9 秒。如果使用另一种方法执行相同的任务，共需要 1 000 000 000 000 步，且每一步也用 1 微秒完成，则时间将增加到超过 11.5 天。

(2) 计算每个频率表的度量值

对于任何给定的连续属性，生成频率表只需要遍历训练数据一次即可。这些表的数量与切割值的数量相同，即不同属性值的数量(忽略第 1 个属性值)。每个表中仅包含 $2 \times 2 = 4$ 个条目以及两个列总计。对这些小表的处理应该是可管理的。

(3) 候选切割点的数量

如 8.3.1 节所述，候选切割点的数量始终等于属性的不同值的数量(忽略第 1 个属性值)。而对于大型训练集而言，不同值的数量可能很大。一种可能的方法是利用类别信息减少候选切割点的数量。

图 8.5 是 golf 训练集的排序实例表，其中用星号表示属性 temperature 的 11 个切割值(其中有重复的属性值，只有最后一次出现的值被视为切割值)。

temperature	类别
64	play
65 *	don't play
68 *	play
69 *	play
70 *	play
71 *	don't play
72	play
72 *	don't play
75	play
75 *	play
80 *	don't play
81 *	play
83 *	play
85 *	don't play

图 8.5　带有候选切割值的排序实例

可应用规则"仅包括当前类别值与前一个属性值的类别值不同的属性值"来减少切割值的数量。因此包括属性值 65，因为对应的类别值(don't play)不同于与温度64 对应的类别(play)。同时排除属性值 69，因为对应的类别值(play)与属性值 68 的类别相同。图 8.6 显示了应用此规则后的结果。

temperature	类别
64	play
65 *	don't play
68 *	play
69	play
70	play
71 *	don't play
72	play
72 ?	don't play
75	play
75 ?	play
80 ?	don't play
81 *	play
83	play
85 *	don't play

图 8.6　带有候选切割值的排序实例(修改后)

包括了温度值为 65、68、71、81 和 85 的实例。值 69、70 和 83 的实例被排除在外。

但重复属性值会导致新问题的出现。应包括还是排除 72、75 和 80 呢？不能将规则"仅包括当前类别值与前一个属性值的类别值不同的属性值"应用于属性值为 72 的两个实例，因为它们的其中一个类别(don't play)与前一个属性值的类别相同，而另一个类别(play)则不同。即使温度为 75 的两个实例的类别都是 play，也仍然无法应用该规则，因为无法确定应当使用前一个属性值 72 的哪个实例。而包含 80 似乎是合理的，因为 75 的两次出现的类别都是 play，但如果它们是 play 和 don't play 的组合又该怎么做呢？

可能还有其他组合，但实际上这并不会带来任何问题。相对于检查最少的切割点，检查更多的候选切割点也没有什么害处，可将上面的规则简单地修改为"仅包括类别值与前一个属性值的类别值不同的属性值，以及多次出现的属性值和紧随其后的属性值"。

图 8.7 所示的表是最终版本，具有 8 个候选切割值。

temperature	类别
64	play
65 *	don't play
68 *	play
69	play
70	play
71 *	don't play
72	play
72 *	don't play
75	play
75 *	play
80 *	don't play
81 *	play
83	play
85 *	don't play

图 8.7　带有候选切割值的排序实例(最终版)

8.4　使用 ChiMerge 算法进行全局离散化

ChiMerge 是美国研究人员 Randy Kerber[1]引入的著名全局离散化算法。它使用统计技术分别对每个连续属性进行离散化。

对连续属性进行离散化的第一步是将其值按升序排序，对应的分类也按相同的顺序排序。

　　第二步是构造一个频率表,给出每个可能分类的属性的每个不同值的出现次数。然后使用属性值在不同类别中的分布生成一组区间,这些区间在一定意义上被认为是统计学上的不同。

　　例如,假设 A 是训练集中的连续属性,具有 60 个实例和 3 个可能的分类 c_1、c_2 和 c_3。按升序排列的 A 值的可能分布如图 8.8 所示。我们的目的是将 A 的值组合成多个范围。注意,某些属性值只出现一次,而其他属性值则出现多次。

A值	观察到的类别频率			总计
	c_1	c_2	c_3	
1.3	1	0	4	5
1.4	0	1	0	1
1.8	1	1	1	3
2.4	6	0	2	8
6.5	3	2	4	9
8.7	6	0	1	7
12.1	7	2	3	12
29.4	0	0	1	1
56.2	2	4	0	6
87.1	0	1	3	4
89.0	1	1	2	4

图 8.8　ChiMerge:初始频率表

　　每行不仅对应于单个属性值,还可以解释为表示“间隔”,即从给定值开始到下一行给定值之间的范围(但不包括该值)。因此,标记为 1.3 的行对应间隔为 $1.3 \leqslant A < 1.4$。可将值 1.3、1.4 等视为“间隔标签”,每个标签用于指示该间隔包含的值范围的最小数字。最后一行对应于 A 从 89.0 开始后的所有值($89.0 \leqslant A$)。

　　可通过附加列扩充初始频率表,该列显示每行对应的间隔(如图 8.9 所示)。

A值	间隔	观察到的类别频率			总计
		c_1	c_2	c_3	
1.3	$1.3 \leqslant A < 1.4$	1	0	4	5
1.4	$1.4 \leqslant A < 1.8$	0	1	0	1
1.8	$1.8 \leqslant A < 2.4$	1	1	1	3
2.4	$2.4 \leqslant A < 6.5$	6	0	2	8
6.5	$6.5 \leqslant A < 8.7$	3	2	4	9
8.7	$8.7 \leqslant A < 12.1$	6	0	1	7
12.1	$12.1 \leqslant A < 29.4$	7	2	3	12
29.4	$29.4 \leqslant A < 56.2$	0	0	1	1
56.2	$56.2 \leqslant A < 87.1$	2	4	0	6
87.1	$87.1 \leqslant A < 89.0$	0	1	3	4
89.0	$89.0 \leqslant A$	1	1	2	4

图 8.9　ChiMerge:带有间隔的初始频率表

在实践中，"间隔"列通常被省略，因为值列中的条目已经隐含了间隔值。

从初始频率表开始，ChiMerge 系统地应用统计测试来组合相邻的间隔对，直到生成一组在一定显著性水平上被认为具有统计学差异的间隔。

ChiMerge 依次针对每对相邻行验证以下假设。

假设

类别独立于实例所属的两个相邻间隔中的任何一个。

如果该假设得到证实，那么单独处理这两个相邻间隔就没有任何优势，因此可将它们合并。如果无法证实，则保持分离。

ChiMerge 从上到下遍历频率表，依次检查每对相邻行(间隔)，以确定两个间隔的相对类别频率是否存在显著差异。如果不存在显著差异，则认为这两个间隔足够相似，可将它们合并为单个间隔。

所应用的统计检验是 χ^2 检验，发音(并且经常书写)为"卡方"检验。χ 是希腊字母，在罗马字母表中写为 Chi。它的发音类似于 sky，但没有首字母 s。

对于每对相邻行，可构造一个"列联表"，给出两个变量 A 和 Class 的每种组合的观测频率。对于图 8.8 中标记为 8.7 和 12.1 的相邻间隔，列联表如图 8.10(a)所示。

右列中的行总计数字和底行中的列总计数字称为"边际总数"。它们分别对应于 A 的每个值的实例数(即属性 A 在相应间隔中的值)以及两个间隔组合的每个类列的实例数量。总计(此时为 19 个实例)在表格的右下角给出。

可用列联表计算被称为 χ^2(或"χ^2 统计量"或"卡方统计量")的变量的值，主要使用 8.4.1 节介绍的方法。然后将该值与阈值 T 进行比较，阈值 T 取决于类别的数量和所需的统计显著性水平。8.4.2 节将进一步描述阈值。对于当前示例，显著性水平为 90%(如下所述)。由于有 3 个类别，因此阈值为 4.61。

阈值的重要性在于，如果假设分类独立于实例所属的两个相邻间隔中的任何一个，那么 χ^2 小于 4.61 的概率为 90%。

如果 χ^2 小于 4.61，则视为在 90%显著性水平上支持前面的独立假设，并合并两个间隔。而如果 χ^2 的值大于 4.61，则推断出类别和间隔不是独立的，同样是在 90%显著性水平上两个间隔保持不变。

8.4.1 计算期望值和 χ^2

对于给定的一对相邻行(间隔)，可使用类别和行的每个组合的"观察"和"期望"频率值来计算 χ^2 的值。本示例中共有 3 个类别，所以有 6 种这样的组合。在每种情况下，观察到的频率值(由 O 表示)是实际发生的频率。而期望值 E 是在假定独立的情况下随机发生的频率值。

如果行是 i 而类别是 j，那么可将第 i 行中的实例总数称为 rowsum$_i$，将类别 j 的出现次数称为 colsum$_j$。两行组合的实例总数为 sum。假设类别独立于实例所属的两行中的任何一个，那么下面的方法可计算第 i 行中类别 j 的期望实例数。在这两个间隔中，类别 j 共出现了 colsum$_j$ 次，因此类别 j 出现的比例为 colsum$_j$ / sum。由于第 i 行中有 rowsum$_i$ 个实例，因此可期望第 i 行中类别 j 的出现次数为 rowsum$_i$ × colsum$_j$ /sum。

要为行和类别的任何组合计算该值，只需要相应的"行总计"与"列总计"相乘，然后除以两行的观察值的总计。

对于图 8.8 中标记为 8.7 和 12.1 的相邻间隔，图 8.10(b)给出了 O 和 E 的 6 个值(每个类别 / 行组合都有一对值)。

A值	观察到的类别频率			观察的总计
	$c1$	$c2$	$c3$	
8.7	6	0	1	7
12.1	7	2	3	12
总计	13	2	4	19

(a)

A值	类别的频率						观察的总计
	$c1$		$c2$		$c3$		
	O	E	O	E	O	E	
8.7	6	4.79	0	0.74	1	1.47	7
12.1	7	8.21	2	1.26	3	2.53	12
总计	13		2		4		19

(b)

图 8.10　图 8.8 中相邻两行的观测值和期望值

O 值取自图 8.8 或图 8.10(a)。E 值则根据行和列总计计算而来。因此，如果行为 8.7 且类别为 $c1$，那么期望值 E 等于 13 × 7 / 19 = 4.79。

在计算完所有 6 种类别和行组合的 O 和 E 值后，下一步计算 6 种组合对应的$(O - E)^2$ / E 值。这些值显示在图 8.11 的 Val 列中。

最后，χ^2 的值等于$(O-E)^2$ / E 的 6 个值的总和。对于图 8.11 所示的行对，χ^2 的值为 1.89。

如果独立性假设是正确的，那么观察值 O 和期望值 E 理想情况下是相同的，并且 χ^2 为 0。此外，如果 χ^2 的值较小，那么假设也是成立的，但是 χ^2 的值越大，就越可能怀疑该假设可能是错误的。当 χ^2 超过阈值时，则可认为这种情况不太可能是偶然发生的，因此假设被否定了。

A值	类别的频率									观察的 总计
	$c1$			$c2$			$c3$			
	O	E	Val*	O	E	Val*	O	E	Val*	
8.7	6	4.79	0.31	0	0.74	0.74	1	1.47	0.15	7
12.1	7	8.21	0.18	2	1.26	0.43	3	2.53	0.09	12
总计	13			2			4			19

* Val 列给出了 $(O–E)^2 / E$ 的值

图 8.11　图 8.8 中两个相邻行的 O、E 和 Val 值

计算每个相邻行对(间隔)的 χ^2 值。在计算过程时，需要注意一个微小但重要的技术细节，如果 E 的值小于 0.5，则需要对计算进行调整。这种情况下，计算 $(O-E)^2$ / E 的分母变为 0.5。

图 8.12(a)总结了初始频率表的结果。

无论哪种情况，某一行中给出的 χ^2 值是包括该行和下一行的相邻间隔对的值。最后一个间隔没有计算 χ^2 值，因为它没有下一行。由于该表具有 11 个间隔，因此存在 10 个 χ^2 值。

ChiMerge 选择了 χ^2 的最小值，此时为 1.08，对应于标记为 1.4 和 1.8 的间隔，并将其与阈值进行比较，此时的阈值为 4.61。

值 1.08 小于阈值，因此支持独立性假设并且合并两个间隔。组合后的间隔标记为 1.4，即前两个标签中较小的一个。

接下来提供一个新的频率表，如图 8.12(b)所示。比前一个表少了一行。

现在为修改后的频率表计算 χ^2 值。注意，相对于前面计算的值，唯一改变的值是新合并的间隔(1.4)为 1 的两对相邻间隔的值。这些值在图 8.12(c)中用粗体显示。

现在，χ^2 的最小值是 1.20，再次低于阈值 4.61。因此，间隔 87.1 和 89.0 被合并。

ChiMerge 以这种方式迭代进行，在每个阶段合并两个间隔，直到 χ^2 最小值大于阈值，表明已经达到一组不可减少的间隔。最终表如图 8.12(d)所示。

剩余的两个间隔对的 χ^2 值大于阈值。因此，不可能进一步合并间隔，从而完成了离散化。连续属性 A 可由仅具有 3 个值的分类属性替换，对应于以下范围(90%显著性水平)。

$1.3 \leqslant A < 56.2$

$56.2 \leqslant A < 87.1$

$A \geqslant 87.1$

A值	类别的频率			总计	χ^2值
	$c1$	$c2$	$c3$		
1.3	1	0	4	5	3.11
1.4	0	1	0	1	1.08
1.8	1	1	1	3	2.44
2.4	6	0	2	8	3.62
6.5	3	2	4	9	4.62
8.7	6	0	1	7	1.89
12.1	7	2	3	12	1.73
29.4	0	0	1	1	3.20
56.2	2	4	0	6	6.67
87.1	0	1	3	4	1.20
89.0	1	1	2	4	
总计	27	12	21	60	

(a) 添加了 χ^2 值的初始频率表

A值	类别的频率			总计
	$c1$	$c2$	$c3$	
1.3	1	0	4	5
1.4	1	2	1	4
2.4	6	0	2	8
6.5	3	2	4	9
8.7	6	0	1	7
12.1	7	2	3	12
29.4	0	0	1	1
56.2	2	4	0	6
87.1	0	1	3	4
89.0	1	1	2	4

(b) ChiMerge：修改后的频率表

A值	类别的频率			总计	χ^2 值
	$c1$	$c2$	$c3$		
1.3	1	0	4	5	**3.74**
1.4	1	2	1	4	**5.14**
2.4	6	0	2	8	3.62
6.5	3	2	4	9	4.62
8.7	6	0	1	7	1.89
12.1	7	2	3	12	1.73
29.4	0	0	1	1	3.20
56.2	2	4	0	6	6.67
87.1	0	1	3	4	1.20
89.0	1	1	2	4	
总计	27	12	21	60	

(c) 带有 χ^2 值的修改后的频率表

图 8.12　频率表

A值	类别的频率			总计	χ^2 值
	$c1$	$c2$	$c3$		
1.3	24	6	16	46	10.40
56.2	2	4	0	6	5.83
87.1	1	2	5	8	
总计	27	12	21	60	

(d) 最终频率表

图 8.12　频率表(续)

使用这些范围进行分类可能存在一个问题，对于未见实例，可能存在 A 的值基本上小于 1.3(训练数据中 A 的最小值)或大于 87.1。尽管最后间隔为 A≥87.1，但训练数据的最大值 A 仅为 89.0。这种情况下，需要决定是否将 A 的低值或高值视为属于第一个或最后一个范围，或将未见实例视为未分类。

8.4.2　查找阈值

χ^2 检验的阈值可在统计表中找到，该值取决于两个因素。

(1) 显著性水平。90%是常用的显著性水平。其他常用水平还有 95%和 99%。显著性水平越高，阈值越高，并且支持独立性假设的可能性越大，因此相邻间隔将被合并。

(2) 列联表的"自由度"。对此的完整解释已经超出了本书的范围，但总体思路如下。如果有一个列联表，比如图 8.10(a)中的 2 行和 3 列，那么在给定的边际总计下，可在表格的 2×3 = 6 个单元中独立地填充多少个单元? 对此的答案是 2。如果在第一行(A = 8.7)的 $c1$ 和 $c2$ 列中放置两个数字，那么该行 $c3$ 列中的值由行总计值决定。一旦第一行中的所有 3 个值都固定了，那么第二行(A = 12.1)中的值就由 3 个列总计值确定。

当列联表具有 N 行和 M 列时，表中的独立值的数量是$(N-1) \times (M-1)$。对于 ChiMerge 算法，行数总是两行，而列数与类别的数量相同，因此自由度为$(2-1) \times ($类别的数量-1) = 类别的数量-1，在该示例中自由度为 2。自由度越大，阈值越高。

如果自由度为 2 且显著性水平为 90%，那么 χ^2 阈值是 4.61。图 8.13 给出其他一些值。

选择较高的显著性水平会增加阈值，因此可使合并过程持续更长时间，从而导致分类属性的间隔越来越小。

自由度	90%显著性水平	95%显著性水平	99%显著性水平
1	2.71	3.84	6.64
2	4.61	5.99	9.21
3	6.25	7.82	11.34
4	7.78	9.49	13.28
5	9.24	11.07	15.09
6	10.65	12.59	16.81
7	12.02	14.07	18.48
8	13.36	15.51	20.09
9	14.68	16.92	21.67
10	15.99	18.31	23.21
11	17.28	19.68	24.72
12	18.55	21.03	26.22
13	19.81	22.36	27.69
14	21.06	23.69	29.14
15	22.31	25.00	30.58
16	23.54	26.30	32.00
17	24.77	27.59	33.41
18	25.99	28.87	34.80
19	27.20	30.14	36.19
20	28.41	31.41	37.57
21	29.62	32.67	38.93
22	30.81	33.92	40.29
23	32.01	35.17	41.64
24	33.20	36.42	42.98
25	34.38	37.65	44.31
26	35.56	38.89	45.64
27	36.74	40.11	46.96
28	37.92	41.34	48.28
29	39.09	42.56	49.59
30	40.26	43.77	50.89

图 8.13 χ^2 阈值

8.4.3 设置 minIntervals 和 maxIntervals

ChiMerge 算法的一个问题是结果可能存在大量间隔,或者是另一个极端,即只有一个间隔。对于大型训练集,属性可能具有数千个不同的值,并且该方法可能产生具有数百甚至数千个值的分类属性。这样做可能很少有或没有实际价值。而另一方面,如果间隔最终合并为一个,则表明属性值与分类无关,因此最好删除该属性。间隔过多或过少都可以简单地反映出显著性水平被设置得太低或太高。

Kerber [1]建议设置两个值,minIntervals 和 maxIntervals。只要间隔的数量大于

maxIntervals，该算法总是合并 χ^2 值最小的间隔对。之后，在每个阶段合并 χ^2 值最小的间隔对，直到 χ^2 值大于阈值或间隔数量减少到 minIntervals。在任何一种情况下，算法都会停止。虽然在 χ^2 检验背后的统计理论方面难以证明这一点，但在实践中提供数量可控的分类值非常有用。minIntervals 和 maxIntervals 的合理设置可能分别为 2 或 3 和 20。

8.4.4 ChiMerge 算法：总结

通过上述扩展，图 8.14 总结了 ChiMerge 算法。

---

(1) 设置 minIntervals 和 maxIntervals 的值(2≤minIntervals≤maxIntervals)。

(2) 确定显著性水平(如 90%)。然后使用该值和自由度(即，类别数-1)查找要使用的阈值。

(3) 依次为每个连续属性：

 a. 将属性的值按升序排序。

 b. 创建一个频率表，每个不同的属性值都对应一行，而每个类别对应一列。使用对应的属性值标记每一行。然后在表格的单元格中输入训练集中每个属性值 / 类别组合的出现次数。

 c. 如果行数 = minIntervals，则停止；否则继续下一步。

 d. 针对频率表中的每对相邻行，对于行和类别的每个组合：

  (i) 计算 O，即该组合的观察频率值。

  (ii) 用行总计和列总计的乘积除以两行出现的总次数计算出 E，即组合的预期频率值。

  (iii) 计算 $(O-E)^2 / E*$ 的值。

  添加 $(O-E)^2 / E$ 的值，从而为该对相邻行提供 χ^2。

 e. 找到具有 χ^2 最低值的相邻行对。

 f. 如果 χ^2 的最小值小于阈值或行数大于 maxIntervals，则合并这两行；将合并行的属性值标签设置为第一行的属性值标签，行数减少 1，然后返回步骤 c。否则停止。

*如果 E < 0.5，则将该公式分母中的 E 替换为 0.5。

图 8.14　ChiMerge 算法

8.4.5 对 ChiMerge 算法的评述

尽管 ChiMerge 算法在实际运用中的效果非常好，但该算法使用的统计技术存在一些理论问题(这里不详细讨论这些问题，Kerber 的论文[1]提供了更多细节)；它的一个严重缺点是，即使分类显然不是由单个属性的值决定，该方法也独立于其他属性的值离散处理每个属性。

对于大型数据集，将每个连续属性的值按顺序排序是一个重要的处理开销。然而，这可能是任何离散化方法的开销，而不仅是 ChiMerge。如果使用 ChiMerge 算法，那么每个连续属性只需要执行一次。

8.5 比较树归纳法的全局离散化和局部离散化

本节给出一个实验，旨在将 8.3 节介绍的 TDIDT 局部离散化方法的效率，与使用 ChiMerge 进行连续属性的全局离散化然后使用 TDIDT 生成规则(此时所有属性都是分类的)的效率进行比较。为方便起见，使用信息增益选择属性。

实验主要使用来自 UCI 存储库的 7 个数据集。每个数据集的基本信息如图 8.15 所示。

数据集	实例数量	属性数量		类别数量
		分类属性	连续属性	
glass	214	0	9	7
hepatitis	155	13	6	2
hypo	2514	22	7	5
iris	150	0	4	3
labor-ne	40	8	8	2
pima-indians	768	0	8	2
sick-euthyroid	3163	18	7	2

图 8.15　ChiMerge 实验中使用的数据集

所使用的 ChiMerge 版本是本书作者对 Kerber 原始算法的重新实现。

每组分类规则的价值可通过生成的规则数量和它们正确分类的实例百分比来衡量。为这些实验选择的方法是 10-折交叉验证法。首先将训练集分为 10 组相同大小的实例。然后运行 10 次 TDIDT，每次运行时，规则生成过程都省略了 10%的实例，并用作后续的未见测试集。每次运行都在未见测试集上产生一定比例的正确分类以及许多规则。然后将这些数字组合起来，得出规则的平均数量以及正确分类的百分比。在该过程中始终使用"默认为最大类别"策略。

图 8.16 显示了将 TDIDT 直接应用于所有数据集的结果，首先使用 ChiMerge 对所有连续属性进行全局离散化(显著性水平为 90%)。

全局离散化方法的正确分类百分比与局部离散化的正确分类百分比大致相当。然而，至少对于这些数据集而言，局部离散化似乎产生了较少的规则，对于 pima-indians 和 sick-euthyroid 数据集更是如此。

全局离散化方法具有相当大的优势，即数据只需要进行一次离散化，然后可用作任何接受分类属性的数据挖掘算法(而不仅是 TDIDT)的输入。

数据集	局部离散化		全局离散化	
	规则数	正确分类/%	规则数	正确分类/%
glass	38.3	69.6	88.2	72.0
hepatitis	18.9	81.3	42.0	81.9
hypo	14.2	99.5	46.7	98.7
iris	8.5	95.3	15.1	94.7
labor-ne	4.8	85.0	7.6	85.0
pima-indians	121.9	69.8	328.0	74.0
sick-euthyroid	72.7	96.6	265.1	96.6

图 8.16 使用了信息增益的 TDIDT,可进行局部离散化和使用了 ChiMerge(显著性水平为 90%)的全局离散化的比较,是 10-折交叉验证法的结果

8.6 本章小结

本章讨论了如何将连续属性转换为分类属性的问题,这个过程称为"离散化"。这很重要,因为许多数据挖掘算法(包括 TDIDT)都要求所有属性采用分类值。

区分了两种不同类型的离散化,称为局部离散化和全局离散化。详细说明了通过添加连续属性的局部离散化来扩展 TDIDT 算法的过程,然后描述用于全局离散化的 ChiMerge 算法。最后比较两种方法在多数据集 TDIDT 算法中的有效性。

8.7 自我评估练习

1. 通过使用 8.3.2 节中给出的修正形式的规则,确定第 4 章的 golf 训练集中连续属性 Humidity 的候选切割点。

2. 从图 8.12(c)开始,并由此得到间隔 87.1 和 89.0 的合并,然后找到下一对要合并的间隔。

第9章
避免决策树的过度拟合

前面章节描述的决策树的 TDIDT 算法是最常用的分类方法之一。众所周知，该算法在研究文献中被广泛引用，是许多成功商业软件包的重要组成部分。然而，与其他许多方法一样，它也存在对训练数据过度拟合的问题，从而导致某些情况下生成过大的规则集，或生成对于未见数据具有较低预测能力的规则。

如果一种分类算法生成过多依赖于训练实例的不相关特征的决策树(或数据的任何其他表示形式)，该算法就被认为过度拟合训练数据，结果是它在训练数据上表现良好，但在未见实例上却表现较差。

实际上，过度拟合总会或多或少地发生，因为训练集不可能包含所有可能的实例。仅当未见实例的分类准确性显著降低时，它才成为问题。因此始终需要意识到出现重大过度拟合的可能性并寻求减少它的方法。

本章将研究在生成决策树时(或之后)调整决策树的方法，以提高决策树的预测精度。主要思想是生成一个分支更少的树(称为"预剪枝")或删除已生成树的分支，从而得到一个更小更简单的树(称为"后剪枝")。但该树可能无法正确预测训练集中某些实例的类别。由于我们已经知道这些值应该是什么，因此这一点无关紧要。另外，更简单的树可更准确地预测未知数据的正确类别——也就是说"少即多"。

首先介绍一个与本章无关却非常重要的主题：如何处理训练集中的冲突。

9.1 处理训练集中的冲突

如果训练集中的两个或更多实例具有相同的属性值组合但具有不同的类别，那么训练集是不一致的，也就是说存在"冲突"(clash)。

冲突主要发生在以下两种情况下。

(1) 其中一个实例至少有一个属性值或其类别被错误记录，即数据中存在噪声。

(2) 冲突实例都是正确的，但不可能根据所记录的属性区分它们。

第二种情况下，区分实例的唯一方法是检查未记录在训练集中的其他属性的值，但这在大多数情况下是不可能的。遗憾的是，除了"直觉"之外，通常没办法区分发生冲突是情况(1)还是情况(2)。

训练集中的冲突可能对任何分类方法都是一个问题，但由于第 4 章介绍的"充分条件"，冲突可能给使用 TDIDT 算法生成树带来特殊问题。对于任何能从给定训练集生成分类树的算法，仅需要满足一个条件：没有任何两个或更多个实例可具有相同的属性值集但具有不同的类别。这也就提出了在不满足充分条件时该怎么做的问题。

通常希望即使训练数据中存在冲突也能生成决策树，并可使用基本的 TDIDT 算法实现这一点。

调整 TDIDT 以处理冲突

考虑一下，当训练集中存在冲突时 TDIDT 算法将如何执行。该方法仍将生成决策树，但其中至少一个分支将增长到最大可能的长度(即每个可能属性都有一个条件)，其中最低节点处的实例具有多个类别。该算法希望在该节点上选择另一个属性进行分裂，但此时已没有"未使用"属性，并且不允许在同一分支中两次选择相同的属性。发生这种情况时，我们将分支的最低节点所表示的实例集称为"冲突集"(clash set)。

典型的冲突集可能有一个类别为 true 的实例以及一个类别为 false 的实例。在更极端的情况下，冲突集中可能有多个类别且每个类别有多个实例。例如，对于一个物体识别示例，可能存在 3 种类别实例，一个类别为 house，两个类别为 tree，两个类别为 lorry。

图 9.1 显示了从具有 3 个属性 x、y 和 z 的训练集生成的决策树的示例，每个属性具有可能值 1 和 2，以及 3 个类别 c1、c2 和 c3。最下面一行中标记有 mixed 的节点表示冲突集，也就是说一些实例具有多个类别，但没有更多可进行分裂的属性。

可使用多种方法处理冲突，但主要方法有以下两种。

(1) "删除分支"策略。从冲突节点上面的节点开始，丢弃到冲突节点的分支。这类似于从训练集中删除冲突集中的实例(但不必完全等同，因为选择属性的顺序可能有所不同)。

将此策略应用于图 9.1, 可得到图 9.2。注意, 如 6.7 节所述, 此树无法对 x = 1、y = 1 和 z = 2 的未见实例进行分类。

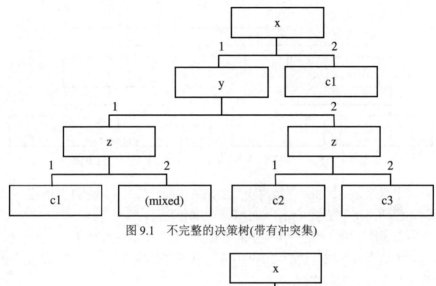

图 9.1 不完整的决策树(带有冲突集)

图 9.2 使用"删除分支"策略后从图 9.1 得到的决策树

(2) **"多数表决"策略**。用冲突集中实例的最常见分类标记节点。这类似于更改训练集中某些实例的类别(但同样未必等同, 因为选择属性的顺序可能有所不同)。

将此策略应用于图 9.1, 可得到图 9.3, 假设冲突集中最常见的实例类别是 c3。

决定使用哪种策略视情况而异。如果在训练集中有 99 个实例被分类为 yes, 而只有 1 个实例被分类为 no, 那么可认为 no 是错误分类, 因此使用方法(2)。如果天气预报应用程序中的分布是 4 rain、5 snow 和 3 fog, 那么我们可能更愿意完全丢弃冲突集中的实例并接受无法对属性值组合进行预测的事实。

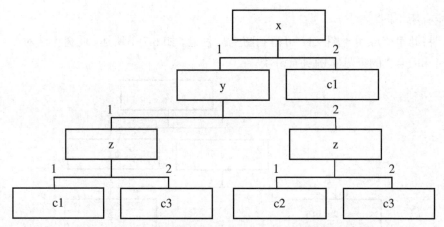

图 9.3 使用了"多数表决"策略后从图 9.1 得到的决策树

介于"删除分支"和"多数表决"之间的中间方法是使用"冲突阈值"(clash threshold)。冲突阈值是从 0 到 100(含 0 和 100)的百分比。

"冲突阈值"策略是将冲突集中的所有实例分配给这些实例最常见的类别,但前提是冲突集中具有该类别的实例的比例至少等于冲突阈值。否则,将完全丢弃冲突集和相应分支中的实例。

如果将冲突阈值设置为 0,会始终将冲突集中的所有实例分配给最常见类别,即采用"多数表决"策略。而如果将阈值设置为 100,则永远不会分配给最常见类别,即采用"删除分支"策略。

冲突阈值介于 0 到 100 之间,在上述两种极端情况之间给出一个中间位置。常用的合理值是 60%、70%、80%或 90%。

图 9.4 显示了对同一数据集使用不同冲突阈值的结果。所使用的数据集是删除了所有连续属性后的 crx "信用检查"数据集,以确保发生冲突。修改后的训练集不满足充分条件。

冲突阈值	训练集			测试集		
	正确	错误	未分类	正确	错误	未分类
0%,多数表决	651	39	0	184	16	0
60%	638	26	26	182	10	8
70%	613	13	64	177	3	20
80%	607	11	72	176	2	22
90%	552	0	138	162	0	38
100%,删除分支	552	0	138	162	0	38

图 9.4 带有不同冲突阈值的 crx 的已修改结果

表中的结果全部用 TDIDT 生成,并使用了"训练和测试"模式中的信息增益来选择属性。

从给出的结果可以清楚地看出，当训练数据中存在冲突时，就不再可能获得一个决策树并在生成它的训练集上给出 100%的预测精度。

"删除分支"选项(阈值＝100%)可避免出现任何错误，但会使许多实例无法分类。而"多数表决"策略(阈值＝0%)可避免出现实例未分类的情况，但会产生许多分类错误。阈值 60%、70%、80%和 90%的结果介于这两个极端之间。但训练数据的预测精度并不重要——我们已经知道了分类！重要的是测试数据的准确性。

这种情况下，测试数据的结果与训练数据的结果非常一致：减小阈值会增加正确分类的实例数量，同时会增加错误分类的实例数量，而且未分类的实例数量会相应减少。

如果使用"默认分类策略"，并自动将每个未分类的实例分配给原始训练集中的最大类别，那么结果会发生相当大的变化。

图 9.5 显示了修改后的结果，以便对测试数据，任何未分类的实例都会自动分配给最大的类别。此时，冲突阈值 70%和 80%给出了最高预测精度。

冲突阈值	训练集			测试集	
	正确	错误	未分类	正确	错误
0%，多数表决	651	39	0	184	16
60%	638	26	26	188	12
70%	613	13	64	189	11
80%	607	11	72	189	11
90%	552	0	138	180	20
100%，删除分支	552	0	138	180	20

图 9.5 具有不同冲突阈值的 crx 已修改结果(使用默认分类策略)

上面已经介绍了处理冲突的基本方法，现在回到本章的主题：避免决策树过度拟合数据。

9.2 关于过度拟合数据的更多规则

下面考虑一个典型规则，如：

IF $a = 1$ and b = yes and z = red THEN class = OK

为此规则添加附加条件，使其"专门化"，例如扩充规则：

IF $a = 1$ and b = yes and z = red and k = green THEN class = OK

通常会引用比规则的原始形式更少的实例(可能相同，但肯定不会更多)。

相反，如果从原始规则中删除条件，则使其"泛化"，例如缩减规则：

IF $a = 1$ and $b =$ yes THEN class = OK

通常会引用比规则的原始形式更多的实例(可能相同，但肯定不会少)。

TDIDT 和其他生成分类规则的算法存在的主要问题是"过度拟合"(overfitting)。每当算法在属性上分裂时，会将附加条件添加到每个生成的规则中，即树的生成是重复的专门化过程。

如果从包含噪声或不相关属性的数据生成决策树，则可能捕获错误的分类信息，这将使所生成的树在对未见实例进行分类时表现不佳。

即使事实并非如此，一旦超过某一点，增加更多条件来专门化规则可能适得其反。此时生成的规则非常适合生成它们的实例，但某些情况下，这些规则过于具体(即专门化)，无法为其他实例提供较高的预测精度。换句话说，如果决策树过于专业化，那么它的泛化能力将降低，这一点在分类未见实例时至关重要。

过度专业化的另一个后果是通常会产生大量不必要的规则。较少数量的一般规则可能对未见数据具有更高的预测精度。

减少过度拟合的标准方法是牺牲训练集上的分类精度，以便在分类未见测试数据时获得更高精度。可通过对决策树进行剪枝来实现。有两种方法可以做到这一点：
- 预剪枝(或向前剪枝)
防止生成非重要分支。
- 后剪枝(或后向剪枝)
生成决策树，然后删除非重要分支。

预剪枝和后剪枝都是增加决策树泛化的方法。

9.3 预剪枝决策树

预剪枝决策树使用一个"终止条件"来决定何时在生成树时提前终止某些分支。进化树的每个分支对应于一个不完整的规则，例如：

IF $x = 1$ AND $z =$ yes AND $q > 63.5$ … THEN …

以及当前"正在调查"的一部分实例。

如果所有实例都具有相同的类别，例如 $c1$，那么分支的末端节点被 TDIDT 算法视为由 $c1$ 标记的叶节点。每个这样完成的分支对应于一个完整规则，例如：

IF *x* = 1 AND *z* = yes AND *q* > 63.5 THEN class = c1

如果不是所有实例都有相同的类别，那么通常通过分裂属性将该节点扩展为子树，如前所述。当遵循预剪枝策略时，首先测试节点(即子集)以确定是否应用终止条件。如果不应用，则像往常一样扩展节点。如果应用，则使用"删除分支""多数表决"或其他类似策略将子集视为 9.1 节中处理的冲突集。最常见的策略可能是"多数表决"，这种情况下，节点被视为叶子节点，并标记为子集中实例的最常出现的类别("多数类")。

预剪枝规则集会错误地对训练集中的一些实例进行分类。但测试集的分类精度可能大于未经剪枝的规则集。

有多个标准可应用于节点以确定是否应该进行预剪枝。其中两个是：

● 大小截断值

如果子集包含少于 5 个(或 10 个)实例，则进行剪枝。

● 最大深度截断值

如果分支长度为 3 或 4，则进行剪枝。

图 9.6 显示了各种数据集的结果，其中使用 TDIDT 和信息增益来选择属性。每种情况下都使用了 10-折交叉验证，大小截断值为 5 个实例、10 个实例或没有截断值(即未剪枝)。图 9.7 显示了最大深度截断值为 3、4 或无限制的结果，主要使用"多数表决"策略。

所得结果清楚地表明，预剪枝方法的选择很重要。但从本质上讲，它是临时的。没有哪种大小或深度截断值对所有数据集都会产生良好的效果。

	没有截断值		5个实例		10个实例	
	规则数量	精度(%)	规则数量	精度(%)	规则数量	精度(%)
breast-cancer	93.2	89.8	78.7	90.6	63.4	91.6
contact_lenses	16.0	92.5	10.6	92.5	8.0	90.7
diabetes	121.9	70.3	97.3	69.4	75.4	70.3
glass	38.3	69.6	30.7	71.0	23.8	71.0
hypo	14.2	99.5	11.6	99.4	11.5	99.4
monk1	37.8	83.9	26.0	75.8	16.8	72.6
monk3	26.5	86.9	19.5	89.3	16.2	90.1
sick-euthyroid	72.8	96.7	59.8	96.7	48.4	96.8
vote	29.2	91.7	19.4	91.0	14.9	92.3
wake_vortex	298.4	71.8	244.6	73.3	190.2	74.3
wake_vortex2	227.1	71.3	191.2	71.4	155.7	72.2

图9.6 具有各种大小截断值的预剪枝

	没有截断值		深度为3		深度为4	
	规则数量	精度(%)	规则数量	精度(%)	规则数量	精度(%)
breast-cancer	93.2	89.8	92.6	89.7	93.2	89.8
contact_lenses	16.0	92.5	8.1	90.7	12.7	94.4
diabetes	121.9	70.3	12.2	74.6	30.3	74.3
glass	38.3	69.6	8.8	66.8	17.7	68.7
hypo	14.2	99.5	6.7	99.2	9.3	99.2
monk1	37.8	83.9	22.1	77.4	31.0	82.2
monk3	26.5	86.9	19.1	87.7	25.6	86.9
sick-euthyroid	72.8	96.7	8.3	97.8	21.7	97.7
vote	29.2	91.7	15.0	91.0	19.1	90.3
wake_vortex	298.4	71.8	74.8	76.8	206.1	74.5
wake_vortex2	227.1	71.3	37.6	76.3	76.2	73.8

图 9.7　具有各种最大深度截断值的预剪枝

该结果强化了 Quinlan[1]的观点，即预剪枝的问题在于"得到正确的停止阈值是不容易的。较高阈值可在后续分裂的好处变得明显之前终止分裂，而较低阈值会导致决策树无法简化"。与前面使用的大小和最大深度方法相比，我们更希望找到与预剪枝一起使用的更有原则的截断标准，并且如有可能，可完全自动地应用，而不需要用户选择任何截断阈值。虽然目前已经提出了许多可能的方法，但在实践中，人们越来越倾向于使用更受欢迎的后剪枝。

9.4　后剪枝决策树

后剪枝决策树意味着首先生成完整树，然后进行调整，以提高未见实例的分类精度。

这样做有两种主要方法。广泛使用的一种方法是首先将树转换为等效的规则集，该方法将在第 11 章中描述。

另一种常用的方法旨在保留决策树，但用叶节点替换子树，从而将完整的树转换为经过剪枝的较小的树，进而提高预测未见实例分类的准确性。此方法有多种变体，例如"减少错误剪枝""悲观错误剪枝""最小错误剪枝"以及"基于错误的剪枝"。本章参考文献[2]中给出了不同变体有效性的综合研究和数值比较。

虽然所用方法的细节差别很大，但下例给出了一般的思路。假设有一个由 TDIDT 算法生成的完整决策树，如图 9.8 所示。

此时，省略了在每个节点处分裂的属性的常规信息，对应于每个分支的属性值以及每个叶节点处的分类。相反,为便于参考,树的节点从 A 标记到 M(A 是根节点)。每个节点处的数字表示用于生成树的训练集的 100 个实例中有多少个对应于当前节点。在完整树的每个叶节点处,所有实例具有相同的类别。而在其他节点处,相应实例则具有多个类别。

从根节点 A 到诸如 J 的叶节点的分支对应于一个决策规则。而我们感兴趣的是该规则所适用的未见实例中不正确分类的比例。该比例称为节点 J 的"错误率"(0~1 的比例)。

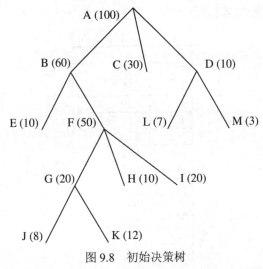

图 9.8 初始决策树

如果想象一下从根节点 A 到内部节点(如 G)的分支戛然而止,而没有继续分裂为从 A 到 J 以及 A 到 K 的两个分支,那么该分支将对应于 9.3 节所讨论的关于预剪枝的一条不完全规则。假设使用 9.1.1 节介绍的"多数表决"策略对这种截断规则所适用的未见实例进行分类(即将未见实例都分配给对应于该节点的训练集中实例数量最多的类别)。

对图 9.8 的决策树进行后剪枝时,可在树中寻找深度为 1 的后代子树的非叶节点(即下一级的所有节点都是叶节点)。所有这些子树都是后剪枝的候选者。如果满足剪枝条件,那么挂在节点上的子树可由节点本身替代。从树的底部向上剪枝,一次修剪一个子树,直到不再修剪子树为止。

对于图 9.8 来说,剪枝的唯一候选者是从节点 G 和 D"悬挂"的子树。

从树的底部开始向上剪枝,首先考虑用 G 本身替换节点 G 的子树,作为剪枝树中的叶节点。如何将以 G 结尾的分支(截断规则)的错误率与以 J 和 K 结尾的两个分支(完整规则)的错误率进行比较?在节点 G 处分裂对树的预测精度是有利还是有害呢?有时可能会考虑更早地截断分支,例如在节点 F 处,但这么做有益还是有害呢?

要回答这些问题，需要一些方法估计树的任何节点的错误率。一种方法是使用树对一组以前未见数据(称为"剪枝集")中的实例进行分类并计算错误。注意，剪枝集必须是本书其他地方使用的"未见测试集"的附加部分。测试集不得用于剪枝目的。虽然使用剪枝集是一种合理方法，但当可用数据量很小时可能不切实际。一种替换方法是用公式估计错误率(同时执行时间也少得多)。这样的公式可能基于概率，并需要考虑一些因素，如对应于属于每个类别的节点的实例数量以及每个类别的先验概率。

图9.9显示了使用(虚构)公式后，图9.8中每个节点的估计错误率。

节点	估计错误率
A	0.3
B	0.15
C	0.25
D	0.19
E	0.1
F	0.129
G	0.12
H	0.05
I	0.2
J	0.2
K	0.1
L	0.2
M	0.1

图9.9　图9.8中节点的估计错误率

通过图9.9可看到，节点J和K处的估计错误率分别为0.2和0.1。这两个节点分别对应8个和12个实例(节点G处有20个实例)。

为估计节点G上"悬挂"的子树的错误率(见图9.10)，可采用J和K处估计错误率的加权平均值。该值为$(8 / 20) \times 0.2 + (12 / 20) \times 0.1 = 0.14$。将此称为节点G错误率的"备份估计"(backed-up estimate)，因为它是根据其下方节点的估计错误率计算的。

图9.10　源于G节点的子树[1]

---

[1] 在图9.10以及类似的图中，每个节点括号中的两个数字分别给出该节点对应的训练集中的实例数(如图9.8所示)和节点的估计错误率(如图9.9所示)。

现在需要将该值与从图 9.9 获得的值(即 0.12，将其称为该节点错误率的静态估计)进行比较[1]。

在节点 G 处，静态值小于备份值。这意味着在节点 G 处的分裂会增加该节点的错误率，这显然会适得其反，因此对节点 G 向下的子树进行剪枝，从而得到图 9.11。

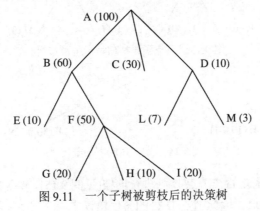

图 9.11　一个子树被剪枝后的决策树

接下来剪枝的候选者是节点 F 和节点 D 向下的子树。此时节点 G 是部分剪枝树的叶节点。

现在可考虑在节点 F 处分叉是否有益(如图 9.12 所示)。节点 G、H 和 I 处的静态错误率分别为 0.12、0.05 和 0.2。因此，节点 F 处的备份错误率是$(20 / 50) \times 0.12 + (10 / 50) \times 0.05 + (20 / 50) \times 0.2 = 0.138$。

图 9.12　节点 F 向下的子树

节点 F 的静态错误率为 0.129，小于备份值，因此对树再次进行剪枝，如图 9.13 所示。

再下来剪枝的候选者是从节点 B 和 D 向下的子树。接下来考虑是否对节点 B 进行剪枝(如图 9.14 所示)。

节点 E 和 F 处的静态错误率分别为 0.1 和 0.129，因此节点 B 处的备份错误率为$(10 / 60) \times 0.1 + (50 / 60) \times 0.129 \approx 0.124$，小于节点 B 的静态错误率(即 0.15)。在节点 B 处分叉会降低错误率，因此不对树进行剪枝。

---

1 从现在开始，为简单起见，我们通常在节点上引用"备份错误率"和"静态错误率"，而不是每次都使用"估计"一词。然而，重要的是要记住，它们只是估计值，不是我们无法知道的准确值。

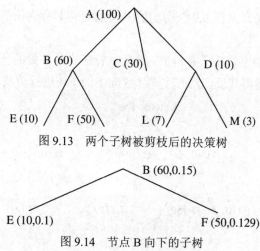

图 9.13　两个子树被剪枝后的决策树

图 9.14　节点 B 向下的子树

接下来需要考虑是否在节点 D 处进行剪枝(见图 9.15)。节点 L 和 M 处的静态错误率分别为 0.2 和 0.1，因此节点 D 处的备份错误率为$(7 / 10) \times 0.2 + (3 / 10) \times 0.1 = 0.17$，小于节点 D 的静态错误率，即 0.19，因此不需要对子树进行剪枝。到此，再没有需要进一步考虑的子树，最终剪枝后的树如图 9.15 所示。

D (10,0.19)

L (7,0.2)　　　　　　　　M (3,0.1)

图 9.15　节点 D 向下的子树

在极端情况下，此方法可能导致决策树被修剪到其根节点，从而表明相比于简单地将每个未见实例分配给训练数据中的最大类别，使用该树可能导致更高的错误率，即更多的错误分类。但幸运的是，这么糟糕的决策树可能非常罕见。

相对于预剪枝决策树，后剪枝决策树似乎是一种更被广泛使用和接受的方法。毫无疑问，C4.5 分类系统[1]良好的可用性和受欢迎程度对此产生了很大影响。然而，很多人对后剪枝提出了一个重要的反对意见，当生成一个完整的决策树然后丢弃一些或大部分分支树时会涉及大量的计算开销。对于小型实验数据集而言，这可能无关紧要，但"真实世界"数据集可能包含数百万个实例，计算的可行性以及方法的扩展问题将不可避免地变得重要起来。

分类规则的决策树表示形式被广泛使用，因此希望找到一些适合它的剪枝方法。但树的表示形式本身就是过度拟合的来源，如第 11 章所述。

9.5　本章小结

本章首先研究了处理训练集中冲突(即不一致实例)的技巧，进而讨论了用于避免或减少决策树过度拟合到训练数据的方法。当决策树过度依赖于训练数据的不相关特征时，就会出现过度拟合，结果降低了对未见实例的预测能力。

避免过度拟合的两种方法是：预剪枝(生成更少的分支)和后剪枝(生成完整的决策树，然后去除部分分支)。使用大小或最大深度截断值给出用于预剪枝的结果。最后介绍一种根据比较每个节点处的静态和备份估计错误率对决策树进行后剪枝的方法。

9.6　自我评估练习

通过使用下面给出的估计错误率表(而不是图 9.9 给出的值)，会对图 9.8 所示的决策树的后剪枝产生什么结果？

节点	估计错误率
A	0.2
B	0.35
C	0.1
D	0.2
E	0.01
F	0.25
G	0.05
H	0.1
I	0.2
J	0.15
K	0.2
L	0.1
M	0.1

第 **10** 章

关于熵的更多信息

10.1　简介

本章将再次讨论第 5 章介绍的训练集的熵主题。熵的概念不仅用于数据挖掘；它是一个非常基础的概念，广泛用于信息理论，是计算通信系统有效传输信息的基础。

首先解释一组不同值的熵的含义，然后回头分析训练集的熵。

假设正在玩"二十个问题"游戏，通过询问一系列是/否问题来尝试确定 M 个可能值中的一个。而我们真正感兴趣的值是第 3 章和其他地方所讨论的那种互斥的分类，但同一个参数可应用于任何一组不同的值。

现在假设所有 M 个值都是同等可能的，并且因为后面介绍的原因，还假设 M 是 2 的幂，即 2^N，其中 $N \geqslant 1$。

作为一个具体示例，我们将负责完成从 8 个可能的城市(伦敦、巴黎、柏林、华沙、东京、罗马、雅典和莫斯科，此时 $M = 8 = 2^3$)中确定一个未知的首都城市的任务。

有许多可能的方式提问，例如随机猜测：

是华沙吗？	不是
是柏林吗？	不是
是罗马吗？	是

如果提问者提前做出一个幸运的猜测，可能很有效；但一般情况下，猜测是很低效的。为证明这一点，想象一下按固定顺序进行猜测：伦敦、巴黎、柏林等，直到猜出正确的答案。此时猜到雅典就不需要进一步猜测了，因为"不是"的答案会告诉我们这座城市必定是莫斯科。

如果这个城市是伦敦，需要 1 个问题就能找到它。

如果这个城市是巴黎，需要 2 个问题才能找到它。

如果这个城市是柏林，需要 3 个问题才能找到它。

如果这个城市是华沙，需要 4 个问题才能找到它。

如果这个城市是东京，需要 5 个问题才能找到它。

如果这个城市是罗马，需要 6 个问题才能找到它。

如果这个城市是雅典，需要 7 个问题才能找到它。

如果这个城市是莫斯科，需要 7 个问题才能找到它。

上述可能性中的每一种都是同样可能的，即都有 1/8 的概率，因此平均而言需要提出$(1+2+3+4+5+6+7+7)/8$ 个问题，即 $35/8 = 4.375$ 个问题。

下面的实验很快就会表明，最佳策略是将可能性分成两半。因此可以问：

是伦敦、巴黎、雅典或莫斯科？ 不是

是柏林或华沙？ 是

是柏林吗？

无论第三个问题是肯定还是否定，答案都会告诉我们"未知"城市到底是哪一个。

减半策略总需要 3 个问题来确定未知城市。它之所以被认为是"最佳"策略，不是因为它可用最少的问题给出答案(随机猜测偶尔比减半策略要好)，而是因为如果进行一系列"试验"(每个游戏猜一个城市，每次随机选择)，减半策略总会找到答案，并且一般来说比任何其他策略所提的问题都少。根据这种理解，可以说，从8 个同等可能性中确定未知值所需的"是/否"问题的最小数量是 3 个。

8 是 2^3，同时所需的"是/否"问题的最小数量也是 3，这并非巧合。如果让 M的可能值的个数增加或减少 2 的幂，同样的情况也会发生。如果从 8 种可能性开始，并在第一个问题中将数量减半，那么就剩下另外 4 种可能性，从而可通过另外两个问题确定未知值。如果我们从 4 种可能性开始，并在第一个问题中将数字减到 2，那么可通过另一个问题(比如"是第一个吗？")确定未知值。因此，对于 $M=4$，问题的最小数量是 2；而对于 $M=2$，问题的最小数量是 1。

可扩展这个结论，看看更高值的 M，如 16。一个"减半"问题可将可能性减少到 8，接下来还需要处理另外 3 个问题。因此，在 16 个值($M = 16$)的情况下所需的问题数量必须为 4。

一般来说，可得出以下结论：从 $M = 2^N$ 个同等可能性中确定未知值所需的"是/否"问题的最小数量为 N。

如果使用数学函数 $\log_2$，[1]那么可将最终结果重写为：从 M 确定未知值所需的"是/否"问题的最小数量是 $\log_2 M$(假设 M 是 2 的幂；参见图 10.1)。

M	$\log_2 M$
2	1
4	2
8	3
16	4
32	5
64	6
128	7
256	8
512	9
1024	10

图 10.1　$\log_2 M$ 的一些值(M 是 2 的幂)

下面定义称为一组 M 个不同值的"熵"的量。

一组 M 个不同值的"熵"等同于从 M 个可能性中确定未知值所需的"是/否"问题的最小数量。和前面一样，"在所有情况下"这个词是隐含的，而所说的"最小"指在一系列试验(而不仅是一次试验或游戏)中，平均问题数是最少的。

"所需的'是/否'问题的最小数量"这句话隐含的意思是每个问题都需要将剩下的可能性两等分。如果不这样做，比如随机猜测，所需的"是/否"问题的数量就会增加。

仅孤立地将每个问题视为"减半问题"是不够的。例如，考虑序列：

是柏林、伦敦、巴黎还是华沙？是
是柏林、伦敦、巴黎还是东京？是

这两个问题本身都是"减半问题"，但在解答这两个问题后仍然需要区分 3 种可能性，而剩下的可能性又不能用一个问题来解决。

仅使提出的每个问题都是一个减半问题是不够的。还必须找到"一系列"问题，

1　附录 A 中列出了有关 $\log_2$ 函数的信息。

而这些问题充分利用已给出的答案，从而将剩余的可能性两等分。我们称之为"精心挑选"的一系列问题。

到目前为止，已经确定一组 M 个不同值的熵是 $\log_2 M$，假设 M 是 2 的幂并且所有值都是等可能的。下面还需要确定对问题的要求，以便形成"精心挑选"的序列。

可以提出 3 个问题：

- 如果 M 不是 2 的幂，该怎么办？
- 如果 M 个可能值不是等可能的，怎么办？
- 是否可采用一种系统方法找到一系列精心挑选的问题？

为回答这些问题，首先需要了解使用位的编码信息的概念。

10.2　使用位的编码信息

通常我们有一种明显的感觉，要回答的问题越多，所拥有的信息也就越多。可以这样说，一个只能回答是或否的问题的答案(同等概率)可以被认为包含一个"信息单位"。信息的基本单位称为比特(bit，"binary digit"的缩写)。"比特"一词的这种用法与计算机存储器中的基本存储单元密切相关。它是一个基本的双值单位，对应于开关的开闭，灯的开闭，电流的流动或不流动，或莫尔斯电码的点和线。

信息单元也可以被视为仅可用 0 或 1 进行编码的信息量。如果有两种可能的值，比如男性和女性，那么可能会使用编码：

0 = 男性
1 = 女性

也可以使用两位来编码 4 个可能的值(例如：男人、女人、狗、猫)，例如：

00 = 男人　　10 = 狗
01 = 女人　　11 = 猫

如果要编码 8 个值，比如 8 个首都城市，则需要使用 3 位。
例如：

000 = 伦敦　　　100 = 东京
001 = 巴黎　　　101 = 罗马
010 = 柏林　　　110 = 雅典
011 = 华沙　　　111 = 莫斯科

可用 N 个二进制数字对 2^N 个等概率的可能性进行编码表明，用 N 个精心选择的问题序列来区分值总是可能的。例如：

> 第一位是 0 吗？
> 第二位是 0 吗？
> 第三位是 0 吗？
> 等等。

这就引出了下面关于熵的另一种等效定义：

> 一组 M 个不同值的熵是以最有效方式对值进行编码所需的位数。

与之前的定义类似，"在所有情况下"一词也是隐含的，而"最有效方式"意味着在一系列试验(而不仅是一次试验)中的平均最小位数。第二个定义也解释了熵通常不作为数字而作为多个"信息块"提供的原因。

10.3 区分 M 个值(M 不是 2 的幂)

到目前为止，已经确定，如果 M 是 2 的幂，那么一组相同概率的 M 个不同值的熵是 $\log_2 M$。接下来考虑一下 M 不是 2 的幂的情况。

是否可以说熵是信息的 $\log_2 M$ 位？不能有非整数数量的问题，也不能使用非整数数量的位进行编码。

为回答上述问题，需要考虑的是，不仅能确定 M 个可能性中的一个值，还要能确定 k 个这样的值的序列(每个值独立于其他值)。可使用 V_{kM} 表示确定 k 个未知值(均独立地取自 M 种可能性)的序列所需的"是/否"问题的最小数量(即熵)。这与区分 M^k 个不同可能性所需的问题数量是相同的。

举一个具体例子，假设 M 为 7 而 k 为 6，接下来的任务是确定 6 天序列，例如 {星期二，星期四，星期二，星期一，星期日，星期二}。可能的问题包括：

> 第一天是星期一、星期二或星期三吗？
> 第二天是星期四吗？
> 第三天是星期一、星期六、星期二或星期四吗？
> 第四天是星期二、星期三或星期五吗？
> 第五天是星期六或星期一吗？
> 第六天是星期一、星期日或星期四吗？

共有 7^6 = 117 649 个可能的 6 天序列。$\log_2$117 649 的值是 16.84413，该值介于 16 和 17 之间，因此要确定 6 天序列的任何可能值将需要 17 个问题。6 天中每一天的平均问题数为 17/6 = 2.8333。这相当接近 $\log_2 7$，大约是 2.8074。

通过取较大的 k 值，以便得到更好的近似熵，如 21。现在 $\log_2 M^k$ 为 $\log_2(7^{21}) \approx$ 58.95445，所以 21 个值的集合共需要 59 个问题，而每个值的问题的平均数目为 59/21 $\approx$ 2.809524。

最后，针对一组 1000 个值(即 k = 1000)，$\log_2 M^k$ 为 $\log_2(7^{1000}) \approx$ 2807.3549，因此 1000 个值的集合需要 2808 个问题，每个值的平均值为 2.808，这非常接近 $\log_2 7$。

上述值似乎收敛于 $\log_2 7$ 并非巧合，下面讨论从 M 个不同的相同可能值中得到长度为 k 的序列的一般情况。

k 个值存在 M^k 个可能的序列。现在假设 M 不是 2 的幂，所需的问题数量 V_{kM} 是大于 $\log_2 M^k$ 的下一个整数。可通过下面所示的关系设置 V_{kM} 的上限值和下限值：

$$\log_2 M^k \leqslant V_{kM} \leqslant \log_2 M^k + 1$$

利用对数的性质 $\log_2 M^k = k\log_2 M$ 可得到以下关系：

$$k\log_2 M \leqslant V_{kM} \leqslant k\log_2 M + 1$$

所以 $\log_2 M \leqslant V_{kM}/k \leqslant \log_2 M + 1/k$。

V_{kM}/k 是确定每个 k 值所需的平均问题数。通过选择足够大的 k 值，即足够长的序列，可使 $1/k$ 的值尽可能小。因此，确定每个值所需的平均问题数可任意接近 $\log_2 M$。也就是说，一组 M 个不同值的熵可以是 $\log_2 M$，即使 M 不是 2 的幂(如图 10.2 所示)。

M	$\log_2 M$
2	1
3	1.5850
4	2
5	2.3219
6	2.5850
7	2.8074
8	3
9	3.1699
10	3.3219

图 10.2　M 从 2 到 10 对应的 $\log_2 M$

10.4 对"非等可能"的值进行编码

最后总结出对 M 个"非等可能"的值进行编码的一般情况。假设不包括从未出现过的值。

当 M 个值等可能时，前面已经证明熵等于 $\log_2 M$。而当 M 值不均匀分布时，熵的值通常比 $\log_2 M$ 小。在只有一个值的极端情况下，甚至不需要使用一位表示该值并且熵为 0。

可将 M 个值中第 i 个值出现的频率设为 p_i，其中 i 为 1~M。而对所有 p_i，都有

$$0 \leqslant p_i \leqslant 1 \, \text{且} \sum_{i=1}^{M} p_i = 1。$$

为方便起见，将给出一个示例，其中所有 p_i 值都是 2 的幂的倒数，即 1/2、1/4 或 1/8，可用类似于 10.3 节的参数将所得结果应用于 p_i 的其他值。

假设有 4 个值 A、B、C 和 D，它们分别以 1/2、1/4、1/8 和 1/8 的频率出现。然后 $M = 4$，$p_1 = 1/2$，$p_2 = 1/4$，$p_3 = 1/8$，$p_4 = 1/8$。

当表示 A、B、C 和 D 时，可使用前述的标准的两位编码，即：

A 10

B 11

C 00

D 01

然而，可使用"可变长度编码"(variable length encoding)对其进行改进，即值不总是由相同的位数表示。可使用多种可能的方法做到这一点。最好使用图 10.3 所示的方法。

A	1
B	01
C	001
D	000

图 10.3 4 个频率为 1/2、1/4、1/8 和 1/8 的值的最有效表示

如果要确定 A 的值，只需要检查 1 位即可。如果是 B，则需要检查 2 位。如果是 C 或 D，则需要检查 3 位。平均需要检查 $1/2 \times 1 + 1/4 \times 2 + 1/8 \times 3 + 1/8 \times 3 = 1.75$ 位。

一致地翻转部分或全部位，会得到其他同样有效的表示，显然它们是等价的，例如：

A 0

B 11

C 100

D 101

其他任何表示通常需要检查更多位。例如,可选择:

A 01

B 1

C 001

D 000

通过这种表示,平均需要检查 $1/2 \times 2 + 1/4 \times 1 + 1/8 \times 3 + 1/8 \times 3 = 2$ 位(与固定长度表示的数字相同)。

其他一些表示,例如:

A 101

B 0011

C 10011

D 100001

比 2 位表示糟糕得多。此时平均需要检查 $1/2 \times 3 + 1/4 \times 4 + 1/8 \times 5 + 1/8 \times 6 = 3.875$ 位。

找到最有效编码的关键是使用一个 N 位的字符串表示发生频率为 $1/2^N$ 的值。用另一种方式写,即用 $\log_2(1/p_i)$ 位的字符串表示发生频率为 p_i 的值(如图 10.4 所示)。

p_i	$\log_2(1/p_i)$
1/2	1
1/4	2
1/8	3
1/16	4

图 10.4 $\log_2(1/p_i)$ 的值

这种编码方法确保可通过询问一系列"精心选择"的关于每一位值的"是/否"问题(即两个答案同等可能的问题)来确定任何值。

第一位是 1 吗?

如果不是,第二位是 1 吗?

如果不是,第三位是 1 吗?

……

因此在图 10.3 中，出现频率为 1/2 的值 A 由 1 位表示，出现频率为 1/4 的值 B 由 2 位表示，而值 C 和 D 则由 3 位表示。

如果有 M 个值，且频率分别为 p_1、p_2、....、p_M，那么需要检查以确定一个值的平均位数(即熵)等于第 i 个值(如果第 i 个值是需要确定的值)的出现频率乘以需要检查的位数，然后求 i 从 1 到 M 的所有值的和。计算熵 E 的值如下所示：

$$E = \sum_{i=1}^{M} p_i \log_2(1/p_i)$$

该公式通常用以下等效形式给出：

$$E = -\sum_{i=1}^{M} p_i \log_2(p_i)$$

有两种特殊情况需要考虑。当 p_i 的所有值都相同时，即对于 i 从 1 到 M 的所有值，$p_i = 1/M$，那么上述公式可简化为：

$$\begin{aligned}
E &= -\sum_{i=1}^{M} (1/M) \log_2(1/M) \\
&= -\log_2(1/M) \\
&= \log_2 M
\end{aligned}$$

这是 10.3 节给出的公式。

当只有一个非零频率值时，$M = 1$ 且 $p_1 = 1$，所以 $E = -1 \times \log_2 1 = 0$。

10.5　训练集的熵

现在可将本章前面所讲的内容与第 5 章给出的训练集的熵的定义联系起来。第 5 章只是简单地说明了熵的公式而没有说明原因。现在可根据确定未知分类所需的"是/否"问题的数量来分析训练集的熵。

知道训练集的熵是 E，并不意味着可根据 E 个"精心挑选"的"是/否"问题找到未知分类。要找到分类，还必须询问有关分类本身的问题，例如，"分类是 A 或 B，而不是 C 或 D？"显然，我们无法通过提出这类问题找到预测未见实例分类的方法。相反，可询问一系列关于训练集中每个实例的一组属性值的问题，这些属性共同决定了实例的分类。有时只需要一个问题，有时需要更多。

通过询问关于属性值的任何问题可有效地将训练集划分为多个子集，每个子集对应于属性的每个可能值(丢弃任何空子集)。第 4 章描述的 TDIDT 算法通过反复分裂属性值从上到下生成决策树。如果根节点表示的训练集具有 M 个可能的分类，那么对应于进化树的每个分支末端节点的每个子集的熵值范围从 $\log_2 M$(如果子集中每个类别的频率是相同的)到 0(如果子集的属性只有一个类别)。

当分裂过程终止时，所有"不确定性"都已从树中删除。每个分支对应于属性值的一个组合，并且对于每个分支，存在单个分类，因此总熵值为 0。

尽管通过分裂所创建的子集可能具有大于其"父集"的熵，但在该过程的每个阶段，对属性的分裂会降低树的平均熵，或者在最坏情况下保持不变。这是一个非常重要的结果，虽然经常被假定但很少被证明。下一节将讨论该内容。

10.6　信息增益必须为正数或 0

第 5 章已经介绍了信息增益属性选择标准。由于其名称，很多人假定信息增益必须始终为正，即在树的生成过程中通过分裂节点总可获得信息。

但这种假定是不正确的。虽然信息增益通常是正数，但也可能为 0。证明信息增益可以为 0 的原理基于以下原则：对于 C 个可能的分类，当类别平均分布(也就是说每个类别都有相同数量的实例)时，训练集的熵值为 $\log_2 C$(最大可能值)。

图 10.5 所示的训练集有两个平均分布的类别。

X	Y	类别
1	1	A
1	2	B
2	1	A
2	2	B
3	2	A
3	1	B
4	2	A
4	1	B

图 10.5　"信息增益可能为 0"示例的训练集

因为每个类别的概率都是 0.5，所以：

$E_{start} = -(1/2)\log_2(1/2) - (1/2)\log_2(1/2) = -\log_2(1/2) = \log_2(2) = 1$。这就是 $C = 2$ 类别的 $\log_2 C$ 的值。

构造该训练集是为了具有可用于分裂的属性，每个分支也都是均匀分布的。

如果在属性 X 上进行分裂，则频率表如图 10.6(a)所示。

频率表的每一列都是均匀分布的，所以可以很容易地验证 $E_{new} = 1$。

如果在属性 Y 上进行分裂，则频率表如图 10.6(b)所示。

两列同样是均匀分布的，并且 $E_{new} = 1$。无论采用哪个值，E_{new} 都为 1，因此信息增益 $= E_{start} - E_{new} = 0$。

类别	属性值			
	1	2	3	4
A	1	1	1	1
B	1	1	1	1
总计	2	2	2	2

(a) 属性 X 的频率表

类别	属性值	
	1	2
A	2	2
B	2	2
总计	4	4

(b) 属性 Y 的频率表

图 10.6　频率表

没有信息增益并不意味着分裂任何一个属性都没有价值。无论选择哪一个，对所有结果分支的其他属性进行分裂将生成一个最终决策树，每个分支以一个叶节点结束，因此熵为 0。

虽然已经证明信息增益有时可以为 0，但它不能是负数。从直觉上讲，通过分裂属性可能会丢失信息似乎是错误的。当然这样做肯定能提供更多(或偶尔提供相同数量)的信息吗？

许多作者都阐述了信息增益永远不会是负数的结论，而其他作者也暗示了这一结论。虽然"信息增益"这个名称强烈暗示了信息丢失是不可能的，但这远不是一个有力证据。

由于作者无法找到这一关键结果的证据，因此向几位英国学者提出了质疑，要求他们在技术文献中找到证据或给出自己的证据。对此给出的最出色的回答来自阿尔斯特大学的两名成员，他们拿出了自己详细的证明[1]。虽然证据在这里难以复制，但非常值得获取和仔细研究。

10.7　使用信息增益简化分类任务的特征

最后以信息增益的形式研究熵的更多用途，主要讨论简化任何类型的分类算法需要考虑的特征(即属性)数量。

这里所描述的特征简化方法特定于分类任务。它使用第 5 章介绍的信息增益作为在 TDIDT 树生成算法的每个阶段选择属性的标准。然而，为简化特征，信息增益仅作为初始预处理阶段应用于顶层。仅保留满足指定标准的属性供分类算法使用。

这里并没有假设所使用的分类算法是 TDIDT，可能是任何算法。

从广义上讲，该方法相当于依次询问每个属性"通过了解该属性的值可获得多少关于实例分类的信息呢？"，只保留具有最大信息增益值的属性用于首选分类算法。共有 3 个阶段。

> (1) 计算原始数据集中每个属性的信息增益值。
> (2) 丢弃所有不符合指定标准的属性。
> (3) 将修改后的数据集传递给首选分类算法。

第 6 章介绍了使用频率表计算分类属性的信息增益的方法。而第 8 章修改了第 6 章所介绍的方法，检验了将属性值分裂为两部分的替代方法，使其可用于连续属性。此外后者还返回了"拆分值"，即提供最大信息增益的属性值。当信息增益用于特征简化时，不需要该值。只要知道具有任何拆分值的属性可获得的最大信息增益就足够了。

可使用多种可能的标准确定要保留的属性，例如：

- 仅保留最佳的 20 个属性
- 仅保留最佳的 25%的属性
- 仅保留信息增益至少为任何属性的最高信息增益的 25%的属性
- 仅保留将数据集的初始熵至少降低 10%的属性

在所有情况下，没有一个选择是最好的，但分析所有属性的信息增益值有助于做出明智选择。

10.7.1 示例 1：genetics 数据集

作为一个示例，可考虑使用 genetics 数据集，该数据集可从 UCI 存储库获得。图 10.7 给出一些基本信息。

> **genetics 数据集：基本信息**
>
> genetics 数据集包含 3190 个实例。每个实例包含 60 个 DNA 元素序列的值，并分为 3 个可能的类别：EI、IE 和 N。60 个属性(命名为 A0~A59)中的每一个都是分类的，有 8 个可能的值：A、T、G、C、N、D、S 和 R。

图 10.7　genetics 数据集的基本信息

虽然 60 个属性并不是一个很大的数字,但它仍然比完成可靠分类所需的属性多得多，并足以让过度拟合成为可能。

另外，共有 3 个分类，3190 个实例在这 3 个类别中的分布是 767、768 和 1655。相对比例为 0.240、0.241 和 0.519，因此初始熵为 $-0.240 \times \log_2(0.240) - 0.241 \times \log_2(0.241) - 0.519 \times \log_2(0.519) = 1.480$。

属性 A0~A59 的信息增益值如图 10.8 所示。

具有最大信息增益的是 A29。增益为 0.3896，意味着如果知道 A29 的值，那么初始熵将减少 1/4 以上。具有第二大信息增益的是属性 A28。

对于人来说，比较 4 个小数位的小数是比较困难的。如果将所有信息增益值除以 0.3896(最大值)，得到从 0 到 1 的比例，然后将它们全部乘以 100，就更容易理解该表。图 10.9 给出了结果值。属性 A0 的调整信息增益为 1.60，这意味着 A0 的信息增益是最大增益值(即 A29 的信息增益)的 1.60%。

属性	信息增益
A0	0.0062
A1	0.0066
A2	0.0024
A3	0.0092
A4	0.0161
A5	0.0177
A6	0.0077
A7	0.0071
A8	0.0283
A9	0.0279
……	……
A27	0.2108
A28	0.3426
A29	0.3896
A30	0.3296
A31	0.3322
……	……
A57	0.0080
A58	0.0041
A59	0.0123

属性	信息增益(已调整)
A0	1.60
A1	1.70
A2	0.61
A3	2.36
A4	4.14
A5	4.55
A6	1.99
A7	1.81
A8	7.27
A9	7.17
……	……
A27	54.09
A28	87.92
A29	100.00
A30	84.60
A31	85.26
……	……
A57	2.07
A58	1.05
A59	3.16

图 10.8　genetics 数据集：属性的信息增益　　图 10.9　genetics 数据集：信息增益占最大值的百分比

从该表中可以清楚地看出，A29 的信息增益不仅最大，而且比其他大多数值大得多。只有少数的其他信息增益值可达到 A29 的 50%。

查看信息增益值的另一种方法是考虑"频率"。可将可能的调整值划分为多个范围，通常称为"区间"。这些区间可标记为 10、20、30、40、50、60、70、80、90 和 100(区间的间距不一定相等)。

然后将每个信息增益值分配给其中一个区间。第一个区间对应于 0~10(含 0 和 10)的值，第二个区间对应于大于 10 但小于或等于 20 的值，以此类推。

10 个区间中每个区间的频率如图 10.10 所示。最后两列显示了"累积频率"(即小于或等于区间标签的值的数量)以及用各值总数(即 60)的百分比表示的累积频率。

60 个属性中有多达 41 个属性的信息增益不超过 A29 的 10%。只有 6 个属性的信息增益超过 A29 的 50%。

区间	频率	累计频率	累计频率(%)
10	41	41	68.33
20	9	50	83.33
30	2	52	86.67
40	2	54	90.00
50	0	54	90.00
60	2	56	93.33
70	0	56	93.33
80	0	56	93.33
90	3	59	98.33
100	1	60	100.00
总计	60		

图 10.10　genetics 数据集：信息增益频率

此时很多人会试图丢弃除最佳 6 个属性外的其他属性。虽然这不一定是最佳策略，但可以尝试一下，看一下预测精度的变化。

利用 TDIDT 结合熵属性选择准则进行分类，当使用所有 60 个属性时，使用 10-折交叉验证法获得的预测精度为 89.5%。而仅使用最佳的 6 个属性时，预测精度增加到 91.8%。尽管这种改进非常小，但它肯定是一种改进，仅使用原始 60 个属性中的 6 个属性即可获得。

10.7.2　示例 2：bcst96 数据集

下一个示例使用了更大的数据集。bcst96 数据集已用于网页自动分类的实验。有关它的一些基本信息如图 10.11 所示。

此时，原始属性数量是训练集中实例数量的 11 倍以上。似乎可以很安全地删除大量属性，但应删除哪些属性呢？

熵的初始值是 0.996，表明这两个类别的分布大致是均等的。

---

bcst96 数据集：基本信息

　　bcst96 数据集包括 1186 个实例(训练集)和另外 509 个实例(测试集)。每个实例对应于一个网页，网页使用 13 430 个属性值，可分为两个可能的类别 B 或 C，并且全部是连续的。

　　对于训练集中的实例，共有 1 749 个属性只有一个值，因此可将这些属性删除，留下 11 681 个连续属性。

图 10.11　bcst96 数据集：基本信息

　　如图 10.11 所示，删除了训练集中所有实例具有单个值的属性后，剩下 11 681 个连续属性。

　　接下来，计算这 11 681 个属性的信息增益。最大值是 0.381。

　　频率表如图 10.12 所示。

区间	频率	累计频率	累计频率(%)
5	11 135	11 135	95.33
10	403	11 538	98.78
15	76	11 614	99.43
20	34	11 648	99.72
25	10	11 658	99.80
30	7	11 665	99.86
35	4	11 669	99.90
40	1	11 670	99.91
45	2	11 672	99.92
50	1	11 673	99.93
55	1	11 674	99.94
60	2	11 676	99.96
65	2	11 678	99.97
70	0	11 678	99.97
75	1	11 679	99.98
80	0	11 679	99.98
85	1	11 680	99.99
90	0	11 680	99.99
95	0	11 680	99.99
100	1	11 681	100.00
总计	11 681		

图 10.12　bcst96 数据集：信息增益频率

　　最令人惊讶的结果是多达 11 135 个属性(95.33%)在区间 5 中具有信息增益，即不超过可获得的最大信息增益的 5%。而几乎 99% 的值都在区间 5 和 10 中。

　　利用 TDIDT 并结合熵属性选择准则进行分类，该算法从原始训练集生成 38 个规则并使用它们预测测试集中 509 个实例的分类。预测精度达到 94.9%(483 个预测正确和 26 个不正确)。如果丢弃除 50 个最佳属性外的所有属性,那么相同的算法生成一组规则(共 62 个),对测试集的预测精度仍然为 94.9%(483 个正确和 26 个不正确)。

这种情况下,11 681 个属性中只需要 50 个(小于 0.5%)就足以提供与整个属性集相同的预测精度。但生成两个决策树所需的处理量的差异却相当大。如果使用所有属性,TDIDT 算法需要在进化决策树的每个节点处检查大约 1186 × 11 681 = 13 853 666 个属性值。如果仅使用最佳的 50 个属性,那么该数字将下降到仅为 1186 × 50 = 59 300。

尽管不能始终保证特征简化能产生与这两个示例同样好的结果,但在可能的情况下应该始终考虑简化特征,尤其当属性数量庞大时。

10.8　本章小结

本章回到训练集的熵的主题。通过使用位编码信息的思想详细解释了熵的概念。当使用 TDIDT 算法时,信息增益必须为正数或 0,然后使用信息增益作为分类任务的特征简化方法。

10.9　自我评估练习

1. 计算 100 个实例的训练集的熵,其中 4 个类别的相对频率分别为 20/100、30/100、25/100 和 25/100。10 000 个实例的训练集的熵是多少(其中 4 个类别的频率和前面一样)?

2. 假设当前任务用"是/否"问题在一大群人中识别一个不知名的人,那么最好先问哪个问题?

第11章

归纳分类的模块化规则

通过决策树的中间形式生成分类规则是一种广泛使用的技术。然而，正如第 9 章所述，与其他许多方法一样，它也存在过度拟合训练数据的问题。本章首先介绍"规则后剪枝"方法，该方法是第 9 章讨论的后剪枝方法的替代方法。此后将讲述"冲突解决"这个重要主题。

本章解释决策树表示本身就是过度拟合的主要原因，然后介绍一种算法，该算法可以不使用决策树的中间形式表示而直接生成规则。

11.1 规则后剪枝

规则后剪枝(Rule Post-pruning)方法首先将决策树转换为等效的规则集，然后检查规则，目的是简化规则，同时不丢失预测精度(最好有增益)。

图 11.1 显示了第 4 章给出的 degrees 数据集的决策树。它由 5 个分支组成，每个分支以一个叶子节点结束，叶子节点标有一个有效分类，即 FIRST 或 SECOND。

树的每个分支对应于一条分类规则，因此可从分支中逐一提取与决策树等效的规则。所选取分支的顺序是任意的，因为对于任何未见实例，最多只能应用一条规则。对应于图 11.1 的 5 条规则如下所示(未按特定顺序排列)。

IF SoftEng = A AND Project = B AND
     ARIN = A AND CSA = A THEN Class = FIRST
IF SoftEng = A AND Project = A THEN Class = FIRST
IF SoftEng = A AND Project = B AND ARIN = A AND

CSA = B THEN Class = SECOND

IF SoftEng = A AND Project = B AND ARIN = B THEN

Class = SECOND

IF SoftEng = B THEN Class = SECOND

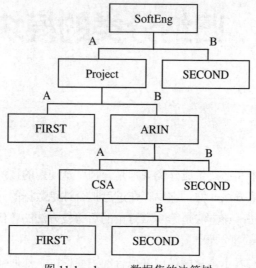

图 11.1　degrees 数据集的决策树

现在依次检查每条规则，以考虑删除每个条件是否会增加或降低其预测精度。因此，对于上面给出的第一条规则，考虑 4 个条件"SoftEng = A""Project = B""ARIN = A"和"CSA = A"。需要一些方法用来估计单独删除这些条件是否会增加或降低结果规则集的准确性。假设有这样一种方法，删除使预测精度增加最多的条件，如"Project = B"，然后考虑删除其他三项。当删除任何条件使预测精度减小(或保持不变)时，一条规则的处理结束。然后继续下一条规则。

上述处理过程依赖于采用某种方法估计规则集(从规则中删除单个条件)对预测精度的影响。可使用基于概率的公式执行此操作，或可简单地使用原始的和修改的规则集对未见剪枝集中的实例进行分类并比较结果(注意，"使用测试集改进规则集，然后在相同的实例上检查它的性能"的做法并不合理。针对这种方法，需要有 3 个集合：训练集、剪枝集和测试集)。

11.2　冲突解决

使用规则后剪枝引起的第二个重要问题是更广泛的适用性。一旦从规则中删除了一个条件，那么对于任何未见实例，可能会有多条规则应用于属性。

第 9 章描述的后剪枝方法(即自下而上处理)重复使用具有理想特性的单个节点替换子树,所生成的分支仍然以树型结构组合在一起。例如,该方法可能(或许不太明智)导致对图 11.1 中的 ARIN 值进行测试,并使用标记为 SECOND 的单个节点替换该节点下面的子树。最终结果仍然是树,如图 11.2 所示。

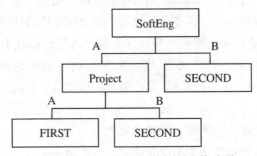

图 11.2　degrees 数据集的决策树(修改后)

此外,还可假设删除树顶部附近对应于"SoftEng = A"的连接作为规则后剪枝过程的一部分,如图 11.3 所示。

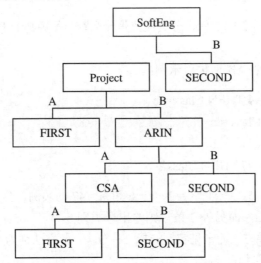

图 11.3　degrees 数据集的决策树(修改后的第 2 个版本)

但如果这样做,将不再拥有一棵树——而是两棵断开连接的树。目前尚不清楚这些树是否可用以及如何使用。11.1 节列出的 5 条规则现已改为以下规则(前 4 条规则已更改)。

IF Project = B AND ARIN = A AND CSA = A THEN Class = FIRST

IF Project = A THEN Class = FIRST

IF Project = B AND ARIN = A AND CSA = B THEN Class = SECOND

IF Project = B AND ARIN = B THEN Class = SECOND

IF SoftEng = B THEN Class = SECOND

如果条件部分满足给定的实例，则会触发规则。如果一组规则适合树结构，那么一条规则可触发任何实例。而在一组规则不适合树结构的情况下，为给定的测试实例触发几条规则是完全可能的，并且这些规则可给出相互矛盾的分类。

假设对于 degrees 应用程序来说，有一个未见实例，其中 SoftEng、Project、ARIN 和 CSA 的值分别为 B、B、A 和 A。第一条规则和最后一条规则都将被触发。第一条规则得出的结论是"Class = FIRST"；最后一条规则得出的结论是"Class = SECOND"。那我们应该选择哪一个结论呢？

通过考虑某个虚构规则集中的两条规则，可在 degrees 数据集的上下文以外说明该问题：

IF $x = 4$ THEN Class = a

IF $y = 2$ THEN Class = b

对于 $x = 4$ 且 $y = 2$ 的实例，分类应该是什么？一条规则给出了类别 a，而另一条给出了类别 b。

可使用其他规则轻松地扩展示例：

IF $w = 9$ and $k = 5$ THEN Class = b

IF $x = 4$ THEN Class = a

IF $y = 2$ THEN Class = b

IF $z = 6$ and $m = 47$ THEN Class = b

对于 $w = 9$、$k = 5$、$x = 4$、$y = 2$、$z = 6$ 和 $m = 47$ 的实例，分类应该是什么？一条规则给出了类别 a，而另外 3 条规则给出了类别 b。

此时，需要一种方法为未见实例选择一种分类。此方法称为"冲突解决"策略。可使用的各种策略包括：

- "多数表决"(例如，有 3 条规则预测类别 b，而只有一条预测类别 a，所以选择类别 b)。

- 优先考虑某些类型的规则或分类(例如，相对于表决中的其他规则，具有少量条件或可预测罕见分类的规则可能具有更高权重)。

- 使用每条规则的"趣味性"度量(度量的类型将在第 16 章讨论)，优先考虑最有趣的规则。

虽然可构建相当复杂的冲突解决策略，但大多数策略都有相同的缺点：它们要求针对每个未见实例对所有规则的条件部分进行测试，以便在策略应用之前知道所有已触发的规则。相比之下，我们只需要处理从决策树生成的规则，直到第一条规则触发(因为其他的都做不到)。

一个非常基本但广泛使用的冲突解决策略是按顺序处理规则，并采用第一条触发的规则。这可以极大地减少处理量，但此时生成规则的顺序就变得非常重要了。

虽然可使用冲突解决策略对决策树进行剪枝，以提供一组不适合树结构的规则，但这似乎是生成一组规则的不必要间接方式。此外，如果希望使用"采用第一条触发的规则"的冲突解决策略，那么从树中提取规则的顺序将至关重要，而此时顺序应该是任意的。

11.4 节将介绍一种完全不需要"树生成"的算法，并生成"独立"规则，即不直接适用于树结构的规则，称为"模块化规则"。

11.3　决策树的问题

尽管使用非常广泛，但决策树表示存在一个严重的潜在缺点：从树中派生的规则可能远超需要，并可能包含许多冗余条件。

在由本书作者监督完成的一个博士项目中，Cendrowska[1, [2]批评了首先生成决策树然后将其转换为决策规则的原则(与直接从训练集生成决策规则的替代方案相比)。她的评论如下所示：

决策树表示规则存在许多缺点，最重要的是，有些规则不容易用树表示。

例如，考虑以下规则集

规则 1:　IF a = 1 AND b = 1 THEN Class = 1
规则 2:　IF c = 1 AND d = 1 THEN Class = 1

假设规则 1 和 2 涵盖了 Class 1 的所有实例，而其他实例都是 Class 2。这两条规则不能由单个决策树表示，因为树的根节点必须在单个属性上进行分裂，并且这两条规则没有共同的属性。这些规则所涵盖的实例集的最简单决策树表示必然向其中一条规则额外添加一个条件，这反过来又要求至少增加一条额外规则来覆盖通过添加该额外条件而排除的实例。树的复杂性取决于为分裂所选择的属性的可能值的数量。例如，让 4 个属性 a、b、c 和 d 各自具有 3 个可能的值 1、2 和 3，并且选择属性 a 用于在根节点处进行分裂。规则 1 和规则 2 最简单的决策树表示如图 11.4

所示。

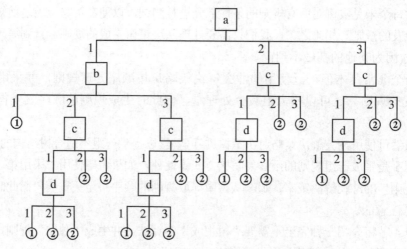

图 11.4　规则 1 和规则 2 的最简单决策树表示

与 Class 1 相关的路径如下:

IF a = 1 AND b = 1 THEN Class = 1

IF a = 1 AND b = 2 AND c = 1 AND d = 1 THEN Class = 1

IF a = 1 AND b = 3 AND c = 1 AND d = 1 THEN Class = 1

IF a = 2 AND c = 1 AND d = 1 THEN Class = 1

IF a = 3 AND c = 1 AND d = 1 THEN Class = 1

显然,将简单的规则集强制转换为决策树表示产生的结果是,当从树中提取时,个别规则往往过于具体(即,它们引用了无关属性)。这使得它们在很多领域并不适用。

Cendrowska 所描述的不必要的大而混乱的决策树现象远非一种罕见的假设可能性。只要存在两个没有共同属性的基础规则,就会出现这种情况,这种情况很可能在实践中频繁发生。

与决策树的分支对应的所有规则必须以相同的方式开始,即对顶层选择的属性值进行测试。撇开过度拟合的问题,这种影响将不可避免地导致在规则分支中引入条件,除了用于构建树结构之外,这些条件是不必要的。

当训练集很小时,规则集的大小和紧凑性问题可能看起来并不重要,但当它们扩展到数千或数百万个实例时可能变得非常重要,尤其是属性数量也很大时。

虽然本书通常忽略与查找属性值相关的实用性和/或成本问题，但当需要分类的实例的某些属性值未知，或只能通过成本或风险极高的测试方法获得时，可能出现相当多的实际问题。对于许多现实世界的应用程序，非常需要一种方法对未见实例进行分类，从而避免执行一些不必要的测试。

11.4　Prism 算法

Prism 算法由 Cendrowska [1], [2]引入。目的是直接从训练集中归纳出模块化分类规则。该算法假定所有属性都是分类的。当存在连续属性时，可首先将它们转换为分类属性(如第 8 章所述)。也可扩展算法以处理连续属性，其方式与 8.3 节中针对TDIDT 描述的方式大致相同。

将由此生成的规则应用于未见数据时，Prism 将使用"采用第一条触发的规则"冲突解决策略，因此要尽可能先生成最重要的规则。

该算法依次生成归纳每个可能类别的规则。每条规则都按条件生成，而每个条件的形式为"attribute = value"。选择在每个步骤中添加的属性/值对，以尽量增加找到"结果类"的概率。

图 11.5 显示了 Prism 算法的基本形式。注意，每个新类别的训练集都恢复到原来的状态。

每个分类(class = i)依次进行，每次从完整的训练集开始：

(1) 计算每个属性/值对的 class = i 的概率。

(2) 选择概率最大的属性/值对，并创建训练集的子集，该子集包含具有所选属性/值组合(针对所有分类)的所有实例。

(3) 对该子集重复步骤(1)和(2)，直到子集仅包含类别 i 的实例。由此归纳的规则是选定的所有属性/值对的结合。

(4) 从训练集中删除此规则涵盖的所有实例。

重复以上步骤，直到删除所有类别 i 的实例为止。

图 11.5　基本 Prism 算法

接下来通过生成 lens24 数据集的规则说明该算法(仅限类别 1)。该算法为该类别生成了两条分类规则。

lens24 的初始训练集包括 24 个实例，如图 11.6 所示。

age	specRx	astig	tears	类别
1	1	1	1	3
1	1	1	2	2
1	1	2	1	3
1	1	2	2	1
1	2	1	1	3
1	2	1	2	2
1	2	2	1	3
1	2	2	2	1
2	1	1	1	3
2	1	1	2	2
2	1	2	1	3
2	1	2	2	1
2	2	1	1	3
2	2	1	2	2
2	2	2	1	3
2	2	2	2	3
3	1	1	1	3
3	1	1	2	3
3	1	2	1	3
3	1	2	2	1
3	2	1	1	3
3	2	1	2	2
3	2	2	1	3
3	2	2	2	3

图 11.6   lens24 训练集

第一条规则

图 11.7 显示了整个训练集(24 个实例)中每个属性/值对发生 class = 1 的概率。

属性/值对	类别频率=1	总频率 (源于24个实例)	概率
age = 1	2	8	0.25
age = 2	1	8	0.125
age = 3	1	8	0.125
specRx = 1	3	12	0.25
specRx = 2	1	12	0.083
astig = 1	0	12	0
astig = 2	4	12	0.33
tears = 1	0	12	0
tears = 2	4	12	0.33

图 11.7   第一条规则：属性/值对的概率(版本 1)

最大概率是 astig = 2 或 tear = 2。

任意选择 astig = 2。

到目前所归纳的不完整规则：

IF astig = 2 THEN class = 1

图 11.8 给出了该不完整规则所涵盖的训练集的子集。

age	specRx	astig	tears	类别
1	1	2	1	3
1	1	2	2	1
1	2	2	1	3
1	2	2	2	1
2	1	2	1	3
2	1	2	2	1
2	2	2	1	3
2	2	2	2	3
3	1	2	1	3
3	1	2	2	1
3	2	2	1	3
3	2	2	2	3

图 11.8　第一条规则：不完整规则涵盖的训练集的子集(版本 1)

图 11.9 显示该子集发生每个属性/值对(不包括属性 astig)的概率。

tears = 2 时，概率最大。

到目前所归纳的不完整规则如下：

IF astig = 2 and tears = 2 THEN class = 1

属性/值对	类别频率=1	总频率 (源于12个实例)	概率
age = 1	2	4	0.5
age = 2	1	4	0.25
age = 3	1	4	0.25
specRx = 1	3	6	0.5
specRx = 2	1	6	0.17
tears = 1	0	6	0
tears = 2	4	6	0.67

图 11.9　第一条规则：属性/值对的概率(版本 2)

此规则涵盖的训练集的子集如图 11.10 所示。

age	specRx	astig	tears	类别
1	1	2	2	1
1	2	2	2	1
2	1	2	2	1
2	2	2	2	3
3	1	2	2	1
3	2	2	2	3

图 11.10 第一条规则：不完整规则涵盖的训练集的子集(版本 2)

图 11.11 显示该子集发生每个属性/值对(不包括属性 astig 或 tears)的概率。

属性/值对	类别频率=1	总频率 (源于6个实例)	概率
age = 1	2	2	1.0
age = 2	1	2	0.5
age = 3	1	2	0.5
specRx = 1	3	3	1.0
specRx = 2	1	3	0.33

图 11.11 第一条规则：属性/值对的概率(版本 3)

最大概率是 age = 1 或 specRx = 1。

任意选择 age = 1。

到目前所归纳的不完整规则：

IF astig = 2 and tears = 2 and age = 1 THEN class = 1

该规则涵盖的训练集的子集如图 11.12 所示。

age	specRx	astig	tears	类别
1	1	2	2	1
1	2	2	2	1

图 11.12 第一条规则：不完整规则涵盖的训练集的子集(版本 3)

该子集仅包含类别 1 的实例。

因此，最终归纳的规则如下：

IF astig = 2 and tears = 2 and age = 1 THEN class = 1

第二条规则

从训练集中删除第一条规则涵盖的两个实例,得到一个包含 22 个实例的新训练集。如图 11.13 所示。

age	specRx	astig	tears	类别
1	1	1	1	3
1	1	1	2	2
1	1	2	1	3
1	2	1	1	3
1	2	1	2	2
1	2	2	1	3
2	1	1	1	3
2	1	1	2	2
2	1	2	1	3
2	1	2	2	1
2	2	1	1	3
2	2	1	2	2
2	2	2	1	3
2	2	2	2	3
3	1	1	1	3
3	1	1	2	3
3	1	2	1	3
3	1	2	2	1
3	2	1	1	3
3	2	1	2	2
3	2	2	1	3
3	2	2	2	3

图 11.13　lens24 训练集(缩减版)

现在，对应于 class = 1 的属性/值对的频率表如图 11.14 所示。

属性/值对	类别频率=1	总频率 (源于22个实例)	概率
age = 1	0	6	0
age = 2	1	8	0.125
age = 3	1	8	0.125
specRx = 1	2	11	0.18
specRx = 2	0	11	0
astig = 1	0	12	0
astig = 2	2	10	0.2
tears = 1	0	12	0
tears = 2	2	10	0.2

图 11.14　第二条规则：属性/值对的概率(版本 1)

最大概率是通过 astig = 2 和 tears = 2 实现的。任意选择 astig = 2。
到目前为止所归纳的不完整规则：

IF astig = 2 THEN class = 1

此规则涵盖的训练集的子集如图 11.15 所示。

age	specRx	astig	tears	类别
1	1	2	1	3
1	2	2	1	3
2	1	2	1	3
2	1	2	2	1
2	2	2	1	3
2	2	2	2	3
3	1	2	1	3
3	1	2	2	1
3	2	2	1	3
3	2	2	2	3

图 11.15 第二条规则：不完整规则涵盖的训练集的子集(版本 1)

图 11.16 给出了频率表。

属性/值对	类别频率=1	总频率 (源于10个实例)	概率
age = 1	0	2	0
age = 2	1	4	0.25
age = 3	1	4	0.25
specRx = 1	0	5	0
specRx = 2	2	5	0.4
tears = 1	0	6	0
tears = 2	2	4	0.5

图 11.16 第二条规则：属性/值对的概率(版本 2)

tears = 2 时得到最大概率。

到目前为止所归纳的不完整规则如下：

IF astig = 2 and tears = 2 THEN class = 1

此规则涵盖的训练集的子集如图 11.17 所示。

age	specRx	astig	tears	类别
2	1	2	2	1
2	2	2	2	3
3	1	2	2	1
3	2	2	2	3

图 11.17 第二条规则：不完整规则涵盖的训练集的子集(版本 2)

图 11.18 给出了频率表。

属性/值对	类别频率=1	总频率 (源于4个实例)	概率
age = 1	0	0	—
age = 2	1	2	0.5
age = 3	1	2	0.5
specRx = 1	2	2	1.0
specRx = 2	0	2	0

图 11.18　第二条规则：属性/值对的概率(版本 3)

specRx = 1 时得到最大概率。

到目前为止所归纳的不完整规则如下：

IF astig = 2 and tears = 2 and specRx = 1 THEN class = 1

此规则涵盖的训练集的子集如图 11.19 所示。

age	specRx	astig	tears	类别
2	1	2	2	1
3	1	2	2	1

图 11.19　第二条规则：不完整规则涵盖的训练集的子集(版本 3)

该子集仅包含类别 1 的实例。因此最终归纳的规则是：

IF astig = 2 and tears = 2 and specRx = 1 THEN class = 1

从当前版本的训练集(具有 22 个实例)中删除此规则涵盖的两个实例，从而提供一个包含 20 个实例的训练集，现在类别 1 的所有实例都已经被删除了。因此 Prism 算法终止(针对类别 1)。

Prism 为类别 1 归纳的最终规则是：

IF astig = 2 and tears = 2 and age = 1 THEN class = 1

IF astig = 2 and tears = 2 and specRx = 1 THEN class = 1

该算法现在继续为剩余的分类生成规则。分别为类别 2 生成 3 条规则，为类别 3 生成 4 条规则。注意，针对每个新类别，训练集都会恢复到原始状态。

11.4.1　基本 Prism 算法的变化

1. 子集优先(Tie-breaking)

如果要略微改进基本 Prism 算法，那么在具有相同概率的属性/值对之间进行选择时不要像前面那样任意选择，而应选择具有最高总频率的属性/值对。

2. 训练数据中的冲突

Prism 的原始版本不包括任何方法用来处理规则生成期间遇到的训练集中的冲突。

但很容易就能扩展基本算法来处理冲突，如下所述。

算法的第 3 步说明：

> 对该子集重复步骤 1 和 2，直到子集仅包含类别 i 的实例。

此时，还需要添加"或子集包含多个类别的实例，尽管在创建子集时已使用了所有属性的值"。

将子集中的所有实例分配给多数类别的简单方法不直接适用于 Prism 框架。通过对多种方法的研究，我们总结的最有效方法如下。

> 如果为类别 i 生成规则时发生冲突：
>
> (1) 确定冲突集中实例子集的多数类别。
>
> (2) 如果此多数类别是类别 i，则将冲突集中的所有实例分配给类别 i，从而归纳出规则；否则放弃该规则。

11.4.2　将 Prism 算法与 TDIDT 算法进行比较

11.4.1 节描述的两个附加特征都包含在本书作者[3]的 Prism 重新实现中。

同一篇论文还通过一系列实验比较了 Prism 和 TDIDT 算法在许多数据集上的性能。作者总结说："这里提出的实验表明，用于生成模块化规则的 Prism 算法所给出的分类规则与通过广泛使用的 TDIDT 算法所获得的分类规则一样好。通常哪种算法给出的规则较少，同时每条规则的条件较少，哪种算法就更有助于领域专家和用户理解。当训练集中存在噪声时，该结论似乎更能说明问题。就未见测试数据的分类精度而言，对于无噪声数据集，这两种算法似乎没有什么可选择的，包括在训练集冲突实例中占相当大比例的算法。两者的主要区别在于 Prism 倾向于将测试实例保留为'未分类'而不是给出错误分类。在某些领域，这可能是一个重要特征。如果不是这样，那么一个简单策略似乎就足够了，例如将未分类的实例分配给多数类别。当存在噪声时，即使训练集中存在高水平的噪声，Prism 也能提供比 TDIDT 更好的分类精度……Prism 比 TDIDT 更能容忍噪声的原因目前尚不完全清楚，但可能与多数情况下每条规则包含的条件较少有关。使用 Prism 生成规则所涉及的计算工作量大于 TDIDT。但 Prism 似乎具有通过并行化提高效率的巨大潜力。"

当然，这些非常积极的结论仅基于相当有限的实验，还需要针对更广泛的数据集进行验证。实际上，尽管决策树表示存在缺点，Prism 和其他类似的算法也有很大的潜力，但 TDIDT 更常用于生成分类规则。C4.5 [4]和相关系统的可用性无疑是其中的一个重要因素。

第 16 章将继续研究使用模块化规则预测属性值之间的关联(而不是分类)。

11.5　本章小结

本章首先介绍一种通过决策树生成后剪枝决策规则的方法，该决策树具有一种特征，即剪枝后的规则通常不会组合在一起形成树。这种规则称为"模块化规则"。当使用模块化规则对未见测试数据进行分类时，需要一种冲突解决策略，本章讨论了几种可能性。使用决策树作为规则的中间表示被视为过度拟合的来源。

Prism 算法直接从训练集归纳出模块化分类规则。本章首先详细描述 Prism 算法，然后讨论其作为分类算法与 TDIDT 的性能差异。

11.6　自我评估练习

针对类别 FIRST，Prism 算法为第 4 章图 4.3 给出的 degrees 数据集生成的第一条规则是什么？

第 **12** 章
度量分类器的性能

到目前为止，我们通常认为度量分类器性能的最佳(或唯一)指标是其"预测精度"，即正确分类的未见实例的比例。然而，情况未必如此。

除了本书讨论的算法外，还有许多其他类型的分类算法。有些算法需要更多计算或内存，而有些算法需要大量的训练实例才能提供可靠的结果。根据不同的情况，用户有时可能更愿意接受较低水平的预测精度，以便降低运行时间/存储器的要求，减少所需的训练实例数量。

当类别分布极度不均匀时，就更难权衡了。假设我们正在考虑投资一家已上市的龙头企业。可预测哪些公司将在未来两年内破产从而避免投资吗？这些公司的比例显然很低。假设是 0.02(一个虚构的值)，那么平均每 100 家公司中就有 2 家将破产，而 98 家则不会破产。可分别将这些公司称为"良好"和"不良"公司。

如果有一个非常"信任"的分类器，在所有情况下总是预测"良好"，那么它的预测精度将是 0.98，这是一个非常高的值。仅从预测精度的角度看，这是一个非常成功的分类器。但是，在避免投资"不良"公司方面，该分类器根本没有提供任何帮助。

另外，如果想要更保险，可使用一个非常"谨慎"的分类器，总是预测"不良"。通过这种方式，我们永远不会在破产公司中赔钱，但同时无法投资一个良好的公司。这类似于空中交通管制中的超级安全策略：让所有飞机都停飞，这样就能保证它们不会坠毁。而在现实生活中，我们通常愿意接受犯错的风险，以实现自己的目标。

从上面的示例可清楚地看出，非常信任的分类器和非常谨慎的分类器在实践中都没有任何用处。此外，在类别分布严重失衡的情况下(比如公司示例中为

98%~2%),"预测精度"本身并不是分类器有效性的可靠指标。

12.1　真假正例和真假负例

第 7 章介绍了混淆矩阵的概念。当存在两个类别时，我们称之为正例(Positive)和负例(Negative)，或简称为+和-。混淆矩阵由 4 个单元组成，可标记为 TP、FP、FN 和 TN，如图 12.1 所示。

		预测的类别		实例总数
		+	−	
实际类别	+	TP	FN	P
	−	FP	TN	N

图 12.1　真假正例和真假负例

TP：真正例
被归类为正例的正例实例数量。

FP：假正例
被归类为正例的负例实例数量。

FN：假负例
被归类为负例的正例实例数量。

TN：真负例
分类为负例的负例实例数量。

P = TP + FN
正例实例的总数。

N = FP + TN
负例实例的总数。
区分两种类型的分类错误通常很有用：假正例和假负例。
当应该归类为负例的实例被归类为正例时，会出现假正例(也称为第 1 类错误)。
当应该归类为正例的实例被归类为负例时，会出现假负例(也称为第 2 类错误)。
根据应用程序的不同，这两种类型的错误或多或少都很重要。

在下例中，假设只有两个分类，称为正例和负例，或者+和-。然后，训练实例可以被认为是诸如"好公司""脑瘤患者"或"相关网页"等概念的正例和负例实例。

不良公司应用。此时希望假正例(即被归类为良好的不良公司)的数量尽可能小，理想情况下为 0。此外，还可能愿意接受高比例的假负例(即被归类为不良的良好公司)，因为有很多可能的公司需要投资。

医学筛查应用。在任何现实的医疗保健系统中都不可能筛查整个人群中几乎很少发生的病症，如脑瘤。相反，医生根据自己的经验，基于症状和其他因素，来判断患者最可能患有脑瘤并将其送到医院进行筛查。

对于这种应用，我们可能愿意接受高比例的假正例(即不必要地筛查的患者)，可能希望高达 0.90，即筛查的患者中只有 1/10 真正患有脑瘤。同时希望假负例(未经筛查的真正脑瘤患者)的比例尽可能小，理想情况下为 0。

信息检索应用。可将 Web 搜索引擎视为一种分类器。只要给定诸如"关于美国诗歌的页面"之类的规范，它就可有效地将 Web 上所有已知的页面分类为"相关"或"不相关"，并向用户显示"相关"页面的 URL。此时，可能愿意接受大部分假负例(相关页面被遗漏了)，可能是 30%甚至更高，但不太愿意接受太高的假正例(包含了不相关的页面)，如不超过 10%。在这种信息检索应用中，用户很少意识到假负例(搜索引擎未找到的相关页面)，但假正例却是可见的，可能浪费时间并激怒用户。

上面这些示例表明，撇开完美分类精度的理想不谈，对任何应用而言，都难免有假正例和假负例，即使是非常高的预测精度在类别分布极不均匀的情况下也可能没有任何帮助。为此，需要定义一些改进的性能度量标准。

12.2　性能度量

现在可为应用于给定测试集的分类器定义一些性能度量标准。最重要的标准如图 12.2 所示。根据使用它们的技术领域(信号处理、医学、信息检索等)不同，有几种度量标准具有多个名称。

对于信息检索应用，最常用的度量是 Recall 和 Precision。而对于搜索引擎应用，Recall 衡量检索到的相关页面的比例，而 Precision 衡量相关检索页面的比例。F1 Score 将 Precision 和 Recall 结合为单个度量，即它们的乘积除以它们的平均值。这被称为两个值的"调和平均值"(harmonic mean)。

对于给定的测试集，无论使用哪个分类器，P 和 N 的值(即正例实例和负例实例的数量)都是固定的。图 12.2 给出的度量值通常因分类器而异。给定 TP Rate 和 FP Rate(以及 P 和 N)的值，就可以推导出所有其他度量值。

真正例率 或命中率 或 Recall 或敏感度或 TP Rate	TP / P	正例实例被正确归类为正例的比例
假正例率 或误报率 或 FP Rate	FP / N	负例实例被错误归类为正例的比例
假负例率 或 FN Rate	FN / P	正例实例被错误归类为负例的比例 = 1 – TP Rate
真负例率 或 Specificity 或 TN Rate	TN / N	负例实例被正确归类为负例的比例
Precision(精确度) 或正例预测值	TP / (TP + FP)	被分类为正例而且实际上为正例的实例比例
F1 Score	(2 × Precision × Recall) / (Precision + Recall)	结合了 Precision 和 Recall 的度量
Accuracy(准确度) 或预测准确度	(TP + TN) / (P + N)	正确分类的实例比例
错误率	(FP + FN) / (P + N)	正确分类的实例比例

图 12.2　分类器的一些性能度量

因此，可通过 TP Rate 和 FP Rate 值描述分类器，这两个值都是 0~1(含 0 和 1)的比例。首先看一些特殊情况。

1. 完美的分类器

此时每个实例都被正确分类。TP = P，TN = N 且混淆矩阵为：

		预测的类别		实例 总数
		+	–	
实际类别	+	P	0	P
	–	0	N	N

TP Rate (Recall) = P / P = 1

FP Rate = 0 / N = 0

Precision = P / P = 1

F1 Score = 2 × 1 / (1 + 1) = 1

Accuracy = (P + N) / (P + N) = 1

2. 最糟的分类器

每个实例都被错误地分类。TP = 0 且 TN = 0。混淆矩阵是：

		预测的类别		实例总数
		+	−	
实际类别	+	0	P	P
	−	N	0	N

TP Rate (Recall) = 0 / P = 0

FP Rate = N / N = 1

Precision = 0 / N = 0

F1 Score 在此时不适用(因为 Precision + Recall = 0)

Accuracy = 0 / (P + N) = 0

3. 超自由分类器

此分类器始终预测正例类别。TP Rate 为 1，但 FP Rate 也为 1。FN 和 TN 均为 0。混淆矩阵是：

		预测的类别		实例总数
		+	−	
实际类别	+	P	0	P
	−	N	0	N

TP Rate (Recall) = P / P = 1

FP Rate = N / N = 1

Precision = P / (P + N)

F1 Score = 2 × P / (2 × P + N)

Accuracy = P / (P + N)，这是测试集中正例实例的比例。

4. 超保守分类器

此分类器始终预测负例。FP Rate 为 0，TP Rate 也是如此。混淆矩阵是：

		预测的类别		实例总数
		+	−	
实际类别	+	0	P	P
	−	0	N	N

TP Rate(Recall) = 0 / P = 0

FP Rate = 0 / N = 0

Precision 不适用(因为 TP + FP = 0)

F1 Score 也不适用

Accuracy = N / (P + N)，即测试集中负例实例的比例。

12.3   真假正例率与预测精度

通过分类器的 TP Rate 和 FP Rate 值表征分类器的优势之一是它们不依赖于 P 和 N 的相对大小。而对于使用 FN Rate 和 TN Rate 值或者通过混淆矩阵不同行计算的两个"率"值的任何组合值来说也是一样的。相比之下，图 12.2 列出的预测准确度和所有其他度量值均来自表中两行的值，因此受 P 和 N 的相对大小的影响，这可能是一个严重弱点。

为说明这一点，假设正例类别对应于在第一次尝试中就通过驾驶考试的人，而负例对应于那些失败的人。再假设现实世界中两者的相对比例是 9 比 10(虚构值)，并且测试集正确反映了这一点。

然后，给定测试集上特定分类器的混淆矩阵为：

		预测的类别		实例
		+	−	总数
实际类别	+	8 000	1 000	9 000
	−	2 000	8 000	10 000

上表给出的真正例率和假正例率分别为 0.89 和 0.2，假设这是一个令人满意的结果。

现在再假设由于加强了驾驶训练，考试成功的次数在一段时间内显著增加，因此通过的比例更高。在这种假设下，未来一系列试验的可能混淆矩阵如下所示。

		预测的类别		实例
		+	−	总数
实际类别	+	80 000	10 000	90 000
	−	2 000	8 000	10 000

当然，分类器仍然可以准确地预测出正确的分类，无论是通过还是失败。对于两种混淆矩阵，TP Rate 和 FP Rate 的值是相同的(分别为 0.89 和 0.2)。然而，"预测准确度"量度值是不同的。

对于原始混淆矩阵，"预测准确度"为 16 000 / 19 000 ≈ 0.842。对于第二个，"预测准确度"为 88 000 / 100 000 = 0.88。

另一种可能性是，在一段时间内，考试失败的相对比例大幅增加，这可能是因为被测试的年轻人数量的增加。未来一系列试验的可能混淆矩阵如下所示。

		预测的类别		实例总数
		+	−	
实际类别	+	8 000	1 000	9 000
	−	20 000	80 000	100 000

此时，预测准确度为 88 000 / 109 000 = 0.807。

无论哪种测试集与分类器一起使用，TP Rate 和 FP Rate 值都是相同的。然而，3 个预测准确度值却在 81%~88% 变化，这反映的是测试集中正例和负例的相对数量的变化，而不是分类器质量的任何变化。

12.4　ROC 图

同一测试集上的不同分类器的 TP Rate 和 FP Rate 值通常由 ROC 图表示。缩写 ROC Graph 表示"接收器操作特性曲线图"(Receiver Operating Characteristics Graph)，它反映了在信号处理应用中的原始用途。

在 ROC 图上(如图 12.3 所示)，FP Rate 的值绘制在水平轴上，而 TP Rate 绘制在垂直轴上。

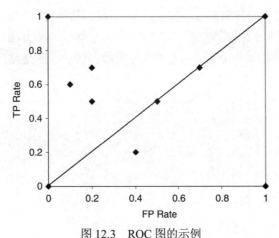

图 12.3　ROC 图的示例

图上的每个点可写为一对值(x, y)，表示 FP Rate 的值为 x，TP Rate 的值为 y。

点$(0, 1)$、$(1, 0)$、$(1, 1)$和$(0, 0)$分别对应于 12.2 节中的 4 种特殊情况 A、B、C 和 D。第一个点位于图表的最佳位置，即左上角。第二个点可能是最糟糕的位置，即右下角。如果所有分类器都是良好分类器，则 ROC 图上的所有点都可能位于左上角。

显示的其他 6 个点是(0.1, 0.6)、(0.2, 0.5)、(0.4, 0.2)、(0.5, 0.5)、(0.7, 0.7)和(0.2, 0.7)。

如果 ROC 图上的一个点位于另一个点的"西北"边，则表示前一个点对应的分类器优于后一个点对应的分类器。因此，由(0.1, 0.6)表示的分类器优于由(0.2, 0.5)表示的分类器。它具有较低的 FP Rate 以及较高的 TP Rate。如果比较点(0.1, 0.6)和(0.2, 0.7)，那么后者具有更高的 TP Rate 但同时具有更高的 FP Rate。从这两点度量值看，没有哪个分类器优于另一个分类器，具体选择哪个分类器将取决于用户认为这两种度量值哪个更重要。

连接左下角和右上角的对角线对应于随机猜测，无论正例类别的概率如何。如果分类器以相同的频率随机猜测正例和负例，它将以50%的概率正确分类正例实例，同时以 50%的概率将负例实例错误分类为正例。因此 TP Rate 和 FP Rate 都是 0.5，此时分类器将位于对角线上(0.5, 0.5)。

类似地，如果分类器随机地猜测正例和负例，并且 70%的情况下选择正例，那么它将以 70%的概率正确分类正例实例，同时以 70%的概率错误地将负例实例分类为正例。因此 TP Rate 和 FP Rate 都是 0.7，分类器将位于对角线上(0.7, 0.7)。

可认为对角线上的点对应于大量随机分类器，对角线上的较高点对应于随机生成的正例分类的较高比例。

左上角的三角形对应于比随机猜测更好的分类器。而右下角的三角形则对应于比随机猜测更差的分类器，例如(0.4, 0.2)处的分类器。

比随机猜测更差的分类器可以简单地通过反转其预测转换为比随机猜测更好的分类器，使得每个正例预测变为负例，反之亦然。通过这种方法，可将(0.4, 0.2)处的分类器转换为图 12.4 中(0.2, 0.4)处的新分类器。后一个点是前一个点关于对角线的映射。

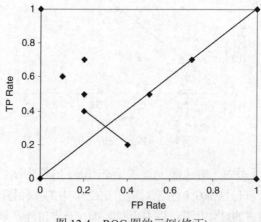

图 12.4 ROC 图的示例(修正)

12.5　ROC 曲线

通常，每个分类器对应于 ROC 图上的单个点。然而，一些分类算法适用于"调谐"，因此，考虑一系列分类器是合理的，一些变量的值在 ROC 图上都对应一个点，通常称为"参数"。而对于决策树分类器而言，这样的参数可能是在 1、2、3 等值之间变化的"深度截断值"(参见第 9 章)。

这种情况下，可将点连接起来形成 ROC 曲线，如图 12.5 所示。

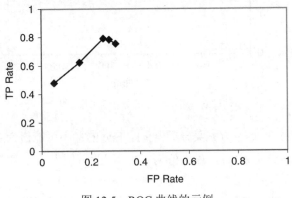

图 12.5　ROC 曲线的示例

研究 ROC 曲线帮助我们了解优化分类算法的最佳方法。在图 12.5 中，从第三个点之后性能明显降低。

可通过检查其 ROC 曲线来比较具有不同参数的不同类型分类器的性能。

12.6　寻找最佳分类器

对于给定应用程序，没有绝对可靠的方法找到最佳分类器，除非碰巧找到一个对应于 ROC 图上(0, 1)点的完美性能的分类器。可使用的一种方法是测量 ROC 图上的分类器与完美分类器的距离。

图 12.6 显示了点 (fprate，tprate) 和 (0，1)。它们之间的欧几里得距离是 $\sqrt{\text{fprate}^2 + (1 - \text{tprate})^2}$。

可写成 $\text{Eue} = \sqrt{\text{fprate}^2 + (1 - \text{tprate})^2}$。

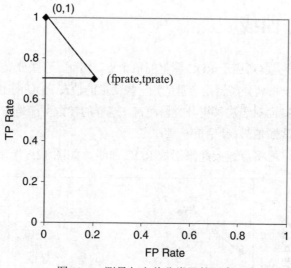

图 12.6　测量与完美分类器的距离

当 fprate = 0 且 tprate = 1(完美分类器)时，Euc 的最小可能值为 0。当 fprate 为 1 且 tprate 为 0(最差分类器)时，最大值为 $\sqrt{2}$。因此可假设 Euc 的值越小，分类器就越好。

虽然 Euc 是一种非常有用的衡量标准，但没有考虑到真正例和假正例的相对重要性。没有最好的答案。这取决于分类器的用途。

可指定相对重要性(使 tprate 尽可能接近于 1，同时使 fprate 尽可能接近于 0)，并使权值 w 从 0 到 1，从而定义加权欧几里得距离。

$$WEuc = \sqrt{(1-w)\text{fprate}^2 + w(1-\text{tprate})^2}$$

如果 $w = 0$，则 WEuc = fprate，即我们只对最小化 fprate 的值感兴趣。

如果 $w = 1$，则 WEuc = 1-tprate，即我们只对最小化 tprate 和 1 之间的差异感兴趣(也就是说最大化 tprate)。

如果 $w = 0.5$，则公式变为：

$$WEuc = \sqrt{0.5 * \text{fprate}^2 + 0.5 * (1-\text{tprate})^2}$$

它是 $\sqrt{\text{fprate}^2 + (1-\text{tprate})^2}$ 的一个常数倍，因此将一个分类器与另一个分类器进行比较的效果与没有加权的情况是相同的。

12.7　本章小结

本章着眼于使用真假正例和负例分类作为度量分类器性能的更好方法，而不仅是预测精度。其他性能指标可从这 4 个基本指标中得出，包括真正例率(或命中率)、假正例率(或误报率)、精确度、准确度和 F1 Score。

真正例率和假正例率的值通常用 ROC 图表示。通过将 ROC 图上的点连接起来形成 ROC 曲线，可深入了解调整分类器的最佳方法。本章还描述了欧几里得距离度量(给定分类器与假设的完美分类器的性能差异)。

12.8　自我评估练习

为同一训练集生成 4 个分类器，该训练集具有 100 个实例。它们有以下混淆矩阵。

		预测的类别	
		+	−
实际类别	+	50	10
	−	10	30

		预测的类别	
		+	−
实际类别	+	55	5
	−	5	35

		预测的类别	
		+	−
实际类别	+	40	20
	−	1	39

		预测的类别	
		+	−
实际类别	+	60	0
	−	20	20

计算每个分类器的真正例率和假正例率，并将它们绘制在 ROC 图上。计算每个分类器的欧几里得距离测量值。如果你同样关注避免假正例和假负例分类，那么哪个分类器更好呢？

第**13**章

处理大量数据

13.1　简介

在不远的过去，拥有几百或几千条记录的数据集被认为是正常的，而拥有数万条记录的数据集被认为是非常庞大的。如今"数据爆炸"时代已改变了这一切。在某些领域，只有少量数据可用，并且不太可能发生很大变化(如化石数据或关于罕见疾病的数据)；而其他领域(如零售、生物信息学、化学、宇宙学和粒子物理学等科学分支，以及博客和社交网站等互联网应用的不断增长的数据挖掘领域)，数据量已大大增加并会继续快速增长。

一些最著名的数据挖掘方法都在很早以前开发出来，最初在诸如 UCI 存储库[1]的数据集上测试。毫无疑问，可对这些算法进行扩展，以便用于具有可接受的运行时间或内存要求更大的数据集。这个问题最明显的答案是从大型数据集中获取样本并将其用于数据挖掘。如果从包含 1 亿条记录的数据集中随机选择 1%样本，那么将留下"仅"100 万条记录进行分析，但该数字本身就已经非常庞大了。此外，1%选择过程本身可能是随机的，这并不能保证结果将是来自该任务区域的潜在记录的随机样本，因为这取决于原始数据是如何收集的。但可以肯定，将有 9900 万条数据记录被丢弃。

本章将重点把分类规则归纳作为一个特别重要和广泛使用的数据挖掘领域进行介绍，所提出的许多意见更具有普遍适用性。

早在 1991 年，澳大利亚研究人员 Jason Catlett 就撰写了一篇博士论文，名为 *Megainduction: machine learning on very large databases*[2]，他批评了在应用分类规则

归纳算法之前采样数据的做法，证明了归纳分类器的精度会随着训练样本的增加而增加。虽然 Catlett 当时认为非常庞大的数据集现在看来非常小，或者至多是"正常的"，但他的警告仍然是有效的。此外，还考虑到有些应用领域(特别是科学领域)涉及新知识的发现，此时丢弃大部分数据是一项风险很高的事情。对于其他应用，即使可用数据的一小部分样本仍然可能非常庞大。

本章假设有一个非常庞大的数据集(可能来自更大数据集的样本)并对它们进行分析。为解决这个问题，越来越多的人可能使用并行和分布式计算方法。这是一个庞大而复杂的领域，远远超出了数据挖掘范畴，但本章将描述一些问题，并通过一些最新的研究说明它们。

首先假设所介绍的方法使用由个人计算机组成的分布式局域网(技术上称为松耦合架构)；对许多组织而言，相对于购买高性能超级计算机，这样做是一个更便宜和更现实的选择。"台式电脑"和"笔记本电脑"通常都在大街上的商店里以很便宜的价格出售。学校和大学院系等组织经常扔掉或免费赠出仍然完全可用的"过时"计算机。完全现实的想法是，即使一个人独立工作且预算很少，也可以很低成本建立一个网络，比如有 20 台计算机，每台计算机都具有一定的速度和容量；在过去，这些计算机可被称为超级计算机。

在本章中，术语"处理器"还包括本地内存；假设每个分类(或其他数据挖掘)程序都使用其本地内存在单个处理器上执行。处理器未必具有相同的处理速度和内存容量，但为了简单起见，通常会假设它们具有相同的处理速度和内存容量。有时会使用术语"机器"来表示处理器加上其本地内存。

很多新手认为，借助于处理器网络，可将任务划分为由 100 个相同处理器组成的网络来处理，所花费的时间将是单个处理器所用时间的百分之一。但经验很快告诉我们，这仅是一种错觉。实际上，由于存在通信和其他开销，100 个处理器的工作时间比 10 个处理器要长得多。可以用"两个厨师原则"一词来描述这一点。

分类任务可通过多种方式分布在多个处理器上。

(1) 如果所有数据都集中在一个非常大的数据集中，可将其分发到 p 个处理器上，在每个处理器上运行相同的分类算法，并合并结果。

(2) 数据可能就"存在于"不同处理器上的不同数据集中，例如在公司的不同部门甚至在不同的合作组织中。就像情况(1)一样，可在处理器上运行相同的分类算法，并合并结果。

(3) 大数据量的极端情况是"流数据"以连续无限流的形式实时有效地到达，例如来自 CCTV 的数据。如果数据全部来自单个源，则可由不同处理器并行处理它的不同部分。如果数据进入多个不同的处理器，可采用类似于情况(2)的方式加以处理。

(4) 出现了一个完全不同的情况，即数据集不是特别大，但希望从中生成多个不同的分类器，然后通过某种"投票"系统将结果组合起来，以便对未见实例进行分类。这种情况下，可将整个数据集放在单个处理器上，由可访问全部或部分数据的不同分类程序(可能相同或可能不同)访问。或者，可在运行一组相同(或不同)的分类程序前，将数据全部或部分分发给每个处理器。第 14 章将讨论该主题。

所有这些方法的共同特征是需要某种"控制模块"将从 p 个处理器上获得的结果组合起来。根据不同应用，控制模块还可能需要将数据分发到不同的处理器，在每个处理器上启动处理并且保持 p 个处理器同步工作。控制模块可能运行在一个额外的处理器上，或作为一个单独的进程在前面提到的 p 个处理器中的一个运行。

下一节将重点介绍第一类应用，即所有数据在一个非常大的数据集中，可将其分配到 p 个处理器，然后在每个处理器上运行相同的分类算法，并合并结果。

13.2　将数据分发到多个处理器

大量数据通常以两种方式存在。

- **实例(记录)远多于属性**。将此类数据集称为"纵向样式"，并考虑将它们水平(称为"水平分区")划分到不同的处理器上。对于具有 17 个实例×4 个属性的数据集，可分为 5 个部分(见图 13.1)。

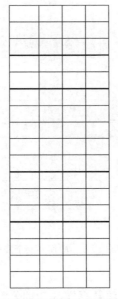

图 13.1　带有水平分区的纵向样式数据集

- **属性远多于实例。**将此类数据集称为"横向样式",并考虑将它们垂直(称为"垂直分区")划分到不同的处理器上。对于具有 3 个实例×25 个属性的数据集,分为 7 个部分(见图 13.2)。

  当然,根据具体情况,数据集也可水平和垂直划分。

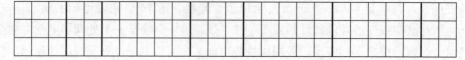

图 13.2　带有垂直分区的横向样式数据集

上面只是非常粗略地介绍了将分类任务分发到处理器网络的可能方式。为简单起见,假设我们的目标是生成一组与给定数据集相对应的分类规则,而不是某种其他形式的分类模型。

(1) 数据在处理器之间垂直或水平(或者两者兼而有之)划分。

(2) 在每个处理器上执行相同的算法以分析数据的相应部分。

(3) 最后将每个处理器获得的结果传递给"控制模块",该控制模块将结果组合成一组规则。此外,它还负责启动步骤(1)和(2)以及在步骤(2)期间使处理器保持同步。

这种分布式数据挖掘的通用模型由 Provost [3]引入的协作数据挖掘(Cooperating Data Mining,CDM)模型提供。图 13.3 显示了基本架构[4]。

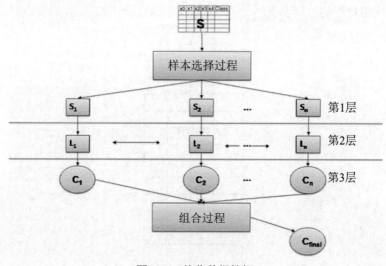

图 13.3　协作数据挖掘

该模型分为 3 层。

- 第 1 层:样本选择过程将数据样本 S 划分为多个子样本(每个可用处理器处理一个子样本)。

- 第 2 层：对于每个处理器，存在相应的学习算法 L_i，其在相应的子样本 S_i 上运行并生成概念描述 C_i。
- 第 3 层：通过组合过程合并概念描述，以形成最终的概念描述 C_{final}(例如一组分类规则)。

该模型允许学习算法 L_i 彼此相互通信，但没有指定怎么做。

13.3　案例研究：PMCRI

一些规则生成算法比其他算法更适合并行化。"参考文献" [5]描述了对 TDIDT 决策树归纳算法并行化的早期尝试。用于生成第 11 章描述的模块化规则的 Prism 算法也适用于这种方法。PMCRI(Parallel Modular Classification Rule Induction，并行模块化分类规则归纳)框架[4,6,7]由德国研究员 Frederic Stahl 博士与本书作者共同开发，作为 Prism 的分布式版本。在本节和下一节中，PMCRI 将用作解释一些基本原理的工具。但是这里不会详细描述算法本身。这两节的论述都大量借鉴了参考文献[4]。图 13.5~图 13.7 转载自参考文献[4]，图 13.4 和图 13.8 经许可转载自参考文献[6]。

PMCRI 使用了第 11 章描述的 Prism 算法的一个变体，称为 PrismTCS，但两者的差异并不重要。重要的是如何使用 CDM 模型控制规则生成过程。假设有 p 个大致相同的处理器，第 1 层的样本选择过程将数据大致均分成两部分。如果专注于横向样式的数据，那么可为每个处理器提供所有实例的总属性数的 $1/p$。

这里不再重复介绍原始 Prism 算法的细节，重点是每条分类规则都是逐个生成的。例如，可从大纲规则开始：

IF . . . THEN class = 1

此时左边的条件是空的，可逐步进行扩展：

IF X = large . . . THEN class = 1
IF X = large AND Z < 124.7 . . . THEN class = 1
IF X = large AND Z < 124.7 AND Q < 12.0 . . . THEN class = 1
IF X = large AND Z < 124.7 AND Q < 12.0 AND M = green
　　THEN class = 1

直至得到最终形式。

由于每条规则的每个条件都在第 2 层生成，因此需要考虑许多可能的属性/值对，例如，X = large 或 Y < 23.4，并且需要计算每个属性/值对的概率。如果有 200 个属性和 10 个处理器，则可直接为每个处理器分配 20 个属性。当新条件生成时，

每个处理器将查看其 20 个属性组所有可能的属性/值对，找到具有最高概率的属性/值对作为"本地最佳规则条件"并通过图 13.4 的"黑板"将概率(但非条件本身)通知给控制模块，这类似于一种出价，如"处理器 3 能找到的最佳条件的概率是 0.9"。控制程序可很容易地将来自所有 10 个处理器的"出价"组合在一起，旨在每个阶段找到与"全局最佳规则项"对应的总体最高概率。

PMCRI 通过分布式黑板架构实现第二层(CDM)中学习算法之间的通信，这受到 DARBS 分布式黑板系统的启发[8]。

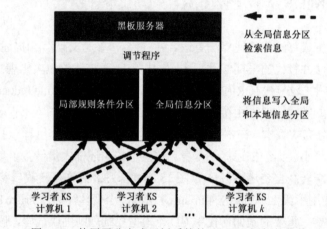

图 13.4　使用了分布式黑板系统的 PMCRI 框架的架构

可将上面所讲的黑板想象为黑板架上的黑板，在一些老式的教室里，教师常用粉笔在黑板上书写(有些人目前仍然在使用黑板)。有时一组专家在探讨同一个问题，那么他们相互沟通的唯一方法是在黑板上写字或阅读黑板上的内容。当然，在 PMCRI 中，所指的"专家"(即图 13.4 中描述的"学习者 KS 计算机"，原因不需要关注)并不是人类专家，而只是前面提到的处理器，每个处理器都在研究分配给它的属性的所有可能属性/值对的概率。黑板只是一个处理器上的预留存储区域，或者可能是某些单独的处理器。黑板上有一个"局部规则条件分区"(Local Rule Term Partition)，"专家"将与各自"局部最佳规则条件"对应的概率写在这个分区上。此外，还有一个调节程序(以前称为控制模块)可写入全局信息分区，从而告诉"专家"哪一个发布的概率最高(意味着相应的条件是"全局最佳的")和/或下一步应该做什么，例如开始处理下一个规则条件或下一条规则。调节程序还可从本地规则条件分区中读取数据，以便当所有概率(对应于每个专家找到的本地最佳条件)已经发布时，可以检查它们并找到最高概率(对应于全局最佳规则条件)。

PMCRI 方法的优点是处理器上的工作负载与规则生成过程持续保持相同的比例。

一旦规则生成过程完成，每个专家将在其存储器中保存每条规则的 0 个、1 个或多个组成项。这些项是与黑板上证明最高"出价"的概率相对应的条件。例如，对于专家 3 来说，规则 2 的条件可能是 $z < 48.3$ 并且 $q = green$，规则 9 的条件是 $x < 99.1$、$w < 62.3$ 和 $j < 82.67$，而规则 17 的条件是 $z < 112.9$。

接下来，开始第 3 层中的"组合过程"。每个专家都将其规则条件提交到全局信息分区，调节程序读取所提交的条件(规则片段)并从中构建完整的规则集。

PMCRI 算法的全部细节在参考文献[4]中给出。本章的目的不是详述 PMCRI，而是描述一般方法。

13.4　评估分布式系统 PMCRI 的有效性

PMCRI 等分布式数据挖掘系统可根据 3 种性能进行评估：可扩展性(scale-up)、规模增长性(size-up)和加速比(speed-up)。接下来依次考虑这些性能。

在下面的内容中，假设分布式系统中的所有处理器都是相同的。同时使用术语"运行时"(runtime)表示整个系统完成指定数据挖掘任务所用的时间，但不包括在第一层中加载数据所用的时间，这是任何此类系统的固定开销。

此外，还会使用处理器的"工作负载"(workload)表示其相关内存中保存的实例数。但请注意，如果该值等于 10 000，可能意味着 10 000 个具有所有属性的实例，或者 20 000 个具有一半属性的实例，或者 100 000 个具有 1/10 属性的实例，等等。我们假设工作负载对网络中使用的每个处理器都是相同的。

最后，使用系统的"总工作负载"表示网络中使用的每个处理器的工作负载总和，同样用实例数量衡量。

1. 可扩展性

可扩展性实验根据每个处理器的固定工作负载的处理器数量评估系统的性能。保持每个处理器的工作负载不变，并在添加额外处理器时测量运行时间。理想情况下，以这种方式测量的运行时间将保持不变，例如，虽然将处理器数量加倍会使系统间整体需要处理的数据量增加一倍，但用来完成处理的处理器数量也增加了一倍。恒定的运行时间将由运行时间图表上的水平线表示，而与处理器数量无关。

图 13.5 是 PMCRI 的几个显示结果之一。图中显示了处理器数量从 2 个增加到 10 个且每个处理器的 3 个工作负载值为 130K、300K 和 850K 实例时的运行时。可以看到，每条折线都不是保持水平的，而是随着处理器数量的增加而增加。这是由于网络中额外的通信开销引起的，因为更多处理器需要通过黑板传递信息。不出所料，当每个处理器的工作负载较大时，即使只有两个处理器，运行时间也会更长。

165

如果在垂直轴上绘制的不是运行时间，而是相对运行时间，即对于每条折线，运行时间除以只有 2 个处理器的运行时间，则可以更容易看到发生了什么事情。最终得到图 13.6。现在每条折线都从一个相对运行时间(对应两个处理器)开始，并在图中添加了高度为 1 的水平线的"理想"情况。

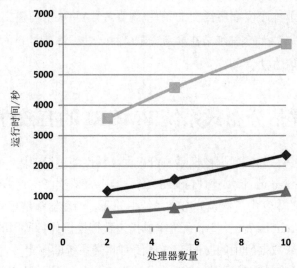

图 13.5　PMCRI 的可扩展性

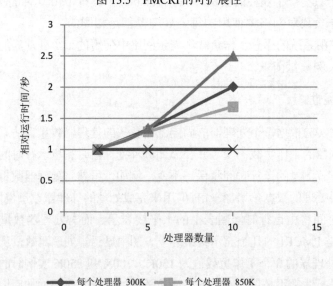

图 13.6　使用了相对运行时间的 PMCRI 的可扩展性

现在可看到，对于每个处理器的最小工作负载(130K)，相对运行时间是最长的，而对于最大工作负载(850K)则是最短的。因此，在使用此算法时，随着每个处理器的工作负载增加，通信开销在增加运行时间方面的影响就会降低。由于我们希望能够处理非常大的数据集，因此这是非常理想的结果。

2. 规模增长性

规模增长性实验在固定处理器配置的情况下，根据系统的总工作负载评估系统性能。此时保持处理器的数量不变并在训练实例的总数增加时测量运行时间。

图 13.7 显示了相对运行时间与实例数量(从 17K 增加到 8000K)的关系图，绘制了1、2、5 和 10 个处理器对应的折线(相对运行时间等于运行时间除以 17K 实例时的运行时间)。每条折线显示了近乎线性的规模增长性，即运行时间近似为训练数据大小的线性函数。

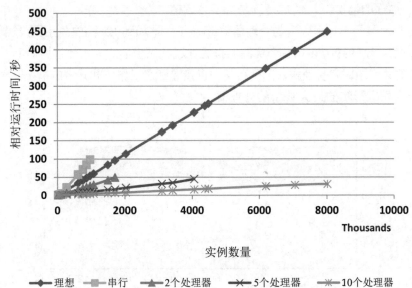

图 13.7　使用了相对运行时间的 PMCRI 的规模增长性

此外，图中还添加了一个"理想"规模增长性折线，其中实例数量增加 N 倍，相对运行时间也增加 N 倍。可以看出，"串行"(即一个处理器)折线比"理想"折线更糟糕(即需要更长运行时间)，但 2、5 和 10 个处理器的折线都明显优于"理想"折线。这是可能的，归因于系统处理通信开销的方式不同。这是一个非常好的结果。

3. 加速比

加速比实验评估系统在总工作负载固定的情况下，根据处理器数量评估系统性能。

保持系统的总工作负载不变，并在处理器数量增加时测量运行时间。实验表明分布式算法比串行版本更快，因为大型数据集被分发到越来越多的处理器中处理。

我们可定义两个与加速相关的性能指标。

- 加速因子 S_p 由 $S_p = R_1 / R_p$ 定义，其中 R_1 和 R_p 分别是单个处理器和 p 个处理器上算法的运行时间。该因子可衡量使用 p 个处理器的运行速度比仅使用单个处理器快多少。理想情况是 $S_p = p$，但通常情况是 $S_p < p$，因为系统中存在通信或其他开销。

- 使用 p 个处理器而非单个处理器的效率 E_p 由 $E_p = S_p / p$ 定义(即加速因子除以处理器的数量)。E_p 通常是介于 0 和 1 之间的数字，但在所谓的"超线性"加速的情况下，偶尔可以是大于 1 的值。

图 13.8 显示了加速因子与处理器数量(从 1 个增加到 12 个)的关系图，绘制了总工作负载为 174 999~740 000 个实例的折线。这种显示形式通常比运行时间与处理器数量的关系图更容易理解，因为可从中直接看到在工作负载固定的情况下对运行时间产生积极影响的最大数量的处理器。

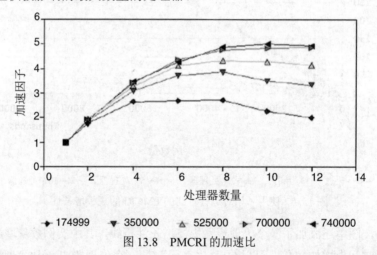

图 13.8 PMCRI 的加速比

从图 13.8 可以看出，对于最小的工作负载(174 999 个实例)，拥有 4 个以上的处理器并不会增加或减少加速因子，但对于两个最大的工作负载，使用更多处理器(至少 10 个)是有益的。因此，PMCRI 方法似乎对大量实例具有最大价值，这显然是可取的。

13.5　逐步修改分类器

在本书中，通常假设生成分类器需要的所有数据已经被收集并可在训练集中使用，但数据可能非常庞大，因此需要对其进行采样和/或分发到多个处理器。

当构造了一个分类器，然后大量的额外数据进入时，就会出现不同寻常的情况，例如零售应用程序中客户选择的数据。可能首先使用包含 100 000 个实例的训练集构建一个分类器，然后每天晚上接收另外 10 000 个关于当天事务的分类数据实例。几周后，额外数据量将远超构建分类器所用的训练集中的数据量，但即使是少量额外实例(在极端情况下，甚至只有一个)也会使决策树之类的分类器产生相当大的差异。为进行可靠的分类，应该利用附加数据生成新的分类器，但多久进行一次比较合理呢？每天一次？每周一次？无论多么频繁地进行更新，我们肯定不希望重新处理所有已经用于生成分类器的数据，每次都使用不断增长的数据量"从零开始"处理。

为处理不断出现的新训练数据，需要使用增量分类算法，即已经构建的分类器可使用新数据进行更新，而不必重新处理已经使用的数据。如果训练数据不再用于其他用途，那么一旦处理完毕就可将其丢弃。

这种极端情况常出现在流数据中，即实时到达的数据实际上是一个无限流，例如，来自 CCTV 的图像、来自遥测设备的消息或信息提要(如最新股价)，又或者来自大批量应用程序的交易，例如在超市或通过信用卡购物。

给定一个增量分类算法，为每个新实例更新分类器是不现实的，因此通常将传入的实例批量分组为 N 组，并在每个批次完成时更新分类器。这种方法存在两个重要问题：

(1) 如果一开始所有数据都可作为一个作业进行处理，那么以这种方式生成的分类器将会多么精确地接近于需要构造的分类器呢？

(2) 批量大小 N 的选择会在多大程度上影响问题(1)的答案？

对于那些具有 Java 编程语言知识的人，参考文献[9]中描述了用于挖掘流数据的算法和工具的集合。

在本节的剩余部分，将考虑一种非常适合于增量方法的分类：即第 3 章介绍的朴素贝叶斯分类器。此时，相对于将大量潜在数据收集在一起并作为单个作业进行处理，将数据作为任意大小的批处理进行处理并不会降低精度。这是一个非常理想的属性。

下面使用第 3 章的示例简要描述朴素贝叶斯分类算法。给出图 13.9 所示的 train 数据集。

169

day	season	wind	rain	class (类别)
weekday	spring	none	none	on time
weekday	winter	none	slight	on time
weekday	winter	none	slight	on time
weekday	winter	high	heavy	late
saturday	summer	normal	none	on time
weekday	autumn	normal	none	very late
holiday	summer	high	slight	on time
sunday	summer	normal	none	on time
weekday	winter	high	heavy	very late
weekday	summer	none	slight	on time
saturday	spring	high	heavy	cancelled
weekday	summer	high	slight	on time
saturday	winter	normal	none	late
weekday	summer	high	none	on time
weekday	winter	normal	heavy	very late
saturday	autumn	high	slight	on time
weekday	autumn	none	heavy	on time
holiday	spring	normal	slight	on time
weekday	spring	normal	none	on time
weekday	spring	normal	slight	on time

图 13.9　train 数据集

接下来构造一个概率表，给出与训练数据对应的条件概率(表格主体数据)和先验概率(底行数据)，如图 13.10 所示。

然后，可使用图 13.10 中用星号标记的行的值，来计算某个未见实例的每个类别的分数。下面列举一个未见实例：

weekday	summer	high	heavy	????

选择得分最高的类别，此时为 class = on time(有一些零值的复杂情况，在此忽略了)。

class = on time $0.70 * 0.64 * 0.43 * 0.29 * 0.07 \approx 0.0039$

class = late $0.10 * 0.5 * 0 * 0.5 * 0.5 = 0$

class = very late $0.15 * 1 * 0 * 0.33 * 0.67 = 0$

class = cancelled $0.05 * 0 * 0 * 1 * 1 = 0$

	class(类别)			
	on time	late	very late	cancelled
day = weekday *	$9/14 = 0.64$	$1/2 = 0.5$	$3/3 = 1$	$0/1 = 0$
day = saturday	$2/14 = 0.14$	$1/2 = 0.5$	$0/3 = 0$	$1/1 = 1$
day = sunday	$1/14 = 0.07$	$0/2 = 0$	$0/3 = 0$	$0/1 = 0$
day = holiday	$2/14 = 0.14$	$0/2 = 0$	$0/3 = 0$	$0/1 = 0$
season = spring	$4/14 = 0.29$	$0/2 = 0$	$0/3 = 0$	$1/1 = 1$
season = summer *	$6/14 = 0.43$	$0/2 = 0$	$0/3 = 0$	$0/1 = 0$
season = autumn	$2/14 = 0.14$	$0/2 = 0$	$1/3 = 0.33$	$0/1 = 0$
season = winter	$2/14 = 0.14$	$2/2 = 1$	$2/3 = 0.67$	$0/1 = 0$
wind = none	$5/14 = 0.36$	$0/2 = 0$	$0/3 = 0$	$0/1 = 0$
wind = high *	$4/14 = 0.29$	$1/2 = 0.5$	$1/3 = 0.33$	$1/1 = 1$
wind = normal	$5/14 = 0.36$	$1/2 = 0.5$	$2/3 = 0.67$	$0/1 = 0$
rain = none	$5/14 = 0.36$	$1/2 = 0.5$	$1/3 = 0.33$	$0/1 = 0$
rain = slight	$8/14 = 0.57$	$0/2 = 0$	$0/3 = 0$	$0/1 = 0$
rain = heavy *	$1/14 = 0.07$	$1/2 = 0.5$	$2/3 = 0.67$	$1/1 = 1$
先验概率	$14/20 = 0.70$	$2/20 = 0.10$	$3/20 = 0.15$	$1/20 = 0.05$

图 13.10　train 数据集的概率表

首先注意，不需要存储上面显示的所有值。需要为每个属性存储的只是一个频率表，该频率表显示了属性值和分类的每种可能组合的实例数量。对于属性 day，该表将如图 13.11 所示。

	class(类别)			
	on time	late	very late	cancelled
weekday	9	1	3	0
saturday	2	1	0	1
sunday	1	0	0	0
holiday	2	0	0	0

图 13.11　属性 day 的频率表

除了每个属性一个表之外，还需要有一行显示这 4 个类别的频率，如图 13.12 所示。

	class(类别)			
	on time	late	very late	cancelled
总计	14	2	3	1

图 13.12　类别频率

当计算中使用每个属性的频率表中的值时，需要使用 TOTAL 行中的值作为分母,例如,对于属性 day 的频率表,weekday/on time 使用的值是 9/14。图 13.10 中的"先验概率"行根本不需要存储,因为在每种情况下,都可以使用类别频率除以实例总数(在本例中为 20)得到该值。

即使数据量非常大,类别的数量通常也很少;即使存在大量分类属性,每个属性的可能属性值数量也很小。因此,总体而言,为每个属性存储一个频率表(如图 13.11 所示)以及一个类别频率表是非常实用的。

如果使用朴素贝叶斯算法生成的概率模型由图 13.11 所示的表格表示,那么逐步更新分类器就变得非常简单了。假设基于 100 000 个实例,可以有一个属性 A 的频率表,如图 13.13 所示。

	class = c1	class = c2	class = c3	class = c4
a1	8201	8412	5907	8421
a2	34202	7601	6201	5230
a3	7717	3940	2193	1975

图 13.13 属性 A 的频率表(前 100 000 个实例)

4 个类别的频率计数分别为 50120、19953、14301 和 15626,总计 100 000。

假设现在想要使用属性 A 的频率表处理 50 000 多个实例,如图 13.14 所示。

	class = c1	class = c2	class = c3	class = c4
a1	4017	5412	2907	6421
a2	15002	2601	4201	2230
a3	2289	1959	2208	753

图 13.14 属性 A 的频率表(后续 50 000 个实例)

对于这些新实例,类别的频率计数为 21308、9972、9316 和 9404,总计 50 000。

为对任何未见实例进行相同的分类,并将接收到的训练数据分为两部分,就如所有 150 000 个实例共同作为一个作业生成分类器,只需要将每个属性的两个频率表逐个元素地添加到一起,并将每个类别的频率累加在一起。这样做很简单,不会损失精度。

回到通过垂直分区将数据分配给多个处理器的主题,即将属性的一部分分配给每个处理器,该方法与朴素贝叶斯算法恰好吻合。每个处理器必须做的是针对所分配的每个属性计算每个属性值/类组合的频率,并在需要时将每个属性的小表传递给"控制模块"。

实验表明,朴素贝叶斯的分类精度通常与其他方法相当。它的主要缺点是只适用于属性值都离散的情形,而且所生成的概率模型不像决策树那样明确。但根据应用的不同，模型的明确性可能重要，也可能不重要。

13.6 本章小结

本章涉及与大量数据相关的问题，特别是分类算法扩展为可用于大量数据的能力。

本章首先描述分类任务在个人计算机的局域网上分布的一些方式，并提出使用 PMCRI 的 Prism 规则归纳算法的扩展版本的案例研究。然后讨论用于评估这种分布式系统的技术。

最后分析了流数据问题，进而讨论一种非常适用于增量方法的分类算法：朴素贝叶斯分类器。

13.7 自我评估练习

在收集了图 13.9 给出的 train 数据集的数据后，还收集了另外 10 天的记录，如下表所示。

day	season	wind	rain	class(类别)
weekday	summer	none	none	cancelled
weekday	winter	none	none	on time
weekday	winter	none	none	on time
weekday	summer	high	heavy	late
saturday	summer	normal	none	on time
weekday	summer	normal	slight	very late
holiday	summer	high	slight	on time
sunday	summer	normal	none	on time
weekday	winter	high	heavy	very late
weekday	summer	none	slight	on time

1. 使用两个 train 数据集中的数据组合，为 4 个属性分别构建一个频率表以及一个类别频率表。

2. 使用这些新表找到下面给出的未见实例的最可能类别。

weekday	summer	high	heavy	????

第 **14** 章

集 成 分 类

14.1 简介

"集成分类"(ensemble classification)的思想不是学习一个分类器而是学习一组分类器,称为分类器集成,然后使用某种投票形式将它们的预测结果组合起来用于对未见实例进行分类,如图 14.1 所示。虽然我们希望整体的预测精度比任何一个单独的分类器的预测精度更高,但这并不能保证始终成立。

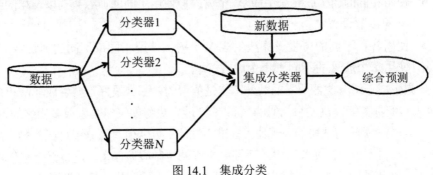

图 14.1　集成分类

术语"集成学习"(ensemble learning)通常用于表示与集合分类相同的含义,但前者是一种更通用的技术,通过学习一组模型,可共同用于解决任何类型的潜在问题,而不仅是分类问题。

集合中的各个分类器称为"基分类器"(base classifier)。如果基分类器都是相同类型(例如决策树)，则集合被称为"同构"(homogeneous)，否则称为"异构"(heterogeneous)。

一种简单的集成分类算法形式如下所示：

(1) 为给定数据集生成 N 个分类器。

(2) 对于一个未见实例 X

    a. 计算 N 个分类器的 X 的预测分类。

    b. 选择最常预测的分类。

这是一种"多数表决"模型，每当一个分类器预测一个未见实例的特定分类时，就算投了该分类一票。如果在集合中具有 N 个分类器，则共有 N 次投票，获得大多数投票的分类获胜，这被认为是对正确分类的集成预测。

对集成分类器方法的明确反对意见是，生成 N 个分类器比仅使用一个分类器要花费更长时间，并且仅当集成的性能明显优于单个分类器的性能时，这种额外工作才有意义。对于一组给定的测试数据，并不能保证这种情况始终出现，而对于一个未见实例，则更无法保证了，但从直觉上看，似乎有理由相信 N 个分类器"协同工作"比单个分类器具有更好的预测精度。但实际上，这可能取决于如何生成分类器以及如何组合它们的预测(通过多数表决或其他方式)。

本章将把注意力限制在同构情况下，即所有分类器都是相同类型，如决策树。有几种方法可以形成一个集合，例如：

- 使用相同的树生成算法(但使用不同的参数设置)生成 N 个树，并且全部使用相同的训练数据。
- 使用相同的树生成算法生成 N 个树，但使用不同的训练数据以及相同或不同的参数设置。
- 使用各种不同的树生成算法生成 N 个树，使用相同或不同的训练数据。
- 使用每个属性的不同子集生成 N 个树。

如果生成一组分类器所需的额外工作是值得的，那么最好不要生成非常相似的树(因为它们都可能提供非常相似的"标准"性能)，更好的策略是生成多样化的树(或其他分类器)，那样有些树的表现比"标准"性能更好，但有部分树可能更糟。性能更糟的一类树不应包括在集合中；而性能更好的树则应该保留。这自然会产生这样的想法：以某种随机方式生成大量分类器，然后仅保留最佳分类器。

该领域的两项开创性工作是 Tin Kam Ho [1]开发的随机决策森林系统和 Leo Breiman [2]开发的随机森林系统。两个系统都采用基于大量随机元素生成多个决策树的方法，并度量它们的性能，然后为集合选择最佳树。引用 Stahl 和 Bramer [3]的话："Ho 认为，传统的树在生长到一定的复杂程度后，会因为过度拟合训练数据而失去一般性。Ho 建议在特征空间的随机选择子集中引入多个树。他声称组合后的分类会得到改进，因为单个树将更好地概括其特征空间子集的分类"。

Ho 的贡献在于引入了在生成每个分类器时对属性进行随机选择的想法。而 Breiman 通过引入一种称为 Bagging 的技术进行了补充，即从一组训练数据中生成多个不同但相关的训练集，以减少过度拟合并提高分类精度[4]。

当然，这样做的计算成本是很高的。Ho 和 Breiman 的论文都是该领域的重要贡献，值得详细研究。然而，像往常一样，一旦相关概念被列出并用自己的话进行描述，就可以使用其他许多方法实现相同的概念。

为进一步发展基于随机分类器的集成思想，需要：

- 一种以随机方式生成大量分类器(如 100 个)的方法。
- 一种衡量每个分类器性能的方法。

最后一步是选择所有符合标准的分类器并添加到集合中。有几种方法可做到这一点。例如，可选择具有最佳性能的 10 个分类器或者性能高于某个精度阈值的所有分类器。

14.2 估计分类器的性能

本书其他章节已经介绍了用于开发和估计分类器性能的标准方法：将可用数据划分为训练集和测试集，用训练集开发分类器，然后用测试集估计分类器在未见数据上的性能。

对于集成分类器，该过程需要一个额外数据集，称为与每个分类器关联的"验证数据集"。方法如下：

(1) 将可用数据划分为测试集和剩余部分。

(2) 对于每个候选分类器

　　a. 以某种合理方式将步骤(1)中的剩余数据分成训练数据和验证数据。

　　b. 使用训练数据生成分类器。

　　c. 针对验证数据运行分类器以估计其性能。

(3) 通过性能估计值找到最佳分类器，例如所有预测精度大于指定百分比的分类器或者可能最佳的 X。如果该步骤后剩余的分类器数量为 M，那么它们一起构成一个大小为 M 的集合。

(4) 使用该集合对步骤(1)选择的测试集中的每个实例进行分类，并使用结果估计真正的未见数据的集成性能。

步骤(4)中用于预测未见实例分类的方法通常独立地使用每个 M 分类器，然后组合它们的"投票"，得到正确的分类(参见 14.5 节)。

在集合中使用多少个分类器是一个实验问题，但为了利用在分类器生成过程中引入随机元素可产生的良机(即偶尔出现一些特别好的分类器)，设置合理的数量是很有必要的。例如从 100 个中选择最佳的 10 个，以形成集合。

14.3 为每个分类器选择不同的训练集

在实现上一节步骤(2)中的 a "以适当的方式将剩余的数据分为训练数据和验证数据"时，所出现的一个问题是如何以最佳方式多次执行此操作，每次都划分为两个不同的数据集。

Breiman[4]在不同的环境下实现了一种方法，并在他的随机森林系统中使用，这种方法被称为 Bagging(Bagging 是 bootstrap aggregating 的缩写，该术语的含义不在这里解释)。

假设上一节中描述"剩余数据"(即除去形成测试集的所有可用数据)包括 N 个实例。然后使用如下所述的 Bagging 方法依次形成每个候选分类器。

- 在每个阶段从整个实例集中随机选择 N 个实例(通常将这种抽样称为"放回抽样")。这样一来，在包含 N 个实例的训练集中，一些实例可能出现多次，而其他实例根本不出现。
- 上述过程中可能有许多未被选中的实例。将它们收集在一起以形成验证集。

如果从 N 个实例集合中选择 N 个实例，且每次选择后重新放回集合中，那么单个实例不太可能仅被选中一次，单个实例恰好被选择 N 次也是不可能的。为了解通常可能发生的情况，首先要问的是"剩余数据"中某个特定实例从未被选中的概率是多少。

在第一次"选择"时，选择特定实例的概率是 $1/N$，因此未选择它的概率是 $1-1/N$。N 次选择中的每一次都独立于其他选择，因为每次都可以选择所有 N 个实例，因此，当集合包含 N 个实例的训练集时，一个特定实例从未被选中的概率是$(1-1/N)^N$。当 N 变大时，可证明该值非常接近 $1/e$ (数学家将其称为极限值)。符号 e 表示一个众所周知的"数学常数"，其值为 2.718 28。因此，极限值是 $1/e \approx 0.368$。如果 N 小于 64，那么$(1-1/N)^N$的值将接近该值的小数点后两位。

由于上述计算适用于所有实例，而那些从未选择的实例将组成分类器的验证数据集，因此，对于相当大的"剩余数据"数据集，可预期验证数据集将包含 36.8%(平均)的实例。也就是说，其他 63.2%的实例进入训练集，其中一些实例在训练集中可能多次出现。

使用具有重复值的 N 个实例所"填充"的训练集的重要性并非可以忽略不计。这取决于所使用的算法。如果从训练集中删除重复值，那么所生成的分类器可能与不删除重复值所生成的分类器有很大的不同，这是一种可能的替代方法。

14.4　为每个分类器选择一组不同的属性

Ho 的随机决策森林系统中引入的一个思想是仅处理可用属性(或"特征")的一个子集，以供每个决策树随机选择。一般来说，如果采用上述方式生成多个树，这些树所生成的分类器组合起来就能提供比单个分类器更高的精度，因为单个树可更好地概括它们的可用特性子集。

随机选择属性的一种方法是从可用总数中选择随机子集，每个分类器都有一个不同的子集。另一种更复杂的方法类似于上一节中为训练集选择实例的方法。假设共有 N 个属性，选择 N 个属性，且一次选择一个，那么每次都要从 N 种可能中进行选择。上一节给出的分析表明，通过这种方法，平均每个决策树将选择大约 63.2% 的属性。此时，将丢弃未选择的属性，而已选择的属性的重复项也会被丢弃。

对于每个决策树，可仅对属性进行一次随机选择。另一种方法是在进化决策树的每个节点处根据该点剩余的属性进行进一步的随机选择。

14.5　组合分类：替代投票系统

构建了 N 个分类器的集合后，如何将它们对一个未见实例(无论是测试集中的实例还是真正的未见实例)正确分类的预测最合理地结合到单个预测中？

Ho 的随机决策森林和 Breiman 的随机森林中采用的方法是将每个预测视为对特定类别的投票，共给出 N 票，预测哪个类别得票最多，那么哪个就是赢家。我们将此方法称为多数表决或简单多数表决。这与现实世界的选举投票系统一样，可很容易地指出这种方法可能存在的缺陷。

图 14.2 显示了一种可能情况。B 获得 3 票、C 获得 3 票，类别 A 获得了 4 票，所以选择该类别，即使在 10 个分类器中只有 4 个作出该预测。在一场选举中，以少数选票获胜是可以接受的。就本书而言，重要的问题是，以这种方式做出的预测有多高的可信度——显然答案是"不太可信"。

图 14.3 与图 14.2 相同，但附加了"预测精度"。该列显示了分类器在集合创建过程中对其验证数据集的预测精度，显示为 0~1 的比例。所有的值都比较高，否则

分类器就不会包含在集合中，但有些值明显高于其他值。

分类器	预测的类别
1	A
2	B
3	A
4	B
5	A
6	C
7	C
8	A
9	C
10	B

图 14.2　10 个分类器集合的预测类别

分类器	预测精度	预测的类别
1	0.65	A
2	0.90	B
3	0.65	A
4	0.85	B
5	0.70	A
6	0.70	C
7	0.90	C
8	0.65	A
9	0.80	C
10	0.95	B
总计	7.75	

图 14.3　具有预测精度信息的分类器集合

现在可采用"加权多数表决"的方法，每次投票都按照中间栏中给出的比例加权。

- 分类器 A 获得 0.65+0.65+0.7+0.65=2.65 票。
- 分类器 B 获得 0.9+0.85+0.95=2.7 票。
- 分类器 C 获得 0.7+0.9+0.8=2.4 票。
- 可用的总票数为 0.65+0.9 +…+0.95=7.75。

采用这种方法时，分类器 B 成为赢家。这似乎是合理的，因为它获得了 3 个最佳分类器的投票，而根据它们在验证数据集上的表现(不同的分类器不同)判断，候选分类器 A 获得了 4 个较弱的分类器的投票。这种情况下，选择 B 作为获胜分类器似乎是合理的。

然而，情况仍有可能变得更复杂。总体预测精度(如 0.85)可以掩盖性能的显著变化。此时关注一下分类器 4，其总体预测精度为 0.85，并考虑其可能的混淆矩阵，假设其验证数据集中恰好有 1000 个实例。有关混淆矩阵的信息，可参见第 7 章。

从图 14.4 可以看出，在分类器 4 的验证数据集中，类别 B 非常少见。而在具有该分类的 100 个实例中，只有 50 个被正确预测。更糟的是，如果查看一下分类器 4 对类别 B 的 120 次预测，会发现只有 50 次预测是正确的。现在似乎为分类器 4 指定一个 0.85 的加权值来预测类别 B 显得过于乐观了。也许加权值应该是 50 / 120 = 0.417。

		预测的类别			总计
		A	B	C	
实际类别	A	550	30	20	600
	B	20	50	30	100
	C	10	40	250	300
总计		580	120	300	1000

图 14.4　分类器 4 的混淆矩阵

通过对混淆矩阵的研究，我们得到一种将多个分类器的投票组合在一起的方法，称为"跟踪记录投票"。对于分类器 4，当它预测 B 类时，120 次中 30 次预测正确的是类别 A(25%)，120 次中 50 次预测正确的是类别 B(41.7%)，120 次中 40 次预测正确的是类别 C (33.3%)。

也就是说，分类器 4 对类别 B 的预测针对类别 A、B 和 C 分别给出 0.25、0.417 和 0.333 的投票。注意，这些数字都远低于分类器的整体预测精度(0.85)。可能的解释是分类器 4 在预测类别 A(580 次中正确 550 次，即 94.8%)和类别 C(300 次中正确 250 次，即 83.3%)时非常可靠，但在预测类别 B 时非常不可靠(120 次中仅正确 50 次，即 41.7%)。

图 14.5 是图 14.3 的修订版。现在每个分类器都有一票，并按 3 个比例投出。例如，分类器 4 为考虑中的未见实例预测类别 B，但并不是只投给类别 B，而是针对所有 3 个类别 A、B 和 C 将选票分为三部分，分别为 0.25、0.42 和 0.33。这些比例来自分类器 4 的混淆矩阵中的"预测的类别"B 列(如图 14.4 所示)。

将图 14.5 中 3 个类别的票数相加，相当令人惊讶的是，获胜者是类别 C，主要是因为 3 次高票数分别是两次 0.9 和一次 0.8。

本节介绍的 3 种方法中哪一种最可靠呢？第一种方法预测了类别 A，第二种方法预测了类别 B，而第 3 种方法预测了类别 C。对此没有明确答案。关键要理解的是，可通过多种方式将投票组合在一个集成分类器中。

再看图 14.5，还有其他复杂的因素需要考虑。分类器 5 预测类别 A 的"投票"

分别为 0.4、0.2 和 0.4。这意味着，当它预测类别 A 时，对于其验证数据，实际上只有 40%的实例属于类别 A，20%的实例属于类别 B，40%的实例属于类别 C。该分类器对类别 A 的预测有多高的可信度呢？在预测类别 A 时，可将分类器 5 的 3 个比例视为其"跟踪记录"的指示。根据这些指示可认为没必要相信该分类器，所以当该分类器的预测为 A 时，可考虑将其从考虑范围中去除。同样，当分类器 4 的预测是类别 B 时，也可将其从考虑范围中去除。然而，如果这样做，就将隐含地从"民主"模式———一个分类器，一次投票———转变为更接近"专家社区"的方法。

分类器	预测的类别	类别投票			总计
		A	B	C	
1	A	0.80	0.05	0.15	1.0
2	B	0.10	0.80	0.10	1.0
3	A	0.75	0.20	0.05	1.0
4	B	0.25	0.42	0.33	1.0
5	A	0.40	0.20	0.40	1.0
6	C	0.05	0.05	0.90	1.0
7	C	0.10	0.10	0.80	1.0
8	A	0.75	0.20	0.05	1.0
9	C	0.10	0.00	0.90	1.0
10	B	0.10	0.80	0.10	1.0
总计		3.40	2.82	3.78	10.0

图 14.5　基于"跟踪记录"的投票分类器集合

假设 10 个分类器代表医院中的 10 名医疗顾问，而 A、B 和 C 是针对一个生命垂危病人的 3 种治疗方法。顾问们正试图预测哪种治疗方法最有效。因为顾问 4 和 5 在分别预测 B 和 A 时的跟踪记录不是太好，所以没人会相信他们。

相比之下，顾问 6，其预测是治疗方法 C 在挽救患者方面最有效，在进行该预测时具有 90%成功的记录。与顾问 6 进行比较的唯一顾问是顾问 9，他在预测 C 时也有 90%的成功记录。有两位这样的专家做出了相同的选择，谁愿意反驳他们呢？此时就连清点选票的行为似乎不仅毫无意义，而且冒了不必要的风险，以防另外 8 名不太成功的顾问碰巧在投票中超过两位领先的专家。

虽然可以继续详细说明这个例子，但本章的讨论到此为止。显然，可通过各种不同的方式研究如何采用最佳方式将不同分类器产生的分类组合在一起。哪种方式最可能在未见数据上提供高水平的分类精度？在数据挖掘中经常如此，只有使用不同数据集的实验才能给出答案。但是，无论对于"平均"数据集来说最好的方法是什么，对于所有数据集或所有未见实例来说，没有哪种方法是最好的，通常最好有一系列可用的选项。

14.6　并行集成分类器

如前所述,集成分类器方法的一个重要障碍是生成 N 个分类器(而非一个分类器)所需的计算时间。

解决此问题的一种方式是将工作分布在个人计算机的局域网内,每台计算机负责生成一个或多个分类器并使用相应的验证数据集估计其性能。第 13 章曾讨论过这种方法,但当时只是讨论如何处理大量数据,而不是这里讨论的如何生成大量分类器。

根据集成形成方式的不同(参见 4.1 节),网络中的计算机可能都在中心位置使用相同的数据,或者所有计算机都具有相同的本地数据副本,又或者它们从一个共同数据集中获取样本(例如, 14.3 节描述的 Bagging 方法)。

假设一个由 10 台计算机组成的网络,可能会生成 500 个分类器(每台计算机生成 50 个),使用验证数据集估计每个分类器的性能并保留最佳的 50 个分类器。然后重新排列最佳的 50 个分类器的位置,以便网络中每台计算机都分配到 5 个最佳分类器,或者如果需要处理的未见数据量不大,也可以把它们放在一台计算机上。

并行集成分类器领域是一个较新的领域,但前景光明。有两篇论文(见参考文献[5]和[6])提供了关于该领域的更多信息。

14.7　本章小结

本章主要讨论集成分类,即使用一组分类器(而不是单个分类器)对未见数据进行分类。集合中的分类器都预测每个未见实例的正确分类,然后使用某种形式的投票系统组合它们的预测。

随后介绍分类器随机森林的概念,并讨论在构造每个分类器时从给定数据集中选择不同训练集和/或不同属性的问题。

紧接着考虑将一组分类器产生的分类组合起来的几种替代方法。最后简要讨论一种分布式处理方法,该方法用于处理生成集合所需的大量计算。

14.8　自我评估练习

给定图 14.5 显示的值:

1. 如果阈值为 0.5(即对预测类别的表项"投票"小于 0.5 的任何分类器进行折

中)，会产生什么影响？

2. 如果阈值为 0.8，又会产生什么影响？

第15章

比较分类器

15.1 简介

第 12 章讨论了如何在应用于同一数据集的不同分类器之间进行选择。对于那些使用真实数据集进行分析的人来说，这显然是一个非常重要的问题。

然而，存在一种与上面完全不同的数据挖掘者类别：那些开发新算法的人，或者希望改进现有算法的人，所设计出来的算法不仅能在一个数据集上提供更高性能，还能在大量可能的数据集上提供更高性能，而这些数据集在新方法开发时大部分都不为人所知，甚至不存在。学术研究人员和商业软件开发人员都属于该类别的数据挖掘者。

无论将来开发出什么样的新方法，可以确定的是：对于所有可能的数据集，没有人能开发出一种新算法以超越所有已有的分类方法(如本书描述的方法)。打算在各种可能的应用领域中使用的数据挖掘包需要继续提供可供选择的不同分类算法。进一步开发算法的目的是开发出比成熟技术更好的新技术。要做到这一点，有必要将它们的性能与至少一种已有的数据集算法进行比较。

有许多发表的论文描述了有趣的新分类算法，并附有如图 15.1 所示的性能表。每一列都给出一个分类器在一系列数据集上的预测精度(用百分比表示)。注意，对于后面介绍的比较方法，将两列中的所有值乘以常量对结果没有影响。因此，无论是用百分比表示预测精度，还是用 0 和 1 之间的比例(如 0.8 和 0.85)来表示，都没有区别。

数据集	已有的 分类器 A	新 分类器 B
数据集 1	80	85
数据集 2	73	70
数据集 3	85	85
数据集 4	68	74
数据集 5	82	71
数据集 6	75	65
数据集 7	73	77
数据集 8	64	73
数据集 9	75	75
数据集 10	69	76
总计	744	751
平均值	74.4	75.1

图 15.1   在 10 个数据集上分类器 A 和 B 的性能

相对于一些较早的数据挖掘文献中的内容，比较值表的生成(如图 15.1 所示)有了相当大的改进。在早期的数据挖掘文献中，新的算法要么根本不进行评估，要么仅在对作者可用的或未命名的数据集上进行评估。随着时间的推移，已经有了许多"标准"数据集，这使得开发人员可将他们的结果与其他方法在同一数据集上获得的结果进行比较。但许多情况下，后一种结果通常只能在已发表的文献中获得，因为除了少数值得钦佩的人之外，大部分作者通常不会让其他开发人员和研究人员访问实现其算法的软件，除了商业包之外。

一个被广泛使用的数据集集合是 2.6 节介绍的"UCI 存储库"[1]。如果能在之前作者使用的相同数据集上比较性能，那么显然评估新算法就会变得更容易。然而，大量使用这样的存储库并不是一件好事，这一点将在后面解释。

图 15.1 显示了算法 A 和 B 在 10 个数据集上的预测精度。可以看到，在 3 种情况下，A 的性能好于 B，在两种情况下性能相同，而在 5 种情况下 B 的性能好于 A。A 的平均精度为 74.4%，B 的平均精度为 75.1%。可从中得出什么结论呢？

15.2   配对 t 检验

比较分类算法的常用方法是"配对 t 检验"。我们将首先介绍该方法，然后讨论与之相关的一些问题。

首先，在图 15.1 中添加表示 A 和 B 值之间差值的列，比如 B-A，但通常用字母 z 表示。此外，还添加了显示差值平方的列，即 z^2(见图 15.2)。

数据集	已有分类器 A	新分类器 B	差值 z	差值的平方 z^2
数据集 1	80	85	5	25
数据集 2	73	70	−3	9
数据集 3	85	85	0	0
数据集 4	68	74	6	36
数据集 5	82	71	−11	121
数据集 6	75	65	−10	100
数据集 7	73	77	4	16
数据集 8	64	73	9	81
数据集 9	75	75	0	0
数据集 10	69	76	7	49
总计	744	751	7	437
平均值	74.4	75.1	0.7	43.7

图 15.2　在 10 个数据集上分类器 A 和 B 的性能(添加了 z 和 z^2 值)

可以看到 A 和 B 之间的平均差值是 0.7，即 0.7%支持分类器 B。这看起来并不多。是否足以拒绝"零假设"(即分类器 A 和 B 的性能实际上相同)呢？接下来使用配对 t 检验解决这个问题。名称中的"配对"一词指的是结果属于自然配对，即比较数据集 1 的分类器 A 和 B 的结果是合理的，但这些与数据集 2 的结果是分开的。

要执行配对 t 检验，只需要 3 个值：z 值的总和、z^2 值的总和以及数据集的数量。分别用 $\sum z$、$\sum z^2$ 和 n 表示这些值，所以 $\sum z = 7$、$\sum z^2 = 437$、$n = 10$。[1]

根据这 3 个值，可计算传统上由变量 t 表示的统计值。这是 20 世纪初由英国统计学家 William Gosset 引入的，他的笔名是 Student，所以这个检验也经常被称为"Student t 检验"。

t 值的计算可以分解为以下步骤。

步骤 1：计算 z 的平均值：$\sum z / n = 7/10 = 0.7$。

步骤 2：计算 $\left(\sum z\right)^2 / n$ 的值，此时为 $7^2/10 = 4.9$。

步骤 3：从 $\sum z^2$ 中减去步骤 2 的结果，即 437−4.9 = 432.1。

步骤 4：将该值除以(n−1)得到样本方差，传统上用 s^2 表示。此时 s^2 为 432.1 / 9 ≈ 48.01。

步骤 5：取 s^2 的平方根得到 s，即样本标准差。此时 s 的值为 $\sqrt{48.01} \approx 6.93$。

步骤 6：将 s 除以 $\sqrt{n}$ 得到标准误差。此时的值为 $6.93/\sqrt{10} \approx 2.19$。

---

1 对于那些不熟悉使用希腊字母符号 $\sum$(发音为'sigma')求和的人来说，可以参考附录 A.1.1 中的解释。这里使用的简化变体省略了下标，因为要添加的值是显而易见的。$\sum z$ 表示 z 的所有值的总和，此时为 7。$\sum z^2$ 表示 z^2 的所有值的总和，即 437；不应将其与 $\left(\sum z\right)^2$ 混淆，后者指的是 $\sum z$ 的平方，即 49。

步骤 7：最后，将 z 的平均值除以标准误差，得到 t 统计量的值，即 $t = 0.7/2.19 \approx 0.32$。

"样本方差"和"样本标准差"中的"样本"一词指的是表中给出的 10 个数据集而非所有可能应用两个分类器的数据集。它们只是目前存在或将来可能存在的所有可能数据集的一个非常小的样本。此时将它们作为更大的数据集集合的"代表"。下面返回到前面的问题：这在多大程度上是合理的？

标准差和方差这两个术语通常用于统计。标准差衡量 z 值在平均值附近波动，此时为 0.7。在图 15.2 中，波动是相当大的：z 值与平均值(0.7)之间的差值在-11.7 到+8.3 之间变化，这反映在样本标准差 s 中，s 值为 6.93，几乎是平均值本身的 10 倍。标准误差值的计算调整了 s 以允许样本中的数据集的数量。因为 t 是 z 的平均值除以标准误差，所以 s 的值越小(即 z 值相对于平均值的波动越小)，t 的值就越大(如果读者对 t 检验的完整解释和理由感兴趣，可以参考许多统计学教科书)。

现在已经计算出 t，下一步是使用它确定是否接受零假设，即分类器 A 和 B 的性能实际上是否相同？可以一个等价形式提出这个问题：t 的值是否距离零足够远以证明拒绝零假设是正确的？这里说的是"距离零足够远"而不是说"足够大"，因为 t 可以有正值或负值(z 的平均值可以是正值或负值；但标准误差总是正值)。

现在可将问题重新表述为："t 值在-0.32 到+0.32 范围之外的概率有多大？"对此的答案取决于数据集的数量 n，但统计学家却用"自由度"的数量来代替，该值通常比数据集的数量少一个，即 $n-1$。

图 15.3 显示了自由度 9 的 t 统计量的分布(之所以是 9，是因为目前表中只显示了 10 个数据集)。

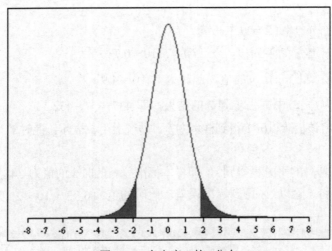

图 15.3　自由度 9 的 t 分布

曲线的左端和右端(称为"尾数")在两个方向上无限延伸。整个曲线和横轴(即 t 轴)之间的区域给出了 t 取其中一个可能值的概率,当然是一个值。

另外,图中用竖线标记了两个值 $t = -1.83$ 和 $t = +1.83$。曲线中位于 $t = -1.83$ 左侧或 $t = +1.83$ 右侧与横轴之间的区域(即图中阴影部分)是 t 值 $\leqslant -1.83$ 或 $\geqslant +1.83$ 的概率,也就是说与零的距离至少为 1.83。我们需要以这种方式查看两个尾数,因为负值-1.83 和正值+1.83 一样是零假设(即两个分类器是等价的)错误的证据。当比较两个分类器时,没有理由相信如果 A 和 B 显著不同,那么 B 一定比 A 好;也可能 B 比 A 差。

图 15.3 中阴影部分的面积,即 t 在 0 任意一侧距离至少为 1.83 的概率可计算为 0.1005。

观察 $t \leqslant -1.83$ 或 $t \geqslant +1.83$ 的概率,或者 $t \leqslant -a$ 或 $t \geqslant +a$ 的概率,对于任何正值 a,都给出了所谓的"双尾显著性检验"(two-tailed test of significance)。

针对不同的自由度以及特定概率所对应的 a 值,可计算两个尾数 $t \leqslant -a$ 和 $t \geqslant +a$ 下的面积值。其中一些值总结在图 15.4 中。图 15.4 显示了自由度为 1~19 时 t 统计量的一些关键值,即基于 2~20 个数据集进行比较(注意,因为正在进行双尾检验,表中的概率 0.10、0.05 和 0.01 分别对应于前面讨论的 $a = 0.05$、0.025 和 0.005)。

自由度	概率 0.10	概率 0.05	概率 0.01
1	6.314	12.71	63.66
2	2.920	4.303	9.925
3	2.353	3.182	5.841
4	2.132	2.776	4.604
5	2.015	2.571	4.032
6	1.943	2.447	3.707
7	1.895	2.365	3.499
8	1.860	2.306	3.355
9	1.833	2.262	3.250
10	1.812	2.228	3.169
11	1.796	2.201	3.106
12	1.782	2.179	3.055
13	1.771	2.160	3.012
14	1.761	2.145	2.977
15	1.753	2.131	2.947
16	1.746	2.120	2.921
17	1.740	2.110	2.898
18	1.734	2.101	2.878
19	1.729	2.093	2.861

图 15.4　1~19 自由度的 t 值(双尾检验)

观察自由度 9 的值(即 $n = 10$)，"概率 0.10"列中的值为 1.833，表示 $t \geqslant 1.833$(或 $\leqslant -1.833$)的值只有在概率 0.10 或更少的情况下才会发生，即 10 次不超过 1 次。如果 t 的值为 2.1，那么就可在"10%水平"上拒绝零假设，这意味着 t 的这种极值只会在 10 次中偶然出现一次或更少。这是拒绝零假设的常用标准，在此基础上可以自信地说分类器 B 明显优于分类器 A。

$t \geqslant 2.262$(或 $\leqslant -2.262$)的值将使我们能在 5%水平上拒绝零假设，而 $t \geqslant 3.250$(或 $\leqslant -3.250$)的值则可在 1%水平上拒绝零假设，因为这样的值只会在 20 次和 100 次中随机出现一次。

当然，也可使用其他阈值计算出 t 值，平均来说，该值只有 1/6 的机会被偶然超过，但通常使用图 15.4 所示的阈值之一。一般来说，所施加的限制最少的条件是，为拒绝零假设，需要一个 t 值，该值在 10 次中偶然发生不超过 1 次。

回到前面的示例，所计算的 t 值仅为 0.32，9 自由度的 t 值远不及 1.833 的 10%。我们可安全接受零假设。但根据所提供的证据，说分类器 B 的性能与分类器 A 的性能存在显著差异是不安全的。

重要的是要认识到这种令人失望的结果的原因(对于分类器 B 的创建者来说，当然是失望的)并不是 z 的较低平均值(0.7)。相对于 z 的平均值，标准误差(2.19)的值较高。

为说明这一点，将引入一个新的分类器 C，作为分类器 A 的挑战者，分类器 C 的性能会更佳。

图 15.5 显示了 10 个数据集上每个分类器的精度百分比。z 的平均值同样为 0.7，但这次 z 值在平均值附近的分布范围要小得多。z 值与平均值(0.7)之间的差值范围为$-1.7 \sim +1.3$。

数据集	已有分类器 A	新分类器 B	差值 z	差值的平方 z^2
数据集 1	80	81	1	1
数据集 2	73	74	1	1
数据集 3	85	86	1	1
数据集 4	68	69	1	1
数据集 5	82	83	1	1
数据集 6	75	75	0	0
数据集 7	73	75	2	4
数据集 8	64	63	−1	1
数据集 9	75	75	0	0
数据集 10	69	70	1	1
总计	744	751	7	11
平均值	74.4	75.1	0.7	1.1

图 15.5　分类器 A 和 C 在 10 个数据集上的性能

这次显著值分别为 $\sum z = 7$，$\sum z^2 = 11$ 和 $n = 10$。只有第二个值有所改变，但效果却相当明显。t 的 7 步计算如下所示。

步骤 1：计算 z 的平均值：$\sum z / n = 7/10 = 0.7$。

步骤 2：计算 $(\sum z)^2 / n$ 的值。此时为 $7^2 / 10 = 4.9$。

步骤 3：从 $\sum z^2$ 中减去步骤 2 的结果，即 $11 - 4.9 = 6.1$。

步骤 4：将该值除以 $(n-1)$，得到样本方差 s^2。此时 s^2 等于 $6.1/9 \approx 0.68$。

步骤 5：取 s^2 的平方根得到样本标准差，该 s 值为 $\sqrt{0.68} \approx 0.82$。

步骤 6：将 s 除以 $\sqrt{n}$，得到标准误差。此时为 $0.82/\sqrt{10} \approx 0.26$，远小于图 15.2 所计算的标准误差(即 2.19)。

步骤 7：最后，将 z 的平均值除以标准误差，得到 t 统计量的值，即 $t = 0.7/0.26 \approx 2.69$。

t 的这个值大于图 15.4 中 9 自由度的 5%。可以说在 5%的水平上，分类器 C 明显优于分类器 A。

这个例子和前面使用图 15.2 的例子之间的决定性差异不是 z 的平均值(它们是相同的)，而是更小的标准误差。

15.3 为比较评估选择数据集

现在将回到分类器 B 是否优于(或差于)分类器 A 的原始问题。

假设无论出于何种原因，数据集 5 和 6 已从所研究的样本中忽略。然后得到图 15.2 的修订版，只有 8 个数据集，如图 15.6 所示。

数据集	已有分类器 A	新分类器 B	差值 z	差值的平方 z^2
数据集 1	80	85	5	25
数据集 2	73	70	−3	9
数据集 3	85	85	0	0
数据集 4	68	74	6	36
数据集 7	73	77	4	16
数据集 8	64	73	9	81
数据集 9	75	75	0	0
数据集 10	69	76	7	49
总计	587	615	28	216
平均值	73.375	76.875	3.5	27

图 15.6 删除了数据集 5 和 6 之后分类器 A 和 B 的性能

现在 $\sum z = 28$，$\sum z^2 = 216$ 和 $n = 8$。

z 的平均值为 3.5，标准误差为 1.45，t 值为 2.41。这足以证明分类器 B 在 5%水平上明显优于分类器 A。对于自由度 7，概率 0.05 的阈值是 2.365。分类器 B 的开发者显然很幸运，数据集 5 和 6 被排除在分析之外。

接下来假设忽略了数据集 5 和 6，但分析中仍包括另外两个有利于分类器 B 的数据集 11 和 12，结果如图 15.7 所示。

数据集	已有分类器 A	新分类器 B	差值 z	差值的平方 z^2
数据集 1	80	85	5	25
数据集 2	73	70	−3	9
数据集 3	85	85	0	0
数据集 4	68	74	6	36
数据集 7	73	77	4	16
数据集 8	64	73	9	81
数据集 9	75	75	0	0
数据集 10	69	76	7	49
数据集 11	75	80	5	25
数据集 12	82	88	6	36
总计	704	783	39	277
平均值	70.4	78.3	3.9	27.7

图 15.7　用数据集 11 和 12 替换数据集 5 和 6 之后分类器 A 和 B 的性能

现在 $\sum z = 39$，$\sum z^2 = 277$，$n = 10$。

z 的平均值为 3.9，标准误差为 1.18，t 值为 3.31。该值足够大，在 1%水平上显著看出两者的差异。

但矛盾的是,如果使用数据集 11 和 12 的分类器 B 的结果要好得多,分别为 95%和 99%，那么 t 的值会更低，为 2.81。直观上，我们可以说，通过增加 z 平均值附近的波动，更可能使分类器之间的差异是偶然发生的。要获得 t 的显著值，通常 z 值的可变性要比 z 平均值大得多。

很明显，选择包含在诸如图 15.1 所示的性能表中的数据集是至关重要的。通过比较图 15.2、图 15.6 和图 15.7 计算的 t 值可看出，如果忽略(或包括)新算法 B 执行得不好(或很好)的数据集，可能导致"无显著差异"结果与显著改进之间的区别(反之亦然)。但矛盾的是，通过降低标准误差而忽略特别有利的结果，也可以增加 t 值。

这里介绍一些弄虚作假的事情是否太不恰当了？因为这么做容易忽略一些不利的结果，使得 t 值变得更显著。当然，本书的读者不会为了得到公众的认可、更高的学位、奖金或晋升而忽略那些糟糕的结果，但可能其他人并不总是如此谨慎。虽然这一直是一种可能性，但更大的问题可能是"欺骗自己"。在获得一种新方法的良好结果后，还有多少动机去寻找可能导致结果糟糕得多的其他数据集呢？

置信区间

确定了图 15.6 中给出的结果后，分类器 B 在 5%水平上明显优于分类器 A，并且列出的 8 个数据集的平均改进为 3.5%，为平均改进建立一个"置信区间"，以表明表中未包含的数据集的真正改进可能在什么范围内，这是很有帮助的。

对于上述示例，z 的平均值为 3.5，标准误差为 1.45。由于图 15.4 "概率 0.05" 列中自由度 7 的 t 值为 2.365，因此可以说真实平均差异的 95% 置信区间是 $3.5 \pm (2.365 \times 1.45) \approx 3.5 \pm 3.429$。我们可以 95% 地确定，真正的平均改进为 0.071%~6.929%。

对于图 15.7 中给出的性能数据，分类器 B 在 1%水平上明显优于分类器 A。这里 z 的平均值为 3.9，标准误差是 1.18。有 9 自由度，且在 "概率 0.01" 列中该自由度的 t 值为 3.250。可以说真实平均差异的 99%置信区间是 $3.9 \pm (3.250 \times 1.18) = 3.9 \pm 3.835$。我们可以 99% 地确定，真正的平均改进为 0.065%~7.735%。

15.4　抽样

到目前为止，已经演示了如何测试指定数据集上两个分类器性能差异的显著性。然而，大多数情况下，这样做并不是因为我们对这些数据集特别感兴趣，而是因为希望新方法可在所有可能的数据集上取得较好的结果。这就带来了"抽样"(sampling)问题。

任何数据集集合都可被认为是来自世界上所有数据集的完整集合(当然我们无法全部访问)的一个"样本"，但它真的是一个有代表性的样本吗？比如能够准确反映全部人口成员的样本。如果不是，那么为什么有人会认为一个分类器在数据集 1~10 上的改进性能应该推广到其他所有数据集上的改进性能呢？

这种情况与广告业类似，在广告业常见的说法是"8/10 的女性更喜欢 B 产品而不是 A 产品"。(关于诽谤的法律不允许我们在本节中使用更现实的例子。)

这种说法是否意味着广告商只询问了 10 位女性，也许是所有密友、家庭成员或员工？那不是很有说服力。为什么这 10 个人代表世界上的所有女性？即使限定为代表所有英国女性，那么很明显，仅问 10 个人是完全不够的。

一些广告则更进一步，例如说"被问到的女性总人数为 94"。虽然这样做更好，但如何选择这 94 个人呢？如果她们都是在同一个周二上午在同一个购物中心或体育赛事中接受询问的，那么人们往往倾向于选择居住在一个小地理区域、有特殊兴趣的人，以及在周二上午才有时间回答调查问题的人，这是显而易见的。

为对英国女性人口的消费观点做出任何有意义的陈述，首先需要根据地理位置、年龄组和社会经济地位等特征将人口细分为若干互斥和同质的子群体。然后确保采访一个相对大的女性群体，这些女性群体按照与总体人口相同的比例进行细分。这被称为"分层抽样"(stratified sampling)，是进行民意调查的公司通常采用的方法。

回到数据挖掘的主题，当面对显示了不同分类器在不同数据集上性能比较状况的表时，一个很自然的问题是这些数据集是如何选择的？如果相信它们是从世界上所有数据集中精心挑选的代表性样本，那么当然是一件好事，但这很难实现。假设所有数据集都是从标准存储库中选择的，例如 UCI，标准存储库建立的目的是便于与以前的软件开发人员的工作进行比较。那么是否有理由假设它们是 UCI 存储库中所有数据集的代表性样本呢？

这个目标是可以实现的，尽管不可避免地会出现不太精确的情况，例如，选择一些被认为包含大量噪声的数据集，一些被认为是无噪声的数据集，一些属性都是分类的数据集，一些属性都是连续的数据集，等等。

在实践中，没有任何开发人员会声称他们的数据集是 UCI 存储库的代表性样本。在许多情况下，几乎可以肯定的是，那些被选择的数据集都是开发人员可随机使用的。这称为"随机样本"(opportunity sample)，虽然在某些情况下这是一种合理的处理方式，但这样的样本不太可能具有代表性。

当我们的目标是与著名的数据挖掘专家X教授几年前发表的结果进行比较时，那么除了使用与X教授在工作时所使用的数据集相同的数据集之外，别无选择。新方法的开发人员很难指责这样做不对，但这再次引发了一个问题：X教授如何选择这些数据集呢？

即使假设可找到一种在 UCI 存储库中选择数据集的代表性样本的方法，就可以保证拥有世界上所有数据集的代表性样本吗？遗憾的是不能保证。没有理由相信数据集是以随机方式进入存储库。可以假定，大多数情况下，它们是为成熟方法提供良好预测精度的数据集，并放置在存储库中作为未来工作者获得更好结果的挑战。那些处理"困难"数据集并且未能取得进展的人不太可能将数据集放在存储库中，以此昭示他们的失败。

遗憾的是，与 UCI 信息库的广泛使用相关的问题远不止于此。早在 1997 年，Salzberg [2]在一篇论文中就对此进行了讨论，该论文提到了"社区实验"效应。他说："许多人正在共享一个小型数据集库，并重复使用这些相同的数据集进行实验。因此，即使使用严格的显著性标准和适当的显著性检验，发表的结果也可能仅是偶然事件……假设 100 个不同的人正在研究算法 A 和 B 的影响，试图确定哪种算法更好。但事实上两者具有相同的平均精度(在一些非常大的数据集中)，虽然算法在特定数据集上的性能随机变化。现在，如果 100 个人正在研究算法 A 和 B 的效果，可以预期其中 5 个将获得[0.05]水平上具有统计学意义的结果，并且有一个将在 0.01 水平上获得显著性！很明显，这种情况下，这些结果是偶然的，如果 100 人分开工作，那些获得重大成果的人将会发布结果，而其他人则会继续进行其他实验。

社区实验效果的问题只会变得更严重。在短期内，可通过创建只有较少的人使用的新存储库来应对。然而，从长远看，大量的人在试验分类算法，并且希望产生的结果可与将来其他人获得的结果进行比较，这意味着社区实验的效果也将不可避免地影响这些新存储库。

现在越来越多的人清楚地看到，在许多已发表的关于新分类算法的文献中评估成为致命弱点。至少，这些发布的比较表(如图 15.1)应该解释列出的数据集是如何选择的——但似乎很少有这样做的。

面对这些问题，我们只能要求开发人员尽最大努力。显然需要发布更多数据集的结果，这不仅可用于判断自己的工作效果，也可作为未来工作的基准。最重要的是，开发人员应该始终说明白他们如何以及为什么选择所分析的数据集——当然，这种选择应该总是在运行任何新算法之前做出的。

15.5　"无显著差异"的结果有多糟糕

我们当然希望有一系列分类算法可用，因为没有哪种算法可保证在所有数据集上都能提供最佳性能，上面引用的关于"社区实验"的论述反映了一种情况，即许多新的分类器实验已经启动并将继续进行，其中大多数在一系列熟悉的数据集中提供非常相似的性能。

世界不需要无穷无尽的分类算法，很多分类算法与已建立的分类算法没有显著差异，或者仅在少量数据集上才能提供稍好的性能。尽管如此，开发一种新的分类算法还是有其可取之处的，尽管它的性能通过预测精度来衡量，与众所周知的"标准"分类器并无明显区别。

预测精度不是判断分类器质量的唯一方法。由于其他原因，新分类器 B 可能优于现有分类器 A，例如：

- B 在理论上可能比 A 更好。
- B 在计算上可能比 A 更有效。
- B 可以产生比 A 更容易理解的模型。

- 对于某些类型的数据集，B 可以提供比 A 更好的性能，例如，存在许多缺失值或可能存在很大比例的噪声。

给定一个性能表(如图 15.1 所示)，需要解决的问题是，B 值大于 A 值的数据集与其他数据集的区别是什么。通常情况下，这种区别可能没有明显的原因，即使存在区别，也可能已经找到了一种针对特定类型数据集的有价值的新算法。

15.6 本章小结

本章讨论如何比较应用于多个数据集的可选分类器的性能，介绍常用的配对 t 检验，并列举实例进行说明。当发现两个分类器的预测精度有显著差异时，就可以使用置信区间。

还讨论了比较分类器时所涉及的缺陷，从而找到其他不依赖于"预测精度比较"的性能比较方法。

15.7 自我评估练习

下表显示了 20 个数据集上两个分类器 A 和 B 的精度百分比。

数据集	分类器 A	分类器 B
1	74	86
2	69	75
3	80	86
4	67	69
5	84	83
6	87	95
7	69	65
8	74	81
9	78	74
10	72	80
11	75	73
12	72	82
13	70	68
14	75	78
15	80	78
16	84	85
17	79	79
18	79	78
19	63	76
20	75	71

1. 计算 B-A 差值的平均值。

2. 计算标准误差和 t 统计量值。

3. 在 5%水平下，判断分类器 B 是否明显优于分类器 A。

4. 如果问题 3 的答案为"是"，那么计算分类器 A 和 B 之间精度百分比真正差值的 95%置信区间。

第 16 章

关联规则挖掘 I

16.1   简介

分类规则涉及预测被认为特别重要的分类属性的值。本章将继续研究更一般的问题，即如何从给定的数据集中找到感兴趣的规则。

此时将把注意力限制在 IF…THEN…规则，其左侧和右侧具有"attribute = value"条件联系。此外假设所有属性都是分类的(可使用前面章节的方法将连续属性进行"全局"离散化处理)。

与分类不同，规则的左侧和右侧可能包括对任何属性值或属性组合的测试，但也受到一定的约束，即每条规则的两侧必须至少出现一个属性，且任何属性不能在任何规则中出现多次。实际上，数据挖掘系统通常对可生成的规则加以限制，例如每侧的最大条件数。

假设有一个财务数据集，那么所提取的规则之一可能如下所示：

IF Has-Mortgage = yes AND Bank_Account_Status = In_credit
THEN Job_Status = Employed AND Age_Group = Adult_under_65

这种更一般的规则表示某些属性的值与其他属性的值之间的关联，称为"关联规则"。从给定数据集中提取这些规则的过程称为"关联规则挖掘"(ARM)。与分类规则归纳相比，也可使用术语"广义规则归纳"(GRI)。注意，如果应用一个约束，并且约束规则的右侧只有一个条件(该条件必须是指定分类属性的属性/值对)，那么关联规则挖掘将简化为分类规则归纳。

对于给定数据集,即使有精确的关联规则,也可能很少。因此,通常将每条规则与一个"置信度值"相关联,即左侧和右侧同时匹配的实例数与左侧匹配的实例数的比值。这与分类规则的预测精度是相同的度量值,但术语"置信度"通常用于关联规则。

关联规则挖掘算法需要能够生成置信度值小于 1 的规则。但是,给定数据集的可能关联规则的数量通常非常庞大,并且大部分规则没有什么价值。例如,对于前面提到的虚构财务数据集,规则可包括以下内容:

IF Has-Mortgage = yes AND Bank_Account_Status = In_credit

THEN Job_Status = Unemployed

可以肯定的是,这条规则置信度值很低,显然不太可能有任何实际价值。

关联规则挖掘的主要困难是计算效率。如果有 10 个属性,则每条规则的左侧最多可包含 9 个"attribute = value"条件。每个属性都可显示任何可能的值。同时,左侧未使用的任何属性都可显示在右侧,也可显示任何可能的值。这种可能的规则非常多。生成所有这些规则会涉及大量计算,在数据集中存在大量实例的情况下尤其如此。

对于一个未见实例,可能会有几条或多条规则,它们的质量可能千差万别,可能会预测任何感兴趣的属性的不同值。此时需要应用第 11 章中讨论的冲突解决策略,考虑所有规则的预测,以及有关规则及其质量的信息。但接下来将重点介绍如何生成规则,而不是解决冲突。

16.2 规则兴趣度的衡量标准

在分类规则的情况下,我们通常对整个规则集的质量感兴趣。决定分类器有效性的是所有组合使用的规则,而不是单条或几条规则。

而在关联规则挖掘的情况下,重点在于每条规则的质量。例如,一条将财务数据集中的属性值或超市客户所购买商品连接起来的单条高质量规则可能具有重要的商业价值。

为区分不同的规则,需要一些规则质量的衡量标准。这些标准通常被称为"规则兴趣度度量"(rule interestingness measures)。如有必要,这些度量也可应用于分类规则以及关联规则。

在一些技术文献中已经提出了几种兴趣度度量。但是,所使用的符号还没有很好地标准化，所以本书将采用我们自己的符号描述所有度量。

本节将按照以下格式编写规则：

if LEFT then RIGHT

首先从定义 4 个数值开始，这些数值可以通过简单的计数来确定。

N_{LEFT}：匹配 LEFT 的实例数

N_{RIGHT}：匹配 RIGHT 的实例数

N_{BOTH}：匹配 LEFT 和 RIGHT 的实例数

N_{TOTAL}：实例总数

可用维恩图(Venn diagram)直观地描述这些数值的关系。在图 16.1 中，可将外框设想为包含涉及的所有 N_{TOTAL} 实例。左侧和右侧圆圈分别包含与 LEFT 匹配的 N_{LEFT} 实例以及与 RIGHT 匹配的 N_{RIGHT} 实例。圆相交的散列区域包含与 LEFT 和 RIGHT 匹配的 N_{BOTH} 实例。

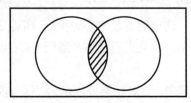

图 16.1　分别匹配 LEFT、RIGHT 以及两者都匹配的实例

虽然 N_{LEFT}、N_{RIGHT}、N_{BOTH} 和 N_{TOTAL} 的值太基础，不能被认为是规则兴趣度度量，但大多数(甚至所有)兴趣度度量的值都可根据它们计算出来。

图 16.2 给出了 3 种常用的度量。第一种度量在技术文献中有多个名称。

置信度(预测精度、可靠性)

$N_{\text{BOTH}} / N_{\text{LEFT}}$

由规则正确预测的右侧项的比例。

支持度

$N_{\text{BOTH}} / N_{\text{TOTAL}}$

由规则正确预测的训练集的比例。

完整度

$N_{\text{BOTH}} / N_{\text{RIGHT}}$

由规则正确预测的右侧匹配项的比例。

图 16.2　规则兴趣度的基本度量

可使用 16.1 节给出的财务规则说明这一点。

IF Has-Mortgage = yes AND Bank_Account_Status = In_credit
THEN Job_Status = Employed AND Age_Group = Adult_under_65

假设通过计数，得到以下值。

$N_{LEFT} = 65$
$N_{RIGHT} = 54$
$N_{BOTH} = 50$
$N_{TOTAL} = 100$

通过这些值，可计算出图 16.2 给出的 3 个兴趣度度量值。

置信度 $= N_{BOTH}\ /\ N_{LEFT} = 50 / 65 \approx 0.77$
支持度 $= N_{BOTH} / N_{TOTAL} = 50 / 100 = 0.5$
完整度 $= N_{BOTH} / N_{RIGHT} = 50 / 54 \approx 0.93$

规则的置信度为 77%，这可能看起来不是很高。但它正确地预测了数据集中与规则右侧匹配的 93%的实例，并且正确地预测适用于多达 50%的数据集。这似乎是一条有价值的规则。

在其他一些兴趣度度量中，有时还会使用术语"区分度"。它衡量了规则如何区分一个类别和另一个类别。其定义如下所示：

$1 - (N_{LEFT} - N_{BOTH}) / (N_{TOTAL} - N_{RIGHT})$

即为：

$1 -$ (由规则产生的错误分类数量) / (具有其他分类的实例数量)

如果规则预测正确，即 $N_{LEFT} = N_{BOTH}$，则区分度的值为 1。
对于上面的示例，区分度为：

$1 - (65 - 50) / (100 - 54) \approx 0.67$。

16.2.1 Piatetsky-Shapiro 标准和 RI 度量

在一篇有影响力的论文[1]中，美国研究员 Gregory Piatetsky-Shapiro 提出了 3 个主要准则，任何规则的兴趣度度量都应该满足这些准则。图 16.3 显示了这些准则，并在随后进行了解释。

准则 1

如果 $N_{BOTH} = (N_{LEFT} \times N_{RIGHT}) / N_{TOTAL}$，则度量为 0。

也就是说，如果先导(antecedent)和后继(consequent)在统计上是独立的(如下所述)，则兴趣度应该为 0。

准则 2

度量应该随着 N_{BOTH} 单调递增。

准则 3

度量应该随着每一个 N_{LEFT} 和 N_{RIGHT} 单调递减。

对于准则 2 和准则 3，假设其他所有参数都是固定的。

图 16.3　规则兴趣度度量的 Piatetsky-Shapiro 准则

准则 2 和准则 3 比准则 1 更容易解释。

准则 2 指出，如果其他参数都是固定的，那么规则正确预测的右侧项越多，兴趣度度量值就越大。这显然是合理的。

准则 3 指出，如果其他参数都是固定的：

(1) 与规则左侧项匹配的实例越多，兴趣度就越小。

(2) 与规则右侧项匹配的实例越多，兴趣度就越小。

第 1 项旨在优先考虑那些能从尽可能少的匹配左侧项来正确预测给定数量的右侧项的规则(如果 N_{BOTH} 值固定，那么 N_{LEFT} 的值越小越好)。第 2 项旨在优先考虑预测相对不常见的右侧项的规则(因为一般来说预测右侧项更容易)。

准则 1 关注的是规则的先导和后继(即规则的左侧项和右侧项)独立的情况。我们希望随机地正确预测多少右侧项呢？

数据集中的实例数为 N_{TOTAL}，并且与规则右侧项相匹配的实例数为 N_{RIGHT}。因此，如果在没有任何理由的情况下预测右侧项，那么无论预测结果是什么，对于 N_{TOTAL} 中 N_{RIGHT} 实例的预测都是正确的，即 N_{RIGHT} / N_{TOTAL} 次数的比例。

如果预测相同的右侧项 N_{LEFT} 次(每次针对与规则的左侧匹配的一个实例)，那么可以预期随机预测的正确次数为 $N_{LEFT} \times N_{RIGHT} / N_{TOTAL}$。

根据定义，预测实际结果正确的次数是 N_{BOTH}。因此，准则 1 指出，如果规则所做的正确预测的数量与随机预期的数量相同，则规则兴趣度为 0。

Piatetsky-Shapiro 提出了另一个名为 RI 的规则兴趣度度量，作为满足上述 3 个准则的最简单度量。其定义如下所示：

$$RI = N_{\text{BOTH}} - (N_{\text{LEFT}} \times N_{\text{RIGHT}} / N_{\text{TOTAL}})$$

如果规则的左侧和右侧是独立的,那么 RI 度量了实际匹配数和预期数之间的差值。通常, RI 的值是正数。如果值为 0, 则表示规则并不比随机好。而负值意味着该规则比随机差。

RI 度量满足 Piatetsky-Shapiro 的所有 3 个准则。

<u>准则 1</u>   如果 $N_{\text{BOTH}} = (N_{\text{LEFT}} \times N_{\text{RIGHT}})\ /\ N_{\text{TOTAL}}$, 则 RI 为 0。

<u>准则 2</u>   RI 随 N_{BOTH} 单调递增(假设其他所有参数都是固定的)。

<u>准则 3</u>   RI 随 N_{LEFT} 和 N_{RIGHT} 单调递减(假设所有其他参数都是固定的)。

虽然对这 3 条准则的有效性表示怀疑,并且该领域的许多研究仍有待完成,但 RI 度量本身仍然是一项有价值的贡献。

还有其他一些规则兴趣度度量可用。一些重要的内容将在本章后面和第 17 章介绍。

16.2.2   规则兴趣度度量应用于 chess 数据集

虽然规则兴趣度度量对于关联规则特别有价值,但如果愿意,也可将它们应用到分类规则中。

由 chess 数据集(使用熵进行属性选择)派生的未剪枝决策树包含 20 条规则。其中之一(即图 16.4 所示的规则 19)为:

IF inline = 1 AND wr_bears_bk = 2 THEN Class = safe

针对该条规则有:

$N_{\text{LEFT}} = 162$

$N_{\text{RIGHT}} = 613$

$N_{\text{BOTH}} = 162$

$N_{\text{TOTAL}} = 647$

因此,可计算各种规则兴趣度度量的值,如下所示:

置信度 = 162 / 162 = 1

完整度 = 162 / 613 ≈ 0.26

支持度 = 162 / 647 ≈ 0.25

区分度 = 1 − (162 − 162) / (647 − 613) = 1

RI = 162 − (162 × 613 / 647) ≈ 8.513

置信度和区分度的"完美"值在这里没有什么价值。当从未剪枝的分类树(创建时没有遇到训练数据中的任何冲突)中提取规则时，这些值始终会出现。RI 值表明，该规则平均能够正确预测 8.513 个正确的分类，比随机预测的要多。

从 chess 数据集导出的所有 20 个分类规则的兴趣度值表如图 16.4 所示，该图极具启发性。

规则	N_{LEFT}	N_{RIGHT}	N_{BOTH}	置信度	完整度	支持度	区分度	RI
1	2	613	2	1.0	0.003	0.003	1.0	0.105
2	3	34	3	1.0	0.088	0.005	1.0	2.842
3	3	34	3	1.0	0.088	0.005	1.0	2.842
4	9	613	9	1.0	0.015	0.014	1.0	0.473
5	9	613	9	1.0	0.015	0.014	1.0	0.473
6	1	34	1	1.0	0.029	0.002	1.0	0.947
7	1	613	1	1.0	0.002	0.002	1.0	0.053
8	1	613	1	1.0	0.002	0.002	1.0	0.053
9	3	34	3	1.0	0.088	0.005	1.0	2.842
10	3	34	3	1.0	0.088	0.005	1.0	2.842
11	9	613	9	1.0	0.015	0.014	1.0	0.473
12	9	613	9	1.0	0.015	0.014	1.0	0.473
13	3	34	3	1.0	0.088	0.005	1.0	2.842
14	3	613	3	1.0	0.005	0.005	1.0	0.158
15	3	613	3	1.0	0.005	0.005	1.0	0.158
16	9	34	9	1.0	0.265	0.014	1.0	8.527
17	9	34	9	1.0	0.265	0.014	1.0	8.527
18	81	613	81	1.0	0.132	0.125	1.0	4.257
19	162	613	162	1.0	0.264	0.25	1.0	8.513
20	324	613	324	1.0	0.529	0.501	1.0	17.026

$N_{TOTAL} = 647$

图 16.4　从 chess 数据集中导出的规则对应的规则兴趣度值

从 RI 值判断，似乎真正感兴趣的只有最后 5 条规则。它们是 20 条规则中唯一正确预测至少 4 个实例(比随机预期的要多)的类别的规则。规则 20 在 324 次中正确预测了 324 次分类。规则 20 的支持度为 0.501，即适用于超过一半的数据集，其完整度为 0.529。相比之下，规则 7 和规则 8 的 RI 值低至 0.053，即它们的预测比随机预测略好一点。

理想情况下，我们可能更愿意使用规则 16~20。但在分类规则的情况下，不能随意丢弃其他 15 个低质量的规则。如果这样做，将得到一个只有 5 个分支的树，无法对数据集中 647 个实例中的 62 个实例进行分类。这说明了一个观点，即一个有效的分类器(规则集)可以包含许多本身质量较低的规则。

16.2.3　使用规则兴趣度度量解决冲突

现在可回到冲突解决的主题，即多条规则针对一个未见测试实例的一个或多个感兴趣属性预测了不同值。规则兴趣度度量提供了一种处理此问题的方法。例如，可决定仅使用具有最高兴趣度值的规则，或者最有趣的3条规则，又或者更大胆地说，可根据一个"加权投票"系统做出决定，该系统会根据兴趣度值或触发的每条规则的值进行调整。

16.3　关联规则挖掘任务

可从给定数据集导出的通用规则的数量可能非常庞大，并且在实践中，可能的目标通常是找到满足指定标准的所有规则或找到最佳 N 条规则。后者将在下一节中讨论。

作为接受一条规则的标准，可对规则的置信度进行测试，比如说"置信度 >0.8"，但这并不完全令人满意。我们很可能找到具有高置信度但却很少适用的规则。以前面的财务示例为例，可能找到下面所示的规则。

IF Age_Group = Over_seventy AND Has-Mortgage = no
THEN Job_Status = Retired

该规则可能具有很高的置信度值，但可能与数据集中很少的实例相对应，因此实用价值不高。避免此类问题的一种方法是使用第二种度量。经常使用的是支持度。支持度的值是规则成功应用到的数据集中实例的比例，即左侧和右侧都匹配的实例的比例。在 10 000 个数据集中仅成功应用于两个实例的规则，即使它的置信度很高，其支持度值很低(仅为 0.0002)。

一个常见要求是找到置信度和支持度都超过指定阈值的所有规则。使用这种方法的一种特别重要的关联规则应用类型称为"市场购物篮分析"(market basket analysis)。此类应用程序需要分析由超市、电话公司、银行等收集的关于客户交易(购买、拨打电话等)的庞大数据集，以便找到顾客所购买商品之间的关联规则(以超市为例)。处理此类数据集常用的方法是将属性限制为仅具有 true 或 false(如表示购买或不购买某些产品)，并将所生成的规则限制为所包含的每个属性值为 true 的规则。

市场购物篮分析将在第 17 章详细讨论。

16.4　找到最佳 *N* 条规则

本节将介绍一种方法，以查找可从给定数据集生成的最佳 *N* 条规则，并假设 *N* 的值是一个很小的数字，如 20 或 50。

首先需要决定一些数值，通过这些数值可衡量 "最佳" 的标准。可称之为 "质量度量" (quality measure)。本节将使用被称为 J-Measure 的质量度量(或规则兴趣度度量)。

其次需要决定一些感兴趣的规则。这可能是所有可能的规则，在左侧和右侧都有 "attribute=value" 条件，唯一的限制是任何属性都不能出现在规则两边。然而，只要计算一下就会发现，即使只有 10 个属性，可能的规则数量也很庞大，实际上我们可能希望将感兴趣的规则限制在一些较小(但可能仍旧非常大)的数字上。例如，可能将规则 "命令" (即左侧的条件数量)限制为不超过 4 个，也可能对右侧进行限制，例如最多两个条件或者只有一个条件，甚至只涉及单个指定属性的条件。通常将可能感兴趣的规则集称为 "搜索空间" (search space)。

最后，需要决定按有效顺序在搜索空间中生成可能规则的方法，以便计算每条规则的质量度量。这称为 "搜索策略" (search strategy)。理想情况下，希望找到一种搜索策略，以便尽可能地避免生成低质量的规则。

在生成规则时，需要维护一个表格，其中列出迄今为止找到的最佳 *N* 条规则及其相应的质量度量(按数字降序排列)。如果所生成的新规则的质量度量大于表中的最小值，则删除第 *N* 个最佳规则，并将新规则放在表中的适当位置。

16.4.1　J-Measure：度量规则的信息内容

Smyth 和 Goodman[2]将 J-Measure 引入数据挖掘文献中，作为一种量化基于理论的规则信息内容的手段。证明公式的正确性超出了本书的范围，但计算其值非常简单。

假定规则的形式为 **if** *Y* = *y*，**then** *X* = *x*(使用了 Smyth 和 Goodman 的符号)，规则的信息内容(以信息位度量)由 J(*X*; *Y* = *y*)表示，称为规则的 J-Measure。

J-Measure 的值是两项的乘积。

- *p*(*y*)：规则的左侧(先导)发生的概率。
- J(*X*; *Y* = *y*)：J-Measure 或交叉熵(cross-entropy)。

交叉熵项由以下等式定义：

$$J(X; Y = y) = p(x|y) . \log_2\left(\frac{p(x|y)}{p(x)}\right) + (1 - p(x|y)) . \log_2\left(\frac{1 - p(x|y)}{1 - p(x)}\right)$$

交叉熵的值取决于两个值, 如下所示。

- $p(x)$: 如果我们没有其他信息(称为规则结果的先验概率), 能满足规则右侧 (后继)的概率。
- $p(x \mid y)$: 在满足左侧条件的前提下满足规则右侧条件的概率(读作"给定 y 的 x 的概率")。

图 16.5 给出了各种 $p(x)$ 值对应的 J-Measure 图。

就 16.2 节中介绍的基本度量而言:

$p(y)= N_{\text{LEFT}} / N_{\text{TOTAL}}$

$p(x)= N_{\text{RIGHT}} / N_{\text{TOTAL}}$

$p(x \mid y)= N_{\text{BOTH}} / N_{\text{LEFT}}$

J-Measure 有两个关于上界的有用属性。首先, 可以证明 $J(X; Y = y)$ 的值小于或等于 $p(y). \log_2(\frac{1}{p(y)})$。

当 $p(y)= 1 / e$ 时该表达式的最大值为 $\log_2 e/e$, 约为 0.5307 位。

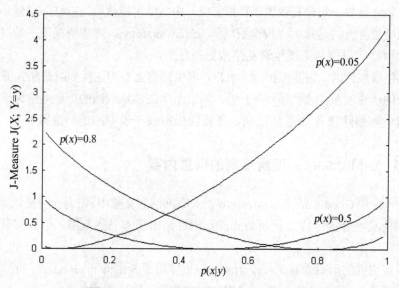

图 16.5　$p(x)$的不同值对应的 J-Measure 图

第二个属性可以证明, 通过进一步添加条件来专门化给定规则而得到的任何规则的 J 值都受到下面所示值的约束。

$$J_{\max} = p(y). \max\{p(x|y). \log_2(\tfrac{1}{p(x)}),(1 - p(x|y)). \log_2(\tfrac{1}{1-p(x)})\}$$

因此, 如果已知给定规则具有诸如 0.352 位的 J 值并且 Jmax 的值也是 0.352, 则就信息内容而言, 通过向左侧添加更多的项得不到什么好处, 甚至可能造成损害。

下一节将再次讨论这个主题。

16.4.2　搜索策略

可通过多种方式搜索给定的搜索空间，即生成所有感兴趣的规则并计算其质量度量值。本节将描述一种利用 J-Measure 属性的方法。

为简化描述，假设有 10 个属性 a1, a2, ..., a10，且每个属性都有 3 个可能的值 1、2 和 3。搜索空间由规则组成，其中右侧只有一项，左侧最多有 9 项。

首先生成所有可能的右侧项，共有 30 个，即 10 个属性中的每一个属性与 3 个值中的每一个值相组合，例如，a1 = 1 或 a7 = 2。

根据右侧项可生成第一阶段(即左侧只有一个条件)所有可能的规则。对于每个右侧项，比如 "a2 = 2"，都会有 27 个可能的左侧项，即其他 9 个属性与它们的 3 个可能值中的每一个相组合，因此第一阶段共有 27 个可能的规则。即：

IF a1 = 1 THEN a2 = 2
IF a1 = 2 THEN a2 = 2
IF a1 = 3 THEN a2 = 2
IF a3 = 1 THEN a2 = 2
IF a3 = 2 THEN a2 = 2
IF a3 = 3 THEN a2 = 2
等等。

计算 27×30 条可能规则中每一条规则的 J 值，并将具有 N 个最高 J 值的规则按照 J 的降序排列在最佳规则表中。

下一步是专门化第一阶段的规则以形成第二阶段的规则，例如将：

IF a3 = 3 THEN a2 = 2

扩展为规则集：

IF a3 = 3 AND a1 = 1 THEN a2 = 2
IF a3 = 3 AND a1 = 2 THEN a2 = 2
IF a3 = 3 AND a1 = 3 THEN a2 = 2
IF a3 = 3 AND a4 = 1 THEN a2 = 2
IF a3 = 3 AND a4 = 2 THEN a2 = 2
IF a3 = 3 AND a4 = 3 THEN a2 = 2
等等。

　　然后可以继续生成第三阶段的所有规则,随后是第四、第五等阶段的所有规则,直到完成第九阶段。该过程显然会生成大量规则。30 个可能的右侧项各有 262 143 个可能的左侧项,共需要考虑 7 864 290 条规则。但是,有两种方法可使该过程在计算上更可行。

　　第一种方法是扩展第一阶段最佳的规则,如 20 条规则,并附加一个条件。然后计算第二阶段得到的规则的 J 值,并根据需要调整“最佳 N 条规则”表。随后对第二阶段得到的最佳 20 条规则(无论它们是否在最佳 N 条规则表中)进行扩展,再附加一个条件以得到第三阶段的规则,以此类推。这种技术被称为“集束搜索”(beam search),类似于火炬光束的限制宽度。此时集束宽度为 20。但集束宽度不必是固定值。例如,当扩展第一阶段的规则然后逐步减少更高阶段的规则时,该值可能从 50 开始。

　　重要的是要理解使用集束搜索技术减少所生成规则的数量是启发式的(heuristic),即不保证在每种情况下都能正常工作的“经验法则”。第 K 阶段的最佳规则并不一定是第 K-1 阶段最佳规则的所有专业化。

　　减少所生成规则数量的第二种方法保证始终正常工作并依赖于 J-Measure 的一个属性。

　　下面假设“最佳 N 条规则表”中的最后一项(即表中具有最低 J 值的项)的 J 值为 0.35,另外有一个带有两个条件的规则。比如:

IF a3 = 3 AND a6 = 2 THEN a2 = 2

其 J 值为 0.28。

　　通常,通过添加另一个条件来专门化规则以增加或减少其 J 值。假设有如下的第三阶段规则:

IF a3 = 3 AND a6 = 2 AND a8 = 1 THEN a2 = 2

　　即使该规则具有较低的 J 值,可能是 0.24,也完全有可能通过增加第四个条件得到更高的 J 值,从而将规则置于前 N 个。

　　使用 16.4.1 节中描述的 J_{max} 值可以避免大量不必要的计算。计算下面规则的 J 值:

IF a3 = 3 AND a6 = 2 THEN a2 = 2

　　该规则先前计算的 J 值为 0.28,现在假设其 J_{max} 值计算为 0.32。这意味着,通过向左侧添加条件来进一步专门化规则,将不会生成 J 值大于 0.32 的规则(对于相同的右侧)。为了获得最佳 N 条规则表,规则扩展后的 J 值不能小于 0.35,因此,可以安全地丢弃第二阶段的规则形式。

使用值将集束搜索与规则 Jmax "剪枝" 相结合,使得从大数据集中生成规则在计算上变得可行。

下一章将讨论为市场购物篮分析应用生成关联规则的问题,其中数据集通常很大,但规则采用限制形式。

16.5　本章小结

本章着眼于找到可从给定数据集中导出的任何相关规则,而不仅是像以前那样的分类规则。这称为关联规则挖掘或广义规则归纳。还定义了许多规则兴趣度度量,并讨论了测量方法的选择标准。描述了一种利用规则信息内容的 J-Measure 和 "集束搜索" 策略从数据集生成的最佳 N 条规则的算法。

16.6　自我评估练习

1. 使用以下值计算规则的置信度、完整度、支持度、区分度和 RI 的值。

规则	N_{LEFT}	N_{RIGHT}	N_{BOTH}	N_{TOTAL}
1	720	800	700	1000
2	150	650	140	890
3	1000	2000	1000	2412
4	400	250	200	692
5	300	700	295	817

2. 给定一个具有 4 个属性 w、x、y 和 z 的数据集,每个属性有 3 个值,右侧有一个条件,那么可生成多少条规则?

第**17**章

关联规则挖掘 II

本章要求具备数学集理论的基础知识。如果你还没有掌握这些知识，可以参考附录 A 中的相关内容。

17.1 简介

本章涉及一种特殊形式的关联规则挖掘，称为"市场购物篮分析"。为市场购物篮分析生成的规则都有一定的限制性。

此时，我们感兴趣的是与顾客在商店(通常是一个拥有成千上万种商品的大商店)购物有关的任何规则，而不是那些预测购买某一特定商品的规则。尽管本章将根据该应用介绍关联规则挖掘(ARM)，但所描述的方法并不限于零售业。其他同类应用包括分析信用卡购买的商品、患者的医疗记录、犯罪数据和卫星数据。

17.2 事务和项目集

假设有一个包含 n 个事务(即记录)的数据库，每个事务都是一组项目。

在市场购物篮分析中，可以把每笔交易看作顾客购买的一组商品，例如{牛奶，奶酪，面包} 或{鱼，奶酪，面包，牛奶，糖}。牛奶、奶酪、面包等都是项目，我们将{牛奶，奶酪，面包}称为一个项目集(itemset)。我们感兴趣的是找到适用于客户购物的所谓关联规则，例如"购买鱼和糖通常与购买牛奶和奶酪相关联"，但只需要找到满足某些"有趣"标准的规则即可，这些标准将在稍后指定。

在事务中包含一个项目仅意味着购买了一定数量的项目。就本章而言，我们对购买的奶酪数量或狗粮罐头数量等不感兴趣。不记录客户未购买的商品，也不记录包含对未购买商品的测试的规则，例如"购买牛奶但不购买奶酪的顾客通常会购买面包"。我们只寻找那些将所有实际购买的商品联系起来的规则。

假设有 m 种可能的商品可以购买，并使用字母 I 表示所有可能商品的集合。

在实际情况中，m 的值很容易达到数百甚至数千。这在一定程度上取决于公司是否决定将所有出售的肉作为单一项目"肉类"或作为每种肉类的单独项目(牛肉、羊肉、鸡肉等)，又或者将每种肉类和重量组合后作为单独项目进行考虑。很明显，即使在小商店中，购物篮分析中需要考虑的不同物品的数量也可能非常大。

事务(或任何其他项目集)中的项目以标准顺序列出，标准顺序可以是字母顺序或类似的其他顺序，例如，可始终写一个事务，如{奶酪, 鱼, 肉}，而不是{肉, 鱼, 奶酪}等。这样做并没有坏处，虽然含义都相同，却可以大大减少和简化从数据库中提取所有"有趣"规则所需的计算。

例如，如果一个数据库包含 8 个事务(所以 $n = 8$)并且只有 5 个不同的项目(这是一个不切合实际的低数字)，分别用 a、b、c、d 和 e 表示，那么 $m = 5$ 且 $I = \{a, b, c, d, e\}$，此时数据库可能包含图 17.1 所示的事务。

事务编号	事务(项目集)
1	$\{a, b, c\}$
2	$\{a, b, c, d, e\}$
3	$\{b\}$
4	$\{c, d, e\}$
5	$\{c\}$
6	$\{b, c, d\}$
7	$\{c, d, e\}$
8	$\{c, e\}$

图 17.1　包含 8 个事务的数据库

注意，关于信息如何实际存储在数据库中的详细介绍是一个单独的主题，这里不做考虑。

为方便起见，按照在集合 I(即所有可能项目的集合)中出现的顺序在项目集中编写项目，即 $\{a, b, c\}$ 而不是 $\{b, c, a\}$。

所有项目集都是 I 的子集，此时不将空集计为项目集，因此项目集可以包含 1~m 个成员的任何内容。

17.3　对项目集的支持

我们将使用术语项目集 S 的"支持度计数"(support count)，或简称项目集的"计数"(count)，来表示数据库中与 S 匹配的事务数。

如果 S 是 T 的子集，即 S 中的所有项目都在 T 中，那么可以说项目集 S 匹配事务 $T(T$ 本身也是一个项目集)，例如项目集{bread, milk}与事务{cheese, bread, fish, milk, wine}匹配。

如果项目集 S = {bread, milk} 的支持度计数为 12，可写为 count(S) = 12 或 count({bread, milk}) = 12，这意味着数据库中有 12 个事务同时包含 bread 和 milk。

可将项目集 S 的"支持度"(记为 support(S))定义为数据库中与 S 匹配的项目集的比例，即包含 S 中所有项目的事务比例。或者，也可定义为 S 中的项目在数据库中出现的频率。所以 support(S) = count(S)/n，其中 n 是数据库中的事务数。

17.4　关联规则

关联规则挖掘旨在检查数据库的内容并在数据中查找称为"关联规则"的规则。例如，你可能会注意到，当顾客购买物品 c 和 d 时，物品 e 也经常被买走。可将此作为规则：

$$cd \rightarrow e$$

箭头的含义是"暗示"，但必须注意的是不要将此解释为购买 c 和 d 就会导致 e 被购买。最好从预测的角度考虑规则：如果知道 c 和 d 被购买了，那么可以预测 e 也被购买了。

规则 $cd \rightarrow e$ 是大多数典型的关联规则挖掘中使用的规则，但它并非总是正确的。该规则满足图 17.1 中的事务 2、4 和 7，却不满足事务 6，即满足 75%的情况。对于购物篮分析，它可能被解释为"如果购买面包和牛奶，那么在 75%的情况下也会购买奶酪"。

注意，事务 2、4 和 7 中项目 c、d 和 e 也可用于证明其他规则，例如：

$$c \rightarrow ed$$

以及

$$e \rightarrow cd$$

同样它们也并非总是正确的。

即使是相当小的数据库也可能生成数量庞大的规则。在实践中，大多数规则都没有任何实际价值。因此需要一些方法决定丢弃哪些规则以及保留哪些规则。

首先，介绍一些术语和表示法。可将出现在给定规则的左侧和右侧的项目集分别写为 L 和 R，且规则本身为 $L{\rightarrow}R$。L 和 R 必须至少有一个成员，并且两个集合必须是"不相交的"(disjoint)，即没有共同的成员。规则的左侧和右侧通常分别称为"先导"(antecedent)和"后继"(consequent)。

注意，在使用 $L{\rightarrow}R$ 表示法时，规则的左侧和右侧都是集合。下面将继续以简化的表示法编写不涉及变量的规则，例如 $cd{\rightarrow}e$，而不是使用更准确但更麻烦的形式 $\{c, d\}{\rightarrow}\{e\}$。

集合 L 和 R 的"并集"(union)是出现在 L 或 R 中的项目集，可写成 $L{\cup}R$。由于 L 和 R 不相交，并且每个都至少有一个成员，因此项目集 $L{\cup}R$ 中的项目数量(称为 $L{\cup}R$ 的基数)必须至少为 2。

对于规则 $cd{\rightarrow}e$，有 $L = \{c, d\}$，$R = \{e\}$ 和 $L{\cup}R= \{c, d, e\}$。可以计算数据库中与前两个项目集匹配的事务数。项目集 L 匹配 4 个事务，编号为 2、4、6 和 7，项目集 $L{\cup}R$ 匹配 3 个事务，编号为 2、4 和 7，因此 count(L)= 4 并且 count($L{\cup}R$)= 3。

由于数据库中有 8 个事务，因此可计算：

$$support(L) = count(L) / 8 = 4 / 8$$

以及

$$support(L{\cup}R) = count(L{\cup}R) / 8 = 3/8$$

即使是相当小的数据库也可生成大量规则，但我们通常只对那些满足给定兴趣度标准的规则感兴趣。有许多方法可衡量规则的兴趣度，但最常用的两种方式是"支持度"(support)和"置信度"(confidence)。之所以使用这两个度量，是因为使用只适用于数据库一小部分的规则或预测效果很差的规则没什么意义。

规则 $L{\rightarrow}R$ 的支持度是规则成功应用的数据库的比例，即 L 中的项目和 R 中的项目一起出现的事务的比例。该值只是项目集 $L{\cup}R$ 的支持度，所以有：

support($L{\rightarrow}R$) = support($L{\cup}R$)。

规则 $L{\rightarrow}R$ 的预测精度通过其置信度来衡量，其定义为满足规则的事务的比例，可计算为左侧和右侧相匹配的事务数之和与由左侧匹配的事务数之和的比例，即 count($L{\cup}R$) / count(L)。

理想情况下，与 L 匹配的每个事务也将与 $L{\cup}R$ 匹配，这种情况下，置信度值为 1，并且该规则将被称为准确的，即始终正确。但实际上，规则通常并不准确，这种情况下，count($L{\cup}R$) < count(L)，且置信度小于 1。

由于项目集的支持度计数等于其支持度乘以数据库中的事务总数(这是一个常量值)，因此可通过以下方式计算规则的置信度。

$$\text{confidence}(L \rightarrow R) = \text{count}(L \cup R) / \text{count}(L)$$

或者：

$$\text{confidence}(L \rightarrow R) = \text{support}(L \cup R) / \text{support}(L)$$

习惯上拒绝支持度低于最小阈值 minsup(通常为 0.01，即 1%)的任何规则，还会拒绝所有置信度低于最小阈值 minconf(通常为 0.8，即 80%)的规则。

对于规则 $cd \rightarrow e$，置信度为 $\text{count}(\{c, d, e\}) / \text{count}(\{c, d\})$，即 $3/4 = 0.75$。

17.5　生成关联规则

可使用多种方法从给定的数据库生成所有可能的规则。一种基本但非常低效的方法分为两个阶段。

下面将使用术语"支持项目集"(supported itemset)表示支持度值大于或等于 minsup 的任何项目集。通常使用术语"频繁项目集"(frequent itemset)和"大型项目集"(large itemset)代替支持项目集。

---

(1) 生成所有的支持项目集 $L \cup R$，基数至少为 2。

(2) 针对每个项目集，生成所有可能的规则，每侧至少有一个项目，并保留那些置信度 $\geqslant$ minconf 的项目。

该算法中的步骤(2)非常简单，将在 17.8 节讨论。

主要问题是步骤(1)，假设将其理解为首先生成所有可能的基数为 2 或更大的项目集，然后检查支持哪些项目集。这些项目集的数量取决于项目总数 m。对于实际应用来说，m 值可能非常大。

项目集 $L \cup R$ 的数量与 I(所有项目的集合，其基数为 m)的可能子集的数量相同。这样的子集数量共有 2^m 个，其中，m 个子集只有一个元素，还有一个子集没有元素(即空集)。因此，基数至少为 2 的项目集 $L \cup R$ 的数量为 $2^m - m - 1$。

如果 m 的值为不切合实际的小值 20，则项目集 $L \cup R$ 的数量为 $2^{20} - 20 - 1 = 1\ 048\ 555$。如果 m 取更现实但仍然较小的值 100，则项目集 $L \cup R$ 的数量为 $2^{100} - 100 - 1$，约为 10^{30}。

生成所有可能的项目集 $L \cup R$，然后检查数据库中的事务以确定支持哪些项目集显然是不现实的，或者在实践中是不可行的。

幸运的是，可使用更有效的方法查找支持项目集，这使工作量变得易于管理，尽管某些情况下它仍然很大。

17.6 Apriori

本节基于 Agrawal 和 Srikant[1]非常有影响力的 Apriori 算法，该算法演示了如何在现实的时间尺度内生成关联规则，至少对于较小数据库而言是可行的。从那时起，人们就付出了大量努力改进基本算法，以便处理更大的数据库。

该方法依赖于以下的重要结论。

定理 1

如果支持一个项目集，也就支持其所有(非空)子集。

证明

从项目集中删除一个或多个项目不会减少匹配的事务数量，通常还会增加匹配数量。因此，对项目集的子集的支持至少与对原始项集的支持一样。因此，支持项目的任何非空子集也必须被支持。

此结论有时称为项目集的"向下闭包属性"(downward closure property)。

如果将包含所有支持项目集(基数为 k)的集合写为 L_k，那么可从上面得到第二个重要结论(字母 L 表示"大型项目集")。

定理 2

如果 $L_k = \phi$(空集)，则 L_{k+1}、L_{k+2} 等也必须为空。

证明

如果存在任何基数为 $k+1$ 或更大的支持项目集，也就存在基数为 k 的子集，并且通过定理 1 可得出所有子集也必须被支持。但是我们知道，由于 L_k 为空，因此不支持基数为 k 的项目集。也就是说，不支持基数为 $k+1$ 或更大的子集，因此 L_{k+1}、L_{k+2} 等必须都是空的。

利用上述结论，可按基数的升序生成支持项目集，即首先是包含一个元素的项目，然后是包含两个元素的项目，再后是包含三个元素的项目等。在每个阶段，基数为 k 的支持项目集 L_k 是从前一个项目集 L_{k-1} 生成的。

这种方法的好处是，如果在任何阶段 L_k 为 ϕ(空集)，则可以知道 L_{k+1}、L_{k+2} 等也必须是空的。此时，不需要生成基数为 $k+1$ 或更大的项目集，然后针对数据库中的事务进行测试，因为它们肯定不会得到支持。

我们需要一种从项目集 L_{k-1} 到下一个项目集 L_k 的方法。可分两个阶段完成。

首先，使用 L_{k-1} 生成包含基数为 k 的项目集的候选集 C_k。C_k 的构造方式必须确保包含所有支持的基数为 k 的项目集，但也可能包含其他一些不受支持的项目集。

接下来，需要生成 L_k 作为 C_k 的子集。通常可通过检查 L_{k-1} 的成员来丢弃一些可能成为 L_k 成员的 C_k 成员。然后需要根据数据库中的事务检查剩余成员并计算出它们的支持度值。只有支持度值大于或等于 minsup 的项目集才从 C_k 复制到 L_k。

图 17.2 给出 Apriori 算法，该算法用于生成基数至少为 2 的所有支持项目集。

创建 $L_1 =$ 基数为 1 的支持项目集的集合

将 k 设置为 2

while($L_{k-1} = \phi$){

    从 L_{k-1} 创建 C_k

    删除 C_k 中不被支持的所有项目集，创建 L_k

    将 k 增加 1

}

具有至少两个成员的所有支持项目集的集合是 $L_2 \cup \ldots \cup L_{k-2}$。

图 17.2 Apriori 算法

为开始这个过程，首先构造 C_1，即所有仅包含单个项目的项目集的集合，然后对数据库进行一次遍历，计算与这些项目集匹配的事务数，并将每个计数除以数据库中的事务数，得出每个单元素项目集的支持度值。最后丢弃所有支持度<minsup 的项目集，并提供给 L_1。

所涉及的过程可用图 17.3 表示，直到 L_k 为空。

Agrawal 和 Srikant 的论文还提供了一个算法 Apriori-gen，它使用 L_{k-1} 并生成 C_k 而不使用任何早期的集合 L_{k-2} 等。该算法也分为两个阶段。如图 17.4 所示。

为说明该方法，假设 L_4 是以下列表：

$\{\{p,q,r,s\}, \{p,q,r,t\}, \{p,q,r,z\}, \{p,q,s,z\}, \{p,r,s,z\}, \{q,r,s,z\},$
$\{r,s,w,x\}, \{r,s,w,z\}, \{r,t,v,x\}, \{r,t,v,z\}, \{r,t,x,z\}, \{r,v,x,y\},$
$\{r,v,x,z\}, \{r,v,y,z\}, \{r,x,y,z\}, \{t,v,x,z\}, \{v,x,y,z\}\}$

其中包含 17 个基数为 4 的项目集。

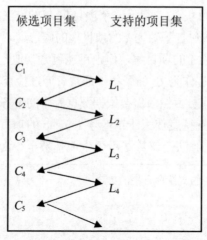

图 17.3 说明 Apriori 算法的图表

(从 L_{k-1} 生成 C_k)

合并步骤

将 L_{k-1} 的每个成员(如 A)与其他成员(如 B)进行比较。如果 A 和 B 中的前 $k-2$ 项(即两个项目集中除最右边的元素之外的所有项)相同，则将 $A \cup B$ 集合放到 C_k 中。

修剪步骤

对于 C_k 的每个成员 c 依次完成{

检查 c 的所有包含 $k-1$ 个元素的子集

如果任何子集不是 L_{k-1} 的成员，则从 C_k 中删除 c

}

图 17.4 Apriori-gen 算法

从合并步骤开始。

假设前三个元素相同的只有 6 对元素。下表列出这些数据集以及每种组合最终放入 C_5 的集合。

第一个项目集	第二个项目集	放入 C_5 的集合
$\{p, q, r, s\}$	$\{p, q, r, t\}$	$\{p, q, r, s, t\}$
$\{p, q, r, s\}$	$\{p, q, r, z\}$	$\{p, q, r, s, z\}$
$\{p, q, r, t\}$	$\{p, q, r, z\}$	$\{p, q, r, t, z\}$
$\{r, s, w, x\}$	$\{r, s, w, z\}$	$\{r, s, w, x, z\}$
$\{r, t, v, x\}$	$\{r, t, v, z\}$	$\{r, t, v, x, z\}$
$\{r, v, x, y\}$	$\{r, v, x, z\}$	$\{r, v, x, y, z\}$

候选项目集 C_5 的初始版本如下所示。

$$\{\{p,q,r,s,t\},\{p,q,r,s,z\},\{p,q,r,t,z\},\{r,s,w,x,z\},\{r,t,v,x,z\},\{r,v,x,y,z\}\}$$

现在继续修剪步骤,依次检查 C_5 中基数为 4 的项目集的每个子集,得到以下结果。

C_5 中的项目集	子集是否都是 L_4 的成员?
$\{p,q,r,s,t\}$	否,如 $\{p,q,s,t\}$ 不是 L_4 的成员
$\{p,q,r,s,z\}$	是
$\{p,q,r,t,z\}$	否,如 $\{p,q,t,z\}$ 不是 L_4 的成员
$\{r,s,w,x,z\}$	否,如 $\{r,s,x,z\}$ 不是 L_4 的成员
$\{r,t,v,x,z\}$	是
$\{r,v,x,y,z\}$	是

现在可从 C_5 中删除第一、第三和第四个项目集,候选集 C_5 的最终版本为:

$$\{\{p,q,r,s,z\},\{r,t,v,x,z\},\{r,v,x,y,z\}\}$$

接下来需要根据数据库检查 C_5 中的 3 个项目集,以确定支持哪些项目集。

17.7 生成支持的项目集:一个示例

可通过以下示例说明通过事务数据库生成支持项目集的整个过程。

假设有一个包含 100 个项目以及大量事务的数据库。首先构造 C_1,即包含单个成员的项目集集合。通过遍历数据库以确定 C_1 中 100 个项目集的支持度计数,并根据这些计数计算 L_1,即仅包含单个成员的支持项目集集合。

假设 L_1 只有 8 个成员,即 $\{a\}$、$\{b\}$、$\{c\}$、$\{d\}$、$\{e\}$、$\{f\}$、$\{g\}$ 和 $\{h\}$。虽然不能从这些成员生成任何规则,因为它们只有一个元素,但可生成基数为 2 的候选项目集。

在从 L_1 生成 C_2 的过程中,L_1 中的所有单项目的项目集对都被认为在"连接"步骤中是匹配的,因为此时每个数据集最右边元素的左边什么也没有,所以不存在匹配失败的问题。

这种情况下,候选生成算法将所有包含两个成员(这些成员来自 8 个项目 a, b, c, ..., h)的项目集作为 C_2 的成员。注意,对于由两个元素组成的候选项集来说,如果包含了除 a, b, c, ..., h 这 8 个项目之外的其他 92 个项目,例如 $\{a, z\}$,将是毫无意义的，因为它的其中一个子集是不受支持的 $\{z\}$。

基数为 2 的 28 个可能项目集可由项目 $a, b, c, ..., h$ 组成。它们是：

$\{a, b\}, \{a, c\}, \{a, d\}, \{a, e\}, \{a, f\}, \{a, g\}, \{a, h\},$
$\{b, c\}, \{b, d\}, \{b, e\}, \{b, f\}, \{b, g\}, \{b, h\},$
$\{c, d\}, \{c, e\}, \{c, f\}, \{c, g\}, \{c, h\},$
$\{d, e\}, \{d, f\}, \{d, g\}, \{d, h\},$
$\{e, f\}, \{e, g\}, \{e, h\},$
$\{f, g\}, \{f, h\},$
$\{g, h\}.$

如前所述，采用标准顺序列出项目集的元素总是很方便的。因此，不应该排除 $\{e, d\}$，因为它与 $\{d, e\}$ 是相同的集合。

现在需要在数据库中进行第二次遍历，以得到每个项目集的支持度计数，然后将每个计数除以数据库中的事务数，并拒绝任何支持度小于minsup的项目集。假设在这种情况下，具有两个元素的28个项目集中只有6个被支持，因此 $L_2 = \{\{a, c\}, \{a, d\}, \{a, h\}, \{c, g\}, \{c, h\}, \{g, h\}\}$。

用于生成 C_3 的算法仅给出 4 个成员，即 $\{a, c, d\}, \{a, c, h\}, \{a, d, h\}$ 和 $\{c, g, h\}$。

在进入数据库前，首先检查每个候选者是否满足其所有子集都被支持的条件。项目集 $\{a, c, d\}$ 和 $\{a, d, h\}$ 未通过此测试，因为它们的子集 $\{c, d\}$ 和 $\{d, h\}$ 不是 L_2 的成员。只留下 $\{a, c, h\}$ 和 $\{c, g, h\}$ 作为 L_3 的可能成员。

接下来需要第三次遍历数据库来得到项目集 $\{a, c, h\}$ 和 $\{c, g, h\}$ 的支持度计数。假设它们都得到支持，因此 $L_3 = \{\{a, c, h\}, \{c, g, h\}\}$。

现在需要计算 C_4。它没有成员，因为 L_3 的两个成员中前两个元素不相同。当 C_4 为空时，L_4 也必须为空，这也就意味着 L_5、L_6 等也必须为空，整个过程结束。

只需要遍历 3 次数据库，就可以找到基数至少为 2 的所有项目集。这样一来，只需要为 $100 + 28 + 2 = 130$ 个项目集查找支持度计数即可，相对于检查 100 个项目的可能项目集的总数(大约 10^{30} 个)，这已经是一个非常大的改进了。

至少具有两个成员的所有支持项目集集合是 L_2 和 L_3 的并集，即 $\{\{a, c\}, \{a, d\}, \{a, h\}, \{c, g\}, \{c, h\}, \{g, h\}, \{a, c, h\}, \{c, g, h\}\}$。它有 8 个项目集作为成员。接下来需要从每个项目集中生成候选规则，并确定哪些项目集的置信度值大于或等于 minconf。

尽管使用 Apriori 算法显然是向前迈出的重要一步，但当存在大量事务、项目或两者皆存在时，可能遇到实质性效率问题。主要问题之一是在算法过程的早期阶段会产生大量的候选项目集。如果基数为 1 的支持项目集(L_1 的成员)的数量非常大，比如 N，那么 C_2 中的候选项目集的数量 $N(N-1)/2$ 也会非常大。

一个较大的数据库可能包含 1000 多个项目和 100 000 个事务。如果在 L_1 中有 800 个支持项目集，那么 C_2 中的项目集数量为 800×799/2，约为 320 000。

自 Agrawal 和 Srikant 的论文发表以来，大量的研究工作一直致力于寻找更有效的方法来生成支持项目集。主要方法包括减少数据库中所有事务的遍历次数，减少 C_k 中不支持项目集的数量，更有效地计算 C_k 中每个项目集匹配的事务数量(可使用先前遍历数据库时所收集的信息)，或组合使用上述方法。

17.8　为支持项目集生成规则

如果支持项目集 $L \cup R$ 具有 k 个元素，那么可从中系统地生成所有可能的规则 $L \rightarrow R$，然后检查每条规则的置信度值。

要做到这一点，只需要依次生成规则所有可能的右侧项目。每个项目必须至少有一个且至多 $k{-}1$ 个元素。生成规则的右侧项目后，$L \cup R$ 中所有未使用的项目都位于左侧。

对于项目集 $\{c, d, e\}$，可生成 6 种可能的规则，如下所示。

规则 $L \rightarrow R$	计数 $(L \cup R)$	计数 (L)	置信度 $(L \rightarrow R)$
$de \rightarrow c$	3	3	1.0
$ce \rightarrow d$	3	4	0.75
$cd \rightarrow e$	3	4	0.75
$e \rightarrow cd$	3	4	0.75
$d \rightarrow ce$	3	4	0.75
$c \rightarrow de$	3	7	0.43

只有一条规则的置信度值大于或等于 minconf(即 0.8)。

从规则右边基数为 k 的支持项目集中选择 i 个项目的方法数量可用数学表达式 $_kC_i$ 表示，其值为 $\frac{k!}{(k-i)!i!}$。

假设可能的右侧项目总数为 L，因此从基数为 k 的项目集 $L \cup R$ 中构造的可能规则的总数为 $_kC_1 + {}_kC_2 + \cdots + {}_kC_{k-1}$，该总和是 $2^k{-}2$。

假设 k 相当小，比如 10，那么该数字是可控的。对于 $k = 10$，有 $2^{10}{-}2 = 1022$ 条可能的规则。然而，随着 k 变大，可能的规则的数量迅速增加。对于 $k = 20$，规则数量为 1 048 574。

幸运的是，可以使用以下结论大大减少候选规则的数量。

> 定理 3
>
> 将支持项目集的成员从规则的左侧转移到右侧不会增加规则的置信度值。
>
> 证明
>
> 为此，将原始规则写为 $A \cup B \to C$，其中集合 A、B 和 C 都包含至少一个元素，没有共同的元素，并且 3 个集合的并集是支持项目集 S。
>
> 将 B 中的项目从左侧转移到右侧相当于创建新规则 $A \to B \cup C$。
>
> 对于这两条规则，左侧和右侧的并集是相同的，即支持项目集 S，所以有：
>
> $$\text{confidence}(A \to B \cup C) = \frac{\text{support}(S)}{\text{support}(A)}$$
>
> $$\text{confidence}(A \cup B \to C) = \frac{\text{support}(S)}{\text{support}(A \cup B)}$$
>
> 很明显，数据库中与项目集 A 相匹配的事务比例要大于或等于与较大项目集 $A \cup B$ 相匹配的事务比例，即 $\text{support}(A) \geqslant \text{support}(A \cup B)$。
>
> 因此，$\text{confidence}(A \to B \cup C) \leqslant \text{confidence}(A \cup B \to C)$。

如果规则的置信度 $\geqslant$ minconf，则称其右侧项目集是置信的，否则是不置信的。根据上述定理，可得到两个重要结果，只要规则两边的项目集的并集是固定的，那么：

> 任何一个不置信的右侧项目集的超集也都是不置信的。
>
> 置信的右侧项目集的任何非空子集也都是置信的。

这与 17.6 节描述的支持项目集的情况相似。可采用类似于 Apriori 的方式生成基数不断增加的置信的右侧项目集，并且需要计算置信度的候选规则的数量显著减少。如果在任何阶段都没有更置信的特定基数的项目集，就不会有更大基数，此时规则生成过程可以停止。

17.9　规则兴趣度度量：提升度和杠杆率

尽管它们通常只占从数据库派生的所有可能规则的很小一部分，但支持度和置信度大于指定阈值的规则数量仍然很大。我们希望可以使用其他兴趣度度量将数量减少到可管理的大小，或按重要性对规则进行排序。常用的两个度量是"提升度"(lift)和"杠杆率"(leverage)。

规则 $L \to R$ 的提升度表示：如果项目集 L 和 R 在统计上独立，L 和 R 中的项目在事务中一起出现的次数比预期的多出多少倍。

L 和 R 中的项目在事务中一起出现的次数记为 $\text{count}(L \cup R)$。L 中的项目出现的次数为 $\text{count}(L)$。与 R 匹配的事务比例为 $\text{support}(R)$。因此，如果 L 和 R 是独立的，

那么可以预测 L 和 R 中的项目在事务中一起出现的次数为 count(L)×support(R)。而提升度的公式为:

$$\mathrm{lift}(L \to R) = \frac{\mathrm{count}(L \cup R)}{\mathrm{count}(L) \times \mathrm{support}(R)}$$

该公式还可写成其他几种形式,包括:

$$\mathrm{lift}(L \to R) = \frac{\mathrm{support}(L \cup R)}{\mathrm{support}(L) \times \mathrm{support}(R)}$$

$$\mathrm{lift}(L \to R) = \frac{\mathrm{confidence}(L \to R)}{\mathrm{support}(R)}$$

$$\mathrm{lift}(L \to R) = \frac{n \times \mathrm{confidence}(L \to R)}{\mathrm{count}(R)}$$

其中 n 为数据库中的事务数量。

$$\mathrm{lift}(L \to R) = \frac{\mathrm{confidence}(R \to L)}{\mathrm{support}(L)}$$

顺便说一下,根据这 5 个公式中的第二个公式(L 和 R 是对称的)可以推导出:

$$\mathrm{lift}(L \to R) = \mathrm{lift}(R \to L)$$

假设有一个拥有 2000 个事务的数据库以及一条支持度计数如下的规则 L→R:

计数 (L)	计数 (R)	计数 (L ∪ R)
220	250	190

可根据以下公式计算支持度和置信度值:

$$\mathrm{support}(L \to R) = \mathrm{count}(L \cup R)/2000 = 0.095$$

$$\mathrm{confidence}(L \to R) = \mathrm{count}(L \cup R)/\mathrm{count}(L) = 0.864$$

$$\mathrm{lift}(L \to R) = \mathrm{confidence}(L \cup R) \times 2000/\mathrm{count}(R) = 6.91$$

如果检查整个数据库,则 support(R)值就是 R 的支持度。在本示例中,项目集匹配 2000 个事务中的 250 个事务,比例为 0.125。

如果只检查匹配 L 的事务,则 R 的支持度等于 confidence(L→R)值。此时等于 190 / 220 ≈ 0.864。因此,当购买 L 中的商品时,使得购买 R 中商品的可能性增加了 0.864 / 0.125 ≈ 6.91 倍。

提升度值大于 1 是"非常有趣的",表明包含 L 的事务往往比不包含 L 的事务

更频繁地包含 R。

虽然提升度是一个非常有用的兴趣度度量，但并不总是最好用的。某些情况下，具有更高支持度和更低提升度的规则比具有更低支持度和更高提升度的规则更容易引起兴趣，因为它适用于更多情况。

有时需要使用的另一种兴趣度度量是"杠杆率"。该值用于度量 $L \cup R$ 的支持度(即 L 和 R 中的项目在数据库中一起出现)与在 L 和 R 独立的情况下预期支持度之间的差值。

在上述定义中，前者是 $\text{support}(L \cup R)$。而 L 和 R 的频率(即支持度)分别为 $\text{support}(L)$ 和 $\text{support}(R)$。如果 L 和 R 是独立的，那么在同一事务中发生两者的预期频率为 $\text{support}(L)$ 和 $\text{support}(R)$ 的乘积。

杠杆率的公式如下所示：

$$\text{leverage}(L \to R) = \text{support}(L \cup R) - \text{support}(L) \times \text{support}(R)。$$

规则的杠杆率值显然始终低于其支持度。

通过设置杠杆约束，例如 leverage $\geqslant 0.0001$(也就是支持度上的改进，数据库中每 10 000 个事务出现一次)，可以减少满足支持度≥minsup 且置信度≥minconf 约束的规则数量。

如果数据库有 100 000 个事务，并有一个带有下列支持度计数的规则 $L \to R$：

计数(L)	计数(R)	计数($L \cup R$)
8000	9000	7000

那么支持度、置信度、提升度以及杠杆率可分别计算为 0.070、0.875、9.722 和 0.063(全部保留小数点后三位)。

因此，该规则适用于数据库中 7% 的事务，而对于包含 L 中项目的事务，则适用 87.5%。后者的值是预期的 9.722 倍。与预期值相比，支持度提升了 0.063，对应于数据库中每 100 个事务中的 6.3 个事务，即数据库中 100 000 个事务中的大约 6300 个事务。

17.10　本章小结

本章讨论了一种称为市场购物篮分析的特殊形式的关联规则挖掘，其最常见的应用是将顾客在商店中购买的商品关联起来。本文描述了一种方法，该方法可在超过指定阈值的情况下，通过支持度和置信度找到此类规则。紧接着详细描述用于查找支持项目集的 Apriori 算法，引入了可用于减少生成规则数量的兴趣度度量"提升度"和"杠杆率"。

17.11 自我评估练习

1. 假设 L_3 如下所示。

$\{\{a,b,c\}, \{a,b,d\}, \{a,c,d\}, \{b,c,d\}, \{b,c,w\}, \{b,c,x\},$
$\{p,q,r\}, \{p,q,s\}, \{p,q,t\}, \{p,r,s\}, \{q,r,s\}\}$

通过 Apriori-gen 算法的合并步骤会将哪些项目集放在 C_4 中？

然后通过修剪步骤删除哪些项目集？

2. 假设有一个包含 5000 个事务的数据库和一条带有以下支持度计数的规则 $L \rightarrow R$：

count(L) = 3400

count(R) = 4000

count($L \cup R$) = 3000

那么这条规则的支持度、置信度、提升度和杠杆率分别是多少？

第18章

关联规则挖掘 III：频繁模式树

18.1 简介：FP-growth

第 17 章描述的 Apriori 算法是从事务数据库中导出关联规则的成功方法，但存在重要缺点。本章提出一种替代方法，即 FP-growth 算法，旨在克服这些缺点。在介绍前，首先回顾第 17 章中的一些要点。

假设有一个事务数据库，每个事务都包含许多项目，例如：

> milk(牛奶), fish(鱼), cheese(奶酪)
> eggs(鸡蛋), milk(牛奶), pork(猪肉), butter(黄油)
> cheese(奶酪), cream(奶油), bread(面包), milk(牛奶), fish(鱼)

每条记录对应一个事务，如一个人在超市购物。项目的集合，如{fish, pork, cream}被称为"项目集"(itemset)。

项目集的"支持度计数"(或简称"计数")是项目在事务中出现的次数，也可能与其他项目一起出现。对于上述包含 3 个事务的数据库，count({milk}) = 3、count({pork}) = 1、count({cheese, milk}) = 2、count({fish, milk}) =2 等。

项目集的"支持度"定义为支持度计数的值除以数据库中的事务数。

最终目标是找到将所购买项目联系在一起的"关联规则"，例如：

eggs, milk → bread, cheese, pork

这意味着，包括鸡蛋和牛奶的事务通常还包括面包、奶酪和猪肉。

可分两个阶段完成工作：

(1) 找到具有足够高支持度值(由用户定义)的项目集，如{eggs, milk, bread}。

(2) 对于每个项目集，提取一条或多条关联规则，项目集中的所有项目出现在规则的左侧或右侧。

本章仅涉及该过程的步骤(1)，即如何找到项目集。第 17 章的 17.8 节描述了从项目集中提取关联规则的方法。第 17 章使用了术语"支持项目集"来表示具有足够高支持度值的项目集。鉴于本章的章名，此处切换使用等效术语"频繁项目集"，该术语在技术文献中更常用，尽管可能没有那么有意义。(我们将使用术语频繁项集，而不是频繁模式)

在该章中，频繁(或支持)项目集被定义为支持度值(即支持度计数值除以数据库的事务数的值)大于或等于由用户定义的阈值(称为 minsup，如 0.01)的项目集。这相当于支持度计数必须大于或等于事务数乘以 minsup 的值。对于具有 100 万个事务的数据库而言，minsup 值乘以事务数将是一个庞大数字，如 10 000。

本章将"频繁项目集"定义为支持度计数大于或等于用户所定义整数(称为 minsupportcount)的项目集。

这两个定义显然是相同的。minsupportcount 值通常是一个大整数，但后续示例中，将其设置为十分离谱的 3 个值。

第 17 章得到的一个重要结果是项目集的向下闭包属性：如果项目集是频繁的，那么它的任何非空子集也是频繁的。这通常以不同形式使用：如果项目集不频繁，那么它的任何超集也必定不频繁。例如，如果$\{a, b, c, d\}$不频繁，那么$\{a, b, c, d, e, f\}$也必定不频繁。如果后者是频繁的，那么$\{a, b, c, d\}$作为其子集必定频繁，这显然与我们已知的事实相反。这个结果的实际意义在于，只有所考虑的项目集(如有 6 个元素)通过为一个频繁项目集(如有 5 个元素)添加一个额外项目而创建，该结果才具有应用价值。

现在回到 Apriori 算法。该算法虽然非常有效，但存在两个缺点。

- 需要考虑的候选项目集的数量庞大，尤其是具有两个元素的候选项目集。如果有 n 个单项项目集(如{fish})是频繁的，为检查而生成的"两项"项目集的数量约为 $n^2 / 2$。由于 n 很容易达到数千个，因此需要处理很多项目集，其中绝大多数可能是不频繁的。

- 尽管与更原始的方法相比，Apriori 极大地减少了数据库扫描的次数，但扫描次数仍很多，这可能给系统带来大量处理开销，对于大型事务数据库而言尤其如此。

生成关联规则最常用的替代方法之一是 FP-growth(表示 Frequent Pattern growth)算法，该算法由 Han 等人引入[1]，旨在尽可能高效地找到可从事务数据库中提取的所有频繁项目集。提高 Apriori 算法效率的一种方法是减少数据库扫描次数，另一种方法是尽可能少地检查不频繁的项目集。具有 n 个不同项目的数据库的可能非空项目集的数量是 $2^n - 1$。其中只有较少项目集可能是频繁的，因此减少检查不频繁项目集的数量是非常重要的。即使对于一个只有 3 个项目的小型事务数据库，可能的项目集也有 $2^8 - 1 = 255$ 个。即使是小超市，商品数量很容易就有几千种。

FP-growth 算法分为两个阶段。

- 首先处理事务数据库以生成名为 FP-tree(Frequent Pattern tree)的数据结构。就提取频繁项目集而言，这抓住了数据库的本质。
- 接下来构建一个称为"条件 FP-tree"(conditional FP-tree)的简化树序列，以递归方式处理 FP-tree。

事务数据库仅在第一阶段处理，仅扫描两次。对于几乎任何可想到的替代方法，数据库必须至少扫描一次，将扫描次数减少到仅有两次是该算法的一个极具价值的特征。

有人认为 FP-growth 比 Apriori 快一个数量级。实际上这取决于是否以足够紧凑的方式表示 FP-tree 以适合主内存等因素。与本书介绍的所有算法一样，Apriori 和 FP-growth 都有许多变体，旨在减少内存或计算成本，毫无疑问，将来会出现更多变体。

下面通过一系列图说明 FP-growth 算法，这些图显示对应于示例事务数据库的 FP-tree，以及一系列条件 FP-tree，并可从中直接提取频繁项目集。

18.2　构造 FP–tree

18.2.1　预处理事务数据库

为说明构造过程，将使用参考文献[1]中提到的事务数据。该事务数据库中只保存 5 个事务，每个项目用 1 个字母表示。

> f, a, c, d, g, i, m, p
>
> a, b, c, f, l, m, o
>
> b, f, h, j, o
>
> b, c, k, s, p
>
> a, f, c, e, l, p, m, n

第一步扫描事务数据库，以计算每个项目的出现次数，这与相应的单项项目集的支持度计数是相同的。结果如下。

> f, c: 4
>
> a, m, p, b: 3
>
> l, o: 2
>
> d, g, i, h, j, k, s, e 和 n: 1

用户现在需要决定 minsupportcount 的值。由于数据量太小，本例将使用一个脱离实际的值：minsupportcount = 3。

共有 6 个项目，相应的单项项目集的支持度计数为 minsupportcount 或更多。按支持度计数的降序排列，为 f, c, a, b, m 和 p。将它们存储在名为 orderedItems 的数组中(如图 18.1 所示)。

index	orderedItems
0	f
1	c
2	a
3	b
4	m
5	p

图 18.1　orderedItems 数组

就提取频繁项目集而言，不在 orderedItems 数组中的项目不可能出现在任何频繁项目集中。例如，如果项目 g 是频繁项目集的成员，则通过项目集的向下闭包属性可知，该项目集的任何非空子集将是频繁的，因此 $\{g\}$ 必定是频繁的，但通过计数可知 $\{g\}$ 并不频繁。

> 从计算角度看，项目集中的项目以固定顺序写入是常见的且非常重要的。在 FP-growth 情景中，它们按在 orderedItems 数组中的位置降序写入，即按每个发生的事务数量降序排列。因此 $\{c, a, m\}$ 是有效项目，可能是频繁或不频繁的，但 $\{m, c, a\}$ 和 $\{c, m, a\}$ 是无效的。我们只关心在这个意义上有效的项目集是频繁还是不频繁的。

接下来对事务数据库进行第二次也是最后一次扫描。在读取每个事务时，将删除所有不在 orderedItems 中的项目，并在传递给 FP-tree 构建过程前将剩余项目按降序 (即 orderedItems 中项目的顺序)排序。

这与事务数据最初是 5 个事务的效果相同：

f, c, a, m, p
f, c, a, b, m
f, b
c, b, p
f, c, a, m, p

但事务数据库本身保持不变。

现在继续介绍创建 FP-tree 以及从中提取频繁项目的过程。虽然事务数据来自参考文献[1]，但以下描述(尤其是通过数组表示进化树的方法)是作者自己构思的，任何意外错误或曲解的责任由作者本人承担。

18.2.2　初始化

从图中可看出，可通过表示根的单个节点表示 FP-tree 的初始状态。

接下来将通过 4 个数组的内容表示进化树。

- 两个二维数组 nodes 和 child，其数字索引对应于树中节点的编号(0 表示 root 节点)。这些数组列的名称如图 18.2 所示。注意，child 可具有无限数量的列，但本例仅需要前两列。

index	itemname	count	linkto	parent
0	root			

nodes数组

child1	child2

child数组

index	startlink	endlink
f		
c		
a		
b		
m		
p		

单维数组

图 18.2　与 FP-tree 的初始形式对应的数组(仅 root 节点)

- 单维数组 startlink 和 endlink，由 orderedItems 数组中项目集的名称进行索引，即 f, c, a, b, m 和 p。

18.2.3 处理事务 1: f, c, a, m, p

由于项目 f 是事务的第一个项目，因此将"当前节点"作为 root 节点。此时，当前节点没有 f 项目的后代节点，因此，为项目 f 添加一个新节点，编号为 1，其父节点编号为 0(表示 root 节点)，如图 18.4 所示。注意，名为 f 且支持度计数为 1 的项目在图 18.3 中用 $f/1$ 表示。

> 针对一个名为 Item 且父节点编号为 P 的项目，添加一个编号为 N 的新节点。
> - 将编号为 N 的新节点添加到树中，其中项目名 Item 和支持度计数 1 作为编号为 P 的节点的后代。
> - 将编号为 N 的新行添加到 nodes 数组中，其中 itemname、count 和 parent 值分别为 Item、1 和 P。节点 P 的第一个未使用 child 的值设置为 N。
> - 数组 startlink 和数组 endlink 中带有索引 Item 的行值都设置为 N。

项目 c
当前节点是节点 1，没有项目名为 c 的后代节点，因此为项目 c 添加编号为 2 的新节点，其父节点编号为 1。

项目 a
当前节点是节点 2，没有项目名为 a 的后代节点，因此为项目 a 添加编号为 3 的新节点，其父节点编号为 2。

项目 m
当前节点是节点 3，没有项目名为 m 的后代节点，因此为项目 m 添加编号为 4 的新节点，其父节点编号为 3。

项目 p
当前节点是节点 4，没有项目名为 p 的后代节点，因此为项目 p 添加编号为 5 的新节点，其父节点编号为 4。

下面列出部分树和相应的表。

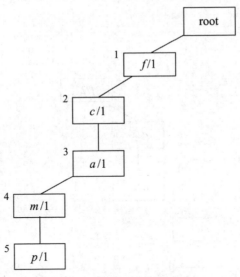

图 18.3　处理事务 1 之后的 FP-tree

index	itemname	count	linkto	parent
0	root			
1	f	1		0
2	c	1		1
3	a	1		2
4	m	1		3
5	p	1		4

nodes数组

child1	child2
1	
2	
3	
4	
5	

child数组

index	startlink	endlink
f	1	1
c	2	2
a	3	3
b		
m	4	4
p	5	5

单维数组

图 18.4　处理事务 1 之后与 FP-tree 对应的数组

18.2.4　处理事务 2：f, c, a, b, m

项目 f、c 和 a

从 root 节点到 f、c 和 a 节点已存在一个节点链，因此除了节点 1、2 和 3 的计数加 1 以及 nodes 数组对应行的 count 字段加 1 外，不需要执行任何更改，如图 18.5

和图 18.6 所示。

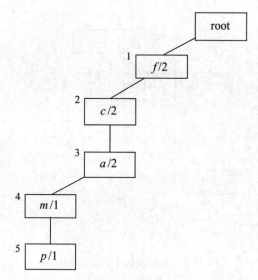

图 18.5　处理完事务 2 的前 3 个项目后的 FP-tree

index	itemname	count	linkto	parent
0	root			
1	*f*	2	0
2	*c*	2	1
3	*a*	2	2
4	*m*	1	3
5	*p*	1	4

nodes数组

child1	child2
1	
2	
3	
4	
5	

child数组

index	startlink	endlink
f	1	1
c	2	2
a	3	3
b		
m	4	4
p	5	5

单维数组

图 18.6　处理完事务 2 的前 3 个项目后与 FP-tree 对应的数组

项目 *b*

当前节点(最后访问的节点)没有后代,即节点 3,其项目名称为 *b*,因此为项目 *b* 添加编号为 6 的新节点,其父节点编号为 3(如图 18.7 和图 18.8 所示)。

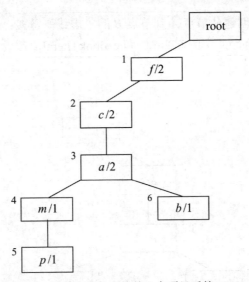

图 18.7   处理完事务 2 的前 4 个项目后的 FP-tree

index	itemname	count	linkto	parent
0	root			
1	f	2		0
2	c	2		1
3	a	2		2
4	m	1		3
5	p	1		4
6	b	1		3

nodes数组

child1	child2
1	
2	
3	
4	6
5	

child数组

index	startlink	endlink
f	1	1
c	2	2
a	3	3
b	6	6
m	4	4
p	5	5

单维数组

图 18.8   处理完事务 2 的前 4 个项目后与 FP-tree 对应的数组

项目 m

为项目 m 添加编号为 7 的新节点，其父节点编号为 6。

在本例中，endlink 数组首次针对新添加的节点具有非空值，因为 endlink[m]为
4。因此，对于项目 m，从节点 4 到节点 7 建立虚线链接(如图 18.9 和图 18.10 所示)。

237

在树中为 Item 创建从节点 A 到节点 B 的"虚线"链接：

将 nodes 数组的行 A 中的 linkto 值和 endlink [Item]值都设置为 B。

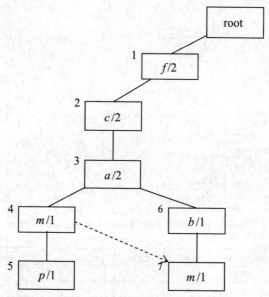

图 18.9　处理完事务 2 的所有项目后的 FP-tree

index	itemname	count	linkto	parent
0	root			
1	f	2		0
2	c	2		1
3	a	2		2
4	m	1	7	3
5	p	1		4
6	b	1		3
7	m	1		6

nodes数组

child1	child2
1	
2	
3	
4	6
5	
7	

child数组

index	startlink	endlink
f	1	1
c	2	2
a	3	3
b	6	6
m	4	7
p	5	5

单维数组

图 18.10　处理完事务 2 的所有项目后与 FP-tree 对应的数组

18.2.5 处理事务 3：*f, b*

项目 *f*

树中的节点 1 和 nodes 数组中的行 1 的计数值都增 1。

项目 *b*

项目 *b* 的当前节点(节点 1)没有后代，因此为项目 *b* 添加了编号为 8 的新节点，其父节点编号为 1。

endlink 数组对于新节点具有非空值，因为 endlink[*b*]为6。在节点6和项目 *b* 的节点8之间建立虚线链接(如图18.11和图18.12所示)。

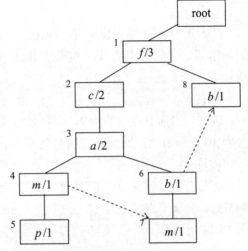

图 18.11 处理完事务 3 的所有项目后的 FP-tree

index	itemname	count	linkto	parent
0	root			
1	*f*	3		0
2	*c*	2		1
3	*a*	2		2
4	*m*	1	7	3
5	*p*	1		4
6	*b*	1	8	3
7	*m*	1		6
8	*b*	1		1

nodes数组

child1	child2
1	
2	8
3	
4	6
5	
7	

child数组

index	startlink	endlink
f	1	1
c	2	2
a	3	3
b	6	8
m	4	7
p	5	5

单维数组

图 18.12 处理完事务 3 的所有项目后与 FP-tree 对应的数组

18.2.6 处理事务 4：*c*, *b*, *p*

项目 *c*

当前节点(root 节点)没有名为项目 *c* 的后代节点，因此为项目 *c* 添加编号为 9 的新节点，其父节点编号为 0(表示 root 节点)。在节点 2 和节点 9 之间建立虚线链接。

项目 *b*

现在，当前节点是节点 9，没有名为项目 *b* 的后代节点，因此为项目 *b* 添加编号为 10 的新节点，其父节点编号为 9。在节点 8 和节点 10 之间建立虚线链接。

项目 *p*

当前节点是节点 10，没有项目 *p* 的后代节点，因此为项目 *p* 添加编号为 11 的新节点，其父节点编号为 10。在节点 5 和节点 11 之间建立虚线链接(如图 18.13 和图 18.14 所示)。

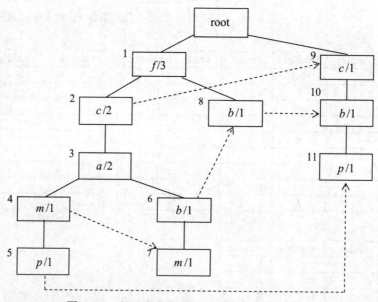

图 18.13　处理完事务 4 的所有项目后的 FP-tree

18.2.7 处理事务 5：*f*, *c*, *a*, *m*, *p*

从根到 *f*、*c*、*a*、*m* 和 *p* 依次存在一个节点链，因此除了将节点 1、2、3、4 和 5 的计数和 nodes 数组对应行的 count 增 1 外，不需要执行任何更改，从而得到最终 FP-tree 以及相应的数组集(如图 18.15 和图 18.16 所示)。

index	itemname	count	linkto	parent
0	root			
1	f	3		0
2	c	2	9	1
3	a	2		2
4	m	1	7	3
5	p	1	11	4
6	b	1	8	3
7	m	1		6
8	b	1	10	1
9	c	1		0
10	b	1		9
11	p	1		10

nodes数组

child1	child2
1	9
2	8
3	
4	6
5	
7	
10	
11	

child数组

index	startlink	endlink
f	1	1
c	2	9
a	3	3
b	6	10
m	4	7
p	5	11

单维数组

图 18.14　处理完事务 4 的所有项目后与 FP-tree 对应的数组

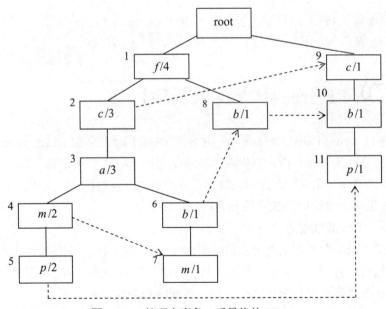

图 18.15　处理完事务 5 后最终的 FP-tree

index	itemname	count	linkto	parent
0	root			
1	f	4		0
2	c	3	9	1
3	a	3		2
4	m	2	7	3
5	p	2	11	4
6	b	1	8	3
7	m	1		6
8	b	1	10	1
9	c	1		0
10	b	1		9
11	p	1		10

nodes数组

child1	child2
1	9
2	8
3	
4	6
5	
7	
10	
11	

child数组

index	startlink	endlink
f	1	1
c	2	9
a	3	3
b	6	10
m	4	7
p	5	11

单维数组

图 18.16　处理完事务 5 后最终 FP-tree 对应的数组

一旦创建了 FP-tree，即可丢弃数组 child 和 endlink。树的内容完全由数组 nodes 和 startlink 表示。

18.3　从 FP-tree 中查找频繁项目集

构建 FP-tree 后(如图 18.15 所示，并由图 18.16 所示的数组 nodes 和 startlink 表示)，现在可对其进行分析，以提取事务数据库的所有频繁项目集。

接下来通过一系列图表说明该过程，并描述如何通过构造一些等同于 FP-tree 的简化版表格，以递归方式实现频繁项目集提取过程。

首先介绍一般性观点。

- 图 18.15 中的虚线链接并非树本身的一部分(如果树中有链接，将不再是树结构)。相反，它们是一种跟踪具有特定名称(如 b)的所有节点的方法，无论这些名称出现在树中哪个位置。下面将利用这一点。

- 从 root 节点向下标记树中每个分支节点的项目的顺序总是与 orderedItems 数组中项目的顺序相同，即 f, c, a, b, m, p。这是事务数据库中相应项目集(如 $\{f\}$)的支持度计数的降序，或是 orderedItems 数组中项目的顺序，如图 18.17 所示(并非树的每个分支都包含所有 6 个项目)。
- 尽管图 18.15 中的节点标有名称 c、m、p 等，但这些节点只对应于项目集中最右侧的若干项目。因此，节点 1、2、3、4 和 5 分别对应于项目集 $\{f\}$、$\{f, c\}$、$\{f, c, a\}$、$\{f, c, a, m\}$ 和 $\{f, c, a, m, p\}$。

为方便起见，这里重复 orderedItems 数组，如图 18.17 所示。

index	orderedItems
0	f
1	c
2	a
3	b
4	m
5	p

图 18.17　orderedItems 数组

> 从本质上讲，从 FP-tree 中提取所有频繁项目集是一个递归过程，可通过调用递归定义函数 findFrequent 来表示，该函数具有 4 个参数：
> - 两个代表树的数组。最初这些数组对应于原始 FP-tree 的 nodes 和 startlink 数组。调用若干次函数后，它们将用对应于条件 FP-tree 树的数组 nodes2 和 startlink2 替换，这将在后面解释。
> - 整数变量 lastitem，最初设置为 orderedItems 数组中的元素数(本例中为 6)。
> - 名为 originalItemset 的集合，最初为空，即 {}。

接下来首先讨论没有任何成员的"原始项目集" (即 {})，并通过按 orderedItems 元素的升序将新项目添加到其最左侧的位置，生成所有可能从其派生的单项项目集，即以顺序 $\{p\}$、$\{m\}$、$\{b\}$、$\{a\}$、$\{c\}$ 和 $\{f\}$ 排列[1]。对于每个频繁出现的项目集 (如 $\{m\}$)[2]，接下来将检查最左侧位置出现附加项目的项目集，如 $\{b, m\}$、$\{a, m\}$ 或 $\{c, m\}$，从而查找任何频繁项目集。注意，在 orderedItems 数组中，附加项目必须在 m 上，以保持项目集中项目的常规顺序。如果找到频繁项目集，如 $\{a, m\}$，那么接下来在其最左侧再附加一个项目从而构建另一项目集，如 $\{c, a, m\}$，然后检查每个项目集是否

---

[1] 之所以用复杂方法描述项目集 $\{p\}$、$\{m\}$、$\{b\}$、$\{a\}$、$\{c\}$ 和 $\{f\}$ 的生成，是为与下面的双项目、三项目等项目集生成的描述保持一致。

[2] 所有单项项集合都必须是频繁的，因为在这个基础上从事务数据库中选择初始树中的项目。但当继续使用 findFrequent 递归分析简化版本的 FP-tree 时，情况往往并非如此。

频繁，以此类推。最终结果是，在找到一个频繁使用的单项项目集后，继续查找所有以该项目结尾的频繁项目集，然后检查下一个单项项目集。

通过向最左侧添加一个新项目来构造新项目集(可保持与 orderedItems 数组中相同的顺序)是一种非常有效的处理方式。如$\{c, a\}$是频繁的，那么唯一需要检查的其他项目集是$\{f, c, a\}$，因为f是 orderedItems 中c上的唯一项目。可能其他一些项目集(如$\{c, a, m\}$)也是频繁的(在本例中，这种项目集是存在的)，但已在其他阶段处理过了。

按此顺序检查项目集还可利用项目集的向下闭包属性。如果发现一个项目集(如$\{b, m\}$)是不频繁的，就没必要检查添加项目的其他项目集了。反过来却不一定，如$\{f, c, b, m\}$是频繁的，则根据向下闭包属性，$\{b, m\}$也必须是频繁的，但我们已知它不是。

这种生成频繁项目集的策略可在 findFrequent 函数中实现，方法是对变量 thisrow 进行循环，循环值从 lastitem-1 到 0。

- 将变量 nextitem 设置为 orderedItems [thisrow]，然后将 firstlink 设置为 startlink [nextitem]。
- 如果 firstlink 为 null，则继续查看 thisrow 的下一个值。
- 否则将变量 thisItemset 设置为 originalItemset 的扩展版本，其中项目 nextitem 作为其最左侧的项目，然后调用函数 condfptree，它接收 4 个参数：nodes、firstlink、thisrow 和 thisItemset。
- 函数 condfptree 首先将变量 lastitem 设置为 thisrow 的值。然后检查 thisItemset 是否频繁。如果是，将继续以数组 nodes2 和 startlink2 的形式为该项目集生成条件 FP-tree，然后用两个替换数组以及 lastitem 和 thisItemset 作为参数递归调用 findFrequent。

18.3.1　以项目 p 结尾的项目集

项目集$\{p\}$ ——从原始项目集$\{\,\}$扩展而来

首先确定项目集$\{p\}$是否频繁。可通过检查FP-tree中支持度计数分别为2和1的两个链接的p节点(节点5和11)来确定是否频繁。总计数为3，大于或等于minsupportcount 值(本例中为3)。因此，项目集$\{p\}$是频繁的。

在 FP-tree 中，通过数组 nodes 和 startlink 找到p节点链十分简单(如图 18.16 所示)。startlink[p]的值为 5，nodes 数组第 5 行的 linkto 列中的值为 11，nodes 数组第 11 行的 linkto 列中的值为 null，表示"没有其他节点"。因此，存在从节点 5 到节点

11 的 p 节点链。

为项目集 $\{p\}$ 生成条件 FP-tree

在此阶段，算法不再继续检查其他单项项目集 $\{m\}$、$\{b\}$、$\{a\}$、$\{c\}$ 和 $\{f\}$ 的频率，而首先在最左侧添加一个项目来扩展项目集 $\{p\}$，从而生成一个双项项目集的序列。依次对 orderedItems 数组中 p 以上的所有项目执行此操作，即依次检查双项项目集 $\{m, p\}$、$\{b, p\}$、$\{a, p\}$、$\{c, p\}$ 和 $\{f, p\}$。如果它们中的任何一个是频繁的，则构建条件 FP-tree，并通过在最左侧添加一个项目来扩展"双项"项目集，从而生成一个"三项"项目集序列。采用上述方法继续该过程，直至对整个树结构进行检查。通过在最左侧位置添加额外项目来扩展当前项目集的每个阶段，仅需要考虑 orderedItems 数组(如图 18.17 所示)中先前位于最左侧的那些项目。

现在需要检查通过向项目集 $\{p\}$ 添加附加项目而形成的任何双项项目集是否也是频繁的。为此，首先为项目集 $\{p\}$ 构造条件 FP-tree。这是原始 FP-tree 的简化版本，它只包含从 root 节点开始到标记为 p 的两个节点结束的分支，但节点被重新编号，通常具有不同的支持度计数(此时可先看图 18.20 和图 18.21，会有所帮助)。

初始化

从图中可看到，可用一个代表 root 节点的单个无编号节点表示 FP-tree 的初始状态。

我们将通过 4 个数组的内容表示不断进化的树，这些数组最初都是空的。

- 二维数组 nodes2，其数字索引对应于树中节点的编号。该数组的列名与 18.2 节中 nodes 数组的列名相同。
- 单维数组 oldindex 针对的是每个节点，该数组包含从树中派生出演化条件 FP-tree 的相应节点的数量(最初是图 18.15 所示的 FP-tree)。
- 由 orderedItems 数组中的部分或全部项目集的名称索引的一维数组 startlink2 和 lastlink。

再次通过链接的 p 节点链，这次将分支添加到项目集 $\{p\}$ 的不断变化的条件 FP-tree 中，同时将值添加到 4 个等效数组中。

第一个分支

在 FP-tree(见图 18.15)的最左侧分支中添加 5 个节点，自下而上编号，作为通向 root 节点的分支，所有节点都具有最低节点(即项目名为 p 的节点)的支持度计数。

依次将与每个节点对应的值添加到 4 个数组中，如下框所示(注意，下面的描述并不完整)。

添加一个以支持度计数为 Count 的节点结束的分支

版本 1

对于每个节点

(1) 将变量 thisitem 和 thisparent 分别设置为原始节点的 itemname 和 parent 的值。向 nodes2 数组添加一个新行，itemname 的值设置为 thisitem。将 count(对于所有节点)的值设置为 Count。

(2) 将 oldindex 数组中的值设置为派生了进化条件 FP-tree 的树的节点数。

(3) 将 startlink2[thisitem]和 lastlink[thisitem]的值设置为新行号。

(4) 如果 thisparent 的值不为 0 或 null，则将 nodes2 数组中 parent 的值设置为下一行的编号。

注意，在图 18.18 中，节点编号与图 18.15 不同。它反映了生成这个新树的顺序，从每个分支的底部(p 节点)向上一直到顶部(root 节点)。root 节点尚未编号，其他节点从 1 开始编号。

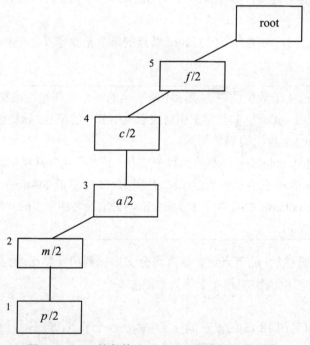

图 18.18 {p}的条件 FP-tree——只有第一个分支

第一个分支对应的 nodes2、oldindex、startlink2 和 lastlink 数组中的值如图 18.19 所示。

节点 5 的 parent 列中的空值表示到 root 节点的链接。在添加第二个分支时将解释数组 nodes2 中 linkto 列的用法。18.3.2 节将解释数组 oldindex 的用法。

注意，图 18.18 中分支的支持度计数与 FP-tree(见图 18.15)中相应分支的支持度计数不同。构造原始 FP-tree 时，我们认为节点 3 之类的节点表示支持度计数为 3 的项目集$\{f, c, a\}$。分支中从节点 1 到节点 5 的所有节点表示从 f 开始的项目集，如节点 4 代表$\{f, c, a, m\}$。而对于条件 FP-tree 来说，则需要以不同方式进行考虑，即从每个分支的底部到顶部。图 18.18 的最低节点(编号为 1)现在表示项目集$\{p\}$，节点 2 表示项目集$\{m, p\}$，节点 3、4 和 5 分别表示项目集$\{a, m, p\}$、$\{c, a, m, p\}$和$\{f, c, a, m, p\}$。无论哪种情况，项目集都以项目 p 结束，而不是以项目 f 开头。以这种方式查看图 18.18，a、c 和 f 节点的支持度计数不再是 FP-tree 中的 3、3 和 4。如果有两个包含项目 p 的事务，那么包含项目 a 和 p 的任何事务不能超过 2 个，对于其他项目组合也是如此。

index	itemname	count	linkto	parent
1	p	2		2
2	m	2		3
3	a	2		4
4	c	2		5
5	f	2		

nodes2数组

oldindex
5
4
3
2
1

oldindex

index	startlink2	lastlink
p	1	1
m	2	2
a	3	3
c	4	4
f	5	5

单维数组

图 18.19 $\{p\}$的条件 FP-tree 对应的数组——一个分支

出于这个原因，为$\{p\}$构造条件 FP-tree 的最佳方法是根据 p 节点的数量一个分支一个分支地自下而上构建树。树中的每个新节点都"继承"分支底部 p 节点的支持度计数。

第二个分支

现在添加第二个分支，这也是最后一个分支，它以 FP-tree 中项目 p 的节点结束。图 18.20 显示了项目集$\{p\}$最终版本的条件 FP-tree。

与添加第一个分支的重要区别在于，现在已为节点 p 和 c 添加了虚线链接。这些对于确定项目集在提取过程的每个阶段是否频繁是必不可少的。

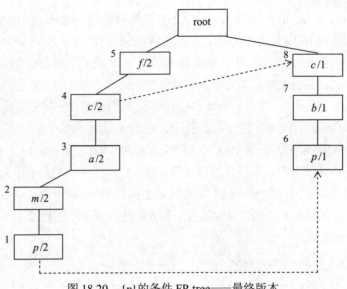

图 18.20 {*p*}的条件 FP-tree——最终版本

为处理这个问题，需要对添加额外节点的算法进行扩充。例如，在添加节点 6(第二个 *p* 节点)后，可通过 lastlink[*p*]中的非空值来判断树中已存在 *p* 节点。lastlink[*p*]的当前值是 1，因此将第 1 行的 linkto 值和 lastlink[*p*]的新值都设置为当前行编号(即 6)。这样就有效创建了从节点 1 到节点 6 的两个 *p* 节点的链。当添加节点 8(*c* 节点)时，也完成了类似过程。

下框给出用于添加新分支算法的修订版本(仍不完整)。

添加一个以支持度计数为 Count 的节点结束的分支

版本 2

对于每个节点

(1) 将变量 thisitem 和 thisparent 分别设置为原始节点的 itemname 和 parent 的值。向 nodes2 数组添加一个新行，itemname 的值设置为 thisitem。将 count(对于所有节点)的值设置为 Count。

(2) 将 oldindex 数组中的值设置为派生了进化条件 FP-tree 的树的节点数。

(3) 将 lastval 设置为 lastlink [thisitem]。

如果 lastval 不为 null，则将行 lastval 和 lastlink [thisitem]中的 linkto 值都设置为当前行编号。

ELSE 将 startlink2[thisitem]和 lastlink[thisitem]的值设置为当前行编号。

(4) 如果 thisparent 的值不为 0 或 null，则将 nodes2 数组中 parent 的值设置为下一行的编号。

图 18.21 显示了项目集{*p*}的条件 FP-tree 的最终版本对应的 nodes2、oldindex、startlink2 和 lastlink 数组中的值。

index	itemname	count	linkto	parent
1	*p*	2	6	2
2	*m*	2		3
3	*a*	2		4
4	*c*	2	8	5
5	*f*	2		
6	*p*	1		7
7	*b*	1		8
8	*c*	1		

nodes2数组

oldindex
5
4
3
2
1
11
10
9

oldindex

index	startlink2	lastlink
p	1	6
m	2	2
a	3	3
c	4	8
f	5	5
b	7	7

单维数组

图 18.21 {*p*}的条件 FP-tree 对应的数组——最终版本

节点 5 和 8 的 parent 列中的空值表示到 root 节点的链接。数组 nodes2 的 linkto 列中的非空值对应于树中节点之间的"虚线"链接。

双项项目集

构建项目集{*p*}的条件 FP-tree 后，需要检查 5 个双项项目集，首先从{*m*, *p*}开始。不管检查哪个项目集，都通过提取树的一部分来完成，该部分只包含从 root 节点开始到标记为 *m*(或依次为其他项目 *b*、*a*、*c* 和 *f*)的每个节点处结束的分支。注意，条件 FP-tree 中的节点每次都从 1(按生成顺序)开始编号。

为创建和检查从{*p*}扩展的双项项目集，需要从函数 condfptree 递归调用带有 4 个参数(分别为 nodes2、startlink2、lastitem 和 thisItemset)的 findFrequent 函数。其中最后一个参数的值为{*p*}。

通过从行 lastitem-1 到行 0 遍历 orderedItems 数组，可从项目集{*p*}的条件 FP-tree 生成包含两个项目的项目集序列。由于现在 lastitem 为 5，这意味着作为扩展项目集的最左侧新项目应该是 *m*、*b*、*a*、*c* 和 *f*(而不是 *p*)。

项目集{*m, p*}、{*b, p*}、{*a, p*}和{*c, p*}——从原始项目集{*p*}扩展

{*m, p*}：只有一个 *m* 节点，其计数为 2。因此{*m, p*}是非频繁的(如图 18.22 所示)。

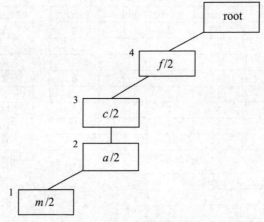

图 18.22　{*m, p*}的条件 FP-tree

{*b, p*}：只有一个 *b* 节点，其计数为 1。因此{*b, p*}是非频繁的(如图 18.23 所示)。

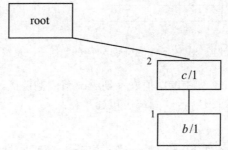

图 18.23　{*b, p*}的条件 FP-tree

{*a, p*}：只有一个节点，其计数为 2。因此{*a, p*}是非频繁的(如图 18.24 所示)。

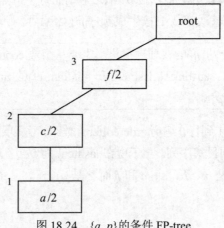

图 18.24　{*a, p*}的条件 FP-tree

{c, p}：有两个 c 节点，总计数为 3。因此{c, p}是频繁的(如图 18.25 所示)。

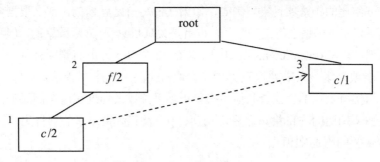

图 18.25　{c, p}的条件 FP-tree

在继续检查{f, p}前，先向{c, p}的最左侧添加附加项目，以生成所有 3 项项目集。我们只考虑 orderedItems 数组中 c 以上的那些项目。此时只有一个，即 f。因此，先为{f, c, p}生成条件 FP-tree。

> 可从函数 condfptree 中递归调用带有 4 个参数的函数 findFrequent 来实现。这 4 个参数分别对应于图 18.25 中的数组 nodes2、startlink2，以及 lastitem(当前为 1)和 thisItemset(当前为{c, p})。

项目集{f, c, p}——从原始项目集{c, p}扩展

只有一个 f 节点，其计数为 2(如图 18.26 所示)。{f, c, p}是非频繁的。现在返回检查双项项目集，下一个检查的是项目集{f, p}。

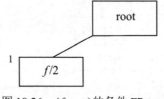

图 18.26　{f, c, p}的条件 FP-tree

项目集{f, p}——从原始项集{p}扩展

只有一个 f 节点，其计数为 2。因此{f, p}是非频繁的(如图 18.27 所示)。

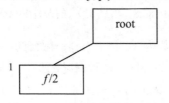

图 18.27　{f, p}的条件 FP-tree

到目前为止，发现了两个以项目 p 结尾的频繁项目集：{p}和{c, p}。不能有其他任何以 p 结尾的频繁项目集。例如，如果{f, c, b, p}是频繁的，那么根据向下闭包属性，其所有非空子集也将是频繁的。也就是说项目集{b, p}是频繁的，但我们已知它是非频繁的。在 orderedItems 数组中，共有 32 个以 p 为最右侧项目且按项目降序排列的可能项目集。只需要检查其中 7 个(2 个频繁，5 个非频繁)即可。

由于篇幅所限，不会检查其他所有单项项目集以及通过在最左侧添加额外项目来扩展它们所构造的项目集。但将检查项目{m}及其派生出来的项目集，因为这可说明一些重要的附加知识点。

18.3.2　以项目 m 结尾的项目集

项目集{m}——从原始项目集{ }扩展

{m}的条件 FP-tree 如图 18.28 所示。

注意，节点 2、3 和 4 继承了节点 1 的支持度计数 2 以及节点 5 的支持度计数 1。因此，它们的总支持度计数显示为 3。

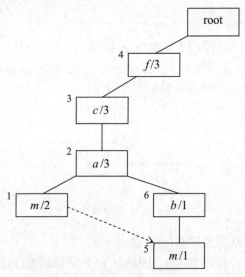

图 18.28　项目集{m}的条件 FP-tree

有 2 个 m 节点，总计数为 3。因此{m}是频繁的。

当自下而上构建树时，务必区分两种情况，即某一节点的父节点已存在于树中，以及节点的父节点不存在于树中而需要创建。本示例就属于第一种情况，节点 6 的父节点是一个已在树中存在的节点(即节点 2)。

图 18.29 显示了图 18.28 中的节点 6 添加到树中时 4 个数组的状态。

index	itemname	count	linkto	parent		oldindex
1	*m*	2	5	2		4
2	*a*	2		3		3
3	*c*	2		4		2
4	*f*	2				1
5	*m*	1				7

nodes2数组　　　　　　　　　　oldindex

index	startlink2	lastlink
m	1	5
a	2	2
c	3	3
f	4	4

单维数组

图 18.29　{*m*} 的条件 FP-tree 对应的数组——只有前 5 个节点

处理的第一阶段与所有其他节点相同。新节点是分支的一部分，分支以 *m* 节点结束，支持度计数为 1。该节点在原始 FP-tree 中的编号恰好也是 6，因此分别从 nodes 数组的第 6 行提取变量 thisitem 和 thisparent，并分别设置为 *b* 和 3。将新行(第 6 行)添加到 nodes2，其中 itemname 和 parent 的值分别设置为 *b* 和 3。oldindex 中第 6 个元素的值设置为 6。由于 lastval 设置为 lastlink[*b*](为 null)，因此 startlink2[*b*] 和 lastlink[*b*] 也都设置为 6。

在最后阶段，该节点的处理与前面的算法不同。检查 thisparent 的值(即 3)是否已在 oldindex 数组中。与前面的所有示例不同，它位于 2 号位置，这意味着节点 2 是 b 节点的父节点 2，且节点 2 已经存在于进化树结构中。这反过来意味着新节点 6 需要链接到已创建的树结构部分。共分 3 个阶段。

- nodes2 的第 6 行中 parent 的值设置为 2。
- 终止为当前分支添加其他节点。
- nodes2 数组中的父节点链从第 2 行开始，直到 root 节点之前，即从 2 到 3 再到 4，支持度计数通过分支底部节点的支持度计数增加(即每个阶段增加 1)。

以上就是对应于项目集{*m*}的条件 FP-tree 的数组构造过程，如图 18.30 所示。下面显示了用于添加分支的算法的修订版本和最终版本。

添加以支持度计数为 Count 的节点结束的分支

最终版本

对于每个节点

(1) 将变量 thisitem 和 thisparent 分别设置为原始节点的 itemname 和 parent 的值。向 nodes2 数组添加一个新行，itemname 的值设置为 thisitem。将 count(对于所有节点)的值设置为 Count。

(2) 将 oldindex 数组中的值设置为派生了进化条件 FP-tree 的节点数。

(3) 将 lastval 设置为 lastlink[thisitem]。

如果 lastval 不为 null，则将行 lastval 和 lastlink[thisitem]中的 linkto 值都设置为当前行号。

否则将 startlink2 [thisitem]和 lastlink [thisitem]的值设置为当前行号。

(4) 如果 thisparent 的值不为 0 或 null，则测试 thisparent 的值是否已位于数组 oldindex 中的 pos 位置。

如果是{

　　a. 将 nodes2 当前行的 parent 的值设置为 pos。

　　b. 终止为当前分支添加额外节点。

　　c. 沿着 nodes2 数组中的父节点链，从行 pos 一直到 root 节点前，将每个节点的支持度计数增加 Count。

}

否则，将 nodes2 当前行的 parent 值设置为下一行的编号。

index	itemname	count	linkto	parent
1	m	2	5	2
2	a	3		3
3	c	3		4
4	f	3		
5	m	1		6
6	b	1		2

nodes2数组

oldindex
4
3
2
1
7
6

oldindex

index	startlink2	lastlink
m	1	5
a	2	2
c	3	3
f	4	4
b	6	6

单维数组

图 18.30　{m}的条件 FP-tree 对应的数组——所有节点

完成上述修改后，算法继续依次考虑 4 个可能的双项项目集{b, m}、{a, m}、{c, m}和{f, m}(只有 orderedItems 数组中 m 以上的项目才需要考虑放在最左侧)。按照以下顺序构建相关的条件 FP-tree。

项目集{b, m}和{a, m}——从原始项目集{m}扩展

{b, m}：只有一个 b 节点，其计数为 1。因此{b, m}不频繁。注意，节点 2、3 和 4 从节点 1 继承了计数 1(如图 18.31 所示)。

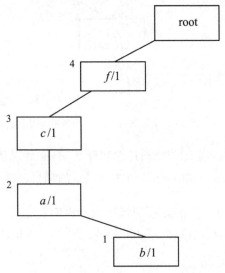

图 18.31　项目集{b, m}的条件 FP-tree

{a, m}：只有一个节点，其计数为 3。因此{a, m}是频繁的(如图 18.32 所示)。

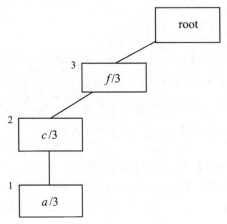

图 18.32　项目集{a, m}的条件 FP-tree

现在，通过在最左侧添加一个项目来展开{*a, m*}，从而检查构建的所有 3 项项目集。只需要考虑 orderedItems 数组中 *a* 以上的项目，即 *c*，然后是 *f*。

项目集{*c, a, m*}——从原始项目集{*a, m*}扩展

只有一个 *c* 节点，其计数为 3(如图 18.33 所示)。因此{*c, a, m*}是频繁的。

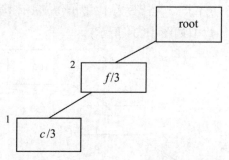

图 18.33　项目集{*c, a, m*}的条件 FP-tree

现在，通过在最左侧添加一个项目来展开{*c, a, m*}，从而检查构建的所有 4 项项目集。只需要考虑 orderedItems 数组中 *c* 以上的项目，即 *f*。

项目集{*f, c, a, m*}——从原始项目集{*c, a, m*}扩展

只有一个 *f* 节点，其计数为 3(如图 18.34 所示)。因此{*f, c, a, m*}是频繁的。

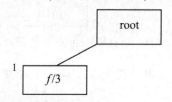

图 18.34　项目集{*f, c, a, m*}的条件 FP-tree

由于在 orderedItems 中 *f* 以上没有项目，并且没有从{*c, a, m*}扩展的其他 4 项项目集，因此结束对{*c, a, m*}扩展的项目集的检验。

可通过向函数 condfptree 添加测试来实现，如果一个项目集是频繁的，只要 lastitem 的值大于 0，函数就会继续生成条件 FP-tree。

项目集{*f, a, m*}——从原始项目集{*a, m*}扩展

只有一个 *c* 节点，其计数为 3(如图 18.35 所示)。因此{*f, a, m*}是频繁的。

由于在 orderedItems 中 *f* 以上没有项目，因此结束对{*a, m*}扩展的 3 项项目集的检查。

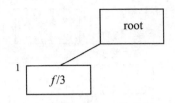

图 18.35　项目集{f, a, m}的条件 FP-tree

项目集{c, m}——从原始项目集{m}扩展

只有一个 c 节点，其计数为3(如图 18.36 所示)。因此{c, m}是频繁的。

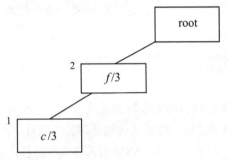

图 18.36　项目集{c, m}的条件 FP-tree

通过在最左侧位置添加一个项目来展开{c, m}，从而检查构建的所有 3 项项目集。只需要考虑 orderedItems 数组中 c 以上的项目，即 f。

项目集{f, c, m}——从原始项目集{c, m}扩展

只有一个 f 节点，其计数为3(如图 18.37 所示)。因此{f, c, m}是频繁的。

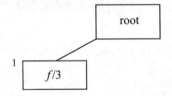

图 18.37　项目集{f, c, m}的条件 FP-tree

由于在 orderedItems 中 f 以上没有项目，因此结束对{c, m}扩展的 3 项项目集的检查。

项目集{f, m}——从原始项目集{m}扩展

只有一个 f 节点，其计数为3(如图 18.38 所示)。因此{f, m}是频繁的。

由于在 orderedItems 中 f 以上没有项目且不再考虑双项项目集，因此结束对以项目 m 结尾的项目集的检查。

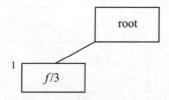

图 18.38　项目集{f, m}的条件 FP-tree

这次共发现 8 个以项目 m 结尾的频繁项目集(不能有其他任何项目集)，只检查到一个不频繁的项目集。在 orderedItems 数组中，以 m 作为最右侧项目的项目集共有 16 个，并按项目的降序排列。只需要检查其中 9 个即可。

18.4　本章小结

本章介绍用于从事务数据库中提取频繁项目集的 FP-growth 算法。首先处理数据库以生成 FP-tree 数据结构，然后通过构造称为"条件 FP-tree"的简化树序列来递归处理树，从中提取频繁项目集。该算法具有理想特征，即只需要通过数据库进行两次扫描。

18.5　自我评估练习

1. 为项目集{c}绘制条件 FP-tree。
2. 如何从条件 FP-tree 中确定{c}的支持度计数？该计数是多少？
3. 项目集{c}是频繁的吗？
4. 对应于项目集{c}的条件 FP-tree 的 4 个数组的内容是什么？

第**19**章

聚　类

19.1　简介

本章将继续讨论从未标记数据中提取信息的主题，并转向另一个重要主题"聚类"(clustering)。聚类指多个对象分组在一起，这些对象彼此相似，而且不同于其他簇的对象。

在许多领域中，将类似对象组合在一起具有明显的好处。例如：

- 在经济学应用中，可能有兴趣寻找经济相似的国家。
- 在财务应用中，可能希望找到具有类似财务业绩的公司群。
- 在营销应用中，可能希望找到具有类似购买行为的客户群。
- 在医疗应用中，可能希望找到具有相似症状的患者群。
- 在文档检索应用中，可能希望找到具有相关内容的文档群。
- 在犯罪分析应用中，可能寻找常见的犯罪(如入室行窃)，或试图将更罕见但可能相关的犯罪(如谋杀罪)集中在一起。

目前存在许多聚类算法。接下来描述两种方法，基于距离度量对象间的相似性。

在只能通过两个属性值描述每个对象的受限情况下，可将它们表示为二维空间(平面)中的点，如图 19.1 所示。

通常很容易在二维中对簇进行可视化。图 19.1 中的点似乎自然分为 4 组，如图 19.2 中围绕各组点绘制的曲线所示。

然而，可能的分组往往不止一种。例如，图 19.1 右下角的点可能是一个簇(如

图 19.2 所示)还是两个簇(如图 19.3 所示)?

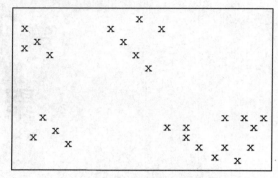

图 19.1　聚类对象

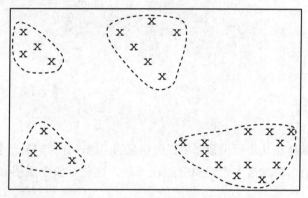

图 19.2　图 19.1 中对象的聚类(版本 1)

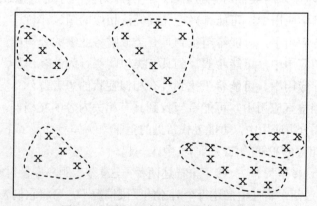

图 19.3　图 19.1 中对象的聚类(版本 2)

在 3 个属性的情况下,可将对象视为三维空间(例如房间)中的点,并且可视化簇通常也很简单。但对于更大维度(即更多数量的属性)来说,可视化点就变得不太可能,更不用说簇。

本章中的图表仅使用两个维度，但在实践中，属性数量通常会超过两个，而且可能很大。

在使用"基于距离的聚类算法"完成聚类前，首先要确定一种测量两点间距离的方法。第 3 章讨论了最近邻分类，聚类常用的度量是欧几里得距离。为避免过于复杂，假设所有属性值都是连续的(如果是分类属性，则可按第 3 章的描述进行处理)。

接下来介绍一个簇"中心"的概念，通常称为"质心"(centroid)。

假设使用欧几里得距离或类似值作为度量，可将簇的质心定义为每个属性值都是簇中所有点对应属性值的平均值的点。

对于以下 4 个点(各有 6 个属性)：

8.0	7.2	0.3	23.1	11.1	−6.1
2.0	−3.4	0.8	24.2	18.3	−5.2
−3.5	8.1	0.9	20.6	10.2	−7.3
−6.0	6.7	0.5	12.5	9.2	−8.4

它们的质心为：

| 0.125 | 4.65 | 0.625 | 20.1 | 12.2 | −6.75 |

簇的质心有时可能就是簇中的一点，但通常情况下，就像上例一样，它是一个"虚构"点，而非簇本身的一部分，可将其作为中心标记。下面将说明簇质心的概念值。

可使用多种聚类方法。本书将介绍两种最常用的方法："k-means 聚类"(k-means clustering)和"层次聚类"(hierarchical clustering)。

19.2　*k*-means 聚类

k-means 聚类是一种排他性聚类算法。每个对象都精确分配给一组簇中的一个(还有一些其他方法允许对象在多个簇中) 。

对于这种聚类方法，首先要确定从数据中形成多少个簇。可将此值称为 k。k 值通常是小整数，例如 2、3、4 或 5，但也可更大。稍后将讨论如何确定 k 值。

可使用多种方法形成 k 簇。可使用目标函数的值来度量一组簇的质量，目标函数的值等于每个点到所分配簇的质心的距离的平方和。我们希望这个值尽可能小。

　　接下来选择 k 个点(通常对应于 k 个对象的位置)。这些点被视为 k 簇的质心,或者更准确地说被视为 k 个潜在簇的质心,目前没有成员。可采用任何方式选择这些点,但如果可选取 k 个相距较远的初始点,那么该方法可能更好。

　　现将每个点逐个分配给离质心最近的簇。

　　分配完所有对象后,将拥有基于原始 k 个质心的 k 个簇,但"质心"不再是簇的真实质心。接下来,重新计算簇的质心,然后重复前面的步骤,将每个对象分配给离质心最近的簇。图 19.4 总结了整个算法。

---

(1) 选择 k 的值。

(2) 以任意方式选择 k 个对象,并将这些对象作为 k 个质心的初始集合。

(3) 将每个对象分配给离质心最近的簇。

(4) 重新计算 k 个簇的质心。

(5) 重复步骤(3)和(4),直到质心不再移动为止。

图 19.4　k-means 聚类算法

19.2.1　示例

　　接下来使用 k-means 算法对图 19.5 所示的 16 个具有两个属性 x 和 y 的对象进行聚类,从而说明 k-means 算法。

x	y
6.8	12.6
0.8	9.8
1.2	11.6
2.8	9.6
3.8	9.9
4.4	6.5
4.8	1.1
6.0	19.9
6.2	18.5
7.6	17.4
7.8	12.2
6.6	7.7
8.2	4.5
8.4	6.9
9.0	3.4
9.6	11.1

图 19.5　聚类对象(属性值)

对应于这些对象的 16 个点在图 19.6 中以图解方式显示。水平轴和垂直轴分别对应于属性 x 和 y。

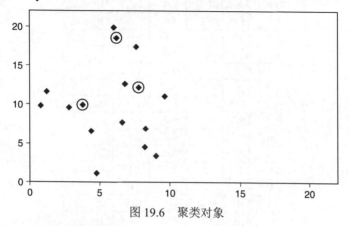

图 19.6　聚类对象

图 19.6 显示了 3 个被小圈包围的点。假设选择了 $k = 3$ 并且这 3 个点已被选为 3 个初始质心的位置。这个比较随意的初始选择如图 19.7 所示。

	初始质心	
	x	y
质心1	3.8	9.9
质心2	7.8	12.2
质心3	6.2	18.5

图 19.7　质心的初始选择

在图 19.8 中，d1、d2 和 d3 列显示了 16 个点到 3 个质心的欧几里得距离。对于本示例，不会对这些属性进行标准化或加权，因此第一个点(6.8, 12.6)与第一个质心(3.8, 9.9)的距离为：

$$\sqrt{(6.8 - 3.8)^2 + (12.6 - 9.9)^2} \approx 4.0(保留小数点后一位)$$

cluster 列表示距离每个点最近的质心，是应该被分配到的簇。

得到的簇如图 19.9 所示。

质心用小圆圈表示。对于第一次迭代，这些质心也是簇内的实际点。这些质心用来构造 3 个簇，但它们并非簇的真正质心。

接下来，使用当前分配给每个簇的对象的 x 和 y 值计算 3 个簇的质心。结果如图 19.10 所示。

虽然 3 个质心都因为分配过程而移动，但第三个质心的运动明显少于其他两个质心。

263

x	y	d1	d2	d3	簇
6.8	12.6	4.0	1.1	5.9	2
0.8	9.8	3.0	7.4	10.2	1
1.2	11.6	3.1	6.6	8.5	1
2.8	9.6	1.0	5.6	9.5	1
3.8	9.9	0.0	4.6	8.9	1
4.4	6.5	3.5	6.6	12.1	1
4.8	1.1	8.9	11.5	17.5	1
6.0	19.9	10.2	7.9	1.4	3
6.2	18.5	8.9	6.5	0.0	3
7.6	17.4	8.4	5.2	1.8	3
7.8	12.2	4.6	0.0	6.5	2
6.6	7.7	3.6	4.7	10.8	1
8.2	4.5	7.0	7.7	14.1	1
8.4	6.9	5.5	5.3	11.8	2
9.0	3.4	8.3	8.9	15.4	1
9.6	11.1	5.9	2.1	8.1	2

图 19.8   聚类对象(增强)

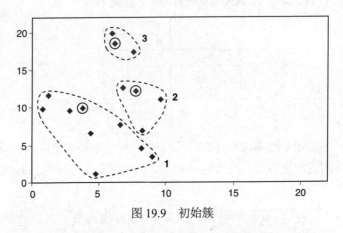

图 19.9   初始簇

	初始质心		第一次迭代后	
	x	y	x	y
质心1	3.8	9.9	4.6	7.1
质心2	7.8	12.2	8.2	10.7
质心3	6.2	18.5	6.6	18.6

图 19.10   第一次迭代后的质心

接下来,通过确定每个对象距离哪个质心最近,重新将 16 个对象分配给 3 个簇,得到修改后的簇集,如图 19.11 所示。

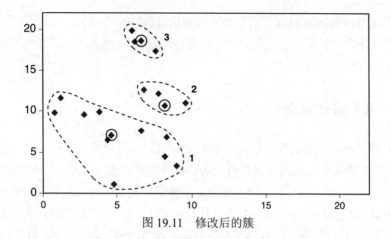

图 19.11　修改后的簇

此时质心同样用小圆圈表示。然而，从现在开始，质心是对应于每个簇"中心"的"虚点"，而非簇内的实际点。

这些簇与图 19.9 所示的 3 个簇相似。实际上只有一个点已发生了变化。(8.3, 6.9)处的对象已从簇 2 移到簇 1。

接下来重新计算 3 个质心的位置，如图 19.12 所示。前两个质心移动了一点，但第三个没有移动。

	初始质心		第一次迭代后		第二次迭代后	
	x	y	x	y	x	y
质心1	3.8	9.9	4.6	7.1	5.0	7.1
质心2	7.8	12.2	8.2	10.7	8.1	12.0
质心3	6.2	18.5	6.6	18.6	6.6	18.6

图 19.12　前两次迭代后的质心

再次将 16 个对象分配给簇，如图 19.13 所示。

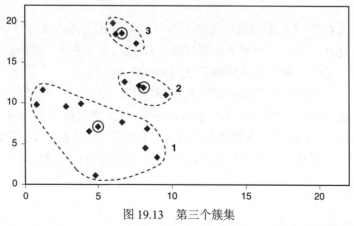

图 19.13　第三个簇集

这些簇与以前的簇相同。它们的质心与生成簇的质心相同。因此满足 k-means 算法的终止条件"重复下去，直至质心不再移动为止"。也就是说，这些簇是算法在初始选择质心时生成的最终簇。

19.2.2　找到最佳簇集

可证明 k-means 算法终会终止，但未必能找到最优簇集，从而使目标函数的值最小化。质心的初始选择对结果具有显著影响。为解决这个问题，对于给定的 k 值，算法可运行多次，每次选择不同的初始 k 个质心，然后取目标函数值最小的簇集。

这种聚类方法最明显的缺点是无法通过确切的方法了解 k 值应该是什么。分析上例中最后的簇集(见图 19.13)，$k=3$ 是不是最合适的选择还不清楚。簇 1 可能分成几个单独的簇。可按如下方式选择 k 值。

首先想象选择 $k=1$，即所有对象都在一个簇中，以随机方式选择初始质心(这是一个糟糕的想法)，此时目标函数的值可能很大。然后可尝试 $k=2$、$k=3$ 和 $k=4$，每次尝试都对初始质心进行不同的选择，并选择具有最小值的簇集合。图 19.14 显示这一系列实验的虚构结果。

k 值	目标函数的值
1	62.8
2	12.3
3	9.4
4	9.3
5	9.2
6	9.1
7	9.05

图 19.14　不同 k 值的目标函数值

这些结果表明，k 的最佳值可能是 3。$k=3$ 的函数值远小于 $k=2$ 的函数值，但只比 $k=4$ 时稍好一些。目标函数的值可能在 $k=7$ 后急剧下降，但即使这样，$k=3$ 可能仍是最佳选择。我们通常倾向于找到尽可能少的簇。

注意，我们并非根据目标函数的最小值求 k 值。当 k 值与对象数量相同时，即每个对象形成自己的一个簇时，目标函数值最小。虽然此时值最小(为 0)，但簇毫无价值。这是第 9 章讨论的数据过度拟合的另一个例子。通常需要较少的簇，同时可接受簇中的对象在质心的周围分布(但理想情况下不要离得太远)。

19.3 凝聚式层次聚类

另一种非常流行的聚类技术称为"凝聚式层次聚类"(Agglomerative Hierarchical Clustering)。

对于 k-means 聚类,需要选择一种测量两个对象间距离的方法。此外,常用的距离度量是欧几里得距离(见第 3 章的定义)。在二维空间中,欧几里得距离就是两点间的"直线"距离。

凝聚式层次聚类背后的思想非常简单。从簇中的每个对象开始,重复合并最近的一对簇,直至最终只有一个包含所有对象的簇。基本算法如图 19.15 所示。

> (1) 将每个对象分配给自己的单对象簇。计算每对簇之间的距离。
>
> (2) 选择最近的一组簇并将它们合并为一个簇(因此簇总数减少一个)。
>
> (3) 计算新簇与每个旧簇间的距离。
>
> (4) 重复步骤(2)和(3),直至所有对象都在单个簇中。

图 19.15 凝聚式层次聚类(基本算法)

如果有 N 个对象,那么步骤(2)中将需要 N-1 次合并两个对象来生成单个簇。然而,该方法不仅生成一个大型簇,还提供将看到的簇的层次结构。

假设从 11 个对象 A, B, C, …, K 开始,位置如图 19.16 所示,并根据欧几里得距离合并簇。

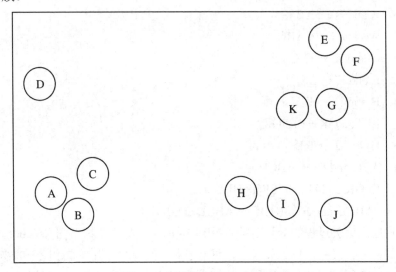

图 19.16 原始数据(11 个对象)

需要"通过"该算法 10 次,即重复 10 次步骤(2)和(3),才可将初始的 11 个对象簇合并为一个簇。假设该过程从选择最接近的对象 A 和 B 开始,并将它们合并到一个新簇中,称为 AB。下一步可能是选择簇 AB 和 C 作为最接近的对,并合并它们。两次后,簇如图 19.17 所示。

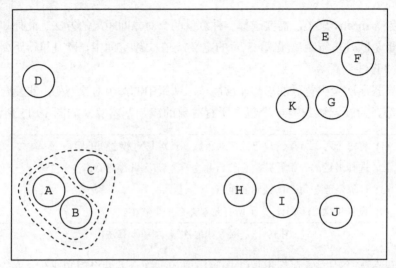

图 19.17   两次重复后的簇

下面使用诸如 A and B→AB 的符号来表示"簇 A 和 B 合并成一个新簇 AB"。在不知道每对对象之间的精确距离的情况下,可信的事件序列如下所示。

(1)   A and B → AB

(2)   AB and C → ABC

(3)   G and K → GK

(4)   E and F → EF

(5)   H and I → HI

(6)   EF and GK → EFGK

(7)   HI and J → HIJ

(8)   ABC and D → ABCD

(9)   EFGK and HIJ → EFGKHIJ

(10)   ABCD and EFGKHIJ → ABCDEFGKHIJ

这种层次聚类过程的最终结果如图 19.18 所示,称为"树型图"(dendrogram)。树型图是一种二叉树,每个节点处有两个分支。但簇的位置与原始图中的物理位置不一致。所有原始对象都放在同一级别(图的底部),作为叶节点。树根显示在图的顶部。它是一个包含所有对象的簇。其他节点显示了在过程中生成的较小簇。

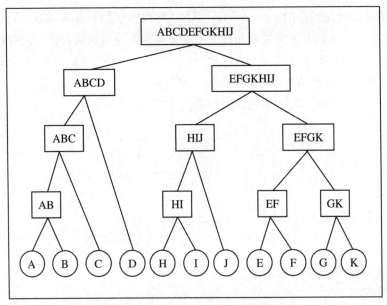

图 19.18 对应于图 19.16 的可能树型图

如果将图中底行 1 级的簇称为 A, B, C, ... , K，那么 2 级簇为 AB、HI、EF 和 GK，3 级簇为 ABC、HIJ 和 EFGK 等。根节点位于 5 级。

19.3.1 记录簇间距离

在算法中计算每对簇之间的距离非常低效，在最近一次合并后簇之间的距离未发生改变的情况下尤其如此。

通常的做法是生成并维持一个"距离矩阵"(distance matrix)，给出每对簇之间的距离。

如果有 6 个对象 a、b、c、d、e 和 f，则初始距离矩阵可能如图 19.19 所示。

	a	b	c	d	e	f
a	0	12	6	3	25	4
b	12	0	19	8	14	15
c	6	19	0	12	5	18
d	3	8	12	0	11	9
e	25	14	5	11	0	7
f	4	15	18	9	7	0

图 19.19 距离矩阵的示例

注意，该表是对称的，因此不必计算所有值(从 c 到 f 的距离与从 f 到 c 的距离相同)。从左上角到右下角的对角线上的值必须始终为 0(如从 a 到 a 的距离为 0)。

从图 19.19 的距离矩阵中可看到最近一对簇(单个对象)是 a 和 d，距离值为 3。可将它们组合成具有两个对象的单个簇，称为 ad。现在可重写距离矩阵，其中行 a 和 d 由单行 ad 替换，列也采用类似的替换方式(见图 19.20)。

	ad	b	c	e	f
ad	0	?	?	?	?
b	?	0	19	14	15
c	?	19	0	5	18
e	?	14	5	0	7
f	?	15	18	7	0

图 19.20　第一次合并后的距离矩阵(不完整)

矩阵中 b、c、e 和 f 之间不同距离的条目显然保持不变，但如何计算行和列 ad 中的条目呢？

接下来可计算簇 ad 的质心位置，并用它衡量簇 ad 与簇 b、c、e 和 f 的距离。然而，对于层次聚类，通常使用另一种计算量更少的方法。

在"单链路聚类"(single-link clustering)中，两个簇间的距离被认为是从一个簇的任何成员到另一个簇的任何成员的最短距离。因此，ad 到 b 的距离为 8，比 a 到 b 的距离(12)短。

单链路聚类的两种替代方法是"完全链路聚类"(complete-link clustering)和"平均链路聚类"(average-link clustering)，即两个簇之间的距离分别定义为一个簇的任何成员到另一个簇的任何成员之间的最长距离，或平均距离。

返回示例并假设所用的是单链路聚类，第一次合并后的条目如图 19.21 所示。

	ad	b	c	e	f
ad	0	8	6	11	4
b	8	0	19	14	15
c	6	19	0	5	18
e	11	14	5	0	7
f	4	15	18	7	0

图 19.21　第一次合并后的距离矩阵

现在，表中的最小非零值为 4，即簇 ad 和簇 f 之间的距离，因此接下来合并这些簇以生成三对象簇 adf。使用单链路计算方法的距离矩阵现在变为图 19.22。

现在，最小的非零值是 5，即从簇 c 到簇 e 的距离。这些簇现在合并为一个新簇 ce，距离矩阵更改为图 19.23。

	adf	b	c	e
adf	0	8	6	7
b	8	0	19	14
c	6	19	0	5
e	7	14	5	0

图 19.22　2 次合并后的距离矩阵

	adf	b	ce
adf	0	8	6
b	8	0	14
ce	6	14	0

图 19.23　3 次合并后的距离矩阵

目前，簇 adf 和 ce 的距离最近，为 6，因此将它们合并为一个簇 adfce。距离矩阵变为图 19.24。

	adfce	b
adfce	0	8
b	8	0

图 19.24　4 次合并后的距离矩阵

在最后阶段，将簇 adfce 和 b 合并为单个簇 adfceb，其中包含所有原始的 6 个对象。对应于该聚类过程的树型图如图 19.25 所示。

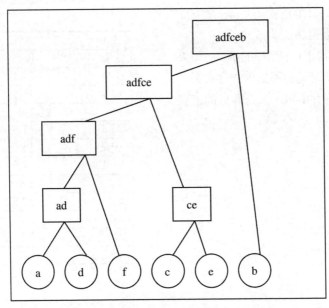

图 19.25　对应于层次聚类过程的树型图

271

19.3.2　终止聚类过程

通常，我们满足于让聚类算法生成一个完整的簇层次结构。但将原始 N 个对象转换为"足够小"的簇集时，我们可能更愿意结束合并过程。

可通过几种方式结束合并过程。例如，可合并簇，直至只剩下一些预定义的数字。或者，当新建的簇无法满足紧凑性的某些标准时，如簇中对象之间的平均距离太高，可停止合并。

19.4　本章小结

本章继续讨论从未标记数据中提取信息的主题。聚类指将对象组合在一起，这些对象彼此相似，又与属于其他簇的对象不同。

有许多聚类方法。本章主要详细介绍两种最广泛使用的方法：k-means 聚类和层次聚类。

19.5　自我评估练习

1. 使用 19.2 节所述的 k-means 方法将右图中的数据聚类为 3 个簇。

2. 对于 19.3.1 节列举的示例，如果使用完全链路聚类而不是单链路聚类，那么前三次合并中每一次合并后的距离矩阵是多少？

x	y
10.9	12.6
2.3	8.4
8.4	12.6
12.1	16.2
7.3	8.9
23.4	11.3
19.7	18.5
17.1	17.2
3.2	3.4
1.3	22.8
2.4	6.9
2.4	7.1
3.1	8.3
2.9	6.9
11.2	4.4
8.3	8.7

第**20**章

文本挖掘

本章将讨论特定类型的分类任务，其中对象是文本文档，如报纸上的文章，期刊中的论文或论文摘要，甚至只是它们的标题。目的是使用一组预先分类的文档对那些尚未见过的文档进行分类。随着许多领域中印刷材料数量的不断增加，在某些专业领域中找到相关文档已变得非常困难，这正成为一个越来越重要的实际问题。在数据挖掘技术出现前，很多术语都反映了这项工作在图书馆学和信息科学中的由来。

原则上可使用任何标准的分类方法(朴素贝叶斯、最近邻、决策树等)完成这项任务，但文本文档的数据集与前面介绍的数据集相比有许多特定的特征，需要单独解释。20.9 节将介绍文档的特殊形式"网页"。

20.1 多重分类

将文本分类与本书讨论的其他分类任务区分开来的一个重要问题是多重分类的可能性。到目前为止，都假设存在一组互斥类别，而且每个对象必然属于其中一种类别且只属于一种类别。

文本分类是相当特殊的。一般来说，可能有 N 种类别，如医学、商业、金融、历史、传记、管理和教育，文档可能属于这些类别中的几种，甚至可能属于所有类别，又或者不属于任何类别。

与其拓宽分类的定义，不如将文本分类任务看作 N 个独立的二元分类任务，例如：

- 是关于医学的文档吗？是/否
- 是关于商业的文档吗？是/否
- 是关于财务的文档吗？是/否

执行 N 个独立分类任务极大地增加了这种分类形式所需的时间，即使对于单个分类，计算代价通常也很高。

20.2　表示数据挖掘的文本文档

对于"标准"数据挖掘任务，数据以第 2 章中描述的标准形式或类似形式呈现给数据挖掘系统。在收集数据前选择的属性或特征数量是固定的。而对于文本挖掘，数据集通常包括文档本身，并且在应用分类算法前，根据文档内容自动从文档中提取特征。通常存在大量特征(其中大多数很少发生)，且具有很高比例的噪声和无关特征。

有几种方法可将文档从纯文本转换为训练集中具有固定数量属性的实例。例如，可计算特定短语出现的次数或两个连续单词的任意组合的次数，也可计算两个或三个字符组合(分别称为"二元语法"和"三元语法")的出现次数。本章将假设使用一种基于单词的简单表示，称为"字袋表示"(bag-of-words representation)。有了这种表示，就将文档视为至少出现一次的单词的简单集合。单词顺序、出现的组合、段落结构、标点符号以及单词含义都被忽略了。文档仅是按任意顺序放置的单词集合，如字母顺序、每个单词的出现次数，或每个单词重要性的其他度量。

假设希望将文档中每个单词的"重要性值"存储为训练集中的一个实例，该怎么做呢？如果给定文档包含 106 个不同单词，那么不能只使用具有 106 个属性的表示(忽略分类)。数据集中的其他文档可使用其他单词，可能与当前实例中的 106 个单词重叠，但未必如此。可能想要分类的那些未见文档中有一些在任何训练文档中都没有用过的词。对此，一种简单但糟糕的方法是分配尽可能多的属性，以允许在任何未见文档中使用所有可能的单词。但是，如果文档语言是英语，那么可能的单词数量约是 100 万，使用这么多属性是脱离实际的。

更好的方法是将表示限制为训练文档中实际出现的单词。该数量可能仍然有数千或更多。稍后的 20.3 节和 20.4 节将讨论减少数量的方法。将所有至少用过一次的单词放入"字典"中，并为每个单词在训练集中的每行分配一个属性位置。放置顺序是任意的，所以可认为是按字母顺序排列的。

字袋表示本质上是一个高度冗余的表示方式。对于任何特定文档，大部分属性/特征(即单词)可能不会出现。例如，所使用的字典可能有 10 000 个单词，但特定文档可能只有 200 个不同的单词。如果是这样，它在训练集中作为实例的表示将在 10 000 个属性中有 9 800 个属性的值为 0，表示没有出现，即未使用。

如果有多种分类，可使用两种方法为一组训练文档构建单词字典。但不管用哪种方法，字典都可能很大。

首先是"本地字典"(local dictionary)方法。为每种类别构建一个不同的字典，仅包含文档中属于该类别的单词。这样可使每个字典较小，但代价是需要构造 N 个字典(针对 N 种类别)。

第二种方法是构造一个"全局字典"(global dictionary)，包括所有在任何文档中至少出现过一次的单词。然后用它对 N 种类别进行分类。构建全局字典显然比构建 N 个本地字典要快得多，但这样做的代价是，为对每种类别进行分类，会使用更多的冗余表示。有证据表明，使用本地字典方法往往比使用全局字典具有更好的性能。

20.3　停用词和词干

使用字袋方法时，可能在一个相当小的文档集中出现数万个不同的单词。其中许多对于学习任务并不重要，而且它们的使用会大大降低性能。必须尽可能缩减"特征空间"(即字典中包括的单词集)的大小，这可以看成第 2 章中描述的数据准备和数据清理方法的变体。

一种广泛使用的方法是使用可能对分类无用的常见单词列表，称为"停用词"(stop words)，并在创建字袋表示前删除这些停用词。目前还没有通用的停用词列表。该列表显然因语言而异，但在英语中，一些较明显的选择将是 a、an、the、is、I、you 和 of 等。研究此类单词的频率和分布对于文体分析可能非常有用，比如确定哪些作者写小说或戏剧等，但如果将文档分类为医学、金融等类别，则这些词没有明显作用。格拉斯哥大学列出一个包含 319 个英文停用词的列表，它们以 a、about、above、across、after、afterwards 开头，以 yet、you、your、yours、yourself、yourselves 结尾。目前来看，停用词列表越长越好，但唯一的风险是：如果列表过长，将可能丢失有用的分类信息。

减少表示中单词数量的另一个非常重要的方法是使用"词干"(stemming)。

这基于这样一种观察，即文档中的单词经常有许多形态变体。例如，可在同一文档中使用单词computing、computer、computation、computes、computational、computable和computability。这些单词显然具有相同的语言根源。将它们放在一起，就像它们出现在单个单词中一样，可能对文档内容具有强烈暗示，而单个单词则没有这种效果。

词干的目的是识别一系列可被视为等同的单词,如computing和computation、applying、applies、applied和apply。目前已开发许多词干提取算法,将单词缩减为词干或词根形式,然后进行替换。如computing和computation可缩减为comput,applying、applies、applied和apply可缩减为appli。

使用词干是一种有效方法,可将字袋表示中的单词数量减少到易于管理的数量。然而,与停用词一样,没有普遍适用的标准词干提取算法,许多常用词干提取算法可能将有价值的词删除。例如,文档中的appliqué一词可能是分类的重要指南,但可能会因为词干appli而被缩减,同时诸如applies之类不太重要的词反而会因为词干appli而保留(这两者之间不太可能有任何真正的语言联系)。

20.4 使用信息增益减少特征

即使从文档中删除停用词并用其词干替换剩余词,一组文档的字袋表示中的单词数量仍可能非常庞大。

减少给定文档类别 C_k 的单词数量的一种方法是构建一个训练集,其中每个实例包含每个单词的频率(或类似度量),以及分类 C_k 的值(必须是二元的 yes/no 值)。

该训练集的熵可按前面章节中的相同方法计算。例如,如果 10%的训练文档属于类别 C_k,那么熵为-0.1×$\log_2$ 0.1-0.9×$\log_2$ 0.9 = 0.47。

通过使用第 6 章描述的频率表技术之类的方法可计算信息增益,将文档分类为属于 C_k 或其他相关类别,这可依次了解每个属性的值。完成此操作后,根据是否属于 C_k 类别,对文档进行分类时可使用信息增益值最高的特征(如 20、50 或 100)。

20.5 表示文本文档:构建向量空间模型

现在假设已经决定是使用本地字典还是全局字典,并选择了一种表示方法,即通过多个特征替换每个文档。如果使用字袋表示,则每个特征就是单个词,但若使用其他表示,则特征可以是其他内容,如一个短语。下面假设每个特征都是某种单词。

一旦确定了特征的总数为 N,就可采用任意顺序将字典中的单词表示为 $t_1, t_2, ... , t_N$。

然后,可将第 i 个文档表示为 N 个值的有序集合,称为"N 维向量"并写为 $(X_{i1}, X_{i2}, ... , X_{iN})$。这些值是以标准训练集格式表示(本书其他地方也使用这种表示)的属性值,但省略了分类。将这些值写为 N 维向量(即以逗号分隔,并括在括号中的

N 个值)是文本挖掘中查看数据的常用方法。所考虑的所有文档的完整向量集称为
"向量空间模型"(Vector Space Model，VSM)。

到目前为止，都假设为每个特征(属性)存储的值是每个单词在相应文档中出现
的次数。但事实并非如此。通常可假设值 X_{ij} 是衡量第 i 个文档中第 j 个单词 t_j 的重
要性的"权重"。

计算权重的一种常用方法是计算给定文档中每个单词的出现次数(称为词频)。
另一种方法使用二元表示，用 1 和 0 分别表示文档中该单词存在和不存在。

一种更复杂的计算权重的方法称为 TFIDF(Term Frequency Inverse Document
Frequency，词频-逆向文件频率)。该方法将词频与完整文档中单词的稀有性相结合。
据报道，与其他方法相比，它可显著提高性能。

权重 X_{ij} 的 TFIDF 值等于词频与逆文档频率的乘积。

其中，第一个值只是文档 i 中第 j 个单词(即 t_j)的频率。使用此值往往会使给定
的单个文档中常出现的单词比其他单词更重要。

可通过 $\log_2(n/n_j)$ 计算逆文档频率的值，其中 n_j 是包含单词 t_j 的文档数量，n 是
文档总数。使用此值往往会使文档集合中罕见的单词比其他单词更重要。如果一个
单词在每个文档中都出现，那么其逆文档频率值为 1。如果每 16 个文档中只有一个
文档中出现该单词，那么其逆文档频率值为 $\log_2 16 = 4$。

20.6 规范权重

在使用 N 维向量集合前，首先需要对权重值进行标准化，其原因与第 3 章中规
范化连续属性值的原因是类似的。

我们希望每个值介于 0 和 1 之间(含 0 和 1)，并且所用的值不受原始文档中单词
总数的过度影响。

接下来列举一个简单例子来说明。假设有一个包含 6 个成员的字典，并假设所
用的权重是词频值。那么典型的向量为(0, 3, 0, 4, 0, 0)。在对应文件中，第二个单词
出现了 3 次，第四个单词出现了 4 次，其他 4 个单词根本没有出现。总之，在删除
停用词、提取词干后，文件中只出现 7 个单词。

现在假设创建了另一个文档，即在第一个文档的末尾放置内容副本。但可能由
于打印错误，在所创建的文档中将原始文档的内容打印了 10 次，甚至 100 次，此时
该怎么办？

上述 3 种情况下，向量分别是$(0, 6, 0, 8, 0, 0)$、$(0, 30, 0, 40, 0, 0)$和$(0, 300, 0, 400, 0, 0)$。这些似乎与原始向量$(0, 3, 0, 4, 0, 0)$没有任何共同点。这不能令人满意。显然，4 个文件应该以完全相同的方式分类，向量空间表示应该反映这一点。

通常可通过标准化向量巧妙地解决这个问题。计算每个向量的长度，其值定义为分量值的平方和的平方根。为标准化权重值，将每个值除以长度。所得到的向量具有"长度总为 1"的特征。

对于上例，$(0, 3, 0, 4, 0, 0)$的长度为$\sqrt{(3^2 + 4^2)} = 5$，因此标准化向量是$(0, 3/5, 0, 4/5, 0, 0)$，长度为 1。注意，0 值在计算中不起作用。

给出的其他 3 个向量的计算如下。

$(0, 6, 0, 8, 0, 0)$

长度为$\sqrt{(6^2 + 8^2)} = 10$，因此标准化向量为：

$(0, 6/10, 0, 8/10, 0, 0) = (0, 3/5, 0, 4/5, 0, 0)$

$(0, 30, 0, 40, 0, 0)$

长度为$\sqrt{(30^2 + 40^2)} = 50$，因此标准化向量为：

$(0, 30/50, 0, 40/50, 0, 0) = (0, 3/5, 0, 4/5, 0, 0)$

$(0, 300, 0, 400, 0, 0)$

长度为$\sqrt{(300^2 + 400^2)} = 500$，因此标准化向量为：

$(0, 300/500, 0, 400/500, 0, 0) = (0, 3/5, 0, 4/5, 0, 0)$

在标准化形式中，所有 4 个向量都一样，并且应该是一样的。

20.7　测量两个向量之间的距离

关于前两节中描述的文档的标准化向量空间模型表示是否合适，一个重要的检查是能否合理地定义两个向量之间的距离。我们希望两个相同向量之间的距离为 0，两个完全不同向量之间的距离为 1，任何其他两个向量之间的距离介于 0 和 1 之间。

长度为 1 的两个向量之间的距离的标准定义称为"单位向量"(unit vectors)，可满足这些条件。

相同维数的两个单位向量的点积(dot product)定义为相应值对的乘积之和。

例如，假设有两个非标准化向量$(6, 4, 0, 2, 1)$和$(5, 7, 6, 0, 2)$，如果将它们标准化为单位长度，那么值将转换为$(0.79, 0.53, 0, 0.26, 0.13)$和$(0.47, 0.66, 0.56, 0, 0.19)$。点积为$0.79 \times 0.47 + 0.53 \times 0.66 + 0 \times 0.56 + 0.26 \times 0 + 0.13 \times 0.19 \approx 0.74$。

如果用 1 减去这个值，就可得到两个值之间距离的度量，即 1-0.74 = 0.26。

如果计算两个相同单位向量之间的距离会怎样呢？点积等于值的平方和，且必须为 1，因为单位向量的长度根据定义为 1。从 1 减去此值会得出零距离。

如果两个单位向量没有共同值(对应于原始文档中没有共同的单词)，如(0.94, 0, 0, 0.31, 0.16)和(0, 0.6, 0.8, 0, 0)，那么点积为 0.94×0 + 0×0.6 + 0×0.8 + 0.31×0 + 0.16×0 = 0。用 1 减去此值得到距离度量为 1，这是可实现的最大距离值。

20.8　度量文本分类器的性能

一旦将训练文档转换为标准化向量形式，就可依次为每种类别 C_k 构建前几章中使用的一个训练集。同时，可将一组测试文档转换为针对每种类别的一组测试实例，其方法与训练文档相同，并将所选的任何分类算法应用于训练数据，以便对测试集中的实例进行分类。

针对每种类别 C_k，可构建第 7 章中讨论的混淆矩阵。

在图 20.1 中，值 a、b、c 和 d 分别是真正例、假正例、假负例和真负例分类的数量。对于完美的分类器，b 和 c 都是 0。

		预测的类别	
		C_k	非 C_k
实际	C_k	a	c
类别	非 C_k	b	d

图 20.1　类别 C_k 的混淆矩阵

值$(a + d) / (a + b + c + d)$给出了预测精度。但如第 12 章所述，对于涉及文本分类的信息检索应用，更常见的做法是使用其他一些分类器性能度量。

Recall 被定义为 $a / (a + c)$，即被正确预测为类别 C_k 的文件比例。

Precision 定义为 $a / (a + b)$，即在被预测为属于 C_k 类别的文件中实际上属于该类别的文件比例。

通常的做法是将二者组合成称为 "F1 Score" 的单一性能度量，F1 Score 由公式 F1 = 2 × Precision × Recall / (Precision + Recall)定义，即 Precision 和 Recall 的乘积除以它们的平均值。

为 N 个二元分类任务生成混淆矩阵后，可用几种方式将它们组合起来。一种方法称为 "微平均" (microaveraging)。将 N 个混淆矩阵逐项相加，形成单个矩阵，可从中计算出 Recall、Precision、F1 Score 以及其他任何首选度量结果。

20.9　超文本分类

当文档是网页(即 HTML)文件时，出现了文本分类的一个重要特殊情况。网页的自动分类通常称为"超文本分类"。

超文本分类类似于根据内容对"普通"文本(如报纸或期刊上的文章)进行分类。但如下面所述，前者往往要困难得多。

20.9.1　对网页进行分类

最明显的问题是，当有强大的搜索引擎(如谷歌)可用来定位感兴趣的网页时，为什么还要费心进行超文本分类呢？

据估计，万维网包含超过 130 亿个网页，并且正以每天数百万网页的速度增长。网络的规模最终将压倒传统的网络搜索引擎方法。

本文作者居住在英格兰的一个小村庄。一年前，当他将这个村庄的名称(英格兰独一无二的名称)输入 Google 时，惊讶地发现 Google 返回 87 200 个条目——超过该村居民人数的 50 倍。这看起来有点过分了。但如果今天执行相同的查询，会发现条目数已增至 642 000。我们只能推测这一年中该村发生了更多需要关注的事件。相比之下，几年前《科学》杂志的 Google 条目数为 4.59 亿条。一年后达到 45.7 亿条。

实际上，很明显，许多 Google 用户只会查看返回的第一条或前几条，或者尝试更详细的搜索。此外他们能做什么呢？任何人都不可能查看 45.7 亿个条目。但遗憾的是，即使是高度具体的查询也会轻松返回数千个条目，而这个数字只会随着时间的推移而增长。所看到的第一条或前几条极大地依赖于 Google 对条目相关性排序时使用的算法——远远超出实际能够证明的范围。这绝不是批评或诋毁一家非常成功的公司——只是指出网络搜索引擎使用的标准方法不可能永远成功。搜索引擎公司肯定很清楚这一点。也许并不奇怪，有研究表明，许多用户更喜欢浏览预先分类的内容目录，这常使他们能在更短时间内找到更多相关信息。

尝试对网页进行分类时，会立即遇到一个问题，就是如何找到任何分类页面作为训练数据。网页由大量个人上传，操作环境通常未采用经过广泛认可的标准分类方案。但幸运的是，可使用一些方法在一定程度上克服这个问题。

搜索引擎公司 Yahoo 使用数百个专业分类器将新网页分类为近乎层次结构，包括 14 个主要类别，每种类别又有许多子类别、子子类别等。可在 http://dir.yahoo.com 网站上找到完整结构。用户可使用搜索引擎方法或通过结构中的链接搜索目录结构中的文档。例如，可遵循从 Science 到 Computer Science，到 Artificial Intelligence 再到 Machine Learning 的路径，找到人工分类器在该类别中放置的文档的一组链接。在撰写本书时，第一部分是 UCI 机器学习库；第 2 章对此进行了讨论。

Yahoo 系统展示了对网页进行分类的潜在价值。但整个网络中只有一小部分会被"手动"分类。每天新增 150 万个新页面，新页面数量将击败任何可想象的人工分类团队。目前作者和他的研究小组正在进行一项有趣的研究，即可否使用 Yahoo 或其他类似的分类方案通过本书描述的监督学习方法自动对网页进行分类。

与数据挖掘的许多其他任务领域不同，几乎没有"标准"数据集可供研究者比较其结果。一个例外是由雷丁大学创建的 BankSearch 数据集，所包含的预先分类的 11 000 个网页被分成 4 种类别(银行和金融、编程、科学、体育)以及 11 种子类别，其中一些十分独特，一些十分相似。

20.9.2 超文本分类与文本分类

对超文本进行分类与对"标准"文本进行分类存在一些重要区别。只有少数网页(手动分类)可用于监督学习，并且通常情况每个网页的大部分内容(创建者家庭的照片、列车时刻表、广告等链接)与页面主题无关。

然而，有一个区别是根本性的，不可避免的。在文本分类中，人们看到的单词与提供给分类程序的数据非常相似。图 20.2 是一个典型例子。

Marley 死了，这毫无疑问。牧师、书记员、殡仪员和首席哀悼者在他的葬礼登记簿上签名。Scrooge 签了名；Scrooge 这个名字很好，因为他选择了任何东西。老 Marley 像门钉一样死了。

就自己了解的知识而言，我并不知道门钉有什么特别致命的地方。我可能倾向于认为棺材钉是这一行中最致命的铁器。但我们的祖先充满智慧；我污浊的双手不应该打扰它。因此，允许我重申一次，Marley 像门钉一样死了。

来源：Charles Dickens。圣诞节颂歌。

图 20.2　文本分类：一个示例

根据文档的内容自动分类文档是一项艰巨任务(对于上例，可能决定使用类别"死亡"和"铁器")。然而，与分类哪怕是一小段超文本相比，这些问题显得微不足道。

图 20.3 显示了一个著名网页的文本形式的前几行。这只是自动超文本分类程序需要处理的文本的一小段摘录。它恰好包含一个有用信息的单词，它出现两次。其余的是 HTML 标记和 JavaScript，它们没有提供正确的页面分类线索。

通常，在人们看来，根据 Web 浏览器显示的页面的"图形化"形式对网页进行分类要容易得多。这种情况下，等效网页是非常熟悉的，如图 20.4 所示。

注意，这个页面上的大多数单词对人工分类器来说几乎没用，如 Images、Groups、News、Preferences 和 We're Hiring。该页面的正确分类只有两条线索：短语"Searching 8, 058, 044, 651 web pages"和公司名称。通过这些线索可正确地推断出该页面是一种广泛使用的搜索引擎的主页。

试图自动对页面进行分类的程序不仅必须应对页面中有用信息的匮乏(即使对于人工分类器来说也是如此)，还必须应对以文本形式给出的大量无关信息。

可在创建文档表示(如"字袋")时删除HTML标记和JavaScript，从而在一定程度上处理第二个问题，但大多数网页上相关信息的匮乏仍然是一个问题。有时必须小心，不要总认为HTML标记是不相关的噪声。在图20.3中，两个非常有用的单词(都是Google)就出现在HTML标记中。

```
<html><head><meta http-equiv="content-type"
content="text/html; charset=UTF-8">
<title>Google</title><style>
<!--
body, td, a, p, .h{font-family:arial, sans-serif;}
.h{font-size: 20px;}
.q{color:#0000cc;}
//-->
</style>
<script>
<!--
function sf(){document.f.q.focus();}
function clk(el, ct, cd) {if(document.images){(new Image()).src=
"/url?sa=T&ct="+
escape(ct)+"&cd="+escape(cd)+"&url="
+escape(el.href)+"&ei=gpZNQpzEHaSgQYCUwKoM";}return true;}
// -->
</script>
</head><body bgcolor=#ffffff text=#000000 link=#0000cc vlink=
#551a8b alink=#ff0000
onLoad=sf()><center><img src="/intl/en_uk/images/logo.gif"
width=276 height=110
alt="Google"><br><br>
```

图 20.3　超文本分类：一个示例

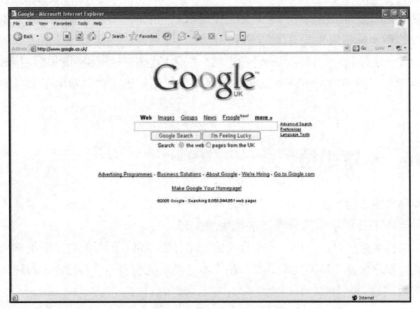

图 20.4　对应于图 20.3 的网页

与报纸上的文章、科学期刊上的论文等相比，网页作者的身份也千差万别，在风格和词汇上几乎没有一致性，内容也极其多样化。如果忽略 HTML 标记、JavaScript 以及不相关的广告等，网页内容通常非常少。毫无疑问，对于在标准文本文档上运行良好的分类系统，通常在处理超文本时会出现问题。据报道，在一项实验中，广泛应用于路透社数据集(标准文本文档)且准确度高达 90%的分类器在 Yahoo 分类页面样本上的得分仅为 32%。

为解决典型网页中文本信息稀缺的问题，需要尝试利用 HTML 标记中的标签、链接等给出的信息(当然，将文档转换为字袋表示或类似表示形式前，要删除标记本身)。

HTML 标记中嵌入的信息可包括：
- 页面标题
- "元数据"(关键字和页面描述)
- 有关标题等的信息
- 以粗体或斜体显示的较重要单词
- 与其他页面链接相关的文本

上述内容包含多少信息以及如何提取这些信息是一个开放性研究问题。我们必须提防"玩游戏"，即一个网页为了欺骗互联网搜索引擎，故意包含误导性信息。尽管如此，经验表明，从标记中提取重要单词(尤其是"元数据")并将其包含在表示中可显著提高分类精度，尤其是从标记中提取单词的权重比从页面的基本文本内容中提取的单词的权重更大时(如 3 倍)。

为进一步提高分类精度，还可考虑将一些信息包括在每个网页的"链接邻居"中，也就是它指向的网页以及指向它的网页。然而，该主题已超出了本书的讨论范围。

20.10 本章小结

本章介绍了特定类型的分类任务，其中对象是文本文档。描述了如何使用字袋表示处理本书前面给出的分类算法使用的文档。

当文档是网页时，会出现一个重要的文本分类特例。网页的自动分类称为超文本分类。本章解释了标准文本分类和超文本分类之间的差异，并讨论了与超文本分类相关的问题。

20.11 自我评估练习

1. 给定一个从 1000 个文档集合中提取的文档，其中包含下表给出的 4 个单词，请计算每个单词的 TFIDF 值。

单词	当前文档中的出现频率	包含该单词的文档数量
dog	2	800
cat	10	700
man	50	2
woman	6	30

2. 对向量(20, 10, 8, 12, 56)和(0, 15, 12, 8, 0)进行标准化，并使用点积公式计算两个标准化向量之间的距离。

第21章

分类流数据

21.1 简介

近年来,数据挖掘中最重要的发展之一是"流数据"(streaming data)的可用性大幅提高。所谓流数据,指在几天、几个月、几年或永久期限内从某个自动过程获得的数据(通常是大量数据)。

流数据的一些例子包括:

- 超市的销售交易
- 来自 GPS 系统的数据
- 股价变动记录
- 电话记录
- 访问网页的日志
- 信用卡购买记录
- 社交媒体发布记录
- 来自传感器网络的数据

对于某些应用,收到的数据量可能每天高达数千万条记录,可认为这些记录实际上是无限的。

与本书其他章节一样,目前仅局限于使用象征性数据,而非来自 CCTV 的实际图像数据。本章主要专注于使用分类标记的数据记录,并假设以决策树形式学习基础模型。甚至进一步将所有属性都限制为分类的。连续数值属性可通过类似于第 8

章 TDIDT 树生成算法中讨论的一些方法来处理。

举一个具体例子，假设有一个超市结账系统，其中包含有关客户的信息(来自会员卡)以及客户最近的购买记录，系统旨在预测哪些客户在逛超市时会购买特定品牌的产品，而哪些不会。这些信息将用于未来的销售活动，或强化那些通常会购买产品的人的行为，或改变那些原本不准备购买产品的人的行为。一般而言，没必要仅限于两种分类，在本章使用的示例中，将有 3 种可能性。

可考虑这样一个过程，当带标签的数据记录(实例)到达时可能读取到无穷无尽的数据记录流，并使用它们一段一段地生成分类树，这可能需要很长时间。如前所述，该过程与生成分类树过程之间存在一些重要区别。

- 由于涉及的数据量很大(甚至是无限的)，且每条记录都要经过检查，以便更新进化树中记录的信息，然后丢弃，因此只可能检查一次。原始数据记录是不存储的。
- 处理必须实时进行，而且必须足够快，以免积压大量等待处理的输入数据，因此有必要使用高效方法。
- 不能等到训练完成后，才开始使用分类树来预测未见数据的分类。重要的是，可随时使用不完整的树预测未见实例的分类。随着树的不断构建，还必须评估进化树的分类性能的质量。

本章描述的技术改编自 Domingos 和 Hulten 开发的 VFDT(Very Fast Decision Trees，快速决策树)方法[1]。与常用方法一样，该方法也出现了大量变体。本章介绍的是作者开发的版本，使用了截然不同的符号，为便于解释，也进行了一些简化。虽然该版本未必是该方法的最优版本，但作为进一步学习或开发的基础已经足够了。

由该方法和类似方法构造的树通常被称为 Hoeffding 树，原因将在稍后解释。为避免与 VFDT 混淆，可将该变体称为 H-Tree 算法。

平稳数据与时间相关数据

本章所做的一个重要假设是，要建模的基本过程是固定的，因此在构建决策树模型后，可日复一日、月复一月地重复使用，而不会发生变化。我们将固定过程产生的这些数据称为"平稳数据"(stationary data)。

虽然对某些类型的数据来说这是一个完全正确的假设，但对于其他类型的数据，基础模型可能随时间不断变化，可能是季节性的。我们将此类数据称为时间相关数据(time-dependent data)。处理时间相关数据是第 22 章的主题。

如果数据是平稳的，可合理地假设，仅使用较少记录构建的分类树的预测精度

与使用数百万条记录构建的分类树的预测精度几乎相同。H-Tree 算法以生成树方式
做了这个隐性假设。

21.2　构建 H-Tree：更新数组

随着越来越多的数据记录被读取，分类树逐分支不断进化；从一个节点开始，
编号为 0，并作为最终分类树的根。最初，它被当作一个叶节点[1]。当满足某些条件
时，叶节点可在属性上分裂，这意味着在其下创建一个子树；所选属性的每个可能
值都有一个分支。

现在先跳到未来的某个点，其中完成了部分进化的树(如图 21.1 所示)，以便解
释 H-Tree 算法以及说明与分类树中的每个节点关联的信息。

树中的节点按创建顺序编号。系统变量 nextnode 按顺序保存下一节点的编号，
以备将来使用。此时，nextnode 为 8。

树的创建过程为：在节点 0 处分裂属性 att4(创建节点 1 和 2)，在节点 2 处分裂
属性 att1(创建节点 3、4 和 5)，在节点 4 处分裂属性 att5(创建节点 6 和 7)。每个属
性可能具有任意数量的值，但为简化数据，通常假设它们有两个或三个值。下面将
采用这样的约定：如果属性 att5 有两个值，那么可称为 val51 和 val52。

虽然我们不关心本书实现的细节，但如果考虑在每个节点上维护 6 个数组，使
H-Tree 算法的描述更容易理解。这些数组将在下面讨论。

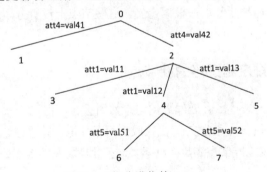

图 21.1　部分进化的 H-Tree

21.2.1　currentAtts 数组

这是一个二维数组。元素 currentAtts[N]也是一个数组，其中包含可在节点 N 处

1　需要区分属性上已分裂和未分裂的节点。前者称为"内部节点"(internal nodes)；后者称为"叶节点"(leaf nodes)。
我们不将根节点视为第三类节点，而将其视为属性上分裂后的内部节点，并在分裂前将其视为叶节点。

分裂的所有属性的名称，以标准顺序列出。该数组称为该节点的"当前属性数组"。为清晰起见，通常使用短语"节点 N 的当前属性数组"，而不是"值为 currentAtts[N] 的数组"。

如果数据记录具有 7 个属性的值(大多数情况下，属性数量远不止这么少)，并按标准顺序分别命名为 att1、att2、att3、att4、att5、att6 和 att7，那么在根节点 currentAtts[0]初始化为数组{att1, att2, att3, att4, att5, att6, att7}。[1]

当叶节点通过在属性上分裂而"展开"时，其直接后代节点将继承父节点的当前属性数组，并删除分裂属性。从而得到：

- currentAtts[1]和 currentAtts[2]都是数组{att1, att2, att3, att5, att6, att7}。
- currentAtts[3]、currentAtts[4]和 currentAtts[5]都是数组{ att2, att3, att5, att6, att7}。
- currentAtts[6]和 currentAtts[7]都是数组{ att2, att3, att6, att7}。

21.2.2　splitAtt 数组

对于内部节点 N，即已在某一属性上分裂的节点，数组元素 splitAtt[N]是分裂属性的名称，因此：

- splitAtt[0]是 att4
- splitAtt[2]是 att1
- splitAtt[4]是 att5

所有其他节点都是叶节点，根据定义，这些节点上没有分裂属性，因此叶节点的 splitAtt[N]值为 none。

21.2.3　将记录排序到适当的叶节点

当接收到数据记录时，会处理数据记录然后丢弃，但这样做不会立即改变进化中的不完整树的结构(节点和分支)。当接收到每条新记录并进行处理时，将通过树排序到适当叶节点。仅当叶节点满足多种条件时，才考虑在该节点处进行分裂，从而改变树结构。

为说明排序过程，假设有如图 21.2 所示的记录。

att1	att2	att3	att4	att5	att6	att7	类别
val12	*xxx*	*xxx*	val42	val51	*xxx*	*xxx*	c2

图 21.2　示例记录(7 个属性值加一个类别)

---

2 关于符号的注释。在本章中，数组元素通常用方括号括起来，例如，currentAtts[2]。但是，包含许多常量值的数组通常由逗号分隔并用大括号括起来的值表示。因此 currentAtts [2]是{ att1, att2, att3, att5, att6, att7}。

与示例无关的值用 *xxx* 表示。

理论上，记录从根节点(节点 0)开始通过树，这是因为 att4 的值是 val42，它传递给节点 2。然后因为 att1 具有值 val12，它转到节点 4。最后，因为 att5 具有值 val51，它到达节点 6，即叶子。从根到叶的路径是 0→2→4→6。

21.2.4　hitcount 数组

对于每个叶节点 N，hitcount[N]表示节点自创建以来的"命中"数，即通过上述过程对该叶节点排序的记录数量。当每个新记录被排序为一个叶节点 L 时，hitcount[L]值增加 1。上例(0，2 和 4)中"传递"的内部节点有它们自己的 hitcount 值，这些值是它们分裂并成为内部节点之前获得的。内部节点的这些值不会增加，因为它们在树生成过程中不再生效。

创建新节点时，hitcount 值设置为 0。

21.2.5　classtotals 数组

这是另一个二维数组。如果有 3 种可能的分类(按标准顺序)c1、c2 和 c3，并且节点 N 是叶节点，那么 classtotals[N][c1]、classtotals[N][c2]和 classtotals[N][c3]记录节点 N 上分类分别为 c1、c2 和 c3 的"命中"数。这 3 个值的总和应该等于 hitcount[N]。

与数组 hitcount 一样，内部节点在分裂并成为内部节点前就获得自己的 classtotals 值。内部节点不会增加这些值，因为它们不参与树生成过程。

创建新节点时，其所有类别的 classtotals 值都设置为 0。

21.2.6　acvCounts 阵列

该数组是 6 个数组中最复杂的。acvCounts 表示"属性类别值计数"(attribute-class-value counts)。它是四维的。

如果 N 是一个叶节点，那么对于其当前属性数组中的每个属性 A，acvCounts[N][A]是一个二维数组，记录类别值和属性 A 值的每种可能组合的出现次数。

在图 21.1 中，节点 6 的当前属性数组中的属性是 att2、att3、att6 和 att7。假设 hitcount[6]为 200，并且 classtotals[6][c1]、classtotals[6][c2]和 classtotals[6][c3]的值分别为 100、80 和 20。

如果属性 att2 有 3 个值，下面是属性 att2 在节点 6 上的数组元素可能的值。

- acvCounts[6][att2][c1][val21]: 44
- acvCounts[6][att2][c1][val22]: 18
- acvCounts[6][att2][c1][val23]: 38
- acvCounts[6][att2][c2][val21]: 49
- acvCounts[6][att2][c2][val22]: 24
- acvCounts[6][att2][c2][val23]: 7
- acvCounts[6][att2][c3][val21]: 5
- acvCounts[6][att2][c3][val22]: 11
- acvCounts[6][att2][c3][val23]: 4

以这种方式显示值很麻烦，如果使用一种被称为频率表[1]的二维数组描述 acvCounts[6][att2]则更容易，也更自然，如图 21.3 所示。

类别	val21	val22	val23
c1	44	18	38
c2	49	24	7
c3	5	11	4

图 21.3 属性 att2 的频率表

c1 行中值的总和与 classtotals[6][c1]相同，对于其他类别也是如此。整个表中值的总数与 hitcount[6]相同。

这些二维数组正是计算诸如信息增益(参见第 5 章)的度量所需要的，而这些度量通常用于确定在节点上分裂哪个属性，21.4 节将介绍如何在进化 H-Tree 时使用这些数组。当每个新记录被排序到叶节点 N 时，频率表中与节点当前属性数组中的每个属性对应的条目增加 1。

对于数组 hitcount 和 classtotals，内部节点有自己的 acvCounts 值，在它们分裂并成为内部节点前获得。内部节点的这些值不会增加，因为它们不参与 H-Tree 算法。

创建新叶节点时，其当前属性数组中每个属性的每个类和属性值组合的 acvCounts 值都设置为 0。

21.2.7　branch 数组

最后这个数组与 splitAtt 数组一起提供将树结构保持在一起的"黏合剂"。

当叶节点 N 在属性 A 上被分裂时，对于该属性的每个值，将创建一个指向新节点的分支。

---

1 提供行标题和列标题仅用于帮助读者理解。表本身有 3 行 3 列。

对于属性 A 的每个值 V：

- branch[N][A][V] 设置为 nextnode。
- nextnode 增加 1。

21.3　构建 H-Tree：详细示例

现在返回起始状态，树只包含根节点，并使用一个详细示例说明涉及的处理步骤。与前面一样，假设有 3 种类别，c1、c2 和 c3，同时有 7 个属性 att1、att2、…、att7。属性的可能值数量各不相同。

构建树的步骤如下所示。

21.3.1　步骤 1：初始化根节点 0

从一个只有一个节点的树开始，编号为 0，并将 21.2 节介绍的除 branch 外的 5 个数组与它关联。

伪代码如下所示[1]。

伪代码 1：初始化根节点

(1) 将 currentAtts[0] 设置为包含所有属性名称的数组。

(2) 将 splitAtt[0] 设置为'none'。

(3) 将 hitcount[0] 设置为 0。

(4) 对于每种类别 C，将 classtotals[0][C] 设置为 0。

(5) 对于节点的当前属性数组中的每个属性 A：

- 对于类别 C 和属性 A 的 V 值的每个组合：
  - ——将 acvCounts[0][A][C][V] 设置为 0。

(6) 将 nextnode 设置为 1。

21.3.2　步骤 2：开始读取记录

现在开始逐个读取传入的记录，并进行处理然后丢弃它。每条记录被"排序"到节点 0，因为目前只有一个节点。针对读取的每条记录，将 classtotals[0] 数组中某个类别的值加 1，同时将 hitcount 值加 1。此外，通过在表中添加一个值来调整每个

---

[1] 本文提供伪代码片段是为了方便那些有兴趣自行实现 H-Tree 算法的读者。其他读者尽可忽略这些代码。

属性频率表的内容,具体取决于属性值和该记录的指定分类的组合。

假设在读取第 100 条记录时,classtotals[0]数组包含{63, 17, 20}。数组中 3 个值的总和应当为 100。在此阶段,属性 att6 的频率表可能包含如图 21.4 所示的内容。而对于其他属性,也存在与此类似的频率表。无论如何,最右侧的列(行总计)都相同。

类别	val61	val62	val63	val64
c1	32	18	4	9
c2	0	5	5	7
c3	0	10	7	3

图 21.4 属性 att6 的频率表

如果添加一个额外行(包含每个现有列中数字之和)和一个额外列(包含每一行数字之和),将有助于解释这一点。注意,不需要存储这些附加值。它们可在需要时根据存储的 3×4 表中的值计算得到。

节点 0 处属性 att6 的增强频率表如图 21.5 所示。

类别	val61	val62	val63	val64	行总计
c1	32	18	4	9	63
c2	0	5	5	7	17
c3	0	10	7	3	20
列总计	32	33	16	19	100

图 21.5 属性 att6 的增强频率表

右下角的数字是底部列和行的数字之和,与最右侧行和列的数字之和相同。该总数与排序到节点 0 的记录数相同——此时为 100。

最右侧列中的其他值显示了属于 3 种可能类别中每种类别的实例有多少。它们与 classtotals 数组中的值相同,即{63, 17, 20}。

底行中的前 4 个数字是列总和。这些数字表明,属性 att6 的值有 32 次为 val61、33 次为 val62、16 次为 val63、19 次为 val64。

21.3.3 步骤 3:考虑在节点 0 处分裂

为开发树,需要在根节点上分裂属性,但在仅读取一条记录后,我们显然不能这样做,因为所生成的树基本上是任意的,并可能具有极低的预测能力。相反,应该等待指定数量的记录被排序到节点 0 后再决定是否对属性进行分裂[1];如果分裂,还要选择在哪个属性上进行分裂。

---

1 因为一开始没有其他节点,所有传入的记录都将排序到节点 0 处。

指定的记录数量由 *G* 表示，有时也称为"宽限期"(grace period)。在本章中，将随着树的进化，在每个叶节点处使用相同的值，但在处理过程中，某些点(如树的根部或附近)使用比其他节点更大的值。本示例使用较小的数字，将 *G* 的值设为 100。

一旦 *G* 条(即 100 条)记录被排序到节点 0，那么接下来考虑在该节点处进行分裂，前提是对其排序的记录具有多种分类。如果所有分类都相同，则继续接收并处理记录，直到接收到下一条 100 记录，此时将再次考虑是否进行分裂。本例中，分类并不完全相同，因此在接收到 *G* 条记录后继续确定要在哪个属性上进行分裂，但也可能"不分裂"。目前，假定肯定要分裂，并选择一种方法分裂属性，如第 5 章中介绍的最大化信息增益法，或对每个属性使用频率表等方法。

21.3.4　步骤 4：在根节点上拆分并初始化新的叶节点

接下来在节点 0 处使用属性 att6 进行分裂，从而得到 4 个分支(每个 att6 值对应一个分支)，并生成 4 个新节点，编号从 1 到 4，如图 21.6[1]所示。为此，首先将数组元素 branch[0][att6][val61]设置为 nextnode，即 1，然后将 nextnode 增加 1。最后以类似方式创建其他 3 个分支。创建完毕后，nextnode 的值为 5。

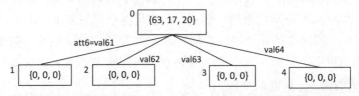

图 21.6　在节点 0 分裂后的 H-Tree(每个节点显示当前属性数组)

下面的伪代码用于分裂属性和初始化所得到的新节点。

伪代码 2：使用属性 A 在节点 L 处进行分裂

(1) 将 splitAtt[L]设置为 A。

(2) 对于属性 A 的每个值 V：

- 将 branch[L][A][V]设置为 nextnode(以创建新的叶节点)。
- 将 currentAtts[nextnode]设置为与 currentAtts[L]相同的数组，并删除属性 A。
- 按伪代码 1 中步骤(2)~(5)，为节点 nextnode 初始化数组 splitAtt、hitcount、classtotals 和 acvCounts。
- 将 nextnode 增加 1。

对于每个新节点 1 到 4，将 classtotals 数组初始化为{0, 0, 0}，将 hitcount 的值

1　在图 21.6、图 21.8 和图 21.9 中，不同于通常的树表示法，显示了每个节点的 classtotals 数组中的值。

设置为 0，并将 splitAtt 的值设置为 none。

为每个新节点创建一个当前属性数组，方法是从父节点(节点 0)获取当前属性数组，并删除属性 att6，从而得到数组{att1, att2, att3, att4, att5, att7}。这些都是将来在这些节点上分裂时使用的属性。

此外，还要为每个节点的每个属性创建一个频率表。

对于具有两个值 val21 和 val22 的属性 att2，频率表 acvCounts[1][att2]、acvCounts[2][att2]、acvCounts[3][att2]和 acvCounts[4][att2]的初始值都相同，如图 21.7 所示。

类别	val21	val22
c1	0	0
c2	0	0
c3	0	0

图 21.7　属性 att2 的频率表

以这种方式创建新的频率表看起来平淡无奇，但实际上与第 5 章描述的用于所有可用数据的信息增益方法和其他方法有很大的不同。理想情况下，我们希望新的频率表以目前收到的所有相关记录的所有类/属性值组合的计数开始。但想做到这一点很难，此时需要重新检查原始数据，但它已经全部丢弃了。因此，能采取的最佳做法是从每个节点的每个属性值都为 0 的表开始，但这不可避免地意味着，最终生成的树将不同于第 5 章中给出的方法(如果我们能以某种方式捕获和存储所有数据)生成的树——可能差别较大。

在继续前，需要重点理解的是，叶节点在上述方法中的作用与它们在前面介绍的 TDIDT 等算法中的作用完全不同。这里叶节点没有后代，但未必只有一个分类，如{84, 0, 0}，当接收到更多记录时，叶节点上的分类组合会发生变化，随着树的不断构建，叶节点随后可获得后代。

在本章中看到的所有叶节点都是可扩展的叶节点，即当前属性数组非空的节点，如有必要，仍有可用于分裂的属性。当然，叶节点也可能位于包含与属性相同数量的分支的长路径的末端，每个分支都有一个属性/值组合对，虽然在属性数量很大时不太可能发生。我们将此类节点称为不可扩展的叶节点。不可扩展的叶节点的当前属性数组为空。当然，我们不考虑在不可扩展的叶节点上进行分裂。

21.3.5 步骤 5：处理下一组记录

现在继续读取和处理下一组记录。读取每条记录时，它将被排序到正确的叶节点。可认为实例从节点 0 开始，然后根据属性 att6 的值下降到节点 1、2、3 或 4。在较大的树中，它可进一步下降到更低级别，但不管哪种情况，实例会被排序到其中一个叶节点。

当每条记录被排序到叶节点时，hitcount 和 classtotals 数组中的值以及当前属性数组中每个属性的频率表在该节点处都将被更新。

下面给出用于处理记录的伪代码。

伪代码 3：处理类别为 C 的记录 R

(1) 将 N 设置为根节点的编号。

(2) 当 splitAtt[N]! = 'none'

- 将 A 设为 splitAtt[N]。
- 将 V 设置为记录 R 中属性 A 的值。
- 将 N 设为 branch[N][A][V]。

(3) 设置 L = N。

(4) 更新叶节点 L 处的数组：

- 将 hitcount[L]增加 1。
- 将 classtotals[L][C]增加 1。
- 对于节点 L 的当前属性数组中的每个属性 A：
  - 将 V 设置为记录 R 中属性的值。
  - 将 acvCounts[L][A][C][V]增加 1。

(5) 如果满足适当条件，可考虑在节点 L 处分裂。

随着本节的进展，将不断扩展步骤(5)。

返回本例，此时的"宽限期" *G* 为 100，当第 100 条记录被排序到节点 2 时，假设 5 个节点的 classtotals 数组如下所示。

节点 0：{63, 17, 20}

节点 1：{12, 8, 0} *

节点 2：{87, 10, 3} *

节点 3：{0, 0, 0} *

节点 4：{40, 10, 20} *

叶节点用星号表示。节点 0 的 classtotals 数组未更改，因为它不再是叶节点。

当记录被排序到叶节点 1、3 和 4 时，排序到每个节点的记录数少于 100 条，因此不考虑在属性上进行分裂。现在 G(即 100)条记录已经被排序到节点 2，接下来需要决定是否分裂。

21.3.6 步骤 6：考虑在节点 2 处分裂

现在考虑在节点 2 处分裂。已排序到该节点的记录具有多个分类，因此继续为节点当前属性数组中的每个属性计算信息增益(或其他度量)。

这次将选择具有两个值的属性 att2 进行分裂，从而得到图 21.8 所示的新的不完整树结构。新节点(5 和 6)都具有值为{0, 0, 0}的 classtotals 数组、值为 0 的 hitcount以及包含所有 0 值的频率表。而其他节点上的 classtotals 和 hitcount 数组以及频率表保持不变。

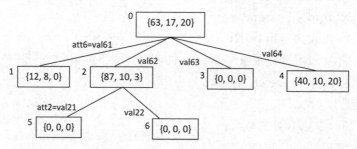

图 21.8　在节点 2 处分裂后的 H-Tree

新节点 5 和 6 都将具有包含{att1, att3, att4, att5, att7}的 currentAtts 数组。每个节点的 splitAtt 值为'none'。

21.3.7 步骤 7：处理下一组记录

现在继续读取记录，将每条记录排序到适当叶节点，每次调整每个属性的classtotals 值和频率表的内容。

假设在某个阶段，排序到图 21.8 中节点 4 的记录总数增至 100，即 G 的值；在该阶段，排序到 7 个节点的记录的 classtotals 数组如下所示。

节点 0：{63, 17, 20}
节点 1：{22, 9, 1} *
节点 2：{87, 10, 3}
节点 3：{8, 7, 15} *
节点 4：{45, 20, 35} *

节点 5：{25, 12, 31} *

节点 6：{0, 0, 0} *

叶节点再次用星号表示。节点 0 和 2 的 classtotals 数组没有更改，因为它们不再是叶节点。

接下来考虑在节点 4 处分裂。如果不需要分裂，可继续读取更多记录。但假设此时选择属性 att2 进行分裂(就像它在节点 2 处那样)，从而得到图 21.9 所示的新树结构。

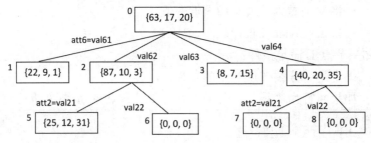

图 21.9　在节点 4 处分裂后的 H-Tree

以这种方式进行，每个阶段最多扩展一个叶节点。根据拥有的当前属性的数量以及每个属性拥有的值的数量，可能最终得到一个树，其中每个叶节点都是不可扩展的，也就是说树固定了，以后不能改变。但如果存在大量属性，则很难出现这种情况。更可能是树的最初进化速度相当快(或在宽限期允许的范围内进化速度相当快)，然后稳定下来；也就是说，即使更多记录被处理，进化也会停止，或仅稍微改变。

21.3.8　H-Tree 算法概述

上述算法可通过非常简单的"主"算法和伪代码片段 3 的修订版本来概括。此时和随后改变的部分用粗体显示。

H-Tree 算法概述

(1) 初始化根节点(参见伪代码 1)。

(2) 对于每个要处理的记录 R 和分类 C：

　● 用分类 C 处理记录 R(参见伪代码 3)。

伪代码 3：用分类 C 处理记录 R(第 2 版)

(1) 将 N 设置为根节点的编号。

(2) 当 splitAtt[N]! = 'none'：

　● 将 A 设为 splitAtt[N]。

> - 将 V 设置为记录 R 中属性 A 的值。
> - 将 N 设为 branch[N][A][V]。
>
> (3) 设置 L = N。
>
> (4) 更新叶节点 L 处的数组：
>
> - 将 hitcount[L]增加 1。
> - 将 classtotals[L][C]增加 1。
> - 对于节点 L 的当前属性数组中的每个属性 A：
>   - 将 V 设置为记录 R 中属性的值。
>   - 将 acvCounts[L][A][C][V]增加 1。
>
> **(5) 如果节点 L 满足条件：**
>
> - **确定是否分裂节点 L 上的属性。**
> - **如果回答为"是"，则在节点 L 处分裂属性 A(参见伪代码 2)。**

但此时出现了两个重要问题：

a. 在检查节点 L 可能的分裂前，该节点需要满足哪些条件？

b. 如何确定在节点 L 分裂哪个属性(如果有)？

对于问题(a)的答案，必须满足 3 个条件。

(1) hitcount[L]的值是 G 的倍数。

每次将新记录排序到节点时，都可考虑在节点处进行分裂，但这样做在计算上非常昂贵，并可能导致非常差的分裂。一旦在某一节点上分裂，该节点将不能在某些不同的属性上"取消分裂"或"重新分裂"。需要谨慎处理，只考虑在大量记录被分类到叶节点后在叶节点上分裂。

注意，测试是"G 的倍数"，而不是"等于 G"。也就是说，如果在 hitcount 为 G 不考虑进行分裂，那么直到再次接收到 G 次"命中"之前不会再考虑在该节点上分裂。

(2) 已排序到节点的记录的分类不完全相同。

如果所有分类都相同，例如 c1，那么叶节点处的熵为 0，并且任何属性上的分裂产生的熵也不可避免地为 0。例如，如果 classtotals 数组是 {100, 0, 0}，则属性 att6 的频率表(具有 4 个值)可能如图 21.10 所示。

类别	val61	val62	val63	val64	行总计
c1	28	0	30	42	100
c2	0	0	0	0	0
c3	0	0	0	0	0
列总计	28	0	30	42	100

图 21.10　属性 att6 的频率表

该表的熵值为 0。表主体中每个非零值的贡献值将被相应"列总计"的贡献值所抵消。这是任何频率表的一般特征，表的每列具有 0 个或 1 个正例条目。其结果是，每个属性的熵都是相同的(即 0)，因此，在一个属性上分裂而不是在另一个属性上分裂是没有任何依据的，也无法从分裂中获得任何好处。

(3)节点必须是可扩展的，即其当前属性数组不能为空。

因此，上述条件导致伪代码片段 3 的另一修订版本。

伪代码 3：用分类 C 处理记录 R(第 3 版)

(1) 将 N 设置为根节点的编号。

(2) 当 splitAtt[N]！= 'none'：
- 将 A 设为 splitAtt[N]。
- 将 V 设置为记录 R 中属性 A 的值。
- 将 N 设为 branch[N][A][V]。

(3) 设置 L = N。

(4) 更新叶节点 L 处的数组：
- 将 hitcount[L]增加 1。
- 将 classtotals[L][C]增加 1。
- 对于节点 L 的当前属性数组中的每个属性 A。
  - 将 V 设置为记录 R 中属性的值。
  - 将 acvCounts[L][A][C][V]增加 1。

(5) 如果 hitcount[L]是 *G* 的倍数，排序到节点 L 的记录的类别不完全相同且 currentAtts[L]不为空：
- 确定是否分裂节点 L 上的属性(参见伪代码 4)。
- 如果回答为"是"，则在节点 L 上分裂属性 A(参见伪代码 2)。

如何确定在节点 L 上分裂哪个属性的问题构成了接下来讨论的主题。第(5)步中具有对伪代码片段 4 的前向引用，该引用将在 21.5 节介绍。

21.4　分裂属性：使用信息增益

首先假设想在叶节点 L 上分裂一个属性，并使用第 5 章和第 6 章介绍的信息增益标准进行分裂。当然，也可使用第 6 章介绍的其他分裂标准(基尼指数、增益比等)；为明确起见，本章假设始终使用信息增益标准。

前面的内容此处不做详细解释，只简要总结叶节点 L 的分裂方法。

- 计算节点 L 处的"初始熵"E_{start}。
- 对于每个属性 A：
  - 计算在属性 A 上分裂出的新节点的加权平均熵 E_{new}。
  - 计算 $E_{start} - E_{new}$ 的值，即信息增益。
  - 分裂信息增益值最高的属性。

只需要假设节点 L 处的 classtotals 数组(即 classtotals[L])包含值{100, 150, 250}，即可证明上述方法，详情见第 5 章和第 6 章。

类别总数为 500，因此节点 L 处的 E_{start} 计算为：

$-(100/500)*\log_2(100/500)-(150/500)*\log_2(150/500)-(250/500)*\log_2(250/500)$

即 $0.464 + 0.521 + 0.5 = 1.4855$。

可以证明，信息增益必须始终为正数或 0。

为计算因属性分裂而产生的熵，假设属性 att3 有 3 个值，使用一个频率表，在前面介绍的符号中，它就是二维数组 acvCounts[L][att3]。加上"列总计"和标题，该频率表如图 21.11 所示。

	att3 = val31	att3 = val32	att3 = val33
类别c1	64	4	32
类别c2	50	50	50
类别c3	200	25	25
列总计	314	79	107

图 21.11　属性 att3 的增强频率表

注意，类别 c1、c2 和 c3 的行和分别是 100、150 和 250，而表主体中的所有值的总和(即，不包括列和行中的值)是 500。

现在得到如下所示的总和：

(1) 对于表格主体中的每个非零值 V，减去 $V * \log_2 V$。

(2) 对于列和行中的每个非零值 S，增加 $S * \log_2 S$。

(3) 最后，将该总数除以表主体中所有值的总数。

从而得到 E_{new} 的值：

$-64 * \log_2 64 - 4 * \log_2 4 - 32 * \log_2 32$

$-50 * \log_2 50 - 50 * \log_2 50 - 50 * \log_2 50$

$-200 * \log_2 200 - 25 * \log_2 25 - 25 * \log_2 25$

$+314 * \log_2 314 + 79 * \log_2 79 + 107 * \log_2 107$

然后除以 500。

最终 $E_{new} = 1.3286$(保留 4 位小数)。在节点 L 上分裂属性 att3 的信息增益值是

$E_{start}-E_{new}=$ 0.1569(保留 4 位小数)。

最后计算节点 L 的当前属性数组中的所有属性(即 currentAtts[L])的信息增益，并选择信息增益值最大的属性。

21.5 分裂属性：使用 Hoeffding 边界

现在讨论是否在叶节点处分裂。

本章描述的进化分类树方法的一个问题是，一旦一个叶节点在一个属性上分裂，它就无法取消分裂，重新成为一个叶节点，也无法使用其他属性"再分裂"。该结果使得对树顶附近的分裂属性的选择显得特别敏感，尤其是原始根/叶节点(节点 0)上的第一次分裂。

在早期阶段避免不良分裂的一种方法是从 G 值开始，该值比最终预期值大得多，并且只在最初几次分裂完成后，才会降至"正确"值。另一种方法是使用 TDIDT(见第 4 章)等方法生成的部分或全部分类树(如使用 10 000 个初始记录)开始树的生成过程，而非从单个节点开始。当更多记录到达时，这种"启动树"中的所有叶节点都可用通常方式进行分裂。

由于不断进化的分类树对所处理的初始记录的顺序特别敏感，因此应尽可能确保初始记录没有任何特殊之处，例如，数据流不会碰巧以具有相同分类的 5000 条记录开始。如果数据来自人工源，而不是实时输入流，那么在使用前对记录的顺序进行随机化可能是值得的。

无论这些起始问题如何处理，一般问题仍然存在，并可能存在于进化树中的任何一点：如果将一个叶节点保留为叶子可提供更准确的预测，那么在该叶节点上进行分裂是不恰当的，也存在风险，但随着多个记录被排序到该节点，可能会在该节点的另一个属性上分裂。因此需要一种比目前更谨慎的方法来决定何时在节点上分裂，何时不应该分裂。

21.3.8 节给出在考虑分裂节点 L 上的属性前必须满足的 3 个条件。这里再添加一个条件：仅当通过属性 X 上的分裂得到的度量最佳值明显优于通过属性 Y 上的分裂得到的第二个度量最佳值时，才会分裂。本章剩余部分都假设所使用的度量是信息增益，并将这两个值分别写为 IG(X)和 IG(Y)。

"明显优于"指 IG(X)和 IG(Y)之间的差值大于称为"边界"的某个值。如果差值小于边界值，则认为在 X 上分裂和在 Y 上分裂之间的差异不明显，并将使叶节点保持未扩展(可能在稍后阶段进行扩展)。

IG(X)和 IG(Y)之间差异的边界不是固定数，而取决于诸多因素。我们将使用的边界称为 Hoeffding 边界，这也最终解释了本章开头使用的术语 Hoeffding Tree。Hoeffding 边界由芬兰统计学家 Wassily Hoeffding[2]在另一种背景下开发出来，被 Domingos 和 Hulten[1]用于分类树。在其修订形式中，Hoeffding 不等式表明，根据排序到该节点的 nrec 条记录，在概率 Prob 下，属性 X 是在叶节点上分裂属性的正确选择，前提是 IG(X)−IG(Y)大于由 Prob 和 nrec 确定的值。该值称为 Hoeffding 边界。

在继续定义 Hoeffding 边界前，首先列出任何此类边界需要满足的 3 个条件：

(1) 所使用的度量值的范围越大，需要的边界就越大。

(2) 所选择概率 Prob 的值越高，需要的边界就越大。

(3) 分裂所依据的记录数目越大，分裂属性的选择越可靠，因此需要的边界越小。

Hoeffding 边界的公式符合所有这些标准。边界用 ϵ 表示，并由以下公式定义：

$$\epsilon = R * \sqrt{\frac{\ln(1/\delta)}{2 * \text{nrec}}}$$

在这个公式中，nrec 是排序到给定节点的记录数，即数组表示法中的hitcount[L]。该值通常与 G(即"宽限期")相同，但也可以是 G 的倍数。希腊字母 δ 用于表示 1−Prob 的值。

图 21.12 显示了概率 Prob 的各种常见值对应的 $\ln(1/\delta)$ 值。$\ln$ 函数称为自然对数函数，通常写为 $\log_e$。

概率 Prob	$\delta = $ 1−Prob	$\ln(1/\delta)$
0.9	0.1	2.3026
0.95	0.05	2.9957
0.99	0.01	4.6052
0.999	0.001	6.9078

图 21.12　不同概率值对应的 $\ln(1/\delta)$ 值

值 R 对应于用来决定分裂哪个属性的度量值的范围，此时假设为信息增益。通过在节点上分裂得到的信息增益最小值为 0，最大值为节点上的"初始熵" E_{start}。我们将使用 E_{start} 的值作为 R。

当所有类列在节点处频率相同时，R 可取最大值；这种情况下，假设存在 c 种类别，则熵的值(即 R 值)是 $\log_2 c$。即使有大量流记录，类别数量也可能很少。图 21.13 给出 c 的一些小值对应的 R 的最大值。

类别数量c	R的最大值 $= \log_2 c$
2	1
3	1.5850
4	2
5	2.3219
6	2.5850
7	2.8074
8	3

图 21.13　不同类别数量对应的 R 的最大值

综上所述，如果有 3 个均匀分布的类别(所以 $R = 1.5850$)并希望 95%确定属性 X 是最佳选择，图 21.14 显示了 nrec 的几个可能值中的每一个值对应的边界ϵ。

记录数量 nrec	100	200	1000	2000	10 000	20 000
边界 ϵ	0.1940	0.1372	0.0613	0.0434	0.0194	0.0137

图 21.14　$R = 1.5850$、Prob $= 0.95$ 对应的 Hoeffding 边界值

对于每个 nrec 值，仅当最佳属性 X 和第二最佳属性 Y 的信息增益的差值大于ϵ时，才对 X 进行分裂。随着记录数量 nrec 越变越大，Hoeffding 边界要求也越来越容易满足。

如果想采用更谨慎的方法，即在分裂前需要更高的确定概率，则可采用更大的边界值(从而使分裂更难实现)。图 21.15 显示了对于不同的 nrec 值，$R = 1.5850$ 和 Prob $= 0.999$ 的 Hoeffding 边界值。

记录数量 nrec	100	200	1000	2000	10 000	20 000
边界 ϵ	0.2946	0.2083	0.0931	0.0659	0.0295	0.0208

图 21.15　$R = 1.5850$、Prob $= 0.999$ 的 Hoeffding 边界值

可将 ε 值视为范围 R 值的倍数，如果用 mult 表示ϵ / R，那么可得到：

$$\text{mult} = \sqrt{\frac{\ln(1 / \delta)}{2 * \text{nrec}}}$$

重新调整公式，可得：

$$\text{nrec} = \frac{\ln(1 / \delta)}{2 * \text{mult}^2}$$

假设 mult 值 = 0.1(表明 ε 是 R 的 10%)，那么当 Prob = 0.9 时 nrec = 115；当 Prob = 0.95 时 nrec = 150；当 Prob = 0.99 时 nrec = 230；当 Prob = 0.999 时 nrec = 345。

概率 Prob 和宽限期 G 值的选择决定了进化树的形状和大小。最合适的设置可能因应用而异。

对于分裂过程，还可选择完成其他两个调整。

- 如果 IG(X)(与最佳属性 X 关联的度量)大于 R 值的某个指定倍数，则可决定进行分裂。
- 如果决定分裂，可从子代节点的 currentAtts 数组中删除度量值较低的任何属性。如果属性较多，这将大大加快树的该部分的后续处理。

以上介绍了在节点 L 上决定是否对属性进行分裂以及选择哪个属性的过程。可通过以下伪代码进行总结。

伪代码 4：在节点 L 上选择要分裂的属性

(1) 计算节点 L 处的初始熵。

(2) 对于节点 L 中当前属性数组中的每个属性 att，计算信息增益 IG(att)。

(3) 分别用 X 和 Y 表示具有最大和第二大 IG 值的属性。

(4) 计算节点 L 的 Hoeffding 边界 ε：

- 将 R 设置为节点 L 处的初始熵。
- 将 δ 设置为 1−Prob 的值。
- 将 nrec 设置为 hitcount[L]。
- 计算：

$$\epsilon = R * \sqrt{\frac{\ln(1/\delta)}{2 * \text{nrec}}}$$

(5) 如果 IG(X)−IG(Y)> ε，则返回 X，否则返回'none'.

如果节点 L 的当前属性列表中只有一个属性，则属性 Y 将被视为"空属性"，相当于根本不用分裂，其信息增益值为 0。

21.6 H-Tree 算法：最终版本

21.3.8 节给出的"主要"算法的最终形式如下所示。此外，有一个初始步骤设置 G 和 Prob 的值。

H-Tree 算法：最终版本

(1) 设置 *G* 和 Prob 的值。

(2) 初始化根节点(参见伪代码 1)。

(3) 对于每个到达待处理的类别 C 的记录 R：

- 处理类别为 C 的记录 R(参见伪代码 3) 。

主算法使用了伪代码片段 1 和 3，后者使用 2 和 4。

为便于参考，下面重新列出所有 4 个伪代码片段的最终版本。

伪代码 1：初始化根节点

(1) 将 currentAtts[0] 设置为包含所有属性名称的数组。

(2) 将 splitAtt[0] 设置为'none'。

(3) 将 hitcount[0] 设置为 0。

(4) 对于每种类别 C，将 classtotals[0][C] 设置为 0。

(5) 对于节点的当前属性数组中的每个属性 A：

- 对于属性 A 的类别 C 和 V 值的每个组合：

——将 acvCounts[0][A][C][V] 设置为 0。

(6) 将 nextnode 设置为 1。

伪代码 2：使用属性 A 在节点 L 处分裂

(1) 将 splitAtt[L] 设置为 A。

(2) 对于属性 A 的每个值 V：

- 将 branch[L][A][V] 设置为 nextnode(以创建新的叶节点) 。
- 将 currentAtts[nextnode] 设置为与 currentAtts[L] 相同的数组，并删除属性 A。
- 按照伪代码 1 中的步骤(2)~(5)，为节点 nextnode 初始化数组 splitAtt、hitcount、classtotals 和 acvCounts。
- 将 nextnode 增加 1。

伪代码 3：处理类别为 C 的记录 R

(1) 将 N 设置为根节点的编号。

(2) 当 splitAtt[N]! = 'none'：

- 将 A 设为 splitAtt[N] 。
- 将 V 设置为记录 R 中属性 A 的值。
- 将 N 设为 branch[N][A][V]。

(3) 设置 L = N。

(4) 更新叶节点 L 处的数组:

- 将 hitcount[L]增加 1。
- 将 classtotals[L][C]增加 1。
- 对于节点 L 的当前属性数组中的每个属性 A:
  - 将 V 设置为记录 R 中属性的值。
  - 将 acvCounts[L][A][C][V]增加 1。

(5) 如果 hitcount[L]是 G 的倍数,且排序到节点 L 的记录的类别不完全相同且 currentAtts[L]不为空:

- 确定是否分裂节点 L 上的属性(参见伪代码 4)。
- 如果回答为"是",则在节点 L 上分裂属性 A(参见伪代码 2)。

伪代码 4:在节点 L 上选择要分裂的属性

(1) 计算节点 L 处的初始熵。

(2) 对于节点 L 中当前属性数组的每个属性 att,计算信息增益 IG(att) 。

(3) 分别用 X 和 Y 表示具有最大和第二大 IG 值的属性。

(4) 计算节点 L 的 Hoeffding 边界 ϵ:

- 将 R 设置为节点 L 处的初始熵。
- 将 δ 设置为 1-Prob 的值。
- 将 nrec 设置为 hitcount[L]。
- 计算:

$$\epsilon = R * \sqrt{\frac{\ln(1/\delta)}{2 * \text{nrec}}}$$

(5) 如果 IG(X) - IG(Y) > ϵ,则返回 X,否则返回'none'。

21.7　使用不断进化的 H–Tree 进行预测

本节将讨论如何通过不断进化的分类树预测未见实例的分类。

流数据的一个必然要求是:在分类树尚不完整的情况下使用它。这存在一定风险,即从当前不完整树得到的任何预测可能与后续阶段得到的预测完全不同,我们必须接受这一点。

假设得到图 21.9 所示的不完整树，并想对排序到节点 5 的未见实例进行分类，且具有属性值 att6 = val62 和 att2 = val21，应该怎么做呢？可为节点 5 使用 classtotals 数组并获取最大类别，但这种方法在其他情况下并不合适，例如对于排序到节点 7 的未见实例，其 classtotals 数组的值全为 0。

一种简单有效的方法是查看从根节点(节点 0)到节点 5 的路径上的所有节点，并组合它们的 classtotals 数组。在节点 0、节点 2 和节点 5 上的 3 个数组分别为{63, 17, 20}、{87, 10, 3}和{25, 12, 31}，得到的组合计数为{175, 39, 54}。可在一个数组 totalClassCounts 中积累这些值，其中包含 3 个元素，每个元素对应一个类别。

对于本示例，totalClassCounts 数组中针对第一个类别(即 c1)的计数是最大的，因此该值是对未见实例的预测值。随着更多标记的记录到达节点 5，数组 classtotals 中的值将发生变化，因此其他类别也可能成为预测值。

该过程的伪代码如下。

记录 R 的 H-Tree 预测算法

(1) 针对每种类别，将数组 totalClassCounts 设置为 0。

(2) 将 N 设置为根节点的编号。

(3) 当 splitAtt[N]! = 'none'：

- 依次将数组 classtotals[N]中的值加到 totalClassCounts 中每种类别对应的值。

- 将 A 设为 splitAtt[N]。

- 将 V 设置为记录 R 中属性 A 的值。

- 将 N 设为 branch[N][A][V]。

(4) 设置 L = N。

(5) 依次将数组 classtotals[L]中的值加到 totalClassCounts 中每种类别对应的值。

(6) 预测 totalClassCounts 中具有最大值的类别。

评估 H-Tree 的性能

上述方法可用于评估不断进化的 H-Tree 的性能。一种可能性是保留一个不用于构建树的记录文件，然后将它们用作测试集。也就是说，将它们视为未知分类，并将预测的类别和实际类别记录在一个混淆矩阵中[1]。这种情况下，不会改变排序节点上数组的值。

检查完最后一条测试记录后，可能得到如图 21.16 所示的混淆矩阵(假设测试文

---

1 有关混淆矩阵的介绍，见第 7 章。

件有 1000 条记录)。

实际类别	预测的类别		
	c1	c2	c3
c1	263	2	21
c2	2	187	8
c3	4	9	504

图 21.16　混淆矩阵

由此可计算预测精度或其他精度度量,并跟踪每小时、每天等重复测试时值的变化情况。

第二种可能性是使用用于进化树的相同记录(而不是单独的测试集)来评估每次扩展节点时树的性能,但混淆矩阵中记录的只是那些自上次分裂以来到达的记录的实际类别和预测类别。如果使用此方法,将针对每条新记录更新数组 hitcount、classtotals 和 acvCounts 中的值。

在节点上每次分裂后立即创建一个所有值都为 0 的混淆矩阵。以图 21.9(21.3 节)为例,如果下一个到达的记录被排序为节点 5,实际类别为 c2,但预测类别为 c1,则可将混淆矩阵的第 c2 行和第 c1 列的计数增加 1。

这提供一种直接方法,可根据一段时间段内到达的记录(而不是针对一组固定的测试数据)跟踪两次分裂前后分类器的性能。鉴于"概念漂移"现象(详见第 22 章),这种方法可能更可取。

21.8　实验: H-Tree 与 TDIDT

根据 Domingos 和 Hulten 的说法[1]:"Hoeffding 树算法的一个关键属性是可以保证:它生成的树无限接近于批量学习生成的树。(也就是说,一个学习者用所有的例子在每个节点上选择一个测试)" 此类学习算法就是第 4~6 章介绍的 TDIDT。

很难证实这一目标能否通过庞大的数据集来实现,因为无法使用 TDIDT 或任何类似的"批量学习"处理这些数据集。但可通过一个简单技巧对 TDIDT 和 H-Tree 实现的结果进行部分比较:重复使用小数据集产生使用大数据集的效果。

21.8.1　lens24 数据集

我们将从一个非常小的数据集开始:lens24,一个在第 5 章中描述的眼科数据集。它只有 24 条记录，有 4 个属性(age、specRx、astig 和 tears)以及 3 种类别(1、2 和 3)。

如果将所有 24 条记录多次输入 H-Tree 中，每次 24 条且顺序相同，那么输入的记录总数可能为 2400、24 000 或 24 000 000，可检查所生成的树，并与 TDIDT 生成的树进行比较。对于任何确切数量的原始数据记录的复制，TDIDT 将给出与仅处理一次相同的结果。

接下来从生成的树中提取规则来比较算法，每条规则对应于从根节点到叶节点的路径，从左到右依次提取。

TDIDT 算法生成 9 条规则，如下。

(1) IF tears = 1 THEN Class = 3

(2) IF tears = 2 AND astig = 1 AND age = 1 THEN Class = 2

(3) IF tears = 2 AND astig = 1 AND age = 2 THEN Class = 2

(4) IF tears = 2 AND astig = 1 AND age = 3 AND specRx = 1 THEN Class = 3

(5) IF tears = 2 AND astig = 1 AND age = 3 AND specRx = 2 THEN Class = 2

(6) IF tears = 2 AND astig = 2 AND specRx = 1 THEN Class = 1

(7) IF tears = 2 AND astig = 2 AND specRx = 2 AND age = 1 THEN Class = 1

(8) IF tears = 2 AND astig = 2 AND specRx = 2 AND age = 2 THEN Class = 3

(9) IF tears = 2 AND astig = 2 AND specRx = 2 AND age = 3 THEN Class = 3

下面显示 H-Tree 在不同记录数量(都是 24 的倍数)下，分别将 G 和 Prob 设置为 500 和 0.999 时所生成的规则。

<u>2400 条记录</u>

在此阶段，只有 3 条规则，如下所示。

(1) IF tears = 1 THEN Class = 3

(2) IF tears = 2 AND astig = 1 THEN Class = {0, 187, 38}

(3) IF tears = 2 AND astig = 2 THEN Class = {149, 0, 76}

规则 2 和规则 3 显示的数组按顺序给出 3 种类别(1、2 和 3)的类别总数。

规则 2 和规则 3 好像分别是 TDIDT 规则 2~5 和 6~9 的"压缩"版本。随着更多记录被处理，它们将如何演变？

<u>4800 条记录</u>

在此阶段，H-Tree 已生成如下 6 条规则。

(1) IF tears = 1 THEN Class = 3

(2) IF tears = 2 AND astig = 1 AND age = 1 THEN Class = 2

(3) IF tears = 2 AND astig = 1 AND age = 2 THEN Class = 2

(4) IF tears = 2 AND astig = 1 AND age = 3 THEN Class = {0, 55, 54}

(5) IF tears = 2 AND astig = 2 AND specRx = 1 THEN Class = 1

(6) IF tears = 2 AND astig = 2 AND specRx = 2 THEN Class = {54, 0, 109}

现在，规则 4 和规则 6 似乎分别是 TDIDT 规则 4~5 和 7~9 的压缩版本。

7200 条记录

在此阶段，除了规则 4 和规则 6 的数组现在分别为{0, 155, 154}和{154, 0, 309}
外，存在与 4800 条记录相同的 6 条规则。

9600 条记录

现在 H-Tree 已生成 9 条规则，如下所示。它们与 TDIDT 生成的规则完全相同。

(1) IF tears = 1 THEN Class = 3

(2) IF tears = 2 AND astig = 1 AND age = 1 THEN Class = 2

(3) IF tears = 2 AND astig = 1 AND age = 2 THEN Class = 2

(4) IF tears = 2 AND astig = 1 AND age = 3 AND specRx = 1 THEN Class = 3

(5) IF tears = 2 AND astig = 1 AND age = 3 AND specRx = 2 THEN Class = 2

(6) IF tears = 2 AND astig = 2 AND specRx = 1 THEN Class = 1

(7) IF tears = 2 AND astig = 2 AND specRx = 2 AND age = 1 THEN Class = 1

(8) IF tears = 2 AND astig = 2 AND specRx = 2 AND age = 2 THEN Class = 3

(9) IF tears = 2 AND astig = 2 AND specRx = 2 AND age = 3 THEN Class = 3

运行带有大量额外重复原始数据的 H-Tree，似乎不会进一步更改树。

21.8.2 vote 数据集

vote(投票)数据集有 300 条记录、16 个属性以及两种类别。TDIDT 从此数据集
生成 34 条规则。

图 21.17 显示了 H-Tree 算法为不同数量的记录(原 300 条记录的多次重复)生成
的规则数。

记录数	规则数
12 000	9
24 000	14
36 000	17
72 000	24
120 000	27
360 000	28
480 000	28
720 000	28

图 21.17　生成的规则数

这种情况下，通过检查可看到，H-Tree 似乎收敛于 TDIDT 生成的 34 条规则。在 H-Tree 生成的 28 条规则中，有 24 条与 TDIDT 生成的规则相同，但即使在处理 72 万条记录(原来的 300 条记录重复了 2400 次)后，仍有 4 条 H-Tree 的混合分类规则尚未被扩展为 TDIDT 生成的规则。无论哪种情况，似乎有一种明显方法可扩展规则，并完全可能将混合分类的 4 条 H-Tree 规则演变成单个分类的 10 条规则；就像 TDIDT 一样，对原来的 300 条记录进行了更多重复。

似乎 H-Tree 生成的树正朝着由 TDIDT 生成的树收敛(尽管非常缓慢)[1]。

21.9　本章小结

本章主要讨论流数据的分类，即在几天、几个月、几年甚至无限期限内，从某个自动过程中获得的大量数据。为流数据生成分类树需要采用与前述 TDIDT 算法不同的方法。本章介绍的 H-Tree 算法是流行的 VFDT 算法的变体，它生成一种 Hoeffding Tree 决策树。为方便那些对开发自己的实现感兴趣的读者，本文详述并解释该算法，附带伪代码。最后举例说明如何比较 H-Tree 和 TDIDT 生成的规则。

21.10　自我评估练习

1. 为什么 TDIDT 算法不能直接用于流数据？

2. 在生成 H-Tree 时使用 Hoeffding 边界可获得什么好处？

3. 面对无法存储所有数据的现实，如何通过数量几乎无限的流数据的可用性进行弥补？

---

1 对于一些实际应用，如果树的叶节点数量较少，但可预测与完整 TDIDT 决策树相同或几乎相同的分类，就可能被认为是更好的选择，但这里不予讨论。

4. 假设正在考虑分裂节点 Z 处的属性。classtotals[Z]和 currentAtts[Z]的值分别是数组{20, 30, 50}和{att1, att3, att4, att7}。还假设 G 和 Prob 的值分别为 100 和 0.999，并将 4 个属性中的每一个进行分裂，得到的信息增益如下所示。

IG(att1)：0.1614

IG(att3)：1.3286

IG(att4)：1.0213

IG(att7)：0.8783

计算 Hoeffding 边界的值，并确定是否应该分裂节点 Z 上的属性；如果是，则确定分裂哪个属性。

第**22**章

分类流数据 II：时间相关数据

22.1　平稳数据与时间相关数据

到目前为止，在关于分类技术的所有讨论中都有一个隐性假设，下面将明确这个假设。

我们始终假设存在一个潜在过程，它导致带有给定属性集合的实例(或记录)具有特定分类。分类不是随机的——股价为什么升降，客户为什么买或不买早餐燕麦片，美国国会议员为什么以这样或那样的方式投票，地震为什么在某一天发生或不发生，这些都存在我们未知的原因。可将在给定领域中确定分类的过程称为"潜在因果模型"。

世界非常复杂，在很多领域，可能我们永远不会完全了解基础模型。完全表达它涉及一种非常复杂的数学形式——可能该形式还没有发明出来。如果知道该模型的全部细节，可能意识到，我们没有记录下准确计算每种情况下正确分类需要的所有属性，而是记录了一些与结果完全无关的属性。

这一切听起来似乎非常复杂。数据挖掘者的任务是使用所选形式生成一个接近于真实基础模型的模型：决策树，一组规则或本书未讨论的其他一些形式(如神经网络或支持向量机)。近似的准确性主要取决于所用的各种形式，但大多数情况下，我们无法知道选择哪一种，尽管经验可起到指导作用。

为什么介绍上述内容呢？因为到目前为止，假设基础模型无论多么复杂，都是固定的。无论生成原始分类的过程是什么，明天、下周和明年都和今天是一样的。

如果收集数据然后进行分析和重新分析，也许要经历几年时间，那么我们试图接近的基础模型无疑是固定的。通常假设，如果随着时间的推移收集更多数据，将得到由同一个基础模型生成的更多样本。这种数据称为"平稳数据"(stationary data)。

流数据分类的情况(一般在很长时间或可能无限长时间内对记录进行分类)则有很大不同。尽管基础模型完全可能是固定的(这是第 21 章中的假设)，但模型可能不断变化。例如，如果预测超市中的哪些顾客会购买特定食品，那么从夏到冬基础模型的差异可能很大，可能随着时间的推移逐渐变化；但如果有一个有效的促销活动或食品污染警报导致销量严重下降，那么模型可能迅速变化。我们将随时间变化的模型生成的数据称为"时间相关数据"(time-dependent data)。基础模型通常被视为需要建模的概念，模型变化的现象被称为"概念漂移"(concept drift)。

尽管第 21 章描述的 H-Tree 算法适用于流数据，但如果模型是固定的，那么面对与时间相关的流数据时，该算法存在一个主要弱点：一旦创建树，将只能通过在节点上进一步分裂来改变它。没有"取消分裂"的方法，即将内部节点转换回叶节点，或将给定节点上的属性 X 的分裂更改为属性 Y 的分裂。

H-Tree 算法所生成的树通常是稳定的：一旦处理了合理数量的记录，就可处理大量附加记录，而不必进一步更改树。而对于时间相关数据，这种稳定性是非常不可取的——如今，即使一棵树的预测精度很高，随着基础概念的漂移，它的预测精度也可能逐步下降。因此需要一些方法重新审视以前在构建树时所做的决策。这可能涉及将挂在节点上的子树替换为另一个更适合改变概念的子树。

区分流数据分类算法(称为"批处理模型")和第 4~6 章介绍的 TDIDT 算法的 4 个关键特性如下：

- 在生成分类树前，无法收集所有数据，因为数据量可能是无限的。
- 无法像使用 TDIDT 那样存储所有数据并重复访问，因为数据量可能是无限的。
- 不能等到有了一个固定分类树后才使用该树来预测以前未见数据的分类。必须随时使用它以较高精度进行预测(除非是一个相当短的启动阶段)。
- 算法必须能实时运行，因此每条记录进入时所需的处理量必须非常小。若要允许每天接收大量数据，例如记录超市交易或从银行 ATM 机取款的数据，这一点显得尤为重要。

H-Tree算法(基于Domingos和Hulten的VFDT算法[1])满足这4个标准。本章将开发一个符合该标准的算法修订版本，并处理与时间相关的数据。该修订算法基于Hulten、Spencer和Domingos[2]所提出的算法CVFDT(概念自适应快速决策树学习者)。与其他具有影响力的算法一样，该算法也存在许多改进的变体。本章将介绍作者自已的改进版本, 它基于CVFDT, 但包含一些详细的更改和简化。为避免混淆, 将称其为CDH-Tree算法, 表示"Concept Drift Hoeffding Tree, 概念漂移Hoeffding树"。

首先回顾 H-Tree 算法, 然后逐步修改它, 从而实现 CDH-Tree 的最终版本。下一节总结 H-Tree 算法的关键点, 但没有做过多解释。假设有一个恒定记录流到达, 每条记录在到达时得到处理, 然后被丢弃。如果你尚未阅读第 21 章, 那么强烈建议在继续学习后续内容前先仔细阅读下一节。

22.2 H-Tree 算法总结

本节概述第 21 章介绍的 H-Tree 算法, 作为学习后续内容的前奏。

当读取数据记录时, 一个分类树被逐个分支地开发出来, 首先从一个编号为 0 的节点开始, 该节点将作为最终分类树的根。

当接收记录时, 会处理记录, 然后丢弃, 但这样做不会立即改变进化中不完整树的结构(节点和分支)。当每条新记录进入并被处理时, 它将通过树排序到适当叶节点。仅当 G 条记录被排序到一个叶节点并满足其他一些条件时, 才考虑通过在该节点上分裂来改变树(G 代表"宽限期")。

在属性上分裂一个叶节点时, 会在其下创建一个子树, 对于所选属性的每个可能值都有一个分支。一旦一个节点在一个属性上分裂, 它就不能在另一个属性上"取消分裂"或"重新分裂"。

图 22.1 显示了部分进化的 H-Tree。

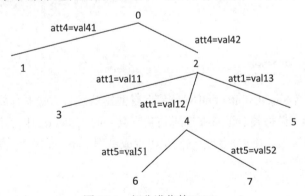

图 22.1 部分进化的 H-Tree

树中节点按创建顺序编号。系统变量 nextnode 按顺序保存下一节点的编号, 以备将来使用。目前 nextnode 为 8。

可按下面的过程创建树: 在节点 0 处分裂属性 att4(创建节点 1 和 2), 在节点 2

处分裂属性 att1(创建节点 3、4 和 5)，在节点 4 处分裂属性 att5(创建节点 6 和 7)。

每个节点都维护如下 6 个数组。

22.2.1 currentAtts 数组

这是一个二维数组。元素 currentAtts[N]也是一个数组，其中包含可在节点 N 处分裂的所有属性的名称，按标准顺序列出。它称为该节点的当前属性数组。

如果数据记录具有 7 个属性 att1、att2、att3、att4、att5、att6 和 att7 的值，那么在根节点 currentAtts[0]初始化为数组{att1, att2, att3, att4, att5, att6, att7}。

当叶节点通过在属性上分裂而"展开"时，它的直接后代节点继承父节点的当前属性数组，并删除分裂属性。因此：

- currentAtts[1]和 currentAtts[2]都是数组{att1, att2, att3, att5, att6, att7}。
- currentAtts[3]、currentAtts[4]和 currentAtts[5]都是数组{att2, att3, att5, att6, att7}。
- currentAtts[6]和 currentAtts[7]都是数组{att2, att3, att6, att7}。

22.2.2 splitAtt 数组

对于内部节点 N，即先前已在一个属性上分裂的节点，数组元素 splitAtt[N]是分裂属性的名称，因此 splitAtt[0]为 att4，splitAtt[2]为 att1，splitAtt[4]为 att5。而根据定义，在该节点处没有分裂属性的其他所有节点都是叶节点。叶节点的 splitAtt[N] 值为'none'。

22.2.3 hitcount 数组

对于每个叶节点 N，hitcount[N]是节点自创建以来的"命中"数，即排序到该叶节点的记录数。当每条新记录被排序到叶节点 L 时，hitcount[L]的值增 1。而对于内部节点，这些值不会增加，因为它们在树生成过程中不再起作用。创建新节点时，其 hitcount 值设置为 0。

22.2.4 classtotals 数组

这是另一个二维数组。假设有 3 种可能的分类，名为 c1、c2 和 c3，且节点 N 是叶节点，那么 classtotals[N][c1]、classtotals[N][c2]和 classtotals[N][c3]记录了节点

N 上分类分别为 c1、c2 和 c3 的"命中"次数。创建新节点时，所有类别的 classtotals 值都设置为 0。

22.2.5　acvCounts 数组

该数组名代表"属性类别值计数"。它是四维的。假设 N 是叶节点，那么对于其当前属性数组中的每个属性 A，acvCounts[N][A]是一个称为"频率表"的二维数组，它记录类别值和 A 属性值的每种可能组合的出现次数。创建新叶节点时，其当前属性数组中每个属性的每个类别和属性值组合的 acvCounts 值都设置为 0。

22.2.6　branch 数组

当叶节点 N 在属性 A 上分裂时，为该属性的每个值创建通向新节点的分支。对于属性 A 的每个值 V，branch[N][A][V]设置为 nextnode，然后 nextnode 增加 1。

22.2.7　H-Tree 算法的伪代码

第 21 章开发的用于处理记录的算法可用以下伪代码片段总结。这些内容并不是为了代替第 21 章的解释，而是为那些对自行开发算法实现感兴趣的读者提供的。其他读者尽可忽略它们。

H-Tree 算法：最终版本

(1) 设置 G 和 Prob 的值。

(2) 初始化根节点(参见伪代码 1)。

(3) 对于每个要处理的分类 C 的记录 R：

 ● 处理具有类别为 C 的记录 R(参见伪代码 3)。

伪代码 1：初始化根节点

(1) 将 currentAtts[0]设置为包含所有属性名的数组。

(2) 将 splitAtt[0]设置为'none'.

(3) 将 hitcount[0]设置为 0。

(4) 对于每个类别 C，将 classtotals[0][C]设置为 0。

(5) 对于节点的当前属性数组中的每个属性 A

 ● 对于类别 C 和属性 A 的 V 值的每个组合：

 ——将 acvCounts[0][A][C][V]设置为 0。

(6) 将 nextnode 设置为 1。

伪代码 2：使用属性 A 在节点 L 处进行分裂

(1) 将 splitAtt[L]设置为 A。

(2) 对于属性 A 的每个值 V：

- 将 branch[L][A][V]设置为 nextnode(以创建新的叶节点)。
- 将 currentAtts[nextnode]设置为与 currentAtts[L]相同的数组，并删除属性 A。
- 按伪代码 1 中步骤(2)~(5)，为节点 nextnode 初始化数组 splitAtt、hitcount、classtotals 和 acvCounts。
- 将 nextnode 增加 1。

伪代码 3：处理类别为 C 的记录 R

(1) 将 N 设置为根节点的编号。

(2) 当 splitAtt[N]！='none'：

- 将 A 设置为 splitAtt[N]。
- 将 V 设置为记录 R 中属性 A 的值。
- 将 N 设置为 branch[N][A][V]。

(3) 设置 L=N。

(4) 更新叶节点 L 处的数组：

- 将 hitcount[L]增加 1。
- 将 classtotals[L][C]增加 1。
- 对于节点 L 的当前属性数组中的每个属性 A：
  - 将 V 设置为记录 R 中属性的值。
  - 将 acvCounts[L][A][C][V]增加 1。

(5) 如果 hitcount[L]是 G 的倍数，排序到节点 L 的记录的分类不完全相同且 currentAtts[L]不为空。

- 确定是否分裂节点 L 上的属性(参见伪代码 4)。
- 如果回答为"是"，则在节点 L 处分裂属性 A(参见伪代码 2)。

伪代码 4：在节点 L 上选择要分裂的属性

(1) 计算节点 L 处的初始熵。

(2) 对于节点 L 中的每个属性 att，计算当前属性数组的信息增益 IG(att)。

(3) 分别用 X 和 Y 表示具有最大和第二大 IG 值的属性。

(4) 计算节点 L 的 Hoeffding 边界 ϵ：

- 将 R 设置为节点 L 处的初始熵。
- 将 δ 设置为 1-Prob 的值。
- 将 nrec 设置为 hitcount[L]。
- 计算：

$$\epsilon = R * \sqrt{\frac{\ln(1 / \delta)}{2 * \text{nrec}}}$$

(5) 如果 IG(X)-IG(Y)>ϵ，则返回 X，否则返回'none'。

我们将本节中的所有伪代码和其他信息看作 CDH-Tree 规范的"初始草案"(版本 1)，并逐步进行细化，如下所示。

22.3　从 H-Tree 到 CDH-Tree：概述

CDH-Tree 算法的两个关键思想使其适用于时间相关数据。

- 数组 hitcount 和 acvCounts 在每个节点上的值基于最近要处理的记录，而非所有接收到的记录。
- 通过使用不同属性在节点上"重新分裂"，可更改不断进化的分类树。

在讨论这些内容前，首先更改内部节点数组 hitcount 和 acvCounts 中记录的计数。

22.4　从 H-Tree 转换到 CDH-Tree：递增计数

从 H-Tree 过渡到 CDH-Tree 的第一步是增加 acvCounts 和 hitcount 数组，这不仅适用于叶节点 L，还适用于每条记录从根节点到节点 L 的路径上通过的内部节点(包括根节点)。

假设没有其他更改，那么在内部节点递增这些值将不会改变进化树的结构。只有递增叶节点处的值才会改变树的结构。虽然现阶段的变化没有任何区别，但当继续调整算法直到实现 CDH-Tree 的最终版本时，递增这些值将变得非常有用。关键在于，在每个内部节点上，hitcount 和 acvCounts 数组将保存它们在保持未分裂的情况下可能拥有的值，从而打开后期在不同属性上分裂的可能性。

H-Tree 算法在转换到 CDH-Tree 时的第一个修订是用以下代码替换伪代码片段 3。

伪代码 3：处理类别为 C 的记录 R(第 2 版)

(1) 将 N 设置为根节点的编号。

(2) 将 Continue 设置为'yes'。

(3) 当(Continue='yes')

　　a. 更新节点 N 处的数组。

　　　　● 将 hitcount[N]增加 1。

　　　　● 对于节点 N 的当前属性数组中的每个属性 Att：

　　　　　· 将 Val 设置为记录 R 中属性的值。

　　　　　· 将 acvCounts[N][Att][C][Val]增加 1。

　　b. 如果 splitAtt[N] ='none'，则设置 Continue 为'no'；否则：

　　　　● 将 A 设为 splitAtt[N]。

　　　　● 将 V 设置为记录 R 中属性 A 的值。

　　　　● 将 N 设为 branch[N][A][V]。

(4) 设置 L = N。

(5) 将 classtotals[L][C]增加 1。

(6) 如果 hitcount[L]是 G 的倍数，排序到节点 L 的记录的分类不完全相同，且 currentAtts[L]不为空：

　　● 确定是否分裂节点 L 上的属性(参见伪代码 4)。

　　● 如果回答为"是"，则在节点 L 上分裂属性 A(参见伪代码 2)。

此处以及随后更改的代码部分用粗体显示。注意，数组 classtotals 仅在叶节点处更新。在做出分裂或不分裂的决策时不使用它，但在使用分类树进行预测时它具有非常重要的作用，因此它的值只需要在每条记录排序到的叶节点上增加。

伪代码片段 1、2 和 4 保持不变。

22.5　滑动窗口方法

到目前为止，已使用所接收到的所有记录构建了树。从现在开始，将只使用最新的 W 条记录，如最近的 10 000 条记录。可将此视为通过固定大小为 W 的"窗口"来查看记录。我们将其称为"滑动窗口"(sliding window)，将 W 称为"窗口大小"(window size)。

此更改意味着现在需要存储最新的 W 条记录[1]。当处理第一批 W 条记录时，它们存储在包含 W 行(或某些等效形式)的表中，从第 1 行到第 W 行。当读取下一条记

---

[1] 假设每条记录包含一组属性值以及一个分类。

录时，它的值将进入第 1 行，之前占用该行的记录(即最早的记录)将被丢弃。再读取下一条记录时，它将进入第 2 行(现在是最早的记录)，该行的前一个占用者将被丢弃，以此类推。处理完 2*W 条记录后，原始的 W 条记录将不会保留在窗口中。

当一条新记录被添加到窗口时，对于从根节点到适当叶子(包括根节点和叶节点)的路径上经过的所有节点，acvCounts 和 hitcount 数组将递增，而 classtotals 数组针对叶节点本身递增。当从窗口中删除旧记录时，它不仅被丢弃，而且被遗忘。遗忘记录意味着对于该记录首次添加到窗口时从根节点到适当叶节点的路径上的所有节点，acvCounts 和 hitcount 数组中的值减 1，同时，classtotals 数组针对叶节点本身减 1。

目前遵循的原则是：一旦在给定节点上对某个属性进行分裂，那么决策永远不会改变，仍然只有叶节点上 acvCounts 和 hitcount 数组的值影响树的进化。在参考文献[2]中，有人认为，如果数据是平稳的，那么向滑动窗口添加记录或从滑动窗口中删除记录应该对进化树的影响很小。

本章旨在创建一个算法来处理与时间相关的数据，引入滑动窗口的价值很快就会显现出来。

主要 CDH-Tree 算法的伪代码的修订版本如下所示。

CDH-Tree 算法(第 2 版，基于 H-Tree 算法)

(1) 设置 G、Prob 和 W 的值。

(2) 初始化根节点(参见伪代码 1)。

(3) 对于每个要处理的分类为 C 的记录 R：

  a. 如果窗口中的记录数<W，则将 R 添加到窗口中。否则：

    i. 获取窗口 R$_{old}$ 中分类为 C$_{old}$ 的最早记录的副本。

    ii. 用 R 代替 R$_{old}$。

    iii. "遗忘"分类为 C$_{old}$ 的记录 R$_{old}$(见伪代码 5)。

  b. 处理类别为 C 的记录 R(参见伪代码 3)。

算法的步骤(a)和(b)通常被描述为成长/遗忘阶段。

伪代码片段 5 基于片段 3，当然它不需要包括在叶节点上分裂的任何可能性。

警告：此代码版本包含错误。

伪代码 5：　遗忘类别为 C$_{old}$ 的记录 R$_{old}$

(1) 将 N 设置为根节点的编号。

(2) 将 Continue 设置为'yes'。

(3) 当(Continue='yes')：

  a. 更新节点 N 处的数组。

> i. 将 hitcount[N]减少 1
>
> ii. 对于节点 N 的当前属性数组中的每个属性 Att：
>
> - 将 Val 设置为记录 R 中该属性的值。
> - 将 acvCounts[N][Att][C_{old}][Val]减 1。
>
> b. 如果 splitAtt[N] ='none'，则设置 Continue 为'no'。否则：
>
> i. 将 A 设为 splitAtt[N]。
>
> ii. 将 V 设置为记录 R_{old} 中属性 A 的值。
>
> iii. 将 N 设为 branch[N][A][V]。
>
> (4) 将 classtotals[N][C_{old}]减 1。

这种算法形式不完全正确。它忽略了在遗忘记录时可能发生的重要复杂情况。

假设向窗口添加记录时，树如图 22.2 所示，记录在路径 0→2→4 之后被排序到叶节点 4。

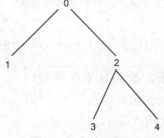

图 22.2　小的决策树

当遗忘记录时，树可能已经进化成如图 22.3 所示的样子。

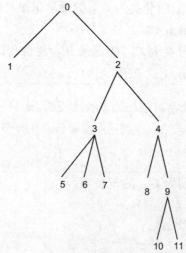

图 22.3　后续阶段的决策树

在遗忘过程中，记录按路径 0→2→4→9→10 被排序到叶节点 10。

此时，减少节点 9 和 10 处的各种计数显然是错误的，因为记录从未在"成长"阶段到达那里，因此这些节点的计数从未增加。

为解决这个问题，我们注意到节点号在创建新节点时是按顺序分配的。目前"遗忘"的记录最初被排序为叶节点 4。此后，任何添加到树的任何部分的节点都必须有一个大于 4 的数字。

因此，可采取的策略是，每当将记录添加到窗口时，就会存储它在窗口中排序的叶节点的编号。此时该数字是 4。一般情况下，称为 idMax。

伪代码片段 3 的修改版本显示了所需的更改。

伪代码 3：处理类别为 C 的记录 R(第 3 版)

与第 2 版相同，但新增步骤(6)。

(6) 将 L 的值存储在窗口中，作为最新记录 R 的 idMax 值。

之前的步骤(6)重新编号为步骤(7)。

现在，当遗忘一条记录时，首先检索对应的 idMax 值，只要每个节点的编号小于或等于 idMax，即可沿着记录路径到达对应的(可能是新的)叶节点，以减少每个节点的计数。

将检索部分放在"主"算法中会很方便。

CDH-Tree 算法概述(第 3 版)

与版本 2 相似，但添加了以下内容作为步骤 3(a)的"否则"部分的第二阶段：

● 将 $idMax_{old}$ 设置为记录 R_{old} 的 idMax 值。

现在伪代码片段 5 如下所示。

伪代码 5：遗忘类别为 C_{old} 的记录 R_{old}(第 2 版)

(1) 将 N 设置为根节点的编号。

(2) 如果 N≤$idMax_{old}$：

　　a. 设置 Continue 为'yes'。

　　b. 当(Continue='yes')：

　　　i. 更新节点 N 处的数组。

　　　● 将 hitcount[N]减少 1。

　　　● 对于节点 N 的当前属性数组中的每个属性 Att：

　　　　——将 Val 设置为记录 R 中属性的值。

　　　　——将 acvCounts[N][Att][C_{old}][Val]减 1。

---

ii. 将 N_{last} 设为 N。

iii. 如果 splitAtt[N] ='none'，则设置 Continue 为'no'。否则
- 将 A 设置为 splitAtt[N]。
- 将 V 设置为记录 R_{old} 中属性 A 的值。
- 将 N 设置为 branch[N][A][V]。
- **如果 N> idMax$_{old}$，则设置 Continue 为'no'。**

c. **将 classtotals[N_{last}][C_{old}]减 1。**

22.6　在节点处重新分裂

现在来看从 H-Tree 算法到 CDH-Tree 算法的转换中最重要的变化，前几节已经描述过相关变化。

当数据依赖于时间时，所描述的方法存在的基本问题是，一旦在节点上分裂，就永远无法逆转或更改。现在需要解决这个问题。

总体想法是，定期检查树的所有内部节点，以便根据当前记录的计数(仅与当前窗口的记录相关)来确定：针对每个节点，是否仍然选择前面已分裂的属性。如果属性不被选择，而且涉及 Hoeffding 边界的条件被不同属性满足，则将其视为概念漂移的可能指示，并且节点(必须有一个子树挂在其上)也被视为“可疑”。下面将讨论如何识别可疑节点。

22.7　识别可疑节点

接下来设置另一个参数 D，表示概念漂移检查之间的记录数量。处理每批 D 条记录后，依次检验树中的每个内部节点，以便根据当前滑动窗口中的记录，检查前面所选的分裂属性现在是否仍将被选中。对于任何节点，如果未通过此检查，且具有不同属性通过 Hoeffding 边界测试，将视为“可疑”。

这需要对主算法进行一些小的更改。将使用变量 recordnum 存储被处理的每条记录的编号，从 0 开始计数。

CDH-Tree 算法概述(第 4 版)

(1) 设置 G、Prob 和 W 和 **D** 的值。

将 recordnum 设置为 0。

(2) 初始化根节点(参见伪代码 1)。

> (3) 对于每个待处理的分类为 C 的记录 R：
>
> 　a. 如果窗口中的记录数量<W，则将 R 添加到窗口中。否则
>
> 　　i. 获取窗口中最早记录的副本：分类为 C_{old} 的 R_{old}。
>
> 　　ii. 将 $idMax_{old}$ 设置为记录 R_{old} 的 idMax 值。
>
> 　　iii. 用 R 替代 R_{old}。
>
> 　　iv. "遗忘"分类为 C_{old} 的记录 R_{old}(见伪代码 5)。
>
> 　b. 处理类别为 C 的记录 R(参见伪代码 3) 。
>
> 　c. **将 recordnum 增加 1。**
>
> 　d. **如果 recordnum 是 D 的倍数，则查看"根"节点及其所有内部节点(参见伪代码 6)。**

伪代码片段 6 将在稍后介绍。

通过从根节点开始，使用 splitAtt 和 branch 数组的内容，可方便地系统识别树中的所有内部节点。图 22.4 说明了该方法[1]。

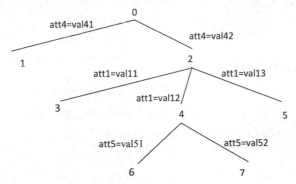

图 22.4　部分开发的 CDH-Tree

　　节点 0(根节点)处的分裂属性为 att4，它有两个值：val41 和 val42。从而生成节点 1 和 2(使用 branch 数组)：branch[0][att4][val41]和 branch[0][att4][val42]。依次查看每个节点。节点 1 是一个叶节点(可通过检查 splitAtt[1]了解这一点)，因此不需要对该节点进行任何操作。节点 2 是内部节点。它在属性 att1 上分裂，该属性有 3 个值：val11、val12 和 val13。第一个和第三个值分别生成叶节点 3 和 5，但第二个分支通向节点 4，节点 4 是内部节点，因此继续上述过程，直至每个路径最终通向叶节点并结束。

　　在每个内部节点，计算与可用于分裂的每个属性对应的信息增益。如果被选择分裂的属性 A 不是最大的信息增益值，则可找到信息增益值最大的两个属性，并计

1　图 22.4 与图 22.1 相同。为便于参考，将其再次列出。

算 Hoeffding 边界。如果最佳属性 X 和第二最佳属性 Y 的信息增益值之间的差值大于 Hoeffding 边界值,则认为节点是可疑的,而属性 X 被认为是该节点的可选分裂属性。

无论节点是否被视为"可疑",它目前仍然在属性 A 上分裂。继续使用数组 branch 的内容检查它的直接后代。

以上过程可总结为两个新的伪代码片段 6 和 7。

伪代码 6:检查节点 N 及其作为内部节点的所有后代

(1) 如果 N 是叶节点,则停止。

否则:

　　a. 检查内部节点 N(参见伪代码 7)。

　　b. 如果怀疑节点 N 具有可选属性 X,则按 22.8 节的描述进行处理。

　　c. 将 A 设置为 splitAtt[N]。

　　d. 对于属性 A 的每个值 V:

　　　　i. 将 N1 设置为 branch[N][A][V]。

　　　　ii. 检查节点 N1 及其作为内部节点的所有后代。

伪代码 7:检查内部节点 N

(1) 设 A 是节点 N 上当前分裂的属性,即 splitAtt[N]。

(2) 找到节点 N 的当前属性数组中每个属性的信息增益值。

(3) 如果 A 具有最大的信息增益值,则返回'不怀疑'。

否则:

　　a. 找到具有最大信息增益值的两个属性。分别称它们为 X 和 Y。

　　b. 计算节点 N 的 Hoeffding 边界值 ϵ。

　　c. 如果 IG(X)-IG(Y)>ϵ,则返回 X 作为在节点 N 处分裂的替代属性。

22.8　创建备用节点

当节点 N 被识别为"可疑"时,一个可能动作是将其转换回叶节点,丢弃其后代子树,并随着新记录的到来根据正常的成长/遗忘过程进化出新的子树结构。这样做的问题是,对于未见记录,树的预测精度可能大幅下降,尤其当相关节点接近根节点时。

相反,可为任何可疑节点 N 创建一个"备用节点",最初通过在"可选分裂属性" X 上进行分裂形成一级子树。假设该备用节点编号为 N1。节点 N1 被赋予与节点 N 相同的 currentAtts、hitcount、classtotals 和 acvCounts 数组，但其分裂属性(即数组元素 splitAtt[N1]的值)是不同的。它的值为 X。

接下来，为新分裂属性的每个值创建一个从节点 N1 到新节点的分支。

虽然节点 N1 及其子结构不是分类树的一部分，但可认为节点 N 和 N1 通过虚线链接，如图 22.5 所示，其中 N 和 N1 分别为 2 和 10。节点 10 是主树中节点 2 的备用节点。

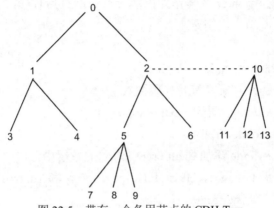

图 22.5　带有一个备用节点的 CDH-Tree

随着时间的推移，多个备用节点及其子结构可能与可疑节点关联。随着成长/遗忘过程的继续，每个备用节点下的子结构也可能演变。

在后面的 22.10 节中，将决定是否用其中一个备用节点替换每个可疑内部节点，以及选择哪个备用节点。那时图 22.5 可能已经演变成图 22.6。

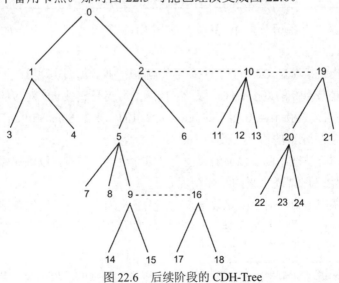

图 22.6　后续阶段的 CDH-Tree

为以数组形式记录主树中节点与其备用节点之间的链接，需要使用第七个数组：altTreeList。这是一个二维数组。对于图 22.6 来说，altTreeList[2]是数组{10, 19}。altTreeList 数组仅适用于主树中的节点，而不适用于备用节点或挂在备用节点的子结构中的其他任何节点[1]。

现在可以在伪代码片段 6 中替换斜体中的单词。

伪代码 6：检查节点 N 及其作为内部节点的所有后代(第 2 版)

(1) 如果 N 是叶节点，则停止。

否则：

    a. 检查内部节点 N(参见伪代码 7)。

    b. 如果节点 N 怀疑具有替代属性 X。

        i. 将 newnode 设置为 nextnode。

        ii. 将 nextnode 增加 1。

        iii. 将 newnode 添加到 altTreeList[N]的数组中。

        iv. 将数组 hitcount、classtotals、acvCounts 和 currentAtts 从节点 N 复制到节点 newnode。

        v. 使用属性 X 在节点 newnode 处分裂(参见伪代码 2)。

    c. 将 A 设为 splitAtt[N]。

    d. 对于属性 A 的每个值 V：

    i. 将 N1 设为 branch[N][A][V]。

    ii. 检查节点 N1 及其作为内部节点的所有后代。

如果用第二个备用节点 19 替换图 22.6 中的节点 2，将得到新的树结构，如图 22.7 所示。

一旦做出替换决定，如节点 2 由备用节点 19 替换，那么实现该改变是非常简单的。节点 2 是节点 0 的直接后代。假设有问题的分支是属性 att7 对应的分支，其值为 val72。并且，链接节点 0 和 2 的 branch 数组的元素是 branch[0][att7][val72]，所做的是将此数组元素的值从 2 改为 19。

这种谨慎方法在不同于以前的属性上"重新分裂"节点，以确保顺利地转换到新树，从而始终保持高水平的预测精度。

使用"备用节点"对于平稳数据来说毫无意义(第 21 章开发的算法使用的数据就是平稳数据)，因为不可能创建任何新数据，即使创建了，也不太可能替换原始节

---

1 这是对 CDH-Tree 算法施加的限制。可允许备用树中的节点具有自己的备用节点，但风险在于创建和维护的结构越来越笨拙，大多数结构永远不会成为主树的一部分。它只用于预测的当前树。

点。而对于时间相关数据，则希望在出现概念漂移时可使用备用节点，提供在一个或多个节点上重新分裂决策树的平稳且适度谨慎的方法。

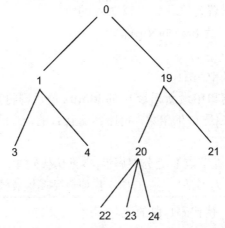

图 22.7 用备用节点替换节点 2 后的 CDH-Tree

22.9 成长/遗忘备用节点及其后代

创建任何备用节点后，随着新记录的读取，成长/遗忘过程仍会继续，关键区别是，计数的增加/减少也适用于备用节点及挂于它们的子树中的节点。在此过程中，每个备用节点都被视为单独树的根。只要满足 Hoeffding 边界要求，也可分裂这些备用树中的叶节点。为此，需要进一步更改伪代码片段 3。

伪代码 3：处理类别为 C 的记录 R(第 4 版)

(1) 将 N 设置为根节点的编号。

(2) 将 Continue 设置为'yes'。

(3) 当(Continue='yes')：

    a. 更新节点 N 处的数组。

        i. 将 hitcount[N]增加 1。

        ii. 对于节点 N 的当前属性数组中的每个属性 Att：

           ● 将 Val 设置为记录 R 中属性的值。

           ● 将 acvCounts[N][Att][C][Val]增加 1。

    b. 如果 **altTreeList[N]**不为空，则对于数组中的每个节点编号 **nextalt**，将节点 **nextalt** 作为根。

        ● 处理分类为 C 的记录 **R(*)**。

---

c. 如果 splitAtt[N] ='none'，则设置 Continue 为'no'。否则：

    i. 将 A 设为 splitAtt[N]。

    ii. 将 V 设置为记录 R 中属性 A 的值。

    iii. 将 N 设为 branch[N][A][V]。

(4) 设置 L = N。

(5) 将 classtotals[L][C]增加 1。

(6) 如果 L 大于窗口中最新记录 R 的 idMax 值，则将其替换为 L。

(7) 如果 hitcount[L]是 G 的倍数，排序到节点 L 的记录的分类不完全相同，同时 currentAtts[L]不为空：

    a. 确定是否在节点 L 处分裂属性(参见伪代码 4)。

    b. 如果回答为"是"，则在节点 L 处分裂属性 A(参见伪代码 2)。

符号(*)表示对同一伪代码片段的递归调用。

此外，需要更改伪代码 5，以便遗忘过程不仅发生在主树，还发生在替换树中(如果适用)。

伪代码 5：遗忘类别为 C_{old} 的记录 R_{old}(第 3 版)

(1) 将 N 设置为根节点的编号。

(2) 如果 N≤idMax$_{old}$：

  a. 设置 Continue 为'yes'。

  b. 当(Continue='yes')：

    i. 更新节点 N 处的数组。

    ● 将 hitcount[N]减少 1。

    ● 对于节点 N 的当前属性数组中的每个属性 Att：

      · 将 Val 设置为记录 R 中属性的值。

      · 将 acvCounts[N][Att][Cold][Val]减少 1。

    ii. 如果 altTreeList[N]不为空，则对于数组中的每个节点编号 nextalt，将节点 nextalt 作为根，然后遗忘类别为 C_{old} 的记录 R_{old}(*)。

    iii. 将 N_{last} 设为 N。

    iv. 如果 splitAtt[N] ='none'，则设置 Continue 为'no'。否则：

    ● 将 A 设为 splitAtt[N]。

    ● 将 V 设置为记录 R_{old} 中属性 A 的值。

    ● 将 N 设为 branch[N][A][V]。

    ● 如果 N> idMax$_{old}$，则设置 Continue 为'no'。

  c. 将 classtotals[N_{last}][C_{old}]减少 1。

22.10　用备用节点替换一个内部节点

最后需要添加到算法中的是一种机制，用于确定是否以及何时将一个内部节点替换为备用节点，如果有多个备用节点，还涉及决定选择哪个备用节点。

为此，在处理每 T 条(如 10 000 条)记录后，系统进入测试阶段。接下来的 M 条记录(如 500 条)用于测试树的预测精度。它们不影响窗口或任何 acvCounts、classtotals 和 hitcount 数组的内容，也不会导致叶节点发生任何分裂。

相反，被处理的每条记录都被排序到主树中的相应叶节点，以及连接到其中任何内部节点的备用树中。

为说明这一点，图 22.8 显示了测试阶段开始时树的可能状态。节点 4 具有备用节点 8 和 14，节点 19 具有备用节点 23，节点 7 具有备用节点 26。

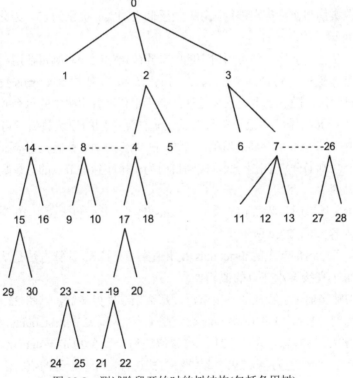

图 22.8　测试阶段开始时的树结构(包括备用树)

假设一条测试记录按照路径 0→2→4→17→19→22 排序到达叶节点 22。在到达叶节点的途中，当该记录"通过"内部节点 4 时，它将被自动复制并传递给节点 4 的备用节点(即节点 8 和 14)上悬挂的备用树。这可能导致它也被排序到叶节点 9 和

29。当记录继续并通过节点 19 时，它也会被自动复制并传递到该节点的备用节点(即节点 23)，并可能被排序到叶节点 24。因此，单条记录被排序到 4 个不同的叶节点。

现在可对 4 个节点中的每个节点进行分类预测，并将其与实际类别进行比较，以便记录。可使用 classtotals 数组的内容，针对从根节点到叶节点(包括根节点和叶节点本身)的路径上的每个节点执行上述操作。

为预测主树中节点 22 的分类，需要在节点 0、2、4、17、19 和 22 处使用 classtotals 数组的内容。如果有 3 种可能的分类 c1、c2 和 c3，那么数组 classtotals[2]将包含 3 个值，如{50, 23, 42}。这些值对应于在该节点仍是叶节点时(即该节点上发生分裂前)排序到该节点的每种类别的记录数量。我们将节点 0、2、4、17、19 和 22 处的 classtotals 数组的元素逐个添加到组合数组 testTotals 中，最终可能包含值{312, 246, 385}。在本示例中，testTotals 数组中具有最大值的类别是 c3，因此被认为是叶节点 22 的预测类别。

将预测类别与实际类别进行比较。由于假设的实际类别为 c3，因此预测类别和实际类别是相同的。

如果一条记录被排序到备用树中的叶节点(如节点 29)，则可使用相同的方法进行预测。在本例中，将合并节点 0、2、14、15 和 29 处的 classtotals 数组的内容。

在测试阶段，随着更多记录被处理，会为主树和备用树中的每个叶节点积累一个计数，以计算被排序的记录总数以及正确预测类别的记录数量。可在二维数组 testcounts 中为每个节点存储这些值。例如，在节点 22 处，数组元素 testcounts[22][0] 和 testcounts[22][1]分别给出测试阶段到目前为止排序到该节点的记录数量和正确分类的记录数量。

测试阶段结束时，将得到一个 testcounts 数组，其中包含树中 19 个叶节点中每个节点的内容(如图 22.9 所示)。

也可用每个内部节点的 testcounts 数组值来填充该表，计算方法是从叶节点向上操作，将每个直接继承节点的值相加。

如果忽略当前可能存在的备用节点，那么该过程很简单。以图 22.10 所示的树的一部分为例，节点 19 的 testcounts 数组是节点 21 和 22 的 testcounts 数组的总和，即{25, 18}和{5, 3}的总和为{30, 21}。将该值加到叶节点 20 的 testcounts 数组，可得到内部节点 17 的数组为{40, 29}。以这种方式进行，叶节点处的值将沿树向上传递到根节点。

叶节点 N	记录数量 testcounts[N][0]	正确分类数量 testcounts[N][1]
1	25	16
5	6	3
6	5	3
9	20	14
10	24	16
11	10	7
12	5	3
13	5	3
16	14	12
18	4	3
20	10	8
21	25	18
22	5	3
24	15	13
25	15	6
27	10	6
28	10	4
29	20	13
30	10	10

图 22.9　测试阶段结束后 testcounts 数组的内容

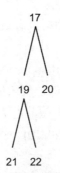

图 22.10　从测试阶段开始时的树结构中提取的部分树结构

然而，当向上传递到达一个具有备用节点(在本例中是 23)的节点(如 19)时，会出现一个重要的复杂情况。接下来恢复该备用节点以及挂在它上面的备用树，如图 22.11 所示。

将值从节点 19 传递到其父节点 17 前，首先考虑以节点 23 为根的备用树。节点 23 处的 testcounts 数组是两个后继叶节点 24 和 25 的组合，即 { 30, 19 }。

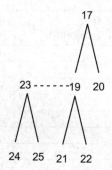

图 22.11　对图 22.10 进行扩展，增加备用节点 23 及其子树

现在比较节点 19 和 23 的值：{30, 21}与{30, 19}。第一个元素必须始终相同，因为在测试阶段，相同的记录会通过每个元素。然而，节点 19 的后代正确预测了 21 条记录的分类，而备用节点 23 的后代仅正确预测了 19 条记录的分类。因此节点 19 不被其备用节点替换，在树中保持不变，备用节点 23 也是如此。

到达节点 4 时，需要将该节点性能与以其两个备用节点 8 和 14 为根的备用树的性能进行比较。testcounts 值如下：

节点 4：{44, 32}

节点 8：{44, 30}

节点 14：{44, 35}

这一次，以节点 14 为根的备用树具有最佳性能，因此节点 4 由备用节点 14 替代。

现在，树看起来如图 22.12 所示[1]。

注意，节点 2 的 testcounts 数组的值现在是节点 14 和 5 的值组合，即{50, 38}。

最后，决定是否用备用节点 26 替换节点 7。节点 7 的 testcounts 数组是{20, 13}，而备用节点 26 的 testcounts 数组是{20, 10}。节点 7 性能更好，因此这两个节点在树中保持不变。

这就完成了测试阶段结束时对树的检查。部分结构已发生变化，但有一个带有备用节点 26 的可疑节点 7。下一个测试阶段结束时，将再次考虑替换可疑节点的可能性，届时可能已经创建了新的备用节点及其子树[2]。

1　尽管节点 14、15、16、29 和 30 先前是备用树的一部分，但现在位于主树中，因此可能具有相连的备用树结构。

2　图 22.8 中的节点 4 和 8 以及所挂的子树都不是修改后树结构的一部分，也不再可访问。对于一个真正的实现来说，重用它们占用的内存是可能的，但这里不讨论这个问题。

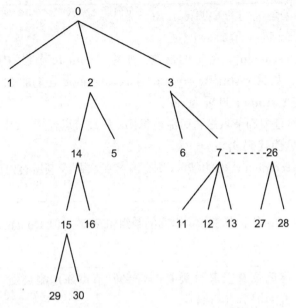

图 22.12　将节点 4 替换为备用节点 14 后的树结构

上述方法需要对主要 CDH-Tree 算法的伪代码做最终修改，加上另外两个伪代码片段 8 和 9。

CDH-Tree 算法概述(第 5 版)

(1) 设置 G、Prob、W、D、T 和 M 的值。

- **将 testmode 设置为'no'。**
- 将 recordnum 设置为 0。

(2) 初始化根节点(参见伪代码 1)

(3) 对于每个要分类为 C 的记录 R：

　　a. 如果 testmode ='yes'，则将记录 R 和其分类 C 排序到叶节点和预测类别(参见伪代码 8)。

　　否则：

　　　i. 如果窗口中的记录数<W，则将 R 添加到窗口中。

　　　　否则：

　　　　- 获取窗口中最旧记录的副本：分类为 C_{old} 的 R_{old}。
　　　　- 将 $idMax_{old}$ 设置为记录 R_{old} 的 $idMax$ 值。
　　　　- 用 R 替代 R_{old}。
　　　　- 遗忘类别为 C_{old} 的记录 R_{old}(参见伪代码 5)。

---

ii. 处理类别为 C 的记录 R(参见伪代码 3)

b. 将 recordnum 增加 1。

c. 如果 **recordnum** 是 **T** 的倍数，则将 **testmode** 设置为'yes'。

否则，如果 testmode ='yes'，且 recordnum 是 **T** 加 **M** 的倍数：

i. 将 **testmode** 设置为'no'。

ii. 检查内部节点是否可能被替换，从根节点开始，返回数组 **tcounts(参见伪代码 9)**。

d. 如果recordnum是D的倍数，则查看节点"根"及其所有内部节点的后代(参见伪代码 6)。

虽然此处没有使用步骤 3(c)(ii)返回的数组 tcounts，但 tcounts 对于下面的伪代码 9 的递归定义却非常重要。

伪代码 8：将记录 R 及其分类 C 排序到叶节点并预测类别

(1) 将 N 设置为根节点的编号。

(2) 将 testTotals 数组的元素设置为 0(每种分类对应一个元素)。

(3) 将 Continue 设置为'yes'。

(4) 当(Continue='yes')：

a. 通过 classtotals[N]的相应元素增加 testTotals 数组的元素。

b. 如果 splitAtt[N]！='none'：

i. 如果 altTreeList[N]不为空，对于数组中的每个节点号 N1，将节点 N1 作为根。

● 将记录 R 及其分类 C 排序到叶节点并预测类别(*)。

ii. 将 A 设为 splitAtt[N]。

iii. 将 V 设置为记录 R 中属性 A 的值。

iv. 将 N 设为 branch[N][A][V]。

(5) 设置 L = N。

(6) 将预测类别设置为 testTotals 数组中具有最大值的类别。

(7) 将数组 testcounts[N]的第一个元素增加 1。

(8) 如果预测类别= C，则将数组 testcounts[N]的第二个元素增加 1。

伪代码 9：检查内部节点是否可能被替换，从节点 N 开始，返回数组 tcounts

(1) 如果 splitAtt[N] ='none'，则将数组 tcounts(两个元素)设置为与 testcounts[N] 相同的值。

否则：

a. 将数组 tcounts 设置为 0(两个元素)。

b. 对于节点 N 的每个直接后代节点 N1：

 i. 检查内部节点是否可能被替换，从节点 N1 开始，返回数组 tcounts1(*)。

 ii. 通过数组 tcounts1 的相应值增加 tcounts 的元素。

c. 如果数组 altTreeList[N]不为空

 i. 对于数组中的每个备用节点号 alt：

  • 检查内部节点是否可能被替换，从节点 alt 开始，返回数组 tcountalt(*)。

 ii. 找到 tcountalt 数组中第二个元素的最大值的备用节点 alt_{best}。

 iii. 如果该值大于 tcounts 的第二个元素：

  • 将数组 tcounts 设置为数组 tcountalt。

  • 用备用节点 alt_{best} 替换主树中的节点 N。

(2) 返回数组 tcounts。

22.11　实验：跟踪概念漂移

与本书其他章节介绍的其他分类算法相比，CDH-Tree 算法较复杂。为说明它如何与时间相关数据(即存在概念漂移的情况下)一起工作，接下来以可控方式引入概念漂移的模拟数据，相对于使用现实数据，这样做可能更好。在现实数据中，很难直观地感受到每个阶段的分类树应该是什么样子。

与第 21 章一样，将构建一个极小但非常有用的数据集：lens24，即第 5 章描述的眼科数据集。它只有 24 条记录，以及 4 个属性：age、specRx、astig 和 tears。属性 age 有 3 个值：1、2 和 3。其他 3 个属性有两个值：1 和 2。还有 3 个类别：1、2 和 3。

如果采用相同顺序将所有 24 条记录多次输入 CDH-Tree 中，那么输入的记录总数可能为 2400、24 000 或 24 000 000，可检查所生成的树，并将它们与第 4~6 章描述的树生成算法 TDIDT 生成的结果进行比较。如果输入的记录数量是原始数据记录的任意倍数，那么 TDIDT 给出的结果与针对原始数据记录的处理结果是相同的。如 21.8.1 节所述，在处理 7200 条记录和处理 9600 条记录之间的某处，由这些数据构建的 H-Tree 已生成与 TDIDT 相同的树,因此也有相同的规则。

处理 9600 条记录(即每次以相同顺序重复 400 次 lens24 数据记录)后,决策树如图 22.13 所示[1]。

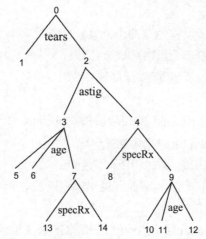

图 22.13　针对 lens24 数据集的 9600 条记录的 TDIDT 和 H-Tree 生成的树

可从这样的树中逐分支提取规则,每条规则对应于从根节点到叶节点的路径,从左到右进行提取。

这种情况下,TDIDT 和 H-Tree 都生成 9 条规则(如图 22.14 所示)。所有叶节点都有一个类别。

(1) IF tears=1 THEN Class=3

(2) IF tears=2 AND astig=1 AND age=1 THEN Class=2

(3) IF tears=2 AND astig=1 AND age=2 THEN Class=2

(4) IF tears=2 AND astig=1 AND age=3 AND specRx=1 THEN Class=3

(5) IF tears=2 AND astig=1 AND age=3 AND specRx=2 THEN Class=2

(6) IF tears=2 AND astig=2 AND specRx=1 THEN Class=1

(7) IF tears=2 AND astig=2 AND specRx=2 AND age=1 THEN Class=1

(8) IF tears=2 AND astig=2 AND specRx=2 AND age=2 THEN Class=3

(9) IF tears=2 AND astig=2 AND specRx=2 AND age=3 THEN Class=3

图 22.14　从 lens24 数据(9600 条记录)的决策树中提取的规则

使用与 CDH-Tree 算法相同的数据(W 设置为 9600),将生成完全相同的结果[2]。

---

1 本书将遵守以下约定:每个内部节点的分支按从左到右的顺序对应于属性值 1 和 2(或 age 属性的 1、2 和 3)。例如,节点 6 对应于左侧为 IF tears= 2 AND astig = 1 AND age= 2 的规则(右侧没有显示相应的类别)。

2 当滑动窗口已满,且 D 大于 W 时,CDH-Tree 的算法实际上与 H-Tree 的相同。

现在需要找到一种方法将概念漂移引入 CDH-Tree 的数据流中。

22.11.1　lens24 数据：替代模式

首先介绍一种解释 lens24 数据记录的替代方法。每条记录包括 4 个属性值和 1 个类别。通常将第一、第二、第三和第四个属性值分别分配给属性 age、specRx、astig 和 tears。我们将此称为数据的"标准模式"。如果将 4 个属性值按顺序分配给属性 age、tears、specRx 和 astig，则数据处于"替代模式"[1]。

如果在 lens24 数据上以替代模式针对 9600 条记录运行 TDIDT、H-Tree 或 CDH-Tree(W=9600)，将获得与之前完全相同的树和相应的9条规则，只不过每次出现specRx、astig和tears时将分别被tears、specRx和astig所取代。

决策树看起来如图 22.15 所示。

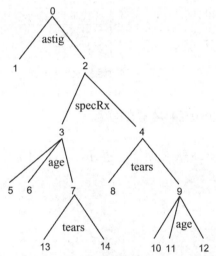

图 22.15　在替代模式下，针对 lens24 的 9600 条数据的 TDIDT 和 H-Tree 生成的树

从树中提取的规则如图 22.16 所示。

22.11.2　引入概念漂移

现在可将概念漂移引入数据流中。首先将前 19 200 条记录解释为标准模式，然后将接下来的 19 200 条记录切换为替代模式，以此类推，在两种模式间交替。图 22.17 显示了将用于实验的无限记录流部分的模式。

---

1 此时保持属性 age 不变，以避免不相关的并发情况。它有 3 个属性值，而其他都只有 2 个属性。

(1) IF astig=1 THEN Class=3

(2) IF astig=2 AND specRx=1 AND age=1 THEN Class=2

(3) IF astig=2 AND specRx=1 AND age=2 THEN Class=2

(4) IF astig=2 AND specRx=1 AND age=3 AND tears=1 THEN Class=3

(5) IF astig=2 AND specRx=1 AND age=3 AND tears=2 THEN Class=2

(6) IF astig=2 AND specRx=2 AND tears=1 THEN Class=1

(7) IF astig=2 AND specRx=2 AND tears=2 AND age=1 THEN Class=1

(8) IF astig=2 AND specRx=2 AND tears=2 AND age=2 THEN Class=3

(9) IF astig=2 AND specRx=2 AND tears=2 AND age=3 THEN Class=3

图 22.16　从 lens24 数据(替代模式)的决策树中提取的规则

记录数量	lens24模式
0–19 199	标准模式
19 200–38 399	替代模式
38 400–57 599	标准模式
57 600–76 799	替代模式

图 22.17　概念漂移实验模式

22.11.3　使用交替 lens24 数据的实验

下面描述将 CDH-Tree 算法应用于交替 lens24 数据时的行为,具有以下变量设置:

Prob= 0.999

G = 500

W = 9600

D = 14000

T = 18000

M = 1200

系统会针对每 D(即14 000)条记录,检查是否存在可能的概念漂移,方法是检查树的每个内部节点是否按使用滑动窗口的当前内容进行决策的方式进行分裂。如果不是,则考虑为主树中的某些节点创建备用节点。创建备用节点的任何内部节点都可被视为“可疑”。最初,每个这样的备用节点都有一个一级子树挂在它上面,并在首选属性上分裂。

每 T(即 18 000)条记录后,系统进入测试阶段。下一批 M(即 1200)条记录不用于树的进化,而是测试每个可疑内部节点的性能以及每个备用节点的性能。节点性能通过悬挂其上的子树正确分类的 M 条记录的数量来衡量。测试阶段结束时,如果任何内部节点的性能被一个或多个备用节点超过，就会用最佳的备用节点替换内部节点。

下面显示的结果是一系列树状态的"快照"，因为处理的记录越来越多。

9600 条记录

数据处于标准模式。

滑动窗口现在第一次完成(W = 9600)。树和相应的规则分别如图 22.13 和图 22.14 所示。

14 000 条记录

对概念漂移进行第一次检查(D = 14 000)。没有发现任何节点是可疑的。这并不奇怪，因为标准数据模式仍在使用中。

18 000 条记录

第一个测试阶段开始(T = 18 000)。没有备用节点，因此肯定没有效果。

19 200 条记录

第一个测试阶段结束(T = 18 000，M = 1200)。如果没有备用节点，则无法对树进行任何更改。该树完美预测所有 1200 条记录的分类。

接下来，替代数据模式开始。

28 000 条记录

对概念漂移进行第二次检查(D = 14 000)。此时发现节点 0 处，属性 tears 上的分裂不再是最佳选择。在属性 astig 上分裂，从而创建带有一级子树的备用节点 15。没有找到其他可疑节点。

树现在如图 22.18 所示。从图 22.13(lens24 数据的标准模式)转换为图 22.15(lens24 数据的替代模式)。

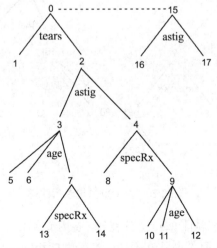

图 22.18　28 000 条记录后显示了备用节点的树

对应的规则如图 22.19 所示。

(1) IF tears=14 THEN Class={1100, 734, 2966}

(2) IF tears=2 AND astig=1 AND age=1 THEN Class={0, 66, 734}

(3) IF tears=2 AND astig=1 AND age=2 THEN Class={0, 66, 734}

(4) IF tears=2 AND astig=1 AND age=3 AND specRx=1 THEN Class=3

(5) IF tears=2 AND astig=1 AND age=3 AND specRx=2 THEN Class={0, 34, 366}

(6) IF tears=2 AND astig=2 AND specRx=1 THEN Class={100, 1100, 0}

(7) IF tears=2 AND astig=2 AND specRx=2 AND age=1 THEN Class=1

(8) IF tears=2 AND astig=2 AND specRx=2 AND age=2 THEN Class=3

(9) IF tears=2 AND astig=2 AND specRx=2 AND age=3 THEN Class=3

图 22.19   28 000 条记录后的规则

为这些规则显示的数组按顺序给出 3 种类别(1、2 和 3)的类别计数。

lens24 数据的一种模式和另一种模式之间的概念漂移显然对排序到不同叶节点的记录的分类预测产生了影响。

<u>36 000 条记录</u>

树现在如图 22.20 所示。

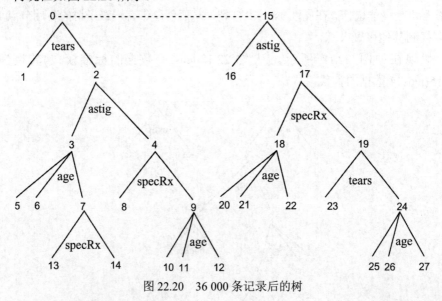

图 22.20   36 000 条记录后的树

除了节点 22 没有在属性 tears 上分裂外，备用节点 15 下的备用树与图 22.15 是相同的(节点编号从 15 而不是从 0 开始，编号顺序相同)。

相应规则如图 22.21 所示。

(1) IF tears=1 THEN Class={1200, 800, 2800}

(2) IF tears=2 AND astig=1 AND age=1 THEN Class=3

(3) IF tears=2 AND astig=1 AND age=2 THEN Class=3

(4) IF tears=2 AND astig=1 AND age=3 AND specRx=1 THEN Class=3

(5) IF tears=2 AND astig=1 AND age=3 AND specRx=2 THEN Class=3

(6) IF tears=2 AND astig=2 AND specRx=1 THEN Class=2

(7) IF tears=2 AND astig=2 AND specRx=2 AND age=1 THEN Class=1

(8) IF tears=2 AND astig=2 AND specRx=2 AND age=2 THEN Class=3

(9) IF tears=2 AND astig=2 AND specRx=2 AND age=3 THEN Class=3

图 22.21　图 22.20 对应的规则

第二个测试阶段现在开始(T = 18 000)。

<u>37 200 条记录</u>

第二个测试阶段结束(T = 18 000，M = 1200)。

结果表明，备用节点 15 的性能优于节点 0。在 1200 个样本中，它对其中 1050 个做出了正确预测，而节点 0 只正确预测了其中 950 个。因此，节点 15 替换节点 0，此时作为树的根节点。

新树现在如图 22.22 所示。

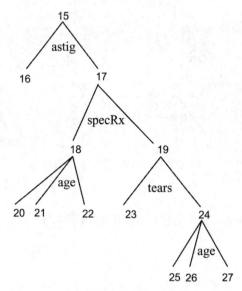

图 22.22　备用节点 15 替换了根节点后的树

<u>38 182 条记录</u>

节点 22 在属性 tears 上分裂，给出了新节点 28 和 29。

<u>38 400 条记录</u>

数据返回标准模式。

此时，对应于树中节点的规则与图 22.16 中所示的规则相同。

<u>40 198 条记录</u>

节点 23 在属性 age 上分裂，给出新节点 30、31 和 32，即 9 600 条记录后的形状。

<u>42 000 条记录</u>

进行第三次概念漂移检查(D = 42 000)。现在发现节点 18 和 19 是 "可疑的"。节点 18 有一个备用节点 33，在该备用节点上通过分裂属性 tears 生成一级树(节点 34 和 35)。节点 19 有一个备用节点 36，在该备用节点上通过分裂属性 age 生成一级树(节点 37、38 和 39)。

该树现在如图 22.23 所示。

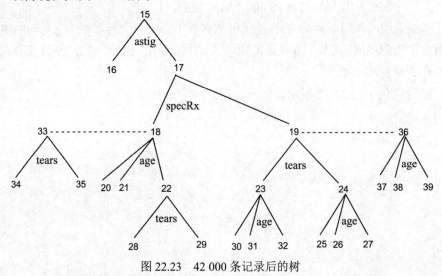

图 22.23 42 000 条记录后的树

<u>47 984 条记录</u>

节点 37 在属性 tears 上分裂(给出新节点 40 和 41)。

<u>48 000 条记录</u>

现在，与树对应的规则如图 22.24 所示。

(1) IF astig=1 THEN Class={0, 2000, 2800}

(2) IF astig=2 AND specRx=1 AND age=1 THEN Class={400, 0, 400}

(3) IF astig=2 AND specRx=1 AND age=2 THEN Class={400, 0, 400}

(4) IF astig=2 AND specRx=1 AND age=3 AND tears=1 THEN Class=3

(5) IF astig=2 AND specRx=1 AND age=3 AND tears=2 THEN Class=1

(6) IF astig=2 AND specRx=2 AND tears=1 AND age=1 THEN Class=3

(7) IF astig=2 AND specRx=2 AND tears=1 AND age=2 THEN Class=3

(8) IF astig=2 AND specRx=2 AND tears=1 AND age=3 THEN Class=3

(9) IF astig=2 AND specRx=2 AND tears=2 AND age=1 THEN Class=1

(10) IF astig=2 AND specRx=2 AND tears=2 AND age=2 THEN Class=3

(11) IF astig=2 AND specRx=2 AND tears=2 AND age=3 THEN Class=3

图 22.24　48 000 条记录后的规则

54 000 条记录

第三个测试阶段开始(T = 18 000)。

55 200 条记录

第三个测试阶段结束(T = 18 000，M = 1200)。节点 18 由备用节点 33 替代。

56 000 条记录

进行第四次概念漂移检查(D = 14 000)。节点 17 被认为是可疑的，被节点 42 替换，节点 42 在属性 tears 上分裂生成上一级后代子树(新节点 43 和 44)。现在树的状态如图 22.25 所示。

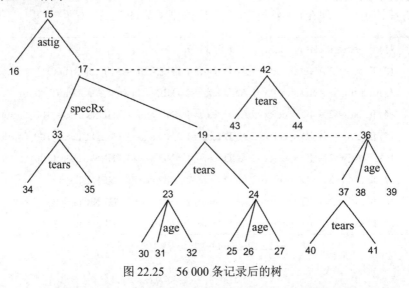

图 22.25　56 000 条记录后的树

345

对该树而言，恢复到图 22.13 中的形状似乎比恢复到图 22.15 中的形状难得多。属性 tears 上普遍存在的分裂似乎是根节点在该属性上分裂的部分替代。

<u>57 600 条记录</u>

现在，对应于分类树的规则如图 22.26 所示。

---

(1) IF astig=1 THEN Class={0, 2000, 2800}

(2) IF astig=2 AND specRx=1 AND tears=1 THEN Class=3

(3) IF astig=2 AND specRx=1 AND tears=2 THEN Class=1

(4) IF astig=2 AND specRx=2 AND tears=1 AND age=1 THEN Class=3

(5) IF astig=2 AND specRx=2 AND tears=1 AND age=2 THEN Class=3

(6) IF astig=2 AND specRx=2 AND tears=1 AND age=3 THEN Class=3

(7) IF astig=2 AND specRx=2 AND tears=2 AND age=1 THEN Class=1

(8) IF astig=2 AND specRx=2 AND tears=2 AND age=2 THEN Class=3

(9) IF astig=2 AND specRx=2 AND tears=2 AND age=3 THEN Class=3

图 22.26 57 600 条记录后的规则

替代数据模式开始。

<u>57 996 条记录</u>

节点 43 在属性 specRx 上分裂(给出新节点 45 和 46)。

<u>58 000 条记录</u>

节点 44 在属性 specRx 上分裂(给出新节点 47 和 48)。

<u>60 000 条记录</u>

继续该过程。现在，该树有 9 条相应规则，如图 22.27 所示。

---

(1) IF astig=1 THEN Class={0, 1500, 3300}

(2) IF astig=2 AND specRx=1 AND tears=1 THEN Class={0, 200, 1000}

(3) IF astig=2 AND specRx=1 AND tears=2 THEN Class={900, 300, 0}

(4) IF astig=2 AND specRx=2 AND tears=1 AND age=1 THEN Class={100, 0, 300}

(5) IF astig=2 AND specRx=2 AND tears=1 AND age=2 THEN Class={100, 0, 300}

(6) IF astig=2 AND specRx=2 AND tears=1 AND age=3 THEN Class={100, 0, 300}

(7) IF astig=2 AND specRx=2 AND tears=2 AND age=1 THEN Class=1

(8) IF astig=2 AND specRx=2 AND tears=2 AND age=2 THEN Class=3

(9) IF astig=2 AND specRx=2 AND tears=2 AND age=3 THEN Class=3

图 22.27 60 000 条记录后的规则

向输入记录流引入概念漂移后发生了上述变化，现在，该树对每批 24 条记录中的 5 条进行错误分类。

22.11.4　关于实验的评论

从图 22.13 开始(即在 9600 条记录之后处于标准模式下的数据)，树令人满意地进化到图 22.15[1]，此时数据处于替代模式。然而，这很大程度上取决于 W、D、T 和 M 的适当选择。

在 60 000 条记录后，树仍未显示出进化回图 22.13 的迹象。虽然在 42 000 条记录后，对概念漂移的第三次检查导致备用节点与节点 18 和 19 关联(如图 22.23 所示)，但遗憾的是，没有与新的根节点 15 关联。这反过来导致树的预测精度下降。

该算法似乎对变量的选择非常敏感，特别是 D 和 T。它们相对于彼此和 W 的大小对算法在实际数据上的成功至关重要。

22.12　本章小结

本章以第 21 章中对流数据分类的 H-Tree 算法的描述为基础，即从一些自动过程中收集的数据(通常是大量的)，时间跨度为天、月、年或可能永远。第 21 章关注固定因果模型生成的平稳数据；而本章关注与时间相关的数据，其中基础模型可能不断发生变化，也许是季节性变化。这种现象称为"概念漂移"。

本章给出的算法 CDH-Tree 是流行的 CVFDT 算法的变体，它生成 Hoeffding Tree 决策树。为方便那些对开发自己的实现感兴趣的读者，本文详述和解释该算法，并附带伪代码。最后，通过一个使用模拟数据的详细示例，说明在存在概念漂移的情况下，随着处理越来越多的记录，分类树的进化方式。

22.13　自我评估练习

1. 在什么情况下进入测试阶段是不合适的？如何避免？

2. 在预测测试记录或具有未知类别的记录的类别时，为什么不适合使用 hitcount 或 acvCounts 数组？

1　严格地说，节点编号与图 22.15 不同，但顺序相同。

第 **23** 章

神经网络概论

23.1 简介

人工神经网络，通常简称为神经网络，是由大脑中的神经元及其之间的连接启发的计算系统。神经网络在人工智能的几个领域已经证明是成功的，包括对象识别、自然语言处理、数值预测和分类。这是本书特别感兴趣的最后一个主题。

这个介绍性的章节只能触及一个较大主题的冰山一角，该主题可能需要一本书(或几本书)来讨论。本章解释基本原理和一些广泛使用的技术，特别针对本书其他地方研究的分类任务类型使用的神经网络，最后是对 iris 和 seeds 数据集将神经网络用于分类的例子。

神经网络包括一组节点，称为神经元，排列成一个至少有 3 组(被称为层)的有序序列。序列中的第一层称为输入层，最后一层称为输出层，其他的称为隐藏层。神经网络的层数和每层节点数的最佳选择与任务有关，知道该选择什么是一个判断和经验的问题。相对简单的神经网络只有一个隐藏层，但更复杂的网络可以有多个隐藏层。

如下所述，在神经网络中，数据值从输入层通过隐藏层传播到输出层，每次一层。本书的图将显示从左(输入)到右(输出)垂直排列的层。节点在每一层中的位置顺序是任意的。

图 23.1 是一个基本神经网络的简化示例。它显示了 3 个相互连接的节点集合。图中左边的两个节点组成了输入层，中间的两个节点组成了隐藏层，右边的节点组

成了输出层。在这个例子中，每一层只包含两个节点[1]。相邻的层是完全连接的，即一层中的每个节点通过一条链路连接上一层(如果有)和下一层(如果有)的每个节点[2]。同一层或隔一层以上的节点之间没有链路。

隐藏层数和每层节点数的选择决定了神经网络的基本结构(还需要做出其他一些设计决策，接下来将讨论这些决策)。神经网络的结构决定了它如何将输入转换成输出。

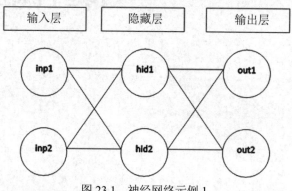

| 输入层 | 隐藏层 | 输出层 |

图 23.1　神经网络示例 1

每一对节点之间的链接都有一个相关的数值，称为其权值，权值可以是正的，也可以是负的。使用神经网络时的第一个任务是将每个链接的权值初始化为一个随机值：一个小的正数或负数。(通常建议将初始权值限制为-0.5~0.5。)网络中的节点没有初始值。

神经网络可以看作一台机器(由软件构成)，它通过左边的输入节点提取数值，并利用节点的值和链接的权值，多次将它们传递到右边下一层的节点，一次一层，直到最后一层(输出节点)。对于每个输入值的组合，都有一组目标输出值。给网络一个接一个、一遍又一遍地提供训练集中的实例，通常提供很多次，目的是通过反复试验来调整权值，使最终输出尽可能接近所有训练实例的目标值[3]。我们可以说机器(即神经网络)近似于一种映射，将训练数据中的每一组输入值映射到其相应的目标输出值。接近程度取决于许多因素，包括隐藏层的数量和初始权值的选择。

原始的神经网络只有一个输入层和一个输出层，称为感知器。事实证明，感知器在近似一些标准数学函数(即只有一个输出值的映射)时非常有效，比如逻辑的AND 和 OR 函数，但不适用于其他函数，比如 Exclusive-OR 函数。隐藏层的增加克服了早期感知器的许多限制。本书只考虑单个隐藏层的情况。一般来说，隐藏层越

---

1 为了避免可能的混淆，没有理由要求所有的层都有相同数量的节点。另外，允许使用只有一个节点的层。
2 在神经网络文献中，节点之间的链接通常描述为神经元之间的连接。
3 与神经网络一起使用的训练数据可以有任意数量的输出值，而不仅仅是包含在本书其他地方用于分类任务的训练数据中的单个值(类别值)。23.6 节将讨论神经网络如何用于分类。

多，使用网络可以处理的任务就越复杂，但是每添加一层都会增加大量的处理时间。

神经网络中节点的相互连接结构让人想起大脑中神经元之间的相互连接，这种解释推动了神经网络的大部分发展和术语的形成。这也导致一些作者和狂热者发表一些夸张的言论，比如"这就是大脑的工作方式"，甚至"这一定是解决问题的最佳方法，因为这就是大脑的工作方式"。神经网络是一种强大的计算设备，不需要这种类型的炒作。我们将避免这种夸张，通常用这个名字称呼神经网络中的节点，而不是"神经元"，并避免不必要的生物学术语。

23.2　神经网络示例 1

现在回到图 23.1，说明基本神经网络的操作。

决定网络的基本架构是一个经验问题，而不是一门精确的科学。这样做并通过随机过程生成初始权值后，训练集中的实例就会一个一个地呈现给网络。每个实例包含一个给每个输入节点提供的值，以及为这些输入的每个输出节点获得的目标值。在处理每个实例时，将使用一层中节点的值和到下一层的链接的权值来计算分配给下一层中节点的值。这个过程一层一层地继续，直到输出层中的节点被赋值为止。这种过程称为前向传播，这种类型的神经网络称为前馈神经网络。

几乎可以肯定的是，计算的输出值不精确匹配目标值，在这种情况下，就使用输出节点的误差(即目标值和计算值之差)，通过网络向后一层一层地计算每个权值的调整量。这个过程称为反向传播(backpropagation)。

反向传播是一种监督式学习方法，广泛用于前馈神经网络的权值训练。它既可以用于分类，也可以用于数值预测，但这里重点讨论分类。应用于大型多层前馈神经网络的反向传播通常称为深度学习。

通过网络处理一个实例(前向传播，之后是反向传播)称为传递。在一次传递完成后，下一个实例将呈现给网络，并开始下一次传递。逐个处理训练集中的所有实例称为 epoch。

这一过程逐 epoch 持续，权值缓慢变化，直到达到可接受的精度水平。这可能需要许多个时期(epoch)来实现，经常是数万、数十万甚至更多个 epoch。

在最终形式中，网络被认为是训练过的，即通过网络传播输入值将为所有训练实例给出接近目标输出值的近似值。

值通过网络一层一层地传播，这是一个两阶段的过程。为了说明这一点，假设图 23.2 中给出了如图 23.1 所示的各层节点间链接的权值。

对于该示例，取 inp1 和 inp2 的值分别为 6 和-4。

From 节点	To 节点	权值
inp1	hid1	−0.2
inp1	hid2	0.3
inp2	hid1	0.1
inp2	hid2	−0.2
hid1	out1	0.01
hid1	out2	0.3
hid2	out1	0.5
hid2	out2	−0.5

图 23.2　图 23.1 中层间链接的权值

首先依次考虑每个隐藏节点。先看 hid1，然后看 hid2。对于每个隐藏节点，计算输入到它(例如 inp1 和 inp2)的节点的值的加权和。使用的权值当然是链接的权值。

图 23.3 显示了输入层和隐藏层之间的链接以及两个输入节点的值。

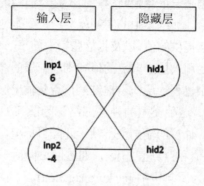

图 23.3　图 23.1 中输入层和隐藏层之间的链接

计算：

hid1＝6×(−0.2)+(−4)×0.1＝−1.6

hid2＝6×0.3+(−4)×(−0.2)＝2.6

这就完成了处理隐藏层的第一阶段，称为神经元激活阶段。hid1 和 hid2 的当前值通常称为它们的激活值，但这里使用更简单明了的术语“加权和值”。如果没有第二阶段，现在就使用这些值以相同的方式计算输出节点的值。

图 23.4 显示了隐藏层和输出层之间的链接，以及迄今为止为 hid1 和 hid2 计算的值。

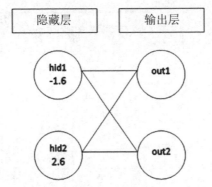

图 23.4　图 23.1 中隐藏层和输出层之间的链接

如果在计算 hid1 和 hid2 时没有第二个阶段，现在就计算：

out1= (−1.6) × 0.01 + 2.6 × 0.5 = 1.284

out2 = (−1.6) × 0.3 + 2.6 × (−0.5) = −1.78

在每个节点上进行第二阶段处理的需求来自许多应用领域(包括分类)的要求，约束在处理每个层时生成的值。特别地，该值常常需要被限制在一个小范围内，特别是从 0 到 1，或只是两个值 0 和 1 本身。可以把 0 和 1 分别看作假和真，所以 0.8 代表"可能"，0.1 代表"非常不可能"。这对于分类的意义将在 23.6 节解释。

为了调整生成的值，可以取每个加权的总和，并将其交给转换函数或激活函数，该函数将其转换为一个新的数值，称为转换后的值。这称为神经元转移阶段。然后，将转换后的值传递到下一层。

一个常用的转换函数是阶跃函数，当 $X \leqslant 0$ 时，阶跃函数将任意值 X 转换为 0，当 $X > 0$ 时，阶跃函数将之转换为 1。但是，对于许多用途来说，这个函数太粗糙了，因为它意味着一个很小的负值，比如-0.0001，其处理方式与 0.0001 这样的小正值完全不同。

另一个随 X 值的增加而平稳增加的转换函数是 sigmoid 函数，也称为对数函数。函数将值 X 转换为 sigmoid(X)，该公式的定义是

$$\text{sigmoid}(X) = \frac{1}{1 + e^{-X}}$$

图 23.5 显示了 sigmoid 函数的形状。

可以看到，通常情况下，X 值的微小变化会导致函数值的微小变化，随着 X 的增加，函数值平滑地从 0 到 1 变化。这是将在本章剩下的部分中使用的传递函数。

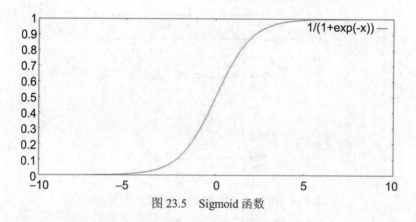

图 23.5　Sigmoid 函数

现在回到刚刚计算了 hid1 和 hid2 的加权和(值分别为-1.6 和 2.6)的地方，接下来计算它们的转换值。hid1 的值变为 sigmoid(-1.6) = 0.1680，hid2 变为 sigmoid(2.6) = 0.9309。

这些转换后的值现在用于计算 out1 和 out2 的加权和：

out1= 0.1680 × 0.01 + 0.9309 × 0.5 = 0.4671

out2 = 0.1680 × 0.3 + 0.9309 × (-0.5) = -0.4151

最后，对 out1 和 out2 的加权和应用 sigmoid 传递函数，out1 变成 sigmoid(0.4671) = 0.6147，out2 变成 sigmoid(-0.4151) = 0.3977。

这些 out1 和 out2 的值将与这些节点的目标值进行比较，误差(目标值减去计算值)将通过网络反向传播，从而对权值进行第一组调整。后面的 23.4 节会描述调整权值的反向传播过程。

现在，检查一个更复杂(但规模仍然较小)的网络，更详细地解释前向传播过程，并推导出计算每个隐藏节点和输出节点的加权和及转换值所需的公式。

23.3　神经网络示例 2

图 23.6 显示了一个包含 2 个输入节点、3 个隐藏节点和 2 个输出节点的小神经网络。它还显示了先前未描述的神经网络的一个可选特性，即使用一种特殊类型的节点，即与隐藏层和输出层相连接的偏置节点。

为使这个图更容易解释，图 23.7 只显示了链接到隐藏节点 hid1 的节点。

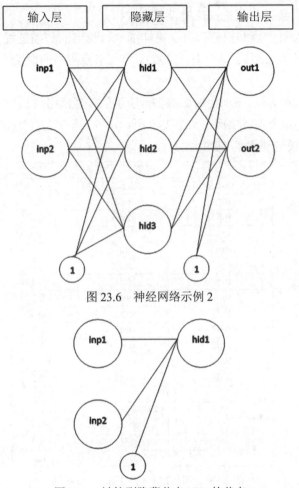

图 23.6 神经网络示例 2

图 23.7 链接到隐藏节点 hid1 的节点

不出所料，其中两个链接来自输入节点 inp1 和 inp2。第三个来自包含固定值 1 的节点。称为隐藏层的偏置节点。偏置节点不是任何层的一部分。与其他节点不同，它们没有从左侧进入的链接，并且它们的初始值为 1，永远不会改变。

从偏置节点到 hid1 的链路和其他所有链路一样，都有一个权值，这个值称为隐藏层偏置权值。

与其他权值一样，偏差权值将通过反向传播过程进行调整。但是，与其他权值不同的是，在给定的层中，每个节点的偏置权值的值总是相同的。[1]

偏置节点可以与除输入层以外的每一层相关联。最初，偏差权值被随机设置为

---

1 作为一个变化，关联到每个隐藏和输出节点的偏置权值可以是不同的。本书假定每一层中的每个节点都具有相同的偏置权值。

较小的正数或负数，与其他权值的设置方式相同。

现在考虑偏置节点和权值，再次更详细地讨论前向传播过程。首先，可以将图 23.6 中的每个节点(除了两个偏置节点)看作与节点同名的变量值，而该变量刚开始是未初始化的。

为了说明这种方法，下面使用如图 23.6 所示的神经网络，权值的初始值如图 23.8 所示。下面考虑单个训练实例，如图 23.9 所示，可以将其想象为只有一个实例的训练集。(23.5 节研究更大的训练集)

权值		
进入节点的链接	离开节点的链接	权值
inp1	hid1	0.2
inp1	hid2	−0.4
inp1	hid3	0.5
inp2	hid1	0.3
inp2	hid2	0.2
inp2	hid3	−0.1
hid1	out1	−0.3
hid1	out2	−0.4
hid2	out1	0.2
hid2	out2	0.4
hid3	out1	−0.1
hid3	out2	0.5

偏置权值	
层	
隐藏	−0.3
输出	0.1

图 23.8　与图 23.1 相关联的初始权值

输入值		目标值	
inp1	inp2	out1	out2
2	−1	0.6	−0.2

图 23.9　初始的训练实例

23.3.1　前向传播输入节点的值

下面推导三层神经网络中前向传播(以及稍后的反向传播)的一般公式。从定义图 23.10 中的一些符号开始。

符号	意义
inpi	第 i 个输入节点的值
Whidj	第 j 个隐藏节点的加权和
Thidj	第 j 个隐藏节点转换后的值
Woutk	第 k 个输出节点的加权和值
Toutk	第 k 个输出节点转换后的值
targk	第 k 个输出节点的目标值
biasH	与隐藏层相关的偏置权值
biasO	与输出层相关的偏置权值
wij	与输入节点 inpi 和隐藏节点 hidj 之间链接相关的权值(注意小写字母 w)
Wjk	与隐藏节点 hidj 和输出节点 outk 之间链接相关的权值(注意首字母大写 W)
E	前向传播结束前的总误差(平方和误差)

图 23.10　神经网络表示法

与上一节中使用的符号相比，有一些重要的变化。

- 对于隐藏节点 hidj，加权求和值表示为 Whidj，转换后的值表示为 Thidj。
- 输出节点 outk 的加权和表示为 Woutk，转换后的值表示为 Toutk。

现在可以认为隐藏节点 hidj 包含两个变量的值：Whidj 和 Thidj。类似地，输出节点 outk 包含变量 Woutk 和 Toutk 的值。

- 为了保持表示法(相对地)整洁，现在还将输入和隐藏层之间的链接的权值与隐藏层和输出层之间的链接的权值区分开来。因此：
  - w12(首字母小写)表示 inp1 和 hid2 之间链接的权值
  - W12(首字母大写)表示 hid1 和 out2 之间链接的权值。

下面推导前向传播所需的公式。我们已经有了 sigmoid 传递函数的公式，下面的描述将使用它。它是：

$$\mathrm{sigmoid}(X) = \frac{1}{1+\mathrm{e}^{-X}}[1]$$

隐藏层和输出层的节点值分两步逐层计算。

1. 隐藏层

步骤 1

对于隐藏层中的每个节点，输入层中的每个节点贡献自己的值，再乘以两个节点之间链路的权值，形成加权和。如果有一个与隐藏层相关的偏置节点，就将该偏置权值加到该节点的总和中，得到其加权和 Whidj。可以用如下公式表示。

对于所有隐藏节点 hidj：

$$\text{Whidj} = \sum_i (\text{inpi} * \text{wij}) + \text{biasH} \quad [2]$$

依次通过隐藏层中的节点，节点 hid1 的输入如图 23.11 所示。输入节点 inp1 和 inp2 链接到权值分别为 0.2 和 0.3 的 hid1，隐藏层偏置权值 biasH 为-0.3。

计算输入节点值的加权和为：2×0.2+(-1)×0.3 = 0.1，再加上偏置权值的值，即-0.3，Whid1 的总值为-0.2。

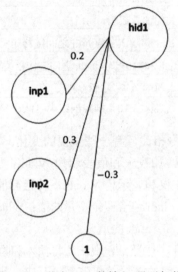

图 23.11　节点 hid1 的输入(显示权值)

可以用同样的方法计算 hid2 和 hid3 的加权和：

Whid2 = 2×(-0.4)+(-1)×0.2-0.3 = -1.3
Whid3 = 2×0.5+(-1)×(-0.1)-0.3 = 0.8

步骤 2

第二阶段是依次取每个加权和值，并使用 sigmoid 传递函数对其进行转换。第 j 个隐藏节点的加权求和值 Whidj 与其转换后的值 Thidj 之间的关系如下。

对于所有隐藏节点 hidj：

$$\text{Thidj} = \text{sigmoid}(\text{Whidj}) = \frac{1}{1 + e^{-\text{Whidj}}} \quad [3]$$

对于图 23.6 所示的网络，在给定权值的情况下，每个隐藏节点的计算值如下。

隐藏节点 hid1

加权值 Whid1 = −0.2

转换值 Thid1 = sigmoid(−0.2) = 0.4502[1]

隐藏节点 hid2

加权值 Whid2 = −1.3

转换值 Thid2 = sigmoid(−1.3) = 0.2142

隐藏节点 hid3

加权值 Whid3 = 0.8

转换值 Thid3 = sigmoid(0.8) = 0.6900

将这个两步过程应用到隐藏层之后，现在可以使用相同的方法将隐藏节点的值传播到输出层。

2. 输出层

输出层的过程与隐藏层非常相似。对于输出层中的每个节点，隐藏层中的每个节点贡献其(转换后的)值，再乘以两个节点之间链路的权值，形成加权和。如果有一个与输出层相关联的偏置节点，就将偏置权值加到该节点的总和中。

对于每个输出节点 outk：

$$\text{Woutk} = \sum_{j}(\text{Thidj} * \text{Wjk}) + \text{biasO} \quad [4]$$

在计算加权值 Woutk 后，利用 sigmoid 函数对其进行转换，所以

对于所有输出节点 outk：

$$\text{Toutk} = \text{sigmoid}(\text{Woutk}) = \frac{1}{1 + e^{-\text{Woutk}}} \quad [5]$$

对于输出节点 out1，有

加权值 Wout1= 0.4502 × (−0.3) + 0.2142 × 0.2 + 0.6900 × (−0.1 + 0.1)

= −0.0612

转换值 Tout1 = sigmoid(−0.0612) = 0.4847

对于输出节点 out2，有

加权值 Wout2 = 0.4502×(−0.4)+0.2142×0.4+0.6900×0.5+0.1

= 0.3506

转换值 Tout2 = sigmoid(0.3506) = 0.5868

---

1 数字通常显示到小数点后四位，但在以后的计算中会保持完全的准确性。

现在，完整节点集的值如图 23.12 所示。(给出了隐藏层和输出层中节点的转换值。)

inp1	inp2	hid1	hid2	hid3	out1	out2
2	−1	0.4502	0.2142	0.6900	0.4847	0.5868

图 23.12　前向传播法在网络中的应用结果

接下来，计算每个输出节点的误差值，即它的目标值减去它的计算(转换)值。

对于节点 out1，这是 0.6-0.4847 = 0.1153。对于节点 out2，这是-0.2-0.5868= -0.7868。

从这些误差值计算总的误差，称为误差平方和。这被定义为输出节点误差值平方和的一半，即[1]

$$E = 0.5 * \sum_k (targ_k - Tout_k)^2 \quad [6]$$

对于示例网络，E = 0.5×((0.1153)² +(-0.7868)²) = 0.31614246(精确到小数点后八位)。从期望误差值为零到误差平方之和为零是一条很长的路，所以系统现在从输出层，通过隐藏层向输入层，一层一层倒推，为与从每一层到前一层的链接相关联的权值和两个偏置权值计算新值。这个过程称为反向传播。详见 23.4 节。

在反向传播之后，与网络中的链接相关联的权值现在如图 23.13 所示。它们与初始值没有太大区别。

然后，这个过程继续进行，训练集中的实例在许多个 epoch 内依次处理，并在过程中调整权值——通常是非常轻微的调整(当训练集包含多个实例时，如何调整权值将在 23.5 节中讨论)。这种情况会一直持续，直到误差值降到所需的水平以下(可能是 0.0001)，或者不再试图进一步减少它，在这种情况下，我们就认为网络是经过训练的。训练过的网络为训练集中的实例提供所需的输出(达到某种程度的误差)，因此可以用于为先前未见的输入值预测输出值。

这样做的目的是为了不断地修正权值，使误差平方和的值稳定地(尽管常常是轻微地)减少。然而，这并不能得到保证。即使是训练一个简单的网络，也需要处理成千上万个 epoch。

---

1 系数为 0.5 是为了便于以后的一些数学计算。它几乎没有实际的区别。

权值		
进入节点的链接	离开节点的链接	权值
inp1	hid1	0.2033
inp1	hid2	−0.4024
inp1	hid3	0.4958
inp2	hid1	0.2983
inp2	hid2	0.2012
inp2	hid3	−0.0979
hid1	out1	−0.2987
hid1	out2	−0.4086
hid2	out1	0.2006
hid2	out2	0.3959
hid3	out1	−0.0980
hid3	out2	0.4868
偏置权值		
层		
	隐藏	−0.3016
	输出	0.0838

图 23.13　通过网络一次后修改的权值

23.3.2　前向传播：公式汇总

$$\mathrm{sigmoid}(X) = \frac{1}{1 + \mathrm{e}^{-X}}\, [1]$$

对于所有隐藏节点 hidj

$$\mathrm{Whidj} = \sum_i (\mathrm{inpi} * \mathrm{wij}) + \mathrm{biasH}\, [2]$$

$$\mathrm{Thidj} = \mathrm{sigmoid}(\mathrm{Whidj}) = \frac{1}{1 + \mathrm{e}^{-\mathrm{Whidj}}}\, [3]$$

对于所有输出节点 outk(仅用于公式[4]和[5])：

$$\mathrm{Woutk} = \sum_j (\mathrm{Thidj} * \mathrm{Wjk}) + \mathrm{biasO}\, [4]$$

$$\mathrm{Toutk} = \mathrm{sigmoid}(\mathrm{Woutk}) = \frac{1}{1 + \mathrm{e}^{-\mathrm{Woutk}}}\, [5]$$

$$\mathrm{E} = 0.5 * \sum_k (\mathrm{targk} - \mathrm{Toutk})^2\, [6]$$

23.4　反向传播

反向传播是使用各个节点的当前值和输出节点的目标值来确定对权值(包括偏

置权值)进行调整(通常是非常小的调整)的过程。

解释基本的反向传播法比解释前向传播法更难，而且所使用的部分方法很难向不熟悉微分计算基础的人证明[1]。

由于本书的许多读者可能属于这一类，所以我们将解释这种方法，并简单地提供一些值得信任的理由。这不应该妨碍读者使用本章所描述的方法。

23.4.1 随机梯度下降

最常用的反向传播方法称为随机梯度下降法。第一个词表示，权值最初是随机分配的。在每次前向传播法通过网络后采用梯度下降法。关键的思想是把误差的和平方根 E 看作隐藏层和输出层节点的值的函数，加上赋给输入节点的值和输出节点的目标值的权值。

大多数人不能想象带有很多变量的函数，因此我们将只考虑单一变量，称为 W 的权值。如果绘制一个图显示 E 值 (纵轴)相对于 W 值(水平轴)的变化，所有其他变量保持固定，如图 23.14 所示，在图上当前的位置标记为 A，我们当然希望找到处于最小的点，标记为 M。

梯度下降法是计算曲线在 A 点的斜率或梯度，然后将 W 的值按该值的比例减小。

粗略地讲，任何变量 y 都依赖于另一个变量 x 的值，假设影响 y 值的所有其他变量都保持不变，则如果 x 的值有一个小的增加/减少，则变量 y 的梯度对应于 y 会增加/减少的数额。在微积分教材中，这个量称为 y 关于 x 的偏导数，写成 dy/dx 或 $\partial y/\partial x$。然而，这里使用更简单的符号 $g(y, x)$ 来表示' y 相对于 x 的梯度'。我们希望估计 E 对于每个权值的梯度，包括偏置权值。

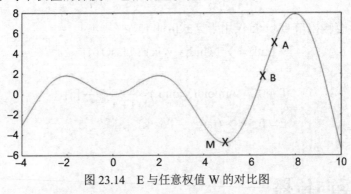

图 23.14　E 与任意权值 W 的对比图

---

[1] 微积分学是研究一个变量相对于另一个变量的变化率的数学分支。例如，速度是与定点的距离 "相对于时间" 的变化率，即随着时间的变化。加速度是速度相对于时间的变化率。

找到 E 相对于权值(如 w12)的梯度(g(E，w12))，将权值按该值的一定比例减小1。所使用的比例对于所有的权值都是相同的，称为学习因子。下面用名字 alpha 表示它。

这样做的目的是调整权值后，权值应在曲线上更低的位置，例如图 23.14 中的 B 点，从而更接近最小值点 M。

学习因子 alpha 的选择可能很重要。使用较小的 alpha 值——谨慎的学习方法——可能意味着学习需要大量不必要的时间来达到或接近 M 点，然而，相反的方法也可能导致问题。图 23.15 可以说明这一点，它是图 23.14 的扩展版本。

相当谨慎地选择 alpha 可能会从 A 点跑到 B 点，而选择更大的 alpha 值，也许就能得到更接近 M 的点 C。另一方面，如果 alpha 太大，在下次调整后可能会从 C 点跑到 D 点，D 在最低点 M 的另一边，也在到下一个最低点 M2(明显高于 M)的路径上。

本例将谨慎地使用 alpha 值 0.1。

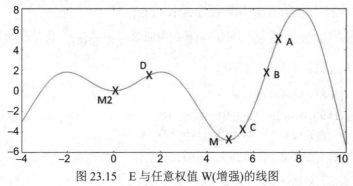

图 23.15　E 与任意权值 W(增强)的线图

23.4.2　求梯度

为了调整权值，需要找到 E 对每一个权值的梯度，即：

- 针对所有输入节点 inpi 和隐藏节点 hidj 的 g(E，wij)
- 针对所有隐藏节点 hidj 和输出节点 outk 的 g(E，Wjk)
- g (E，　biasH)
- g (E，　biasO)

无法直接测量这些值，但可以使用链式法则等技术将其他梯度值结合起来，如 g(E，Toutk)和 g(Toutk，Woutk)，间接地计算出它们。

幸运的是，有一种方法可以找到其他梯度值。微积分指出如何用公式定义 Woutk 的公式，来找到梯度的公式，比如 g(Woutk，Wjk)。这样做的过程称为相对于变量 Wjk 对变量 Woutk 求导。

---

1 这种方法的效果是，如果梯度是正的，权值就减少；如果梯度是负的，则权值就增加。

由于本书的许多读者可能不熟悉微积分，因此本书把所有依赖微积分的结果都收集在一起，以供在图 23.16 中引用。从 23.3 节中推导的公式 2 到 5 开始，从中得到 8 个不同类型梯度的新公式。即使不理解这些公式是如何推导出来的，在接下来的内容中使用它们也不应该出问题。

顺便说一句，为了得到公式[H]给出的整洁结果，在误差平方和的定义中使用了 0.5 的因子。

微积分的结果：

由 23.3 节的公式 2~6，可以得到 8 个梯度公式。

- 由公式 2： $\mathrm{Whidj} = \sum_i (\mathrm{inpi} * \mathrm{wij}) + \mathrm{biasH}$

分别对变量 wij 和 biasH 求导，公式如下：

对于所有输入节点 inpi 和隐藏节点 hidj： **g(Whidj,wij) = inpi [A]**

对于所有隐藏节点，**g(Whidj,biasH) = 1 [B]**

- 由公式 3 可知： $\mathrm{Thidj} = \mathrm{sigmoid}(\mathrm{Whidj}) = \dfrac{1}{(1 + e^{-\mathrm{Whidj}})}$

对 Whidj 求导，可以证明

对于所有隐藏节点 hidj：

g(Thidj,Whidj) = Thidj*(1−Thidj) [C]

- 由公式 4： $\mathrm{Woutk} = \sum_j (\mathrm{Thidj} * \mathrm{Wjk}) + \mathrm{biasO}$

通过对变量 Wjk、Thidj 和 biasO 进行微分，分别得到 3 个公式。

对于所有隐藏节点 hidj 和输出节点 outk：

g(Woutk，Wjk) = Thidj [D]

g(Woutk，Thidj) = Wjk [E]

对于所有输出节点 outk：

g(Woutk，biasO) = 1 [F]

- 由公式 5 可知： $\mathrm{Toutk} = \mathrm{sigmoid}(\mathrm{Woutk}) = \dfrac{1}{(1 + e^{-\mathrm{Woutk}})}$

用 Woutk 求导，可以证明

对于所有输出节点 outk：

g(Toutk,Woutk) = Toutk*(1−Toutk) [G]

- 由公式 6 可知： $E = 0.5 * \sum_k (\mathrm{targk} - \mathrm{Toutk})^2$

通过对变量 Toutk 求导，得到了公式

对于所有输出节点 outk：

g(E，Toutk) = Toutk−targk [H]

图 23.16　微积分的结果

建立了这些结果之后，现在可以分两个阶段研究反向传播过程，首先从输出层倒推到隐藏层，然后再从隐藏层倒推到输入层。

23.4.3 从输出层倒推到隐藏层

在这一阶段，希望为所有隐藏和输出节点对找到 g(E, Wjk)的值，以及 g(E, biasO)的值。

在继续之前，扩展图 23.6，包括一个额外的节点 E(错误节点)，它位于输出层的右侧，并连接到两个输出节点 out1 和 out2，这将会很有帮助。如图 23.17 所示。

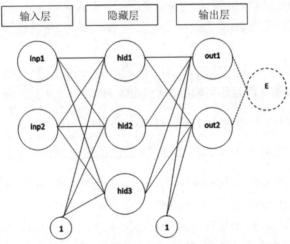

图 23.17　图 23.6 用错误节点扩展

错误节点不是神经网络本身的一部分，从它到输出节点的链接没有权值，在接下来的内容中被忽略。虚线是用来表示这一点的。以这种方式增加图 23.6 的值更容易看到后面描述的路径。

为了计算 g(E, Wjk)，需要找到从错误节点返回到隐藏节点 hidj 和输出节点 outk 之间的链接的路径，输出节点 outk 的权值是 Wjk。如图 23.18 所示，在图 23.18 中，outk 节点被放大，显示了 outk 节点"包含"的两个变量 Woutk 和 Toutk。也显示了从隐藏节点 hidj 到输出节点 outk 的链接的权值 Wjk。

从图 23.18 可以看出，从 E 到 Wjk 的路径(从右到左)是从 E 到 Toutk，然后再到 Woutk，最后到达 Wjk，即 E→Toutk→Woutk→Wjk。

现在可以使用链式法则了，这是梯度值之间一个非常有用的关系，可以用微积分来证明。在这种情况下，公式是：

g(E, Wjk) = g(E, Toutk)*g(Toutk, Woutk)*g(Woutk, Wjk)

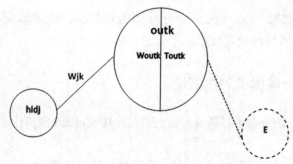

图 23.18　错误节点 E 到权值 Wjk 的路径

公式右边的项序列对应于 E 到 Wjk 的路径。链式法则公式具有一种直观的吸引力：每一项的第二个参数(除了最后一个)似乎都以某种方式被后面项的第一个参数"抵消"了。

在这种情况下，已经有公式 H、G、D 了，可以用它计算右边乘积的 3 个分量。对于所有隐藏节点 hidj 和输出节点 outk，有：

g(E,Wjk)＝(Toutk-targk)*Toutk*(1-Toutk)*Thidj [I]

对于网络，使用图 23.9 和图 23.12 中给出的值，得到：

g(E,W11) = (0.4847−0.6)×0.4847×0.5153×0.4502 = −0.0130

g(E,W12) = (0.5868+0.2)×0.5868×0.4132×0.4502 = 0.0859

g(E,W21) = (0.4847−0.6)×0.4847×0.5153×0.2142 = −0.0062

g(E,W22) = (0.5868+0.2)×0.5868×0.4132×0.2142 = 0.0409

g(E,W31) = (0.4847−0.6)×0.4847×0.5153×0.6900 = −0.0199

g(E,W32) = (0.5868+0.2)×0.5868×0.4132×0.6900 = 0.1316

相对于 biasO，E 的梯度更为复杂。另外，需要用权值 biasO 识别从错误节点 E 到链路的路径。这里的复杂之处在于每个输出节点 outk 只有一条路径，即 E→Toutk→Woutk→biasO。当有多条路径时，需要将从每条路径中获得的值相加。

利用链式法则，得到如下公式：

$$g\,(E,\ biasO) = \sum_{k} g\,(E,\ Toutk) * g\,(Toutk,\ Woutk) * g(Woutk,\ biasO)$$

用公式 H、G、F 简化右边：

$$\mathbf{g\,(E,\ biasO) = \sum_{k} (Toutk-targk) * Toutk * (1-Toutk)\ [J]}$$

对于网络　g(E,　biasO) = (0.4847−0.6)×0.4847×0.5153+(0.5868+0.2)×0.5868×0.4132= 0.1620。

这给出了一组部分完成的梯度值(见图 23.19)，稍后使用它增加隐藏节点和输出节点之间的链路的权值，加上输出层的偏置权值。

进入节点的链接	离开节点的链接	梯度
inp1	hid1	
inp1	hid2	
inp1	hid3	
inp2	hid1	
inp2	hid2	
inp2	hid3	
hid1	out1	−0.0130
hid1	out2	0.0859
hid2	out1	−0.0062
hid2	out2	0.0409
hid3	out1	−0.0199
hid3	out2	0.1316
	层	(偏置)
	隐藏	
	输出	0.1620

图 23.19　梯度值(部分列表)

为了便于参考，图 23.20 给出了计算反向传播第一阶段梯度的公式。

> 反向传播第一阶段的梯度计算公式
>
> 对于所有隐藏节点 hidj 和输出节点 outk
>
> $g(E, Wjk) = (Toutk-targk) * Toutk * (1-Toutk) * Thidj [I]$
>
> $g(E, biasO) = \Sigma_k (Toutk - targk) * Toutk * (1 - Toutk) [J]$

图 23.20　反向传播第一阶段的梯度计算公式

它继续执行反向传播的最后一部分，这一次从隐藏层移动到输入层。

23.4.4　从隐藏层倒推到输入层

与前一阶段类似，我们希望找到所有输入和隐藏节点对的 $g(E, wij)$ 值，以及 $g(E, biasH)$ 的值。然而，需要使用一套不同的公式。

下面从建立 $g(E, Thidj)$ 的公式开始。为了计算它，注意到 E 通过每个输出节点 outk 到隐藏节点 hidj 有一个单独的路径，即 E→Toutk→Woutk→Thidj。

不像之前使用的链式法则，当只有一条路径需要考虑时，在这个例子中，将每条路径的结果相加，所以

$$g(E, Thidj) = \sum_k g(E, Toutk) * g(Toutk, Woutk) * g(Woutk, Thidj)$$

用公式 H、G、E,可以把它重写,如下。

对于所有隐藏节点 hidj:

$$g\,(E, Thidj) = \sum_{k}(Toutk - targk) * Toutk * (1 - Toutk) * Wjk\ [K]$$

接下来,注意从错误节点 E 通过 Thidj 到权值 wij 的路径为:E→Thidj→Whidj→wij。

利用链式法则,得到公式:

g(E,wij) = g(E,Thidj)*g(Thidj,Whidj)*g(Whidj,wij)

把公式 C 和 A,代入右边的第二项和第三项,得到:

对于所有输入节点 inpi 和隐藏节点 hidj

g(E,wij) = g(E,Thidj)*Thidj*(1-Thidj)*inpi [L]

对于网络

(Tout1-targ1) * Tout1 * (1-Tout1) = -0.0288

(Tout2-targ2) * Tout2 * (1-Tout2) = 0.1908

Thid1 * (1-Thid1) = 0.2475

Thid2 * (1-Thid2) = 0.1683

Thid3 * (1-Thid3) = 0.2139

使用上面给出的值,首先计算:

g(E,Thid1) =

(Tout1-targ1) * Tout1 * (1-Tout1) * W11 + (Tout2-targ2) * Tout2 * (1-Tout2)

W12 = -0.0288(-0.3)+0.1908*(-0.4) = -0.0677

g (E,Thid2) =

(Tout1-targ1) * Tout1 * (1-Tout1) * W21 + (Tout2-targ2) * Tout2 * (1-Tout2)

*W22 = -0.0288*0.2+0.1908*0.4 = 0.0705

g (E,Thid3) =

(Tout1-targ1) * Tout1 * (1-Tout1) * W31+ (Tout2-targ2) * Tout2 * (1-Tout2)

W32 = -0.0288(-0.1)+0.1908*0.5 = 0.0983

现在,可以计算 E 关于权值的梯度:

g(E,w11) = g(E,Thid1)*Thid1*(1-Thid1)*inp1 = -0.0677*0.2475*2=-0.0335

g(E,w12) = g(E,Thid2)*Thid2*(1-Thid2)*inp1 = 0.0705*0.1683*2=0.0237

g(E,w13) = g(E,Thid3)*Thid3*(1-Thid3)*inp1 = 0.0983*0.2139*2=0.0420 g(E,w21) = g(E,Thid1)*Thid1*(1−Thid1)*inp2 = −0.0677*0.2475*(−1) = 0.0167

g(E,w22) = g(E,Thid2)*Thid2*(1−Thid2)*inp2 = 0.0705*0.1683*(−1) = −0.0119

g(E,w23) = g(E,Thid3)*Thid3*(1−Thid3)*inp2 = 0.0983*0.2139*(−1) = −0.0210

最终要计算的梯度是 g(E，biasH)。这是相当简单的，因为我们已经知道每个隐藏节点的 g(E，Thidj)公式。

E 通过每个隐藏节点 hidj 到 biasH 都有一条路由，即 E→Thidj→Whidj→biasH。由于有多个路由，因此需要把每个路由计算的值加在一起。链式法则给出

$$g\,(E, biasH) = \sum_j g(E, Thidj) * g(Thidj, Whidj) * g(Whidj, biasH)$$

把公式 C 和 B 代入右边乘积的第二项和第三项，得到：

$$\mathbf{g\,(E, biasH) = \sum_j g\,(E, Thidj) * Thidj * (1 - Thidj)\ [M]}$$

对于网络：

g(E,biasH)

= g(E,Thid1)*Thid1*(1−Thid1)+g(E,Thid2)*Thid2*(1−Thid2)

+g(E,Thid3)*Thid3*(1−Thid3)

= −0.0677*0.2475+0.0705*0.1683+0.0983*0.2139 = 0.0161。

这最终提供了一组完整的梯度值，用来增加神经网络的权值(见图 23.21)。

进入节点的链接	离开节点的链接	梯度
inp1	hid1	−0.0335
inp1	hid2	0.0237
inp1	hid3	0.0420
inp2	hid1	0.0167
inp2	hid2	−0.0119
inp2	hid3	−0.0210
hid1	out1	−0.0130
hid1	out2	0.0859
hid2	out1	−0.0062
hid2	out2	0.0409
hid3	out1	−0.0199
hid3	out2	0.1316
	层	(偏置)
	隐藏	0.0161
	输出	0.1620

图 23.21　初次通过网络后的梯度值

为了便于参考，图 23.22 给出了反向传播第二阶段的梯度计算公式。

反向传播第二阶段梯度计算公式：

对于所有隐藏节点 hidj

$g(E, Thidj) = \sum_k (Toutk - targk) * Toutk * (1 - Toutk) * Wjk$ [K]

对于所有输入节点 inpi 和隐藏节点 hidj：

$g(E, wij) = g(E, Thidj) * Thidj * (1 - Thidj) * inpi$ [L]

$g(E, biasH) = \sum_j g(E, Thidj) * Thidj * (1 - Thidj)$ [M]

图 23.22　反向传播第二阶段梯度计算公式

23.4.5　更新权值

现在已经找到了所有权值的梯度值，即误差平方和 E 对每个权值的梯度。下一步是将每个权值(包括偏置权值)的值以 0 和它的一个梯度值之间的比例递减。使用的比例是学习因子 alpha，在本节前面介绍过。

学习因子用来试图减少过度调整某些权值的风险。过高的 alpha 值有时会导致总误差上升，而不是随着 epoch 数目的增加而稳步减少。alpha 值过低会导致需要大量不必要的 epoch 将误差减少到一个低值。

这里使用值 0.1 作为 alpha。这将在第一次通过网络结束时，给出一个修改后的权值集，或者相当于第一个 epoch(因为训练集中只有一个实例)，如图 23.23 所示(这些值与图 23.13 中的相同)。

如果现在用相同的单个实例和修改过的权值再次通过网络，会得到一个修改后的总误差值 E = 0.31038952。这个值低于第一次通过网络的值(0.31614246)，但仍然可能比我们希望的值高得多。通过用相同的训练实例重复通过网络，可以看到误差的减少有多快。注意，由于只有一个训练实例，每个训练实例都向前然后向后通过网络，就构成了一个完整的 epoch。

图 23.24 显示了运行不同个 epoch(1~100 万)的 E 值，在所有情况下 alpha = 0.1。

对于本例，似乎不可能将总误差减少到 0.02 以下。这是否足够好取决于使用神经网络的目的。

这个例子表明，通常需要多次针对训练数据运行神经网络，以获得满意的误差水平，但这也表明，超过某一点，增加额外的运行次数，效果可能很少或什么效果都没有。可以尝试指定网络的终止条件是"继续，直到 E 的值小于 0.0001"，但是，不能保证可以实现这一点。

权值		
进入节点的链接	离开节点的链接	权值
inp1	hid1	0.2033
inp1	hid2	−0.4024
inp1	hid3	0.4958
inp2	hid1	0.2983
inp2	hid2	0.2012
inp2	hid3	−0.0979
hid1	out1	−0.2987
hid1	out2	−0.4086
hid2	out1	0.2006
hid2	out2	0.3959
hid3	out1	−0.0980
hid3	out2	0.4868
偏置权值		
	层	
	隐藏	−0.3016
	输出	0.0838

图 23.23　神经网络处理一次后修改的权值

Epochs	alpha = 0.1
1	0.31614246
10	0.26831552
100	0.09770540
1,000	0.02384615
10,000	0.02033106
100,000	0.02002914
1,000,000	0.02000272

图 23.24　alpha = 0.1 时，E 的值随 epoch 而变化

图 23.25 显示了将训练率 alpha 从 0.1 变化到 0.5，再变化到其最大值 1.0 的效果。

Epochs	alpha = 0.1	alpha = 0.5	alpha = 1.0
1	0.31614246	0.31614246	0.31614246
10	0.26831552	0.15764040	0.10471755
100	0.09770540	0.02867036	0.02384230
1,000	0.02384615	0.02068691	0.02033149
10,000	0.02033106	0.02006048	0.02002921
100,000	0.02002914	0.02000551	0.02000272
1,000,000	0.02000272	0.02000054	0.02000027

图 23.25　不同 epoch 数的 E 值和训练率 alpha 值

本例选择小于 1.0 的训练率只会导致需要更长的时间才能达到 E 的低值，没有任何好处，但情况并非总是如此。

学习速率是超参数或调优参数的一个例子。这些是用户设置的，而不是根据数据本身计算的。对超参数进行正确选择是一种经验和反复试验相结合的技能。

23.5 处理多实例训练集

到目前为止，我们只考虑了具有单个实例的训练集。为了实际应用，需要能够处理具有许多实例的训练集——实际上可能有成千上万个或更多的实例——前面所描述的方法可以很容易地为此目的进行调整。处理训练集中的所有实例构成一个epoch。有两个重要的决定要做。

1. 什么时候调整权值

有两个主要的选择：

(i) 每个过程后(即每个实例被向前和向后处理后)通过神经网络调整权值。这称为随机训练或在线训练。

(ii) 累积所有实例的调整，然后在每个 epoch 结束时进行调整。这称为批量训练。

一种中间的选择是将训练集分成若干大小相等的部分，称为小批量。将这些调整累积起来，然后在每个小批量的最后进行调整。这称为小批量训练。

在下面几节的示例中，将使用在线训练选项，即在处理每个实例之后调整权值。

2. 应该在什么时候测试误差是否低于所需的阈值

例如，在 epoch(或小批量)中的第一次或最后一次过程之后进行测试，对于偶然结果来说太容易受到影响，而不是一个好方法。最好的方法可能是将整个 epoch(或小批量)的 E 值相加，以给出一个总误差值，然后将总误差值与所需的阈值(例如0.0001)比较，乘以训练集(或小批量)中的实例数。

23.6 使用神经网络进行分类：iris 数据集

对于分类任务，首先需要决定如何在训练集中表示实例的分类。

对于具有 N 种可能分类的分类任务，一种好的方法是拥有一个具有 N 个节点的输出层，并使用所谓的热编码。对于每个实例，一个输出节点的目标值为 1，表示on。其他节点的目标值都为 0，表示 off。

例如，如果有 3 种分类 a、b 和 c，它们可以用目标值 1、0、0 表示 a，0、1、0 表示 b，0、0、1 表示 c。

当该网络经过训练后，可以用于预测未知实例的分类。对于每一个节点，都标识出具有最大值的输出节点(范围为 0~1 的数字)。该节点的值为 1，其他输出节点的值为 0。反转一个热编码，然后给出预测分类。

下面将演示使用 iris 数据集从 UCI 存储库对鸢尾植物进行分类的过程。iris 是最著名的分类数据集之一。早在 1936 年，英国统计学家和生物学家 Sir Ronald Fisher 就对它进行了首次分析，并在模式识别和数据挖掘研究文献中多次被引用。该研究的目的是根据 4 个连续的属性(萼片长度、萼片宽度、花瓣长度和花瓣宽度，均以厘米为单位)将鸢尾植物分为 3 种类型：Iris-setosa、Iris-versicolor 和 Iris-virginica。iris 数据集中有 150 个实例：每个分类有 50 个实例。

处理 iris 数据集的第一步是使用带反向传播的前馈神经网络进行训练，将数据分离为训练和测试实例。

对 iris 数据集中的 150 个实例进行排列，先将 50 个分类为 Iris-setosa，再将 50 个分类为 Iris-versicolor，最后将 50 个分类为 Iris-virginica。为了创建一个训练集，该数据被认为包括 50 组 3 个实例。每组的第一和第二名成员用于训练，每组的第三名成员用于测试。训练集有 100 个实例，测试集有 50 个实例，其中分别有 16 个、17 个和 17 个被分为 Iris-setosa、Iris-versicolor 和 Iris-virginica。

下一步需要决定神经网络的总体架构。由于训练数据中有 4 个连续的属性，因此神经网络有一个训练层，包含 4 个输入节点，inp1、inp2、inp3 和 inp4。(相当随意地)有一个包含 4 个节点的隐藏层，分别是 hid1、hid2、hid3 和 hid4。最后，由于有 3 种可能的分类，因此有一个包含 3 个节点的输出层，即 out1、out2 和 out3。

下一步是将分类转换为一个热编码。将 3 个输出节点 out1、out2、out3 的目标值分别设为 1、0、0，表示 Iris-setosa；组合 0，1，0 表示 Iris-versicolor；组合 0，0，1 表示 Iris-virginica。

图 23.26 显示了原始 iris 训练集中 100 个实例中的 3 个(本例是随机选择)。

花萼 长度	花瓣 宽度	花瓣 长度	花瓣 宽度	类别
5.1	3.5	1.4	0.2	Iris-setosa
6.4	3.2	4.5	1.5	Iris-versicolor
6.3	3.3	6.0	2.5	Iris-virginica

图 23.26　从 iris 数据集提取的 3 个实例

与神经网络一起使用的训练集中对应的实例如图 23.27 所示。每个节点都有 4 个输入节点的值和 3 个输出节点的目标值。

输入值				目标值		
inp1	inp2	inp3	inp4	out1	out2	out3
5.1	3.5	1.4	0.2	1	0	0
6.4	3.2	4.5	1.5	0	1	0
6.3	3.3	6.0	2.5	0	0	1

图 23.27　与图 23.26 中的神经网络分类器对应的实例

神经网络会对训练集中的所有 100 个实例进行反复处理。

还有两个步骤。首先是为学习率 alpha 选择一个值。这里使用 0.1 的值。

最后一步是设置初始权值，包括偏置权值。原则上，这应该通过在小范围内随机选择值来实现，通常是-0.5~+0.5。在本例中，初始值是由作者(任意)选择的。它们如图 23.28 所示。

初始权值	hid1	hid2	hid3	hid4		初始权值	out1	out2	out3
inp1	0.2	−0.4	0.5	0.1		hid1	−0.3	−0.4	0.4
inp2	0.3	0.2	−0.1	−0.2		hid2	0.2	0.4	0.3
inp3	0.05	−0.02	0.03	−0.04		hid3	−0.1	0.5	0.2
inp4	0.1	0.2	−0.1	−0.3		hid4	0.2	−0.1	0.25
biasH	−0.3					biasO	0.1		

图 23.28　初始权值(iris 数据)

在 1000 个 epoch 之后，权值发生了很大的变化，如图 23.29 所示(至小数点后两位)。

初始权值	hid1	hid2	hid3	hid4		初始权值	out1	out2	out3
inp1	0.20	−0.32	−1.01	3.55		hid1	1.25	−6.98	2.64
inp2	0.70	1.10	−2.75	11.73		hid2	2.10	−2.93	−0.15
inp3	−0.39	−2.12	3.00	−9.20		hid3	−6.71	5.97	4.30
inp4	0.24	−0.63	1.33	−10.30		hid4	3.88	8.51	−9.43
biasH	4.65					biasO	−2.79		

图 23.29　1000 个 epoch 后的最终权值(iris 数据)

在一个 epoch 之后，100 个错误值(每个训练实例一个)的总数是34.595490778744。到第 1000 个 epoch 末，这个数字下降到 1.0683857439195，所以这似乎是终止训练过程的合适时机。

现在可以将神经网络视为训练过的，并使用它预测测试集中 50 个实例的分类。图 23.30 以转换的形式显示了第一个实例。

对于这个测试阶段，只需要将前向传播算法应用于每个实例。不进行反向传播，因为权值不会改变，并且不使用输出节点的目标值。将前向传播应用到图 23.30 所示的测试实例中后，为 3 个输出节点获得以下值(见图 23.31)。

输入值				目标值		
inp1	inp2	inp3	inp4	out1	out2	out3
4.7	3.2	1.3	0.2	1	0	0

图 23.30　iris 数据集的测试实例(输入值和目标值)

计算值			目标值		
out1	out2	out3	out1	out2	out3
0.98700	0.01670	0.00006	1	0	0

图 23.31　iris 数据集的测试实例(输出和目标值)

现在确定具有最大计算值的输出节点，在本例中为 out1。这说明计算出来的预测类值为 Iris-setosa。目标值的模式表明，实例的实际类也是 Iris-setosa。

以这种方式处理每个测试实例，可以构造一个混淆矩阵，为每个分类列出测试实例的数量，每个分类归类为每个预测类。结果如图 23.32 所示。

正确的 分类	归类为		
	Iris- setosa	Iris- versicolor	Iris- virginica
Iris-setosa	16	0	0
Iris-versicolor	0	15	2
Iris-virginica	0	0	17

图 23.32　测试集的混淆矩阵(iris 数据)

在 50 个实例中有两个被错误地分类，也就是说，预测准确率为 96%。这是一个好结果。

图 23.33 显示了 100 个总误差值是如何随着 epoch 数从 1 上升到 1000 而变化的。从大约 34.5955 开始，它迅速下降到 1 左右，然后继续下降到一个低水平。

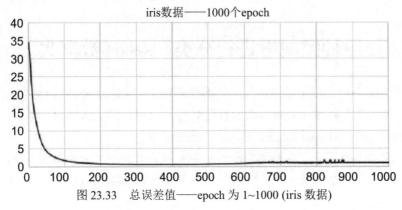

图 23.33　总误差值——epoch 为 1~1000 (iris 数据)

然而，在总误差值早期下降后，图的尺度比例有了相当大的变化。图 23.34 以更大的比例显示了从"epoch 为 400"到"epoch 为 1000"的部分。

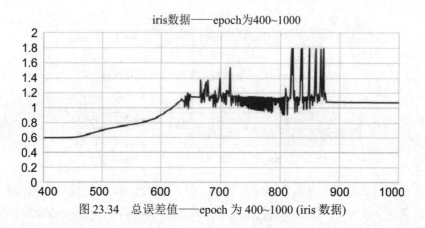

图 23.34　总误差值——epoch 为 400~1000 (iris 数据)

更仔细的检查表明，总误差在前 404 个 epoch 下降，达到最小值 0.5935，然后开始增加。在 640~880 个 epoch 几经上下波动，在第 837 个 epoch 达到最大值 1.7959。在第 880 个 epoch 之后，总误差在 1000 个 epoch 之后缓慢下降到最终的低点 1.0684。这证实了前面的声明，即反向传播用于调整权值的随机梯度下降技术并不保证误差值总是下降。

最低的总误差值也不能保证最大的预测精度。对于这个示例和初始权值的选择，404 个 epoch 后停止处理(此时总误差值最低，也就是 0.5935)，会出现 3 个错误分类，即准确率为 94%，而 1000 个 epoch 之后停止处理只会出现两个错误分类(总误差 1.0684)。在 10000 个 epoch(总误差值为 0.9146)后，终止过程的替代方法只会给出如下结果：50 个分类中有一个错误，即 98%的精度。网络运行更多的 epoch 可能会提高分类的准确性，但这也无法保证。在实践中，知道什么时候停止神经网络调整权值很大程度上是一个判断问题(以及有多少计算能力可用)。

23.7　使用神经网络进行分类：seeds 数据集

本章的最后一个例子是使用反向传播前馈神经网络对 seeds 数据集中的数据进行分类，这是数据挖掘实验中常用的数据集之一。该数据集可以从 UCI 机器学习资源库 https://archive.ics.uci.edu/ml/datasets/seeds 下载。

该数据集包含了属于 3 种不同小麦品种(Kama、Rosa 和 Canadian)的籽粒几何特性的测量值。共有 210 条记录，每种分类 70 条，将 7 个数字特征与 3 个分类中的一个联系起来。

这些数据是由位于波兰卢布林的波兰科学院农业物理研究所从实验田里收集的。利用软 x 射线技术对每个籽粒的内部结构进行了高质量的可视化。连续属性是对小麦籽粒如下 7 个几何参数的测量：

- 面积 A
- 周长 P
- 紧性 $C = 4 * \pi * A / P^2$
- 籽粒长度
- 籽粒宽度
- 不对称系数
- 籽粒槽长度

为了给这些数据构造一个分类器，首先需要选择一个神经网络结构。因为有 7 个输入值(以及分类)，所以在输入层中有 7 个节点。我们还(相当随意地)选择一个包含 7 个节点的隐藏层。

由于这是一个有 3 种可能分类的分类问题，因此在输出层中有 3 个节点，并使用一个热编码。

- 分类 Kama 分别用 out1、out2 和 out3 的值 1，0，0 表示。
- 分类 Rosa 分别用 out1、out2、out3 的值 0，1，0 表示。
- 分类 Canadian 分别由 out1、out2 和 out3 的值 0，0，1 表示。

大部分方法与 iris 数据集相同，如 23.6 节所述。在 seeds 数据集的 210 个实例中，先将 70 个分类为 Kama，然后 70 个分类为 Rosa，最后 70 个分类为 Canadian。为了创建单独的训练和测试集，数据被认为包括 70 组 3 个实例。每组的第一和第二名成员用于训练，每组的第三名成员用于测试。训练集有 140 个实例，测试集有 70 个实例，其中 23 个、23 个和 24 个分别被分为 Kama、Rosa 和 Canadian。

还有两个步骤。首先是为学习率 alpha 选择一个值。对于 iris 数据，使用 0.1 的值。

最后一步是设置初始权值，包括偏置权值。这些都是作者(任意)选择的。它们如图 23.35 所示。

和之前一样，使用"在线训练"选项，即在处理每个实例后调整权值。

与 iris 数据相比，这个训练集需要多得多的 epoch 来获得满意的训练网络。在 1000 个 epoch 之后，训练过的网络将每个测试实例分类为 Canadian!

然而，如果持续到 4980 个 epoch，结果会好得多。此时，权值如图 23.36 所示(小数点后两位)。

初始权值	hid1	hid2	hid3	hid4	hid5	hid6	hid7
inp1	0.2	−0.1	0.3	0.4	0.1	−0.4	0.5
inp2	−0.05	0.02	−0.35	0.5	0.45	0.1	−0.2
inp3	0.1	0.2	0.3	0.4	0.5	0.6	0.7
inp4	0.4	−0.25	0.31	0.26	−0.5	−0.25	0.3
inp5	0.1	−0.2	0.3	−0.4	0.5	−0.6	0.7
inp6	0.05	−0.1	0.15	−0.2	0.25	−0.25	0.3
inp7	0.4	−0.35	0.41	−0.38	0.43	−0.24	0.5
biasH	0.23						

初始权值	out1	out2	out3
hid1	−0.1	−0.4	−0.5
hid2	0.25	−0.25	0.4
hid3	0.4	0.1	0.2
hid4	−0.2	0.5	0.4
hid5	−0.1	−0.4	−0.3
hid6	0.2	0.36	0.45
hid7	−0.1	−0.26	0.4
biasO	0.4		

图 23.35　初始权值(seeds 数据)

初始权值	hid1	hid2	hid3	hid4	hid5	hid6	hid7
inp1	−0.31	−0.36	−0.13	−22.87	−27.30	−0.64	0.52
inp2	−0.84	−0.36	−1.07	9.11	25.52	−0.09	−0.18
inp3	0.04	0.17	0.25	1.80	6.48	0.59	0.70
inp4	0.07	−0.40	0.01	5.89	14.16	−0.33	0.31
inp5	−0.05	−0.27	0.16	−2.11	11.25	−0.64	0.70
inp6	−0.39	−0.29	−0.21	6.37	−5.40	−0.28	0.31
inp7	0.06	−0.51	0.13	22.85	−14.46	−0.31	0.51
biasH	8.28						

初始权值	out1	out2	out3
hid1	−0.69	0.18	−0.80
hid2	−0.11	0.53	−0.13
hid3	−0.36	0.46	−0.06
hid4	−4.25	−5.40	5.30
hid5	4.65	−5.13	1.20
hid6	0.18	0.40	0.09
hid7	−1.80	3.53	−3.02
biasO	−0.93		

图 23.36　4980 个 epoch 之后的权值(seeds 数据)

如果采用这个版本训练过的网络，并对测试数据运行它，方式与 23.6 节相同，就会得到下面的混淆矩阵(见图 23.37)。

正确 分类	归类为		
	Kama	**Rosa**	**Canadian**
Kama	17	4	2
Rosa	0	23	0
Canadian	0	0	24

图 23.37　测试集的混淆矩阵(seeds 数据)

在 70 个实例中有 6 个错误分类的实例，预测精度为 91.4%。

总误差值的行为，即每个 epoch 中所有 140 个实例的误差值的总和，对于这种体系结构的选择和对于这种初始权值的选择有些奇怪(也许更重要)，一个 epoch 后，它的初始值是 36.50。出乎意料的是，直到第 2130 个 epoch，它一直稳步上升，达到 46.23。然后它(随着波动)下降，直到在第 4980 个 epoch 达到 9.98 的值。使用总误差或 epoch 数作为停止标准显然并不总是可靠的。

23.8　神经网络：注意事项

神经网络是一种功能强大的计算设备，已成功地用于许多任务，包括分类。深度学习一词已被广泛用于描述具有多个隐藏层的大型神经网络，近年来，深度学习已被视为人工智能的伟大成功故事之一。然而，使用神经网络会带来一些严重的问题，重要的是潜在的开发人员和用户知道它们。

- 使用神经网络在计算上可能是昂贵的，特别是当在一个层有大量节点或有一个以上的隐藏层时。即使在相当简单的情况下，通常也需要为数十、数百或数千个 epoch 运行应用程序，才能获得合理的精度水平。

- 建立神经网络涉及许多设计决策，如每一层的节点数量，隐藏层的数量，学习率等，这些很难用原则性的方法确定。对权值初始值的随机选择增加了一个很大的变量。不同的决策选择或权值的初始选择可能导致完全不同的表现。此外，如本章的例子所示，可能很难判断神经网络何时应该停止处理更多的 epoch。

- 对神经网络最常见的批评是，它们从根本上来说是不可理解的。除非说"神经网络这么说"，否则很难证明预测的分类是正确的。对于数值预测也是如此，例如股市的未来走势或明天的降雨。正如我们不能解释数学常数 pi(3.141592653589……)的展开式中小数点后的第八位是 5 一样，这也没有道理。这就是答案，仅仅是因为如果完成了所有的计算，结果就是答案。例如，如果应用是为了与顶级大师下棋，这可能并不重要，但如果应用是为了提供医疗诊断，决定向谁提供贷款或工作，谁可能是犯罪嫌疑人，那又该如何呢？做出这样的决定却不能给出任何人类可以理解的解释，真的令人满意吗？

- 与上述问题密切相关的是，神经网络在决策过程中产生偏差的风险。例如，有些人可能是最成功的公司高管、大学校长或过去最高法院的法官，其他人可能进行某种犯罪活动，但这并不意味着必须，应该或将永远如此。对任何基于历史数据做出决定或提供建议的应用程序来说，产生偏差都是一种风险，但当系统得出结论的原因不能现实地从人类的角度加以解释时，这是最危险的。

23.9　本章小结

本章介绍了神经网络这一重要主题，即基于大脑神经元之间松散连接的计算系统，它在数据挖掘和其他领域的应用越来越广泛。本章介绍了一种带反向传播的前馈神经网络，并详细说明了其工作原理。提供了两个知名的数据集，之后本章阐释了这样的网络如何用于分类任务和实验结果。本章最后是一些关于使用神经网络所涉及的缺点的告诫性评论，这些缺点主要与不可预测性和在系统结论中不经意地产生偏差的风险有关。

23.10　自我评估练习

1. 假设有如 23.3 节所示的神经网络和初始权值，对于不同的输入实例，节点 hid1、hid2 和 hid3 的转换值分别为 0.9、0.65 和 0.1，输出节点 out2 的加权和及转换值是多少？Tout1 能取的最大值是多少？

2. 在 23.6 节中为测试实例显示的计算值(iris 测试集中)是概率吗？如果不是，它们是什么？

附录 **A**

基本数学知识

本附录简述本书使用的主要数学符号和技术。共分四部分，依次为：

- 变量的下标符号和求和的 Σ(或 Sigma)符号。这些符号在书中穿插使用，特别是第 4~6 章、23 章。
- 用于表示数据项的树结构和应用过程。这些内容在第 4 章、第 5 章和第 9 章中使用。
- 数学函数 $\log_2 X$。主要在第 5 章、第 6 章和第 10 章中使用。
- 集合论。在第 17 章中使用。

如果你已熟悉上述内容，或可非常轻松地使用它们，那么阅读本书应该没有问题。本章将解释这些内容。如果你在本书的某些部分遇到难理解的符号，通常可以忽略它，只需要关注结果和列举的详细示例即可。

A.1　下标表示法

本节介绍变量的下标符号和 Σ 求和表示。

一般做法是用变量表示数值。例如，如果有 6 个值，则可用 a、b、c、d、e 和 f 表示它们，当然使用其他 6 个变量也一样。它们的总和是 $a+b+c+d+e+f$，平均值是 $(a+b+c+d+e+f)/6$。

只要值的数量较少，这么做没有问题，但如果值的数量有 1000 个或 10 000 个，又或不断变化，该怎么办？这种情况下，无法真正为每个值使用不同的变量。

这种情况类似于房屋的命名。如果一条小路两旁只有 6 栋房子，这种命名方式是合理的。但如果是一条宽阔的大道，两旁约有 200 栋房子呢？此时，使用诸如 1 High Street、2 High Street、3 High Street 等编号可能更方便。

在数学上，房子编号相当于变量的下标符号。可将第一个值称为 a_1，将第二个值称为 a_2，以此类推，数字 1、2 等写在"线下"，作为下标。顺便说一句，第一个值未必是 a_1。有时也可使用以 0 开头的下标，原则上第一个下标可以是任意数字，只要它们以 1 为步长递增即可。

如果有从 a_1 到 a_{100} 的 100 个变量，可将它们写成 $a_1, a_2, ..., a_{100}$。3 个点称为省略号，表示省略了 a_3 到 a_{99} 的中间值。

一般情况下，变量的数量是未知的，或可能在不同场合中变化，所以常使用字母表中的一个字母(如 n)来表示值的数量，并将它们写成 $a_1, a_2, ..., a_n$。

A.1.1　Sigma 表示法

如果想表示值 a_1、a_2、...、a_n 的总和，可写成 $a_1 + a_2 + ... + a_n$。然而，有一种更紧凑、更有用的符号，即希腊字母 Σ(Sigma)。Sigma 是希腊语中的字母 s，相当于 sum 一词的第一个字母。

可从序列 $a_1, a_2, ..., a_n$ 中写出一个"典型"值 a_i，其中 i 称为"虚变量"(dummy variable)。当然，除了 i，也可使用其他变量，但传统上通常使用诸如 i、j 和 k 的字母。现在可将 $a_1 + a_2 + ... + a_n$ 写为：

$$\sum_{i=1}^{i=n} a_i$$

可理解为"i 从 1 到 n 时 a_i 的总和"。该符号通常简化为：

$$\sum_{i=1}^{n} a_i$$

虚变量 i 称为"求和指数"。求和的下限和上限分别为 1 和 n。

求和的值不仅限于 a_i，也可以是任何公式，例如：

$$\sum_{i=1}^{i=n} a_i^2 \text{ 或 } \sum_{i=1}^{i=n} (i.a_i)$$

虚变量的选择也是灵活的，所以：

$$\sum_{i=1}^{i=n} a_i = \sum_{j=1}^{j=n} a_j$$

其他一些有用的结果还有：

$$\sum_{i=1}^{i=n} k.a_i = k. \sum_{i=1}^{i=n} a_i (k \text{ 是常数})$$

和

$$\sum_{i=1}^{i=n} (a_i + b_i) = \sum_{i=1}^{i=n} a_i + \sum_{i=1}^{i=n} b_i$$

A.1.2　双下标表示法

某些情况下，单下标是不够的，此时使用两个或更多下标是很有帮助的。这类似于"第三大街的第五幢房子"或类似的说法。

可用一个带有两个下标的变量(如 a_{11}、a_{46}，或一般的 a_{ij})表示一个表的单元格。图 A.1 显示了引用具有 5 行和 6 列的表格的单元格的标准方式。例如，在 a_{45} 中，第一个下标指第四行，而第二个下标指第五列。按照惯例，表的行号从 1 开始下移，列号从 1 开始从左向右移动。若要避免歧义，可用逗号分隔下标。

a_{11}	a_{12}	a_{13}	a_{14}	a_{15}	a_{16}
a_{21}	a_{22}	a_{23}	a_{24}	a_{25}	a_{26}
a_{31}	a_{32}	a_{33}	a_{34}	a_{35}	a_{36}
a_{41}	a_{42}	a_{43}	a_{44}	a_{45}	a_{46}
a_{51}	a_{52}	a_{53}	a_{54}	a_{55}	a_{56}

图 A.1　具有 5 行和 6 列的表格的单元格

可使用两个虚变量 i 和 j 将典型值写为 a_{ij}。

如果有一个包含 m 行和 n 列的表，那么表的第二行是 $a_{21}, a_{22}, ..., a_{2n}$，第二行中的值之和为 $a_{21} + a_{22} + ... + a_{2n}$，即：

$$\sum_{j=1}^{j=n} a_{2j}$$

通常第 i 行中，值的和为：

$$\sum_{j=1}^{j=n} a_{ij}$$

为得到所有单元格的总值，需要将所有 m 行的总和相加，从而得到：

$$\sum_{i=1}^{i=m} \sum_{j=1}^{j=n} a_{ij}$$

该公式带有两个 Sigma 符号，称为"双重求和"。

或者，可先求第 j 列中 m 个值的总和，即：

$$\sum_{i=1}^{i=m} a_{ij}$$

然后，求所有 n 列的总和：

$$\sum_{j=1}^{j=n} \sum_{i=1}^{i=m} a_{ij}$$

使用哪种求和方法并不重要。无论如何计算，结果都必须是相同的，所以可得到以下有用的结果：

$$\sum_{i=1}^{i=m} \sum_{j=1}^{j=n} a_{ij} = \sum_{j=1}^{j=n} \sum_{i=1}^{i=m} a_{ij}$$

A.1.3　下标的其他用途

最后需要指出，下标还有其他用法。第 5 章、第 6 章和第 10 章演示了变量 E 的两个值的计算过程，本质上是"之前"和"之后"的值，将原始值称为 E_{start}，将第二个值称为 E_{new}。这是标记同一变量的两个值的便捷方式。此时使用求和指数没什么意义。

A.2　树

计算机科学家和数学家常使用"树"结构表示数据项和应用于它们的过程。树在本书的前半部分被广泛使用，特别是在第 4 章、第 5 章和第 9 章。

图 A.2 是树的一个例子。字母 A~M 是为便于参考而添加的标签，并非树本身的一部分。

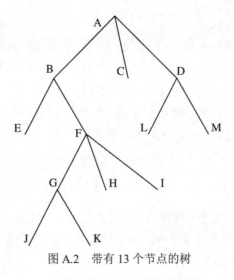

图 A.2 带有 13 个节点的树

A.2.1 术语

通常，树由一组点(称为"节点")组成，这些点由直线连接，称为"链接"。每个链接的每一端都有一个节点。图 A.3 是两个节点 G 和 J 的链接的示例。

图 A.3 节点 G 和 J 的链接示例

图 A.2 包含 13 个节点，编号从 A 到 M，共 12 条链路连接。

树顶部的节点称为"根"或"根节点"。在计算机科学中，树从根部向下生长。

存在一个向下移动树的隐含概念，即可通过链路从根节点 A 到节点 D，或从节点 F 到节点 H。此外，还存在从节点 A 到节点 H 的路径(通过链接链 A→B、B→F、F→H)以及从节点 F 到 K 的路径(通过链接 F→G、G→K)。但无法从 B 到 A 或从 G 到 B，因为不能"倒着"向上爬树。

为使诸如图 A.2 的结构成为一棵树，必须满足许多条件，如下所示。

(1) 必须有单个节点(即根节点)，并且没有从上面"流入"的链接。

(2) 必须存在从根节点 A 到树中其他每个节点的路径(也就是说，结构是相连的)。

(3) 从根节点到其他每个节点只能有一条"路径"。如果在图 A.2 中添加从 F 到 L 的链接，它将不再是树，因为从根节点到节点 L 存在两条路径：A→B、B→F、

F→L 以及 A→D、D→L。

树中没有其他子节点的 C、E、H、I、J、K、L 和 M 等称为"叶节点"或简称为"叶子"。既非根节点也非叶节点的节点(如 B、D、F 和 G)称为"内部节点"。因此,图 A.2 具有 1 个根节点、8 个叶节点和 4 个内部节点。

从树的根节点到其任何叶节点的路径称为"分支"。因此,对于图 A.2,其中一个分支是 A→B、B→F、F→G、G→K。树具有与叶节点一样多的分支。

A.2.2 解释

常见的树结构包括家谱、流程图等。可认为图 A.2 的根节点 A 代表家谱中辈分最大的人,如 John。孩子由节点 B、C 和 D 表示,孩子的孩子包括 E、F、L 和 M 等。最后 John 的玄孙由节点 J 和 K 表示。

对于本书使用的树,不同类型的解释更有帮助。

图 A.4 是图 A.2 的扩展,其中每个节点都用括号括起一个数字。假设在根部放置 100 个单元并向下流到叶子,就像水从山头一个源头(根)流入许多水池(叶子)一样。节点 A 处有 100 个单元。它们向下流动,B 处有 60 个单元,C 处有 30 个,D 处有 10 个。B 处的 60 个单元流向 E(10 个单元)和 F(50 个单元),以此类推。可将树看成将 100 个单元从根一步步分布到多个叶子的方法。这种相关性在第 4 章使用决策树分类时做了详细解释。

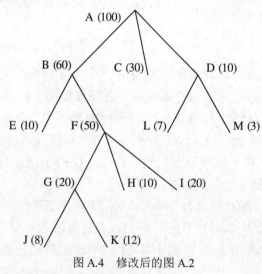

图 A.4 修改后的图 A.2

A.2.3 子树

如果看一下图 A.2 中悬挂在节点 F 下的部分，会发现 6 个节点(包括 F 本身)以及 5 条链路，这些节点本身形成一个树(如图 A.5 所示)。称之为原始树的"子树"。它是从节点 F"降下"(或"挂起")的子树。子树本身具有树的所有特征，包括它自己的根(节点 F)。

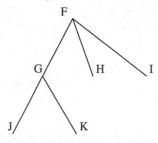

图 A.5　从节点 F 向下的子树

有时，我们希望通过删除节点 F(F 本身保持不变)下的子树来"修剪"一个树，从而得到更简单的树，如图 A.6 所示。第 9 章详细讨论了这种剪枝方法。

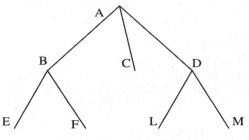

图 A.6　图 A.2 的剪枝版本

A.3　对数函数 $\log_2 X$

数学函数 $\log_2 X$，即以 2 为底 X 的对数，在科学应用中使用广泛。它在本书中起着重要的作用，特别是在第 5、6 章和第 10 章的分类方面。

$\log_2 X = Y$ 表示 $2^Y = X$。

因为 $2^3 = 8$，所以 $\log_2 8 = 3$。

2 始终写为下标。在 $\log_2 X$ 中，X 的值称为 $\log_2$ 函数的"参数"。该参数通常用括号括起来，例如 $\log_2(X)$。为简单起见，在没有歧义的情况下，通常省略括号，

如 $\log_2 4$。

仅当 X 大于 0 时，才会定义该函数的值。其图形如图 A.7 所示。水平轴和垂直轴分别对应 X 和 $\log_2 X$ 的值。

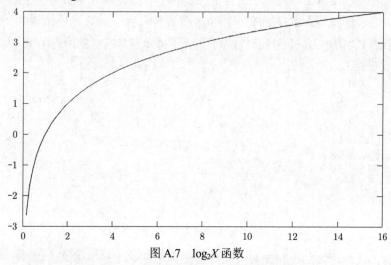

图 A.7 $\log_2 X$ 函数

对数函数的一些重要性质如图 A.8 所示。

$\log_2 X$ 的值是：

- 当 $X < 1$ 时为负
- 当 $X = 1$ 时为 0
- 当 $X > 1$ 时为正

图 A.8 对数函数的性质

下面给出函数的一些有用值。

$$\log_2(1/8) = -3$$
$$\log_2(1/4) = -2$$
$$\log_2(1/2) = -1$$
$$\log_2 1 = 0$$
$$\log_2 2 = 1$$
$$\log_2 4 = 2$$
$$\log_2 8 = 3$$
$$\log_2 16 = 4$$
$$\log_2 32 = 5$$

$\log_2$ 函数有一些不寻常却非常有用的性质。图 A.9 给出部分属性。

$$\log_2(a \times b) = \log_2 a + \log_2 b$$
$$\log_2(a/b) = \log_2 a - \log_2 b$$
$$\log_2(a^n) = n \times \log_2 a$$
$$\log_2(1/a) = -\log_2 a$$

图 A.9　对数函数的更多性质

所以，例如：

$$\log_2 96 = \log_2(32 \times 3) = \log_2 32 + \log_2 3 = 5 + \log_2 3$$
$$\log_2(q / 32) = \log_2 q - \log_2 32 = \log_2 q - 5$$
$$\log_2(6 \times p) = \log_2 6 + \log_2 p$$

除了 2 外，对数函数可具有其他基数。实际上任何正数都可作为基数。图 A.8 和图 A.9 列出的所有性质都适用于任何基数。

另一个常用基数是 10。$\log_{10} X = Y$ 表示 $10^Y = X$，因此 $\log_{10} 100 = 2$，$\log_{10} 1000 = 3$ 等。

也许最广泛使用的基数是数学常数 e。e 值约为 2.718 28。基数 e 的对数非常重要，经常写成 $\ln X$ 而非 $\log_e X$，称为"自然对数"，但解释这个常数的重要性已超出本书的范围。

很少有计算器具有 $\log_2$ 函数，但大多数计算器都有 $\log_{10}$、$\log_e$ 或 ln 函数。可使用 $\log_2 X = \log_e X / 0.6931$ 或 $\log_{10} X / 0.3010$ 或 $\ln X / 0.6931$ 来计算 $\log_2 X$。

$-X\log_2 X$ 函数

本书使用的唯一对数基数是 2。但第 5 章和第 10 章关于熵的讨论中，$\log_2$ 函数也出现在公式 $-X\log_2 X$ 中。该函数的值也仅针对大于 0 的 X 值定义。然而，当 X 在 0 和 1 之间时，该函数才是重要的。该函数的重要部分的图形如图 A.10 所示。

上述公式包含一个减号，目的是使函数值在 0 和 1 之间为正(或 0)。

可以证明，当 $X = 1 / e = 0.3679$(e 是上面提到的数学常数)时，函数 $-X \log_2 X$ 具有最大值。当 X 取值 1/e 时，函数值约为 0.5307。

有时，可将 X 从 0 到 1 的值视为概率(0 = 不可能、1 = 一定)，所以可将函数写为 $-p\log_2(p)$。只要保持一致，使用的变量无关紧要。通过使用图 A.9 的第四个性质，该函数可等效地写为 $p\log_2(1/p)$。该形式主要出现在第 5 章和第 10 章中。

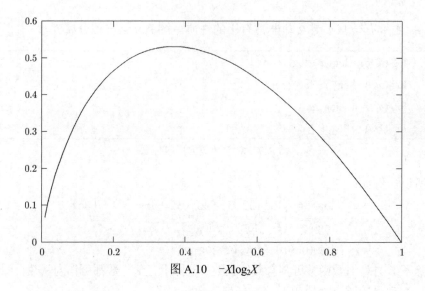

图 A.10　$-X\log_2 X$

A.4　集合论简介

集合论在第 17 章中具有重要作用。

集合是项目的序列，称为"集合元素"或"成员"，用逗号分隔并用大括号括起来，即字符{和}。集合的两个例子是{a, 6.4, -2, dog, alpha}和{z, y, x, 27}。集合元素可以是数字、非数字或两者的组合。

一个集合可将另一个集合作为成员，因此{a, b, {a, b, c}, d, e}是有效集合，具有 5 个成员。注意，集合的第三个元素，即{a, b, c}被视为单个成员。

任何元素都不会出现多次，因此{a, b, c, b}不是有效集合。集合中所列出元素的顺序并不重要，因此{a, b, c}和{c, b, a}是相同的集合。

集合的基数是所包含元素的数量，因此{dog, cat, mouse}的基数为 3，{a, b, {a, b, c}, d, e}的基数为 5。没有元素{}的集合称为空集，写为 Ø。

通常认为一个集合的成员来自某些"论域" (universe of)，例如属于某个俱乐部的所有人。假设集合 A 包含年龄小于 25 岁的所有人，而集合 B 包含所有已婚者。

两个集合 A 和 B 的并集包含 A 或 B 中出现的所有元素，写为 A∪B。如果 A 是集合{John, Mary, Henry}，B 是集合{Paul, John, Mary, Sarah}，那么 A∪B 为{John, Mary, Henry, Paul, Sarah}，可创建年龄在 25 岁以下或已婚或两者兼有的集合。图 A.11 显示了两个重叠的集合。阴影区域是它们的并集。

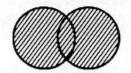

图 A.11 两个重叠集合的并集

将集合 A 和 B 中都出现的所有元素(如果有)的集合称为 A 和 B 的交集,写为 A∩B。如果 A 是集合{John, Mary, Henry},B 是集合{Paul, John, Mary, Sarah},那么 A∩B 为{John, Mary},同样可创建年龄在 25 岁以下且结婚的集合。图 A.12 显示两个重叠的集合。此时阴影区域是它们的交集。

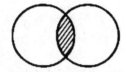

图 A.12 两个重叠集合的交集

如果两个集合没有共同元素,则称为不相交,例如 A = {Max, Dawn}和 B = {Frances, Bryony, Gavin}。此时,它们的交集 A∩B 是没有元素的集合,将其称为空集,并由{}或更常见的 Ø 表示。如图 A.13 所示。

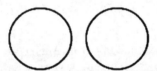

图 A.13 两个不相交集合的交集

如果两个集合不相交,则它们的并集将包含第一组中的所有元素以及第二组中的所有元素。

没理由仅限于两个集合。引用任意数量集合的并集(由出现在任意一个或多个集合中的元素组成的集合)和任意数量集合的交集(由出现在所有集合中的元素组成的集合)是很有意义的。图 A.14 显示了 3 个集合(A、B 和 C),阴影区域是它们的交集 A∩B∩C。

图 A.14 三个集合的交集

A.4.1 子集

如果集合 A 中的每个元素都出现在集合 B 中，则将集合 A 称为集合 B 的子集。可通过图 A.15 说明这一点，该图显示了一个集合 B(外部圆)以及一个包含的集合 A(内部圆)。其含义是 B 包括 A，即 A 中的每个元素也在 B 中，此外 B 中也可能有一个或多个其他元素。例如 B 和 A 可以分别是 $\{p, q, r, s, t\}$ 和 $\{q, t\}$。

可用符号 A⊆B 表示 A 是 B 的子集。所以 $\{q, t\} \subseteq \{p, r, s, q, t\}$。空集是每个集的子集，每个集合都是其自身的子集。

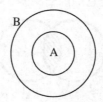

图 A.15 集合 A 是集合 B 的子集

有时想指定集合 B 的子集 A 的元素必须少于 B 本身，以排除将 B 作为其自身子集的可能性。这种情况下，可以说 A 是 B 的严格子集，写成 A⊂B。所以 $\{q, t\}$ 是 $\{p, r, s, q, t\}$ 的严格子集，但 $\{t, s, r, q, p\}$ 不是 $\{p, r, s, q, t\}$ 的严格子集，是相同的集合。元素的写入顺序无关紧要。

如果 A 是 B 的子集，那么可以说 B 是 A 的超集，写成 B⊇A。

如果 A 是 B 的严格子集，那么可以说 B 是 A 的严格超集，写成 B⊃A。

具有 3 个元素(如 $\{a, b, c\}$)的集合共有 8 个子集，包括空集和其自身，分别是 Ø、$\{a\}$、$\{b\}$、$\{c\}$、$\{a, b\}$、$\{a, c\}$、$\{b, c\}$ 和 $\{a, b, c\}$。

通常，具有 n 个元素的集合将拥有 2^n 个子集(包括空集和集合本身)。该集合的每个成员可包括在子集中或不包括在子集中。因此，可能的子集数量与可能包含/不包含所选成员的总数是相同的，都为 2 自乘 n 次，即 2^n。

包含 A 的所有子集的集合称为 A 的幂集。因此 $\{a, b, c\}$ 的幂集是 $\{Ø, \{a\}, \{b\}, \{c\}, \{a, b\}, \{a, c\}, \{b, c\}, \{a, b, c\}\}$。

如果集合 A 具有 n 个元素，那么其幂集包含 2^n 个元素。

A.4.2 集合符号汇总

{}	包围集合元素的"大括号"字符，如{apples, oranges, bananas}
∅	空集，也可写为{}
A∪B	集合 A 和 B 的并集。该集合包含集合 A 或 B 中出现的所有元素
A∩B	集合 A 和 B 的交集。该集合包含集合 A 和 B 中都出现(如果存在)的所有元素
A⊆B	集合 A 是 B 的子集，即集合 A 的每一个元素在 B 中也出现
A⊂B	集合 A 是 B 的严格子集，即 A 是 B 的子集，且 A 的元素少于 B 的元素
A⊇B	集合 A 是 B 的超集。当且仅当 B 是 A 的子集时成立
A⊃B	集合 A 是 B 的严格超集。当且仅当 B 是 A 的严格子集时成立

数 据 集

本书通过测试数据集来介绍各种数据挖掘方法。这些数据集的大小和特征各异。图 B.1 总结了各个数据集的基本信息。

degrees、train、football/netball 和匿名数据集由本书作者创建，仅用于说明。bcst96、wake_vortex 和 wake_vortex2 数据集并不是通用的。下面列出其他数据集的详细信息。训练集中对应实例数量最多的类别以粗体显示。

显示为"资料来源：UCI 存储库"的数据集可从万维网 http://www.ics.uci.edu/ ml 下载(有时略微不同)。

1. 数据集 chess

描述

澳大利亚研究人员 Ross Quinlan 用该数据集进行了一系列著名实验，其中一个将白王和白车对阵黑王和黑马的棋局作为实验平台。20 世纪 70 年代和 80 年代，棋局为机器学习和其他人工智能技术的研究奠定了基础。

实验的任务是使用与部分配置对应的属性，将所有要移动的黑色位置分类为"安全"或"输棋"。分类"输棋"意味着无论黑方如何移动，白方都能立即将其将死，或能在不产生平局的情况下吃掉马或使白车更容易被吃掉。一般来说，这是不可能的，这种情况下，该位置是"安全的"。这项任务对于人类专家来说微不足道，但事实证明，以令人满意的方式实现自动化非常困难。在这个实验中(Quinlan 的"第三个问题")，简化的假设是棋盘的大小是无限的。尽管如此，分类任务仍难实现。更多信息见参考文献[1]。

资料来源：作者根据参考文献[1]的描述重建。各个数据集的基本信息见图 B.1。

数据集	描述	类别*	属性		示例数量	
			分类	连续	训练集	测试集
匿名	足球/无板篮球数据(匿名)	2(58%)	4		12	
bcst96	文本分类数据集	2		13430!	1186	509
chess	国际象棋残局	2(95%)	7		647	
contact_lenses	隐形眼镜	3(88%)	5		108	
crx	信用卡应用	2(56%)	9	6	690(37)	200(12)
degrees	学位等级	2(77%)	5		26	
football/netball	体育俱乐部偏好	2(58%)	4		12	
gnetics	DNA 序列	3(52%)	60		3190	
glass	玻璃识别数据库	7(36%)		9!!	214	
golf	决定是否比赛	2(64%)	2	2	14	
hepatitis	肝炎数据	2(79%)	13	6	155(75)	
hypo	甲状腺疾病	5(92%)	22	7	2514(2514)	1258(371)
iris	虹膜植物分类	3(33.3%)		4	150	
labor-ne	劳资谈判	2(65%)	8	8	40(39)	17(17)
lens24	隐形眼镜(缩小版)	3(63%)	4		24	
monk1	僧侣的问题 1	2(50%)	6		124	432
monk2	僧侣的问题 2	2(62%)	6		169	432
monk3	僧侣的问题 3	2(51%)	6		122	432
pima-indians	印第安女性的糖尿病患病率	2(65%)		8	768	
seeds	小麦品种分类	3(33%)		7	210	
sick-euthyroid	甲状腺疾病数据	2(91%)	18	7	3163	
train	火车准时率	4(70%)	4		20	
vote	美国国会投票	2(61%)	16		300	135
wake_vortex	空中管制	2(50%)	3	1	1714	
wake_vortex2	空中管制	2(50%)	19	32	1714	

* 括号中给出训练集中最大类别的百分比。

** categ 和 cts 分别表示分类式和连续式。

如果有缺少值的实例，则数字显示在括号中。

!包括 1749，训练集中的实例只有一个值。

!! 加上一个"忽略"属性。

图 B.1 各个数据集的基本信息

类别

安全，输棋

属性和属性值

前 4 个属性表示棋子间的距离(wk 和 wr 表示白王和白车间的距离，bk 和 bn 表示黑王和黑马间的距离)。它们都具有值 1、2 和 3(3 表示任何大于 2 的值)。

dist_bk_bn

dist_bk_wr

dist_wk_bn

dist_wk_wr

其他 3 个属性的值为 1(真)和 2(假)。

排成一行(黑王、黑马和白车排成一行)。

wr_bears_bk(白车对黑王不利)。

wr_bears_bn(白车对黑马不利)。

实例数量

训练集：647 个实例

没有单独的测试集

2. 数据集 contact_lenses

描述

眼科光学数据将患者的临床数据与是否该佩戴硬性隐形眼镜、软性隐形眼镜或完全不佩戴的决定联系起来。

资料来源：作者根据参考文献[2]给出的数据重建。

类别

硬镜片：患者应佩戴硬性隐形眼镜

软镜片：患者应佩戴软性隐形眼镜

无镜片：患者不必佩戴隐形眼镜

属性和属性值

age：1(年轻)，2(老花眼前期)，3(老花眼)

specRx(眼镜处方)：1(近视)，2(高度远视)，3(低度远视)

astig(是否散光)：1(否)，2(是)

tears(泪液生成率)：1(减少)，2(正常)

tbu(泪液破裂时间)：1(≤5 秒)，2(>5 秒且≤10 秒)，3(>10 秒)

实例数量

训练集：108 个实例

没有单独的测试集

3. 数据集 crx

描述

该数据集涉及信用卡应用。数据是真实的，但属性名和值已改为无意义的符号，以保护数据的机密性。

资料来源：UCI 存储库。

类别

+和-分别表示成功的应用和不成功的应用(训练数据的最大类别是-)

属性和属性值

A1：b, a

A2：连续属性

A3：连续属性

A4：u, y, l, t

A5：g, p, gg

A6：c, d, cc, i, j, k, m, r, q, w, x, e, aa, ff

A7：v, h, bb, j, n, z, dd, ff, o

A8：连续属性

A9：t, f

A10：t, f

A11：连续属性

A12：t, f

A13：g, p, s

A14：连续属性

A15：连续属性

实例数量

训练集：690 个实例(37 个有缺失值)

测试集：200 个实例(12 个有缺失值)

4. 数据集 genetics

描述

每个实例都包含一个由 60 个 DNA 元素组成的序列的值，这些 DNA 元素属于 3 种可能类别中的一种。有关详细信息，可参阅参考文献[3]。

资料来源：UCI 存储库。

类别

EI、IE 和 N。

属性和属性值

有 60 个属性，名为 A0~A59，所有属性都是分类属性。每个属性都有 8 个可能的值：A、T、G、C、N、D、S 和 R。

实例数量

训练集：3190 个实例

没有单独的测试集

5. 数据集 glass

描述

出于调查犯罪的目的，该数据集涉及将犯罪现场留下的玻璃分为 6 种类型(如"餐具""前照灯"或"经浮法处理的建筑物窗户玻璃")。基于 9 个连续属性(加上一个被忽略的标识号)进行分类。

资料来源：UCI 存储库。

类别

1, **2**, 3, 5, 6, 7

玻璃类型：

1　经浮法处理的建筑物窗户玻璃

2　未经浮法处理的建筑物窗户玻璃

3　经浮法处理的车窗玻璃

4　未经浮法处理的车窗玻璃(此数据集中无)

5　容器

6　餐具

7　前照灯

属性和属性值

Id number：1~214(一个"忽略"属性)

加上 9 个连续属性

RI：折射率

Na：钠(单位度量：对应氧化物中的质量百分比。下同)

Mg：镁

Al：铝

Si：硅

K：钾

Ca：钙

Ba：钡

Fe：铁

实例数量

训练集：214 个实例

没有单独的测试集

6. 数据集 golf

描述

观测天气来决定是否打高尔夫球的综合数据集。

资料来源：UCI 存储库。

类别

play (比赛)， don't play (不比赛)

属性和属性值

Outlook(天气)：sunny(晴天)、overcast(阴)、rain(雨)

Temperature(温度)：连续属性

Humidity(湿度)：连续属性

Windy(刮风)：true(真)，false(假)

实例数量

训练集：14 个实例

没有单独的测试集

7. 数据集 hepatitis

描述

根据 13 种分类和 9 个连续属性将患者分为两类，即"存活"或"死亡"。

资料来源：UCI 存储库。

类别

1 和 **2**，分别代表"死亡"和"存活"

属性和属性值

Age：连续属性

Sex：1, 2(分别代表男性、女性)

Steroid：1, 2(分别代表否、是)

Antivirals：1, 2(分别代表否、是)

Fatigue：1, 2(分别代表否、是)

Malaise：1, 2(分别代表否、是)

Anorexia：1, 2(分别代表否、是)

Liver Big：1, 2(分别代表否、是)

Liver Firm：1, 2(分别代表否、是)

Spleen Palpable：1, 2(分别代表否、是)

Spiders：1, 2(分别代表否、是)

Ascites：1, 2(分别代表否、是)

Vairces：1, 2(分别代表否、是)

Bilirubin：连续属性

Alk Phosphate：连续属性

SGOT：连续属性

Albumin：连续属性

Protime：连续属性

Histology：1, 2(分别代表否、是)

实例数量

训练集：155 个实例(75 个有缺失值)

没有单独的测试集

8. 数据集 hypo

描述

这是澳大利亚 Garvan 研究所收集的甲状腺功能减退症的数据集。根据 29 个属性(22 个类别，7 个连续)的值，受试者分为 5 个类别。

资料来源：UCI 存储库。

类别

甲亢，原发性甲状腺功能减退，代偿性甲状腺功能减退，继发性甲状腺功能减退，**阴性**

属性和属性值

age：连续属性

sex：M, F

甲状腺素、抗甲状腺药物、生病、怀孕、甲状腺手术、I131 治疗、查甲状腺功能减退、查甲亢、锂、甲状腺肿、肿瘤、垂体、心理、TSH 检查。值都为 f, t

TSH：连续属性

T3 值：f, t

T3：连续属性

TT4 值：f, t

TT4：连续属性

T4U 值：f, t

T4U：连续属性

FTI 值：f, t

FTI：连续属性

TBG 值：f, t

TBG：连续属性

推荐来源：WEST、STMW、SVHC、SVI、SVHD 等

实例数量

训练集：2514 个实例(都有缺失值)

测试集：1258 个实例(371 个有缺失值)

9. 数据集 iris

描述

鸢尾属植物分类。这是最著名的分类数据集之一，在技术文献中广泛引用。旨

在根据 4 个分类属性的值将鸢尾属植物分类。

资料来源：UCI 存储库。

类别

Iris-setosa, Iris-versicolor, Iris-virginica

每个类别的数据集中有 50 个实例。

属性和属性值

4 个连续属性：sepal length(萼片长度)、sepal width(萼片宽度)、petal length(花瓣长度)和 petal width(花瓣宽度)。

实例数量

训练集：150 个实例

没有单独的测试集

10. 数据集 labor-ne

描述

这是一个小型数据集，由 *Collective Bargaining Review* 月刊创建，详细介绍 1987 年和 1988 年第一季度加拿大行业劳务谈判的最终方案。这些数据包括商业和个人服务部门为当地组织(这些组织都至少有 500 名成员，包括教师、护士、大学职员、警察等)达成的所有集体协议。

资料来源：UCI 存储库。

类别

好、坏

属性和属性值

入职时间：连续属性[1..7] *

第一年加薪：连续属性[2.0..7.0]

第二年加薪：连续属性[2.0..7.0]

第三年加薪：连续属性[2.0..7.0]

生活费调整：none, tcf, tc

工作时长：连续属性[35..40]

养老金：none, ret_allw, empl_contr(雇主向退休金计划供款)

备用工资：连续属性[2..25]

加班津贴：连续属性[1..25] (第二及第三班工作的补充)

教育津贴：yes, no

法定节假日：连续属性[9..15] (法定假日数目)

休假：below average(低于平均)、average(平均)、generous(高于平均) (带薪假期天数)

长期残疾援助：yes, no

对牙科计划的贡献：none, half, full

丧葬补助：yes, no(雇主为支付丧亲的费用而做出的经济贡献)

对健康计划的贡献：none, half, full

实例数量
训练集：40 个实例(39 个有缺失值)

测试集：17 个实例(都有缺失值)

*符号[1..7]表示 1~7(含)范围的值

11. 数据集 lens24

描述
只有 24 个实例的简化版隐形眼镜数据。

资料来源：作者根据参考文献[2]的数据重建。

类别
1, 2, **3**

属性和属性值
age：1, 2,3

specRx：1, 2

astig：1, 2

tears：1, 2

实例数量
训练集：24 个实例

没有单独的测试集

12. 数据集 monk1

描述
monk1 由 3 个人工问题组成，有 6 个分类属性。已用于测试各种分类算法，最初于 1991 年夏在比利时举办的第二届欧洲机器学习暑期学校使用。共有

3×3×2×3×4×2 = 432 个可能实例。这些都包含在每个问题的测试集中，因此每种情况都包含训练集。

monk1 的"真实"概念是：if(属性#1 =属性 2) or (属性#5 = 1) then class = 1 else class = 0。

资料来源：UCI 存储库。

类别

0, 1(每种分类 62 个实例)

属性和属性值

属性#1：1, 2, 3

属性#2：1, 2, 3

属性#3：1, 2

属性#4：1, 2, 3

属性#5：1, 2, 3, 4

属性#6：1, 2

实例数量

训练集：124 个实例

测试集：432 个实例

13. 数据集 monk2

描述

monk2 的"真实"概念是：对于 $n(1\sim6)$ 的两个选择，if(属性#n = 1) then class = 1 else class = 0。

资料来源：UCI 存储库。

类别

0, 1

属性和属性值

属性#1：1, 2, 3

属性#2：1, 2, 3

属性#3：1, 2

属性#4：1, 2, 3

属性#5：1, 2, 3, 4

属性#6：1, 2

实例数量

训练集：169 个实例

测试集：432 个实例

14. 数据集 monk3

描述

monk3 的"真实"概念是：if(属性#5 = 3 且属性#4 = 1)或(属性#5≠4 且属性#2≠3) then class = 1 else class = 0

该数据集在训练集中具有 5%的噪声(错误分类)。

资料来源：UCI 存储库。

类别

0, 1

属性和属性值

属性#1：1, 2, 3

属性#2：1, 2, 3

属性#3：1, 2

属性#4：1, 2, 3

属性#5：1, 2, 3, 4

属性#6：1, 2

实例数量

训练集：122 个实例

测试集：432 个实例

15. 数据集 pima-indians

描述

该数据集涉及印第安女性的糖尿病患病率，是一个难分类的数据集。

该数据集由美国国家糖尿病、消化和肾脏疾病研究所创建，是对居住在 Phoenix 附近的 768 名成年印第安女性的研究结果。旨在使用"怀孕次数""舒张压"和"年龄"等与健康相关的属性来预测糖尿病。

资料来源：UCI 存储库。

类别

0(糖尿病阴性)和 1(糖尿病阳性)

属性和属性值

8 个属性，全部是连续属性：怀孕次数、血浆葡萄糖浓度、舒张压、肱三头肌皮肤皱褶厚度、2 小时血清胰岛素、体重指数、糖尿病谱系功能、年龄。

实例数量

训练集：768 个实例

没有单独的测试集

16. 数据集 seeds

描述

利用籽粒几何特性的测定对不同品种的小麦进行分类。这些数据是由位于波兰卢布林的波兰科学院农业物理研究所从实验田里收集的，从联合收获的小麦中获得的。利用软 x 射线技术对每个籽粒的内部结构进行了高质量的可视化。连续属性是对小麦籽粒 7 个几何参数的测量而得到的。

资料来源：UCI 存储库。

类别

Kama, Rosa 和 Canadian (每个类别都有 70 个实例)

属性(7 个，都是连续属性)

面积

周长

密实度

籽粒长度

籽粒宽度

不对称系数

籽粒槽长度

实例

训练集：210 个实例

没有单独的测试集

17. 数据集 sick-euthyroid

描述 甲状腺疾病数据。

资料来源：UCI 存储库。

类别

病态甲状腺功能亢进，**阴性**

属性和属性值

年龄：连续属性

性别：M, F

甲状腺素：f, t

查甲状腺素：f, t

抗甲状腺药物治疗：f, t

甲状腺手术：f, t

查甲状腺功能减退症：f, t

查甲亢：f, t

怀孕：f, t

生病：f, t

肿瘤：f, t

锂：f, t

goitre：f, t

TSH 值：y, n

TSH：连续属性

T3 值：y, n

T3：连续属性

TT4 值：y, n

TT4：连续属性

T4U 值：y, n

T4U：连续属性

FTI 值：y, n

FTI：连续属性

TBG 值：y, n

TBG：连续属性

实例数量

训练集：3163 个实例

没有单独的测试集

18. 数据集 vote

描述

投票记录摘自《国会季刊年鉴》，第 98 届国会，1984 年第 2 届，XL 卷：国会

季刊，华盛顿特区，1985 年

该数据集包括美国众议院议员对 CQA 确定的 16 项主要选票的投票。CQA 列出 9 种不同类型的投票：投票赞成、配对赞成、宣布赞成、投票反对、配对反对、宣布反对、投票出席、投票出席以避免利益冲突、不投票或以其他方式表明立场。前 3 种类型简化为赞成，接下来 3 种简化为反对，最后 3 种简化为未知。

这些实例根据选民所属的一方(民主党或共和党)进行分类，旨在根据 16 种分类属性预测选民的党派，这些分类属性记录残疾儿、对尼加拉瓜反政府武装的援助、移民、医药费冻结和对萨尔瓦多的援助等议题的投票。

资料来源：UCI 存储库。

类别
民主党人，共和党人

属性和属性值
16 个分类属性，都具有值 y、n 和 u(分别代表"赞成""反对"和"未知")：残疾儿、水利工程成本分摊、采用预算的决议、医药费冻结、萨尔瓦多援助、学校的宗教团体、反卫星测试禁令、援助尼加拉瓜反政府武装、mx 导弹、移民、合成燃料公司削减、教育支出、超级基金有起诉权、犯罪、免税出口、南非出口管理法。

实例数量
训练集：300 个实例
测试集：135 个实例

更多信息来源

网站

万维网上有大量关于数据挖掘的信息。一个较好的网站是 Knowledge Discovery Nuggets(http://www.kdnuggets.com)，其中包含有关软件、产品、公司、数据集、课程、会议等的链接。

另一个非常有用的信息来源是 The Data Mine(http://www.the-data-mine.com)。

NCAF(Natural Computing Applications Forum)是一个活跃组织(总部在英国)，专门探讨预测分析、数据挖掘和相关技术。网址是 http://www.ncaf.org.uk。

书籍

有很多关于数据挖掘的书籍。下面列出一些受欢迎的书籍。

(1) J. Han 、M. Kamber 和 J. Pei. 撰写的 *Data Mining: Concepts and Techniques*(third edition)。Morgan Kaufmann 于 2012 年出版。ISBN：978-0-12-381479-1。

(2) T. Hastie、R. Tibshirani 和 J. Friedman 撰写的 *The Elements of Statistical Learning: Data Mining, Inference and Prediction*(second edition)。Springer-Verlag 于 2009 年出版。ISBN：0-38784-857-6。

(3) I. H. Witten、E. Frank 、M. Hall 和 C. Pal 撰写的 *Data Mining: Practical Machine Learning Tools and Techniques*(fourth edition)。Morgan Kaufmann 于 2017 年出版。ISBN：978-0-12-804291-5。

该书以一组用于数据挖掘任务的开源机器学习算法 Weka 为基础，可直接应用于数据集，也可从用户的 Java 代码调用。详情可访问 http://www.cs.waikato.ac.nz/ml/weka/。

(4) Ross Quinlan 撰写的 *C4.5: Programs for Machine Learning*。Morgan Kaufmann 于 1993 出版。ISBN：1-55860-238-0。

该书详细介绍著名的树感应系统 C4.5，以及该软件的机器可读版本和一些样本数据集。

(5) Tom Mitchell 撰写的 *Machine Learning*。McGraw-Hill 于 1997 年出版。ISBN：0-07-115467-1。

(6) Michael Berry 和 Jacob Kogan 撰写的 *Text Mining: Applications and Theory*。Wiley 于 2010 年出版。ISBN：978-0-470-74982-1。

7. P.-N. Tan、M. Steinbach、A. Karpatne 和 V. Kumar. Pearson 撰写的 *Introduction to Data Mining*，2018 年出版，ISBN: 0-13-312890-3。

8. Chris Bishop 撰写的 *Neural Networks for Pattern Recognition*，Clarendon Press: Oxford 于 2004 年出版，ISBN: 978-0-19-853864-6。

9. Brian Ripley 撰写的 *Pattern Recognition and Neural Networks*，剑桥大学出版社于 2007 年出版，ISBN: 978-0-521-71770-0。

10. C. Aggarwal 撰写的 *Neural Networks and Deep Learning*，Springer 于 2018 年出版。ISBN: 3-31-994462-2。

会议

每年都会召开许多关于数据挖掘的会议和研讨会。两个最重要的常规系列是：

(1) 由 SIGKDD (ACM 知识发现和数据挖掘特别兴趣小组)在世界各地组织的年度 KDD-20xx 系列会议。有关详细信息，请访问 SIGKDD 网站 www.kdd.org。

(2) 年度 IEEE ICDM(数据挖掘国际会议)系列。每两年在世界各地举行。通常在美国或加拿大召开，有关详细信息，请访问 ICDM 网站 http://www.cs.uvm.edu/~icdm。

关于关联规则挖掘的信息

一个重要的信息来源是由 FIMI(Frequent Itemset Mining Implementations)国际研讨会建立的存储库，FIMI 是由电气和电子工程学会组织的年度数据挖掘国际会议的一部分。FIMI 网站 http://fimi.ua.ac.be 提供一系列可供研究和下载的论文，还提供标准数据集供研究人员测试自己的算法。

$a<b$	a 小于 b。
$a\leqslant b$	a 小于或等于 b。
$a>b$	a 大于 b。
$a\geqslant b$	a 大于或等于 b。
a_i	i 是下标。下标记号参见附录 A
$\sum\limits_{i=1}^{N} a_i$	$a_1+a_2+a_3+\ldots+a_N$ 的和。
$\sum\limits_{i=1}^{N}\sum\limits_{j=1}^{M} a_{ij}$	$a_{11}+a_{12}+\ldots+a_{1M}+a_{21}+a_{22}+\ldots+a_{2M}+\ldots+a_{N1}+a_{N2}+\ldots+a_{NM}$ 的和。
$\prod\limits_{j=1}^{M} b_j$	$b_1\times b_2\times b_3\times\ldots\times b_M$ 的乘积。
$P(E)$	事件 E 发生的概率(0~1 的数字,含 0 和 1)。
$P(E\,|\,x=a)$	假设变量 x 具有值 a 时发生事件 E 的概率(条件概率)。
$\log_2 X$	基数为 2 的 X 的对数。对数在附录 A 中有说明。
$\mathrm{dist}(X,Y)$	X 和 Y 两点之间的距离。
Z_{CL}	在第 7 章中,置信水平(CL)所需的标准误差数。
$a\pm b$	通常意指"a 加或减 b",例如 6±2 表示 4~8 的数字(含 4 和 8)。在第 7 章,$a\pm b$ 表示分类器具有标准误差 b 的预测精度。
N_{LEFT}	与规则左侧匹配的实例数。

N_{RIGHT}	与规则右侧匹配的实例数。
N_{BOTH}	匹配规则两边的实例数。
N_{TOTAL}	数据集中的实例总数。
{}	包含一组元素的"大括号"字符,例如{apples, oranges, bananas}。
Ø	空集。也写成{}。
A∪B	集合 A 和集合 B 的并集,集合中包含 A 和/或 B 中的元素。
A∩B	两个集合 A 和 B 的交集,集合包含同时出现在 A 和 B 中的所有元素(如果有)。
A⊆B	A 是 B 的子集,即 A 中的每一个元素也在 B 中出现。
A⊂B	A 是 B 的严格子集,即 A 是 B 的子集,A 包含的元素比 B 少。
A⊇B	A 是 B 的超集,当且仅当 B 是 A 的子集。
A⊃B	A 是 B 的严格超集,当且仅当 B 是 A 的严格子集。
count(S)	项目集 S 的支持度计数。参见第 17 章。
support(S)	项目集的支持度。参见第 17 章。
$cd \rightarrow e$	在关联规则挖掘中用于表示规则"如果我们知道购买 c 和 d 项,可预测 e 项也被购买了"。参见第 17 章。
L_k	该集合包含所有支持的基数为 k 的项目集。参见第 17 章。
C_k	包含基数 k 的项目集的候选集。参见第 17 章。
$L \rightarrow R$	表示先导 L 和后继 R 的规则。
confidence($L \rightarrow R$)	规则 $L \rightarrow R$ 的置信度。
$_kC_i$	表示 $\frac{k!}{(k-i)!i!}$ 的值(当从 k 中选择 i 值的顺序不重要时,表示从 k 中选择 i 个值的方法的数量)。

posteriori 概率 "后验概率"的另一个名称。

priori 概率 "先验概率"的另一个名称。

溯因(Abduction) 一种推理。参见 4.3 节

激活函数 是在神经网络的一层向下一层传播值时使用的函数。它将前向传播的神经激活阶段计算的每个值转换为一个新的数值,称为转换值。

激活值(Activation Value) 见加权总和。

充分条件(Adequacy Condition)(对于 TDIDT 算法) 在该条件下,没有两个具有相同属性值的实例属于不同的类。

凝聚式层次聚类(Agglomerative Hierarchical Clustering) 一种广泛使用的聚

类方法。

备用节点(Alternate Node)　在 CDH-Tree 算法的上下文中，指与正在开发的主树中的节点相关联的潜在替换节点。

规则的前提(Antecedent of a Rule)　IF…THEN 规则中的 IF 部分(左侧)。

Apriori 算法(Apriori Algorithm)　一种关联规则挖掘算法。参见第 17 章。

神经网络的架构(Architecture of a Neural Network)　神经网络的定义特征的规范，如层数、每层的节点数和激活函数。

人工神经网络(Artificial Neural Network)　见神经网络。

关联规则(Association Rule)　表示变量值之间关系的规则。规则的一般形式，其中 attributes=value 项的连接可在左侧和右侧同时发生。

关联规则挖掘(Association Rule Mining，ARM)　从给定数据集中提取关联规则的过程。

属性(Attribute)　变量的替代名称，用于某些数据挖掘领域。

属性选择(Attribute Selection)　在本书中，通常用于表示在生成决策树时选择要分裂的属性。

属性选择策略(Attribute Selection Strategy)　属性选择的算法。

自动规则归纳(Automatic Rule Induction)　"规则归纳"的另一个术语。

平均链路聚类(Average-link Clustering)　对于层次聚类，用一个聚类的任何成员到另一个聚类的任何成员的平均距离来计算两个聚类间距离的方法。

备份错误率估计(Backed-up Error Rate Estimate)　在决策树中的节点处，基于树中其下方节点的估计错误率进行估计。

反向传播(Backpropagation)　通过神经网络中的各层对误差值进行处理，从输出层开始，直到到达输入层。

向后剪枝(Backward Pruning)　"后剪枝"的另一个名称。

字袋表示(Bag-of-Words Representation)　文本文档的基于单词的表示。

Bagging　用于构建集成分类中使用的多个训练集的技术。

基础分类器(Base Classifier)　分类器集合中的单个分类器。

批量学习(Batch Learner)　一种学习算法，如 TDIDT；开头是在一些适当文件存储中收集的所有数据。

批处理模式(Batch Mode)　一种处理数据的模式，它使用批量学习，如 TDIDT。

批处理训练(Batch Training)　是一种用于带反向传播的前馈神经网络的训练形式，在每个时期后调整权值。

偏置节点(Bias Node)　一种固定值为 1 的节点，它与神经网络某一层的所有节点相连。

二元语法(Bigram)　文本文档中两个连续字符的组合。

二元变量(Binary Variable)　一种变量。参见 2.2 节。

位(Bit)　"二进制数"的缩写，信息的基本单位。它对应于开关的开闭或电流的流动或不流动。

黑板(Blackboard)　参见"黑板架构"。

黑板架构(Blackboard Architecture)　一种解决问题的架构，类似于一群专家一起解决问题，通过读写称为"黑板"的公共存储区域相互通信。

规则的主体(Body of a Rule)　规则"先导"的另一个名称。

Bootstrap 聚合(Bootstrap Aggregating)　参见 Bagging。

分支(Branch)　决策树的分支，从树的根节点到其任何叶节点的路径。

候选集(Candidate Set)　包含基数为 k 的项目集的集合，其中包括该基数所有受支持的项目集，也可能包括一些不受支持的项目集。

集合的基数(Cardinality of a Set)　集合的成员数量。

分类属性(Categorical Attribute)　只能采用多个不同值之一的属性，例如"红色""蓝色"和"绿色"。

CDH 树算法(CDH-Tree Algorithm)　一种基于 CVFDT 算法的基于时间相关数据的 Hoeffding 树构造算法。

CDM　参见"协作数据挖掘"。

簇的质心(Centroid of a Cluster)　簇的"中心"。

链式法则(Chain Rule)　是一种间接计算梯度的方法，作为神经网络中反向传播的随机梯度下降法的一部分

卡方属性选择标准(Chi Square Attribute Selection Criterion)　用于 TDIDT 算法的属性选择的度量。参见第 6 章。

卡方测试(Chi Square Test)　一种统计测试，用作 ChiMerge 算法的一部分。

ChiMerge　一种全局离散化算法。参见 8.4 节

城市街区距离(City Block Distance)　"曼哈顿距离"的另一个名称。

冲突(Clash)　用于训练集时，指训练集中两个或多个实例具有相同属性值但分类不同的情况。

冲突集(Clash Set)　与冲突相关联的训练集中的一组实例。

冲突阈值(Clash Threshold)　在生成决策树时处理冲突的"删除分支"和"多数表决"策略之间的一种中间方法。参见第 9 章。

类别(Class)　分类过程或算法为对象分配的一系列相互排斥的类别之一。

分类(Classification)

(1) 将对象划分的过程，以便将每个对象分配给一系列互斥类别中的一个，即"类别"。

(2) 对于标签数据，分类是特别指定的分类属性的值。目的是预测一个或多个未见实例的分类。

(3) 在具有分类值的指定属性上进行督促学习。

分类规则(Classification Rules)　一组可用来预测未知实例的分类的规则。

分类树(Classification Tree)　表示一组分类规则的方法。

分类器(Classifier)　任何为未见实例分配分类的算法。

簇(Cluster)　一组彼此相似但与其他簇中的对象不相似的对象。

聚类(Clustering)　将彼此相似但与其他簇的对象不同的对象(例如数据集中的实例)分组在一起。

社区实验效应(Community Experiments Effect)　当许多人共享一个小型数据集存储库并经常使用这些数据集进行实验时，会产生不良影响。参见第 15 章。

完全链路聚类(Complete-link Clustering)　对于层次聚类，该方法基于从一个簇的任何成员到另一个成员的最长距离来计算两个簇之间的距离。

完整性(Completeness)　规则兴趣度度量。

概念漂移(Concept Drift)　指学习算法建模的潜在因果模型因数据依赖于时间而发生变化的情况。

条件 FP-tree(Conditional FP-tree)　条件频繁模式树(Conditional Frequent Pattern Tree)的缩写。执行 FP-Growth 算法时开发的树结构。

条件概率(Conditional Probability)　如果有额外信息(以及在一系列试验中观察到的频率)，某一事件发生的概率。

置信区间(Confidence Interval)　一种值的范围，在此范围内估计出一个未知兴趣值。参见第 15 章。

置信水平(Confidence Level)　我们已经知道(或希望知道)分类器预测精度所在区间的概率。

规则的置信度(Confidence of a Rule)　规则的预测精度(规则兴趣度度量)。

置信项目集(Confident Itemset)　置信值大于或等于最小阈值的关联规则右侧的项目集。

冲突解决策略(Conflict Resolution Strategy)　一种策略，用于在给定实例触发两个或多个规则时确定规则的优先级。

混淆矩阵(Confusion Matrix)　表示分类器性能的表格方式。该表显示给定数据集的预测分类和实际分类的每个组合的次数。

神经元之间的连接(Connections Between Neurons) 神经网络中结点之间的连接的另一个术语。

规则的结果(Consequence of a Rule) IF…THEN 规则的 THEN 部分(右侧部分)。

连续属性(Continuous Attribute) 接受数值的属性。

协作数据挖掘(Cooperating Data Mining) 一种分布式数据挖掘模型。参见第 13 章。

项目集计数(Count of an Itemset) "项目集支持度计数"的另一个名称。

交叉熵(Cross-entropy) J-Measure 的替代名称。

切割点(Cut Point) 一个连续属性的值被分割成多个非重叠范围中的一个端点。

切割值(Cut Value) "切割点"的另一个名称。

CVFDT 算法(CVFDT Algorithm) 一种用于对流数据进行分类的算法,该算法是时间相关的。

数据压缩(Data Compression) 将数据集中的数据转换为更紧凑的形式,如决策树。

数据挖掘(Data Mining) 知识发现的中央数据处理阶段。

数据集(Dataset) 可用于应用程序的完整数据集。数据集被划分为实例或记录。数据集通常由一个表表示,每行表示一个实例,每列包含每个实例的一个变量(属性)的值。

决策规则(Decision Rule) "分类规则"的另一个术语。

决策树(Decision Tree) "分类树"的另一个名称。

决策树归纳树(Decision Tree Induction) "归纳树"的另一个术语。

演绎(Deduction) 一种推理。参见 4.3 节。

深度学习(Deep Learning) 一个术语,常用于描述一个多层神经网络对数据的处理。

树状图(Dendrogram) 凝聚层次聚类的图形表示。

深度截断(Depth Cutoff) 是对决策树进行预剪枝的可能标准。

后代子树(Descendant Subtree) 挂在较大树结构指定节点下的树结构。

字典(Dictionary) 用于文本分类时,请参见"本地字典"和"全局字典"。

微分(Differential Calculus) 数学的一个分支,研究一个变量相对于另一个变量的变化率。

维度(Dimension) 每个实例记录的属性数。

降维(Dimension Reduction)　是"特征约减"的另一个术语。

离散化(Discretisation)　将连续属性转换为具有一组离散值的属性，即"分类属性"。

区分度(Discriminability)　规则兴趣度度量。

不相交的集合(Disjoint Sets)　没有公共成员的集合。

析取(Disjunct)　析取范式中的一组规则。

析取范式(Disjunctive Normal Form，DNF)　如果规则包含一些由逻辑"和"运算符连接的 variable=value(或 variable≠value)形式项，它就是析取范式。例如，IF x = 1 AND y ='yes' AND z ='good' THEN class = 6 就是 DNF。

基于距离的聚类算法(Distance-based Clustering Algorithm)　一种聚类方法，它利用两个实例之间距离的度量。

距离度量(Distance Measure)　一种测量两个实例间相似性的方法。该值越小，相似性越大。

分布式数据挖掘系统(Distributed Data Mining System)　一种利用多个处理器的数据挖掘形式。参见第 13 章。

点积(Dot Product)　两个单位向量的点积指对应分量值对的乘积之和。

项目集的向下闭包属性(Downward Closure Property of Itemsets)　如果支持一个项目集，那么它的所有(非空)子集也将得到支持。

急切式学习(Eager Learning)　对于分类任务，将训练数据推广到表示(或模型)中，例如概率表、决策树或神经网络，而不必等待未见实例的出现。参见"懒惰式学习"。

空集(Empty set)　没有元素的集合，写为 Ø 或{}。

集成分类(Ensemble Classification)　一种通过使用一组分类器(而不仅是一种分类器)进行预测来提高分类精度的技术。参见第 14 章。

集成学习(Ensemble Learning)　一种学习一组模型的技术，可共同应用于解决问题。参见"集成分类"。

分类器集成(Ensemble of Classifiers)　用于集成分类的一组分类器。

熵(Entropy)　由于存在多个分类而导致训练集"不确定性"的信息理论度量。参见第 5 章和第 10 章。

属性选择的熵方法(Entropy Method of Attribute Selection)　当构建决策树时，选择在提供信息增益值最大的属性上进行分裂。参见第 5 章。

熵约减(Entropy Reduction)　相当于信息增益。

时期(Epoch)　将训练集中的所有实例逐个通过神经网络进行处理。

等频间隔法(Equal Frequency)　一种对连续属性进行离散化的方法。

等宽间隔方法(Equal Width Intervals)　一种对连续属性进行离散化的方法。

错误节点(Error Node)　在本书中添加到神经网络的一个额外节点,使在反向传播过程中更容易看到链式法则的使用。

错误率(Error Rate)　与分类器预测精度"相反"。预测精度为 0.8(即 80%)意味着错误率为 0.2(即 20%)。

两点之间的欧几里得距离(Euclidean Distance Between Two Points)　广泛使用的两点之间距离的度量。

确切规则(Exact Rule)　置信度值为 1 的规则。

排他性聚类算法(Exclusive Clustering Algorithm)　一种聚类算法,可将每个对象精确放在一组簇中。

可扩展叶节点(Expandable Leaf Node)　具有一个或多个可用于分裂的属性的叶节点。

扩展叶节点(Expanding a Leaf Node)　在属性上分裂叶节点,即为节点创建一级后代子树,每个属性值都对应一个分支。

F1 Score　分类器的性能度量。

误报率(False Alarm Rate)　"假正例率"的另一个名称。

假负例分类(False Negative Classification)　当未见实例为正例时,将其分类为负例。

分类器的假负例率(False Negative Rate of a Classifier)　分类为负例的正例实例的比例。

假正例分类(False Positive Classification)　当未见实例为负例时,将其分类为正例。

分类器的假正例率(False Positive Rate of a Classifier)　分类为正例的负例实例的比例。

特征(Feature)　"属性"的另一个名称。

特征约简(Feature Reduction)　减少数据集中每个实例的特征(即属性或变量)数量。丢弃相对不重要的属性。

特征空间(Feature Space)　用于文本分类时,指字典中包含的单词集。

前馈神经网络(Feed-forward Neural Network)　一种广泛应用的神经网络,它通过反复处理给定的一组例子来学习执行一项任务。

遗忘记录(Forgetting a Record)　在 CDH-Tree 算法的上下文中,恢复节点上的数组值的过程,这些节点以前受到记录排序的影响。如果记录从未被处理过,那么这些记录的值就会被排序。

前向传播(Forward Propagation)　是指通过神经网络的各个层对输入值进行处理，从输入层开始，直到到达输出层。

向前剪枝(Forward Pruning)　"预剪枝"的另一个名称。

FP-growth(Frequent Pattern growth)　一种关联规则挖掘算法。参见第 18 章。

FP-tree(Frequent Pattern tree)　执行 FP-Growth 算法时开发的树结构。

频率表(Frequency Table)　用于 TDIDT 算法的属性选择的表。给出属性每个值的每个分类的出现次数。参见第 6 章。(这个术语在第 11 章中有更一般的含义。)

频繁项目集(Frequent Itemset)　"支持项目集"的另一个名称。

增益比(Gain Ratio)　用于 TDIDT 算法的属性选择的度量。参见第 6 章。

广义规则归纳(Generalised Rule Induction)(GRI)　"关联规则挖掘"的另一个名称。

概括规则(Generalising a Rule)　通过删除一个或多个条件，使规则适用于更多实例。

多样性基尼指数(Gini Index of Diversity)　用于 TDIDT 算法的属性选择的度量。参见第 6 章。

全局字典(Global Dictionary)　在文本分类中，该字典包含在相关的任何文档中至少出现一次的所有单词。参见"本地字典"。

全局离散化(Global Discretisation)　一种离散化形式，在应用任何数据挖掘算法之前，每个连续属性一次性转换为分类属性。

宽限期(Grace Period)　对于 H-Tree 算法和 CDH-Tree 算法，指该节点被视为在属性上进行分裂的候选节点前需要到达叶节点的记录数量。

曲线的梯度(Gradient of a Curve)　作为神经网络中反向传播的随机梯度下降法的一部分的测量值。

H-Tree 算法(H-Tree Algorithm)　一种基于 VFDT 算法为稳定数据构造 Hoeffding 树的算法。

规则头(Head of a Rule)　"规则结果"的另一个名称。

异构集合(Heterogeneous Ensemble)　分类器具有不同种类的集合。

隐藏层(Hidden Layer)：神经网络中的一层。

隐藏层偏置权值(Hidden Layer Bias Weight)　从神经网络的隐藏层中的节点到相应偏置节点的链路的权值。

隐藏节点(Hidden Node)　神经网络隐藏层中的节点。

层次聚类(Hierarchical Clustering)　在本书中，这是"凝聚式层次聚类"的另一个名称。

命中率(Hit Rate) "真正例率"的另一个名称。

命中叶节点(Hits on a Leaf Node) 对于 H-Tree 算法和 CDH-Tree 算法,一条传入记录排序到节点的次数。

Hoeffding 边界(Hoeffding Bound) 用于构造 Hoeffding 树的值。

Hoeffding 树(Hoeffding Tree) 一种分类树,只有当属性的最佳选择与第二最佳选择之间的差异超过 Hoeffding 边界值时,才对属性进行分割。

同构集合(Homogeneous Ensemble) 所有分类器属于同一类型的集合(例如决策树)。

数据的水平分区(Horizontal Partitioning of Data) 通过向每个处理器提供实例子集在多个处理器之间划分数据集的方法。

超参数(Hyperparameter) 对于神经网络,由用户设置而不是根据数据计算的参数。

超文本分类(Hypertext Categorisation) 将 Web 文档自动分类为预定义类别。

超文本分类(Hypertext Classification) 超文本分类的另一个名称。

忽略属性(Ignore Attribute) 对给定的应用程序没有意义的属性。

增量分类算法(Incremental Classification Algorithm) 数据在过程开始时并非全部可用时使用的一种分类算法。首先创建分类器,然后在收集更多实例时进行更改(通常分批进行)。

归纳(Induction) 一种推理。参见 4.3 节。

归纳偏好(Inductive Bias) 认为一种算法、公式等优先于另一种算法、公式的偏好,偏好不由数据本身决定。在任何归纳学习系统中,归纳偏好都是不可避免的。

信息增益(Information Gain) 当通过分裂属性构建决策树时,信息增益是节点的熵与其直接后代的熵的加权平均值的差值。可以证明,信息增益的值始终是正数或零。

输入层(Input Layer) 神经网络的一层。

输入节点(Input Node) 神经网络输入层中的节点。

实例(Instance) 数据集中存储的示例之一。每个实例都包含许多变量的值,这些变量在数据挖掘中通常称为"属性"。

整数变量(Integer Variable) 一种变量。参见 2.2 节。

内部节点(Internal Node) 树中既不是根节点也不是叶节点的节点。

交集(Intersection) 两个集合 A 和 B 的交集,写为 A∩B,包含在两组集合中都出现的所有元素(如果有)的集合。

区间缩放变量(Interval-scaled Variable) 一种变量。参见 2.2 节。

无效值(Invalid Value) 对给定数据集无效的属性值。参见"噪声"。

用于市场购物篮分析的项目(Item For Market Basket Analysis) 每个项目对应于客户购买的一项商品，如面包或牛奶。我们通常不关心未购买的商品。

用于市场购物篮分析的项目集(Itemset For Market Basket Analysis) 由客户购买的一组商品，实际上与交易相同。项目集通常用列表符号表示，如{鱼, 奶酪, 牛奶}。

J-Measure 一种规则兴趣度度量，用于量化规则的信息内容。

j-Measure 用于计算规则的 J-Measure 的值。

Jack-knifing N 折交叉验证的另一个名称。

k 折交叉验证(k-fold Cross-validation) 用于估计分类器性能的策略。

k-means 聚类(k-means Clustering) 一种广泛使用的聚类方法。

k 最近邻分类(k-Nearest Neighbour) 一种使用最接近它的实例的分类，对未见实例进行分类的方法。

知识发现(Knowledge Discovery) 从数据中提取隐式的、以前未知的、可能有用的信息的过程。参见"引言"。

标签数据(Labelled Data) 每个实例都有一个特别指定属性的数据，该属性可以是分类的，也可以是连续的。目的通常是预测其值。请参见"无标签数据"。

横向样式数据集(Landscape-style Dataset) 一种属性远多于实例的数据集。

大型项目集(Large Itemset) 支持数据集的另一个名称。

层(Layer，用于神经网络) 神经网络中的一组节点。层按顺序排列。每一层中的每个节点都与相邻层中的所有节点相连，而不与其他节点相连。

懒惰式学习(Lazy Learning) 对于分类任务，一种将训练数据保持不变，直到出现一个要分类的未见实例为止的学习形式。请参见"急切式学习"。

叶节点(Leaf Node) 树中没有其他节点的节点。

学习因子(Learning Factor) 用户指定的值，作为神经网络中反向传播的随机梯度下降法的一部分。

弃一法交叉验证(Leave-one-out) "N 折交叉验证"的另一个名称。

向量长度(Length of a Vector) 其元素值的平方和的平方根。参见"单位向量"。

杠杆率(Leverage) 一个规则兴趣度标准。

提升度(Lift) 一个规则兴趣度标准。

本地字典(Local Dictionary) 在文本分类中，仅包含在相关文档中被分类为特定类别的单词的字典。参见"全局字典"。

局部离散化(Local Discretisation) 一种离散化形式，其中每个连续属性在数据挖掘过程的每个阶段都转换为分类属性。

对数函数(Logarithm Function) 参见附录 A。

逻辑函数(Logistic Function) 参见 Sigmoid 函数。

多数表决(Majority Voting) 一种将单个分类器的预测组合在一起的方法。

曼哈顿距离(Manhattan Distance) 两点之间距离的度量。

市场购物篮分析(Market Basket Analysis) 一种特殊形式的关联规则挖掘。参见第 17 章。

匹配(Matches) 如果前者中的所有项目也在后者中，则项目集匹配事务。

最大维度距离(Maximum Dimension) 两点之间距离的度量。

最小批量(Mini-batch) 在训练前馈神经网络时，训练集有时被分割成若干等大小的部件之一。

最小批量训练(Mini-batch Training) 一种用于带有反向传播的前馈神经网络的训练形式，在每个最小批量处理后调整权值。

缺失分支(Missing Branches) 在决策树生成过程中可能发生的一种影响，使决策树无法对某些未见实例进行分类。参见 6.7 节。

缺失值(Missing Value) 未记录的属性值。

基于模型的分类算法(Model-based Classification Algorithm) 提供训练数据的显式表示(如决策树、规则集等形式)，可用于分类未见实例，而不参考训练数据本身。

互斥和穷举类别(Mutually Exclusive and Exhaustive Categories) 选择一组类别，使每个感兴趣的对象恰好属于其中一个类别。

互斥和穷举事件(Mutually Exclusive and Exhaustive Events) 一组事件，其中一个事件必须始终发生。

n 维空间(n-dimensional space) n 维空间中的点是表示具有 n 个属性值的实例的一种图形方式。

N 维向量(N-dimensional Vector) 在文本分类中，用 N 个属性值(或派生的其他值)表示标记实例的一种方法，用括号括住并用逗号分隔，如(2, yes, 7, 4, no)。通常不包括分类。

N 折交叉验证(N-fold Cross-validation) 验证用于估计分类器性能的策略。

朴素贝叶斯算法(Naïve Bayes Algorithm) 一种结合先验概率和条件概率来计算替代分类概率的方法。参见第 3 章。

朴素贝叶斯分类(Naïve Bayes Classification) 一种利用数学概率论为一个未

见实例找到最可能分类的分类方法。

最近邻分类(Nearest Neighbour Classification) 参见 k 最近邻分类。

神经激活阶段(Neural Activation Stage) 从神经网络的一层到下一层的值向前传播的第一部分。参见 23.2 节。

神经网络(Neural Net) 是一组相互连接的节点，受人脑连接的启发，通过反复处理给定的一组例子来学习执行任务。

Neural Network 见 Neural Net。

神经元(Neuron) 神经网络中节点的另一种名称。

神经元转移阶段(Neuron Transfer Stage) 神经网络的一层到下一层的值前向传播的第二部分。参见 23.2 节。

节点(在神经网络中) 没有连接到树结构中但被组合成若干相互连接的层的点的集合之一。

节点(决策树的节点) 树由一组被称为节点的点组成，并由直线连接，称为链接。参见附录 A.2。

噪声(Noise) 对给定数据集有效但未正确记录的属性值。参见无效值。

名义变量(Nominal Variable) 一种变量。参见 2.2 节。

不可扩展的叶节点(Non-expandable Leaf Node) 没有可用于分裂的属性的叶节点。

规范化(Normalisation) 用于属性时，指调整属性值，通常使它们处于指定范围内，如 0~1。

标准化向量空间模型(Normalised Vector Space Model) 一种向量空间模型，其中向量的分量被调整，使得每个向量的长度为 1。

空假设(Null Hypothesis) 一个默认假设，例如两个分类器 A 和 B 的性能实际上是相同的。

数值预测监督学习(Numerical Prediction Supervised Learning) 指定属性具有值，也称为"回归"。

对象(Object) 由许多变量的值描述，变量对应于它的属性。

目标函数(Objective Function) 用于聚类，衡量一组簇的质量。

在线训练(Online Training) 一种用于带反向传播的前馈神经网络的训练形式，每次通过网络后调整权值。

随机抽样(Opportunity Sampling) 一种抽样方法。参见第 15 章。

规则的顺序(Order fo a Rule) 在析取范式中，规则的先导数量。

序数变量(Ordinal Variable) 一种变量。参见 2.2 节。

输出层(Output Layer)　神经网络中的一层。

输出层偏置权值(Output Layer Bias Weight)　神经网络输出层节点到相应偏置节点的链路的权值。

输出节点(Output Node)　神经网络输出层中的节点。

过度拟合(Overfitting)　假设分类算法生成一个决策树，如果一组分类规则或数据的任何其他表示过多依赖于训练实例的不相关特征，那么该分类算法就被认为与训练数据过度拟合，其结果是该算法在训练数据上表现良好，但在未见实例上却表现较差。参见第 9 章。

配对 t 检验(Paired t-test)　用于比较分类算法的统计检验。参见第 15 章。

通过神经网络(Pass Through a Neural Net)　通过网络处理单个实例，即前向传播，后跟反向传播。

感知(Perceptron)　是神经网络的早期形式，没有任何隐藏层。

Piatetsky-Shapiro 准则(Piatetsky-Shapiro Criteria)　任何规则兴趣度度量都应满足所提出的准则。

纵向样式数据集(Portrait-style Dataset)　实例远多于属性的数据集。

正例预测值(Positive Predictive Value)　"精度"的另一个名称。

对决策树进行后剪枝(Post-pruning a Decision Tree)　删除已经生成的决策树的部分，以减少过度拟合。

后验概率(Posterior Probability)　给定已知额外信息时发生事件的概率。

对决策树进行预剪枝(Pre-pruning a Decision Tree)　用更少分支生成决策树，旨在减少过度拟合。

精度(Precision)　分类器的性能度量。

预测(Prediction)　使用训练集中的数据预测一个或多个以前未见实例的分类。

预测精度(Predictive Accuracy)　对于分类应用,预测正确分类的一组未见实例的比例。规则兴趣度度量也称为"置信度"。

先验概率(Prior Probability)　事件发生的概率仅基于其在一系列试验中观察到的频率，而没有任何其他信息。

Prism　一种直接引入分类规则的算法，而不使用决策树的中间表示。

事件概率(Probability of an Event)　期望事件发生在一系列长期试验中的比例。

剪枝树(Pruned Tree)　已完成预剪枝或后剪枝的树。

剪枝集(Pruning Set)　在决策树后剪枝过程中使用的数据集的一部分。

伪属性(Pseudo-attribute)　对连续属性值的测试，如 A<35。这实际上与只有两个值(true 和 false)的分类属性相同。

伪代码(Pseudocode) 用于通信算法的一种非正式符号。

随机决策森林(Random Decision Forests) 一种集合分类方法。

随机森林(Random Forests) 一种集合分类方法。

比例缩放变量(Ratio-scaled Variable) 一种变量。参见 2.2 节。

Recall "真正例率"的另一个名称。

接收器操作特性图(Receiver Operating Characteristics) ROC 图的全名。

记录(Record) "实例"的另一个术语。

递归分区(Recursive Partitioning) 通过反复分裂属性值来生成决策树。

可靠性(Reliability) 一个规则兴趣度度量标准。"置信度"的另一个名称。

在节点上重新分裂(Resplitting at a Node) 在 CDH-Tree 算法的上下文中,通过将内部节点替换为另一个属性上的备用节点来更改内部节点先前被分裂的属性。

RI 度量(RI Measure) 一个规则兴趣度度量标准。

ROC 曲线(ROC Curve) 将相关点连在一起形成曲线的 ROC 图。

ROC 图表(ROC Graph) 表示一个或多个分类器的真正例率和假正例率的图解方法。

根节点(Root Node) 树的最顶层节点。每个分支的起始节点。

规则(Rule) 前提条件(前因)和结论(后继)之间关系的陈述。如果条件满足,结论成立。

规则触发(Rule Fires) 对于给定实例,满足规则的前因。

规则归纳(Rule Induction) 从示例中自动生成规则。

规则兴趣度度量(Rule Interestingness) 衡量规则重要性的度量标准。

规则集(Ruleset) 规则集合。

样本标准差(Sample Standard Deviation) 样本中数字"扩散"的统计度量,是样本方差的平方根。

样本方差(Sample Variance) 样本中数字"扩散"的统计度量。样本标准差的平方。

抽样(Sampling) 选择数据集成员的一个子集(或其他对象集合、人员等),并希望该子集能准确代表整个数据集的特点。

放回抽样(Sampling with Replacement) 一种抽样形式,每个阶段都可选择整个样品集(这意味着所抽取的样品可能包含一个对象两次或多次)。

分布式数据挖掘系统的扩展(Scale-up of a Distributed Data Mining System) 衡量分布式数据挖掘系统的性能。

搜索空间(Search Space) 在第 16 章中,指可能的兴趣规则集。

搜索策略(Search Strategy) 检查搜索空间内容的方法(通常按有效顺序进行)。

敏感度(Sensitivity) "真正例率"的另一个名称。

集合(Set) 无序的项目(称为元素)集合。参见附录 A。集合的元素通常写在"大括号"字符之间，并用逗号分隔，例如{苹果，橘子，香蕉}。

Sigmoid 函数(Sigmoid Function) 是前馈神经网络中常用的一种激活函数。

显著性检验(Significance Test) 用于估计两个变量之间明显关系是偶然发生(或非偶然发生)的概率。

简单多数表决(Simple Majority Voting) 参见"多数表决"。

单链路聚类(Single-link Clustering) 对于层次聚类，一种使用从一个簇的任何成员到另一个簇的任何成员的最短距离来计算两个簇间距离的方法。

大小截断值(Size Cutoff) 预剪枝决策树的可能标准。

分布式数据挖掘系统的规模(Size-up of a Distributed Data Mining System) 衡量分布式数据挖掘系统的性能指标。

滑动窗口方法(Sliding Window) 在 CDH-Tree 算法的上下文中，一种确保不断进化的分类树仅基于最近处理的 W 条记录的方法，其中 W 称为窗口大小。

曲线的斜率(Slope of a Curve) 见 Gradient of a Curve。

对记录进行排序(Sorting a Record) 在 CDH-Tree 算法的上下文中，指输入记录从分类树的根到对应于其属性值的叶节点的移动。

专门化规则(Specialising a Rule) 通过添加一个或多个附加条件，将规则应用于更少实例。

特异性(Specificity) "真负例率"的另一个名称。

分布式数据挖掘系统的加速因子(Speed-up Factor of a Distributed Data Mining System) 衡量分布式数据挖掘系统的性能。

分布式数据挖掘系统的加速比(Speed-up of a Distributed Data Mining System) 衡量分布式数据挖掘系统的性能。

分裂信息(Split Information) 用于计算增益比的值。参见第 6 章。

分裂值(Split Value) 对属性进行分裂以构造决策树时，用于连接连续属性的值。测试该值是"小于或等于"还是"大于"分裂值。

在属性上分裂(Splitting on an Attribute) 构建决策树时测试属性值，然后为每个可能的值创建一个分支。

样本标准偏差(Standard Deviation of a Sample) 见 Sample Standard Deviation

标准误差(Standard Error) 与值相关，对值可靠性的统计估计。参见 7.2.1 节。

静态错误率估计(Static Error Rate Estimate) 在决策树中的节点处基于与节点对应的实例的估计，而不是备份估计。

平稳数据(Stationary Data) 由固定的基础过程产生的数据。

词干(Stemming) 将一个单词转换为它的词根(如computing、computer和computation转换为comput)。

停止函数(Stop Function) 一种将任意值转换为 0 或 1 的激活函数。

随机梯度下降法(Stochastic Gradient Descent) 是神经网络中常用的一种反向传播方法。

随机训练(Stochastic Training) 见Online Training。

停止词(Stop Words) 不太可能对文本分类有用的常用词。

分层抽样(Stratified Sampling) 一种抽样方法。参见第 15 章。

流数据(Streaming Data) 实时传输的数据实际上是无限连续流,适用于 CCTV 等应用。

严格子集(Strict Subset) 集合 A 是集合 B 的严格子集，写为 A⊂B。如果 A 是 B 的子集，A 包含的元素少于 B。

严格超集(Strict Superset) 当且仅当 B 是 A 的严格子集时，集合 A 是集合 B 的严格超集，写为 A⊃B。

子集 A(Subset A) 如果 A 中的每个元素也出现在 B 中,则集合 A 是集合 B 的子集，写为 A⊆B。

子树(Subtree) 从节点 a(含节点 a 本身)向下延伸的树的一部分。子树本身就是一棵树，有自己的根节点(A)等。参见附录 A.2

平方和误差(Sum Squared Error) 通过神经网络处理训练实例的前向传播阶段结束时计算的误差值。

超集 A(Superset A) 当且仅当 B 是 A 的子集时，集合 A 是集合 B 的超集，写为 A⊇B。

监督学习(Supervised Learning) 一种使用标签数据的数据挖掘形式。

项目集支持度计数(Support Count of an Itemset) 对于市场购物篮分析，数据库中与项目集匹配的事务数。

规则支持度(Support of a Rule) 成功应用规则的数据库的比例,是一个规则兴趣度度量标准。

项目集支持度(Support of an Itemset) 数据库中与项目集匹配的事务的比例。

支持的项目集(Supported Itemset) 支持度值大于或等于最小阈值的项目集。

可疑节点(Suspect Node) 在 CDH-Tree 算法的上下文中，一个节点上所做的分裂决策以后可能需要更改，从而导致一个备用节点及其后代子树被附加到正在进化的主树上。

对称条件(Symmetry condition) 用于距离测量，点 A 到点 B 的距离与点 B 到点 A 的距离相同。

TDIDT 是自上而下决策树归纳的缩写，见第 4 章。

条件(Term) 在本书中是规则的一个组成部分。形式为 variable=value。参见"析取范式"。

术语频率(Term Frequency) 在文本分类中，给定文档中术语的出现次数。

测试集(Test Set) 一组未见的实例。

显著性检验(Test of Significance) 见 Significance Test。

测试集(Test Set) 一组未见实例。

文本分类(Text Classification) 特定类型的分类，其中对象是文本文档，如报纸、论文中的文章。参见"超文本分类"。

TFIDF(Term Frequency Inverse Document Frequency) 在文本分类中，一种将术语频率与一组文档中的稀有程度结合的度量方法。

时间相关数据(Time-dependent Data) 源自随时间(如季节)变化的基本过程的数据。

决策树的自上而下归纳法(Top Down Induction of Decision Trees, TDIDT) 一种广泛使用的分类算法，参见第 4 章。

总误差值(Total Error Value) 训练前馈神经网络时，整个时期或最小批量的误差平方和的总和。

跟踪记录投票(Track Record Voting) 一种用于组合整体中各个分类器的预测的方法。

训练和测试(Train and Test) 一种评估分类器性能的策略。

训练过的神经网络(Trained Neural Net) 一种根据用户设定的标准，对权值的反复训练已经结束的神经网络。

训练数据(Training Data) 训练集的另一个名称。

训练集(Training Set) 用于分类目的的数据集或数据集的一部分。

训练权值(Training Weights) 通过对训练集的重复处理来调整神经网络中各链接的权值。

事务(Transaction) 记录或实例的另一个名称，通常用于市场购物篮分析应用程序。交易通常表示客户购买的一组商品。

传递函数(Transfer Function) 参见 Activation Function。

转换节点的值(Transformed Value of a Node) 神经元传递阶段的输出，使值从神经网络的一层前向传到下一层。

树(Tree) 用于表示数据项以及应用于它们的过程的结构。参见附录 A.2。

树归纳(Tree Induction) 以决策树的隐式形式生成决策规则。

三角不等式(Triangle Inequality) 用于距离测量，与"两点之间最短距离是直线"这一概念相对应的条件。

三元语法(Trigram) 文本文档中 3 个连续字符的组合。

真负例分类(True Negative Classification) 将未见的实例正确分类为负例。

分类器的真负例率(True Negative Rate of a Classifier) 分类为负例的实例的比例。

真正例分类(True Positive Classification) 将未见实例正确分类为正例。

分类器的真正例率(True Positive Rate of a Classifier) 分类为正例的实例的比例。

调优参数(Tuning Parameter) 参见 Hyperparameter。

二维空间(Two-dimensional Space) 参见 n 维空间。

双尾显著性检验(Two-tailed Significance Test) 一种显著性检验，当计算值足够小或足够大时，将拒绝给定的零假设。参见第 15 章。

类型 1 错误(Type 1 Error) 假正例分类的另一个名称。

类型 2 错误(Type 2 Error) 假负例分类的另一个名称。

UCI 存储库(UCI Repository) 由加州大学尔湾分校维护的数据集库。参见 2.6 节。

不置信项目集(Unconfident Itemset) 一个不置信的项目集。

潜在因果模型(Underlying Causal Model) 在特定领域中确定分类的基本过程。

两个集合的并集(Union of Two Sets) 集合中任意一个或两个集合中出现的项目集。

单位向量(Unit Vector) 长度为 1 的向量。

对象范围(Universe of Objects) 见 2.1 节。

无标签数据(Unlabelled Data) 每个实例没有特殊指定属性的数据。参见"标签数据"。

未见实例(Unseen Instance) 一个不在训练集中出现的实例。我们经常希望预测一个或多个未见实例的分类。参见"测试集"。

未见测试集(Unseen Test Set) "测试集"的另一个术语。

无监督学习(Unsupervised Learning) 一种使用无标签数据的数据挖掘形式。

验证数据集(Validation Dataset) 某些分类算法使用的数据集，用于协助开发分类器。它与测试集不同，测试集主要用于在构建分类器后评估其精度。

变量(Variable) 对象范围中一个对象的一个属性。

样本方差(Variance of a Sample) 见 Sample Variance。

向量(Vector) 在文本分类中，"N 维向量"的另一个名称。

向量空间模型(Vector Space Model，VSM) 与所考虑的一组文档对应的完整向量集。参见"N 维向量"。

数据的垂直分区(Vertical Partitioning of Data) 将数据集划分到多个处理器之间的一种方法，将属性子集(对于所有实例)分配给每个处理器。

VFDT 算法(VFDT Algorithm) 一种用于对流数据进行分类的算法，该算法不依赖于时间。

链接的权值(Weight of a Link) 与神经网络中节点之间的每个链接相关联的数值，用于通过网络进行值的前向传播和后向传播。

加权多数表决(Weighted Majority Voting) 在一个集合中组合各个分类器预测的方法。

加权和值(Weighted Sum Value) 在前向传播的神经网络激活阶段为一个节点计算的值。

窗口大小(Window Size) 使用 CDH-Tree 算法时，可在任何时间存储的记录的最大数量。

附录 E
自我评估练习题答案

第 2 章

问题 1

标签数据具有专门指定的属性，旨在使用给定的数据预测未见实例的属性值。没有专门指定任何属性的数据称为无标签数据。

问题 2

Name：名义
Date of Birth：序数
Sex：二元
Weight：比例缩放
Height：比例缩放
Marital Status：名义(假设有两个以上的值，如单身、已婚、丧偶、离婚)
Number of Children：整数

问题 3

- 丢弃至少有一个缺失值的所有实例并使用剩下的树。
- 通过训练集中最常出现的值估计每个分类属性的缺失值,通过训练集的平均值估计每个连续属性的缺失值。

第 3 章

问题 1

使用图 3.2 中的值，第一个未见实例的每个类别的概率如下所示：

weekday	summer	high	heavy	????

class =on time

$0.70 \times 0.64 \times 0.43 \times 0.29 \times 0.07 \approx 0.0039$

class = late

$0.10 \times 0.5 \times 0 \times 0.5 \times 0.5 = 0$

class =very late

$0.15 \times 1 \times 0 \times 0.33 \times 0.67 = 0$

class =cancelled

$0.05 \times 0 \times 0 \times 1 \times 1 = 0$

最大的值是 class = on time。

第二个未见实例的每个类别的概率如下所示：

sunday	summer	normal	slight	????

class =on time

$0.70 \times 0.07 \times 0.43 \times 0.36 \times 0.57 \approx 0.0043$

class = late

$0.10 \times 0 \times 0 \times 0.5 \times 0 = 0$

class =very late

$0.15 \times 0 \times 0 \times 0.67 \times 0 = 0$

class =cancelled

$0.05 \times 0 \times 0 \times 0 \times 0 = 0$

最大的值是 class = on time。

问题 2

图 3.5 中的第一个实例与未见实例的距离是 $[(0.8-9.1)^2 +(6.3-11.0)^2]$ 的平方根，约为 9.538。

20 个实例的距离如下表所示。

属性1	属性2	距离	
0.8	6.3	9.538	
1.4	8.1	8.228	
2.1	7.4	7.871	
2.6	14.3	7.290	
6.8	12.6	2.802	*
8.8	9.8	1.237	*
9.2	11.6	0.608	*
10.8	9.6	2.202	*
11.8	9.9	2.915	*
12.4	6.5	5.580	
12.8	1.1	10.569	
14.0	19.9	10.160	
14.2	18.5	9.070	
15.6	17.4	9.122	
15.8	12.2	6.807	
16.6	6.7	8.645	
17.4	4.5	10.542	
18.2	6.9	9.981	
19.0	3.4	12.481	
19.6	11.1	10.500	

5 个最近邻在最右侧一栏用星号标出。

第 4 章

问题 1

所有属性值相同的两个实例不可能属于不同的类别。

问题 2

最可能的原因是训练集中存在噪声或缺失值。

问题 3

如果满足充分条件，则保证 TDIDT 算法终止并给出对应于训练集的决策树。

问题 4

将出现这样一种情况：一个分支已进化到可能的最大长度，即每个属性都有一个条件，但训练集的相应子集仍有多个分类。

第5章

问题1

(a) 两个类别中每个类别的实例比例分别为6/26和20/26。因此 $E_{start} = -(6/26)\log_2(6/26) - (20/26)\log_2(20/26) \approx 0.7793$。

(b) 以下显示计算结果。

在 SoftEng 上分裂

SoftEng = A

每个类别的比例：FIRST 6/14，SECOND 8/14

熵 $= -(6/14)\log_2(6/14) - (8/14)\log_2(8/14) \approx 0.9852$

SoftEng = B

每个类别的比例：FIRST 0/12，SECOND 12/12

熵 = 0 [所有实例具有相同的类别]

加权平均熵 $E_{new} = (14/26) \times 0.9852 + (12/26) \times 0 \approx 0.5305$

信息增益 = 0.7793 − 0.5305 = 0.2488

在 ARIN 上分裂

ARIN = A

每个类别的比例：FIRST 4/12，SECOND 8/12

熵 = 0.9183

ARIN = B

每个类别的比例：FIRST 2/14，SECOND 12/14

熵 = 0.5917

加权平均熵 $E_{new} = (12/26) \times 0.9183 + 14/26 \times 0.5917 \approx 0.7424$

信息增益 = 0.7793 − 0.7424 = 0.0369

在 HCI 上分裂

HCI = A

每个类别的比例：FIRST 1/9，SECOND 8/9

熵 = 0.5033

HCI = B

每个类别的比例：FIRST 5/17，SECOND 12/17

熵= 0.8740

加权平均熵 E_{new} =(9/26) × 0.5033 +(17/26) × 0.8740≈0.7457

信息增益= 0.7793 - 0.7457 = 0.0336

<u>在 CSA 上分裂</u>

CSA = A

每个类别的比例：FIRST 3/7，SECOND 4/7

熵= 0.9852

CSA = B

每个类别的比例：FIRST 3/19，SECOND 16/19

熵= 0.6292

加权平均熵 E_{new} =(7/26) × 0.9852 +(19/26) × 0.6292≈0.7251

信息增益= 0.7793 - 0.7251 = 0.0542

<u>在 Project 上分裂</u>

Project= A

每个类别的比例：FIRST 5/9，SECOND 4/9

熵= 0.9911

Project= B

每个类别的比例：FIRST 1/17，SECOND 16/17

熵= 0.3228

加权平均熵 E_{new} =(9/26) × 0.9911 +(17/26) × 0.3228≈0.5541

信息增益= 0.7793 - 0.5541 = 0.2252

信息增益的最大值是属性 SoftEng。

问题 2

TDIDT 算法不可避免地生成所有节点的熵都为 0 的决策树。在每个步骤中尽可能降低平均熵是在较少步骤中避免上述情况的有效方式。与其他属性选择标准相比，使用熵最小化(或信息增益最大化)通常导致较小的决策树。Occam 的 Razor 原则表明，小树可能是最好的，即具有最好的预测能力。

第 6 章

问题 1

在属性 SoftEng 上分裂的频率如下表所示。

类别	属性值	
	A	B
FIRST	6	0
SECOND	8	12
总计	14	12

使用第 6 章给出的计算熵的方法，值为：$-(6/26)\log_2(6/26) - (8/26)\log_2(8/26) - (12/26)\log_2(12/26) + (14/26)\log_2(14/26) + (12/26)\log_2(12/26) \approx 0.5305$。

这与使用第 5 章的自我评估练习 1 的原始方法获得的值相同。类似的结果适用于其他属性。

问题 2

前面已表明，degrees 数据集的熵是：0.7793。
基尼指数的值为 $1 - (6/26)^2 - (20/26)^2 \approx 0.3550$。

在属性 SoftEng 上分裂

类别	属性值	
	A	B
FIRST	6	0
SECOND	8	12
总计	14	12

熵是：$-(6/26)\log_2(6/26) - (8/26)\log_2(8/26) - (12/26)\log_2(12/26) + (14/26)\log_2(14/26) + (12/26)\log_2(12/26) \approx 0.5305$。

分裂信息的值是 $-(14/26)\log_2(14/26) - (12/26)\log_2(12/26) \approx 0.9957$

信息增益为 $0.7793 - 0.5305 = 0.2488$

增益比为 $0.2488 / 0.9957 \approx 0.2499$

基尼指数计算

'SoftEng = A'的贡献是 $(6^2 + 8^2) / 14 \approx 7.1429$

'SoftEng = B'的贡献是 $(0^2 + 12^2) / 12 = 12$

基尼指数的新值= 1 - (7.1429 + 12) / 26 ≈ 0.2637

在属性 ARIN 上分裂

类别	属性值	
	A	B
FIRST	4	2
SECOND	8	12
总计	12	14

熵值为 0.7424

分裂信息的值是 0.9957

因此信息增益为 0.7793 - 0.7424 = 0.0369

增益比为 0.0369/0.9957≈0.0371

基尼指数的新值= 0.3370

在属性 HCI 上分裂

类别	属性值	
	A	B
FIRST	1	5
SECOND	8	12
总计	9	17

熵值为 0.7457

分裂信息的值是 0.9306

因此信息增益为 0.7793 - 0.7457 = 0.0336

增益比为 0.0336 / 0.9306 ≈ 0.0361

基尼指数的新值 = 0.3399

在属性 CSA 上分裂

类别	属性值	
	A	B
FIRST	3	3
SECOND	4	16
总计	7	19

熵值为 0.7251

分裂信息的值是 0.8404

因此信息增益为 0.7793 - 0.7251 = 0.0542

增益比为 0.0542 / 0.8404 ≈ 0.0645

基尼指数的新值 = 0.3262

在属性 Project 上分裂

类别	属性值	
	A	B
FIRST	5	1
SECOND	4	16
总计	9	17

熵值为 0.5541

分裂信息的值是 0.9306

因此信息增益为 0.7793 - 0.5541 = 0.2252

增益比为 0.2252 / 0.9306 ≈ 0.2420

基尼指数的新值 = 0.2433

增益比的最大值是属性为 SoftEng 时。

基尼指数减少的最大值是属性为 Project 时。

减少量为 0.3550 - 0.2433 = 0.1117。

问题 3

任何具有大量值的属性的数据集都是可能的答案，例如，一个包含"国籍"属性或"职称"属性的人。使用增益比可确保不选择这些属性。

第 7 章

问题 1

vote 数据集如图 7.14 所示。

正确预测的数量为 127，实例总数为 135。

$p = 127 / 135 = 0.9407$，$N = 135$，所以标准误差是 $\sqrt{p \times (1-p)/N} = \sqrt{0.9407 \times 0.0593/135} \approx 0.0203$。

预测精度值可预期在以下范围内：

概率 0.90：从 0.9407 − 1.64 × 0.0203 到 0.9407 + 1.64 × 0.0203，即从 0.9074 到 0.9740

概率 0.95：从 0.9407 − 1.96 × 0.0203 到 0.9407 + 1.96 × 0.0203，即从 0.9009 到 0.9805

概率 0.99：从 0.9407 − 2.58 × 0.0203 到 0.9407 + 2.58 × 0.0203，即从 0.8883 到 0.9931

glass 数据集如图 7.15 所示。

正确预测的数量为 149，实例总数为 214。

$p = 149/214 = 0.6963$，$N = 214$，所以标准误差是 $\sqrt{p \times (1-p)/N} = \sqrt{0.6963 \times 0.3037/214} \approx 0.0314$。

预测精度值可预期在以下范围内：

概率 0.90：从 0.6963 − 1.64 × 0.0314 到 0.6963 + 1.64 × 0.0314，即从 0.6448 到 0.7478。

概率 0.95：从 0.6963 − 1.96 × 0.0314 到 0.6963 + 1.96 × 0.0314，即从 0.6346 到 0.7578。

概率 0.99：从 0.6963 − 2.58 × 0.0314 到 0.6963 + 2.58 × 0.0314，即从 0.6152 到 0.7773。

问题 2

假正例的分类在一些应用中不受欢迎，例如预测不久后设备会出现故障，这可能导致昂贵和不必要的预防性维护。而将个人错误地归类为可能的罪犯或恐怖分子会对被冤枉的人产生非常严重的影响。

在医学筛查等应用中，假负例分类是不可取的。例如，对于可能患有需要治疗的重大疾病的患者，或对灾难性事件(如飓风或地震)的预测。

关于假负例(正例)分类的比例，以便将假阳性(阴性)的比例降低到零的决定属于个人喜好问题，没有统一的答案。

第 8 章

问题 1

将湿度值按升序排序，如下表所示。

Humidity (%)	类别
65	play
70	play
70	play
70	don't play
75	play
78	play
80	don't play
80	play
80	play
85	don't play
90	don't play
90	play
95	don't play
96	play

8.3.2 节给出的选择切割点的修正规则是："只包含类别值与前一个属性值的类别值不同的属性值，以及多次出现的属性值和紧随其后的属性值"。

这个规则给出湿度属性的切割点，除 65 和 78 外的所有值都在上表中。

问题 2

图 8.12(c)转载如下。

A值	类别频率			总计	χ^2值
	$c1$	$c2$	$c3$		
1.3	1	0	4	5	3.74
1.4	1	2	1	4	5.14
2.4	6	0	2	8	3.62
6.5	3	2	4	9	4.62
8.7	6	0	1	7	1.89
12.1	7	2	3	12	1.73
29.4	0	0	1	1	3.20
56.2	2	4	0	6	6.67
87.1	0	1	3	4	1.20
89.0	1	1	2	4	
总计	27	12	21	60	

合并 87.1 和 89.0 行后，该图如下所示。

A值	类别频率			总计	χ^2值
	$c1$	$c2$	$c3$		
1.3	1	0	4	5	3.74
1.4	1	2	1	4	5.14
2.4	6	0	2	8	3.62
6.5	3	2	4	9	4.62
8.7	6	0	1	7	1.89
12.1	7	2	3	12	1.73
29.4	0	0	1	1	3.20
56.2	2	4	0	6	5.83
87.1	1	2	5	8	
总计	27	12	21	60	

先前的 χ^2 值显示在最右侧的列中。合并过程中只能更改粗体显示的值，因此需要重新计算该值。

对于标记为 56.2 和 87.1 的相邻区间，O 和 E 的值如下。

A值	类别频率						观察的 总计
	$c1$		$c2$		$c3$		
	O	E	O	E	O	E	
56.2	2	1.29	4	2.57	0	2.14	6
87.1	1	1.71	2	3.43	5	2.86	8
总计	3		6		5		14

可观察的 O 值取自上表。预期 E 值根据行和列总和计算而来。因此，对于行 56.2 和类别 $c1$，期望值 E 是 $3 \times 6 / 14 = 1.29$。

下一步计算 6 种组合中每一种的 $(O-E)^2/E$ 的值。这些值显示在下图的 Val 列中。

A值	类别频率									观察的 总计
	$c1$			$c2$			$c3$			
	O	E	Val	O	E	Val	O	E	Val	
56.2	2	1.29	0.40	4	2.57	0.79	0	2.14	2.14	6
87.1	1	1.71	0.30	2	3.43	0.60	5	2.86	1.61	8
总计	3			6			5			14

然后，χ^2 的值是 6 个 $(O - E)^2 / E$ 值的总和。对于上述行，χ^2 的值是 5.83。

最终，得到如下的频率表的修订版本。

A值	类别频率			总计	χ^2值
	$c1$	$c2$	$c3$		
1.3	1	0	4	5	3.74
1.4	1	2	1	4	5.14
2.4	6	0	2	8	3.62
6.5	3	2	4	9	4.62
8.7	6	0	1	7	1.89
12.1	7	2	3	12	1.73
29.4	0	0	1	1	3.20
56.2	2	4	0	6	5.83
87.1	1	2	5	8	
总计	27	12	21	60	

现在，χ^2 的最小值是 1.73，位于标记为 12.1 的行。该值小于 4.61 的阈值，因此标记为 12.1 和 29.4 的行间隔被合并。

第 9 章

为便于参考，下面复制了图 9.8 所示的决策树。

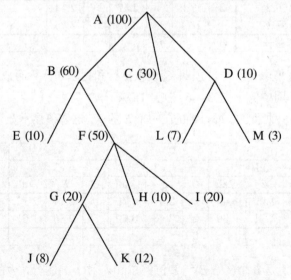

错误率表如下所示。

节点	估计 错误率
A	0.2
B	0.35
C	0.1
D	0.2
E	0.01
F	0.25
G	0.05
H	0.1
I	0.2
J	0.15
K	0.2
L	0.1
M	0.1

后剪枝过程首先考虑在节点 G 处剪枝的可能性。

该节点处的备份错误率为$(8 / 20) \times 0.15 + (12 / 20) \times 0.2 = 0.18$，超过了静态错误率(仅为0.05)。这意味着，在节点 G 进行拆分会增加该节点的错误率，因此从节点 G 递减的子树进行修剪，如下图所示[与图9.11相同]。

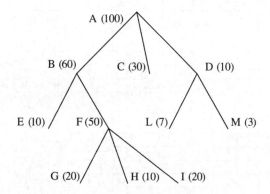

现在考虑在节点F处剪枝。备份错误率是$(20 / 50) \times 0.05 + (10 / 50) \times 0.1 + (20 / 50) \times 0.2 = 0.12$，小于静态错误率。这说明在节点 F 处分裂会降低平均错误率，因此不剪枝。

第9章给出的方法指定只考虑在深度为1的后代子树(即下一层的所有节点都是叶节点)的节点上剪枝。

剩下的唯一候选节点是节点 D。对于该节点，备份错误率为$(7 / 10) \times 0.1 + (3 / 10) \times 0.1 = 0.1$，小于该节点的静态错误率，所以不剪枝。

没有其他候选节点需要剪枝，因此该过程终止。

第 10 章

问题 1

训练集的熵只取决于分类的相对比例，而不取决于它包含的实例数。因此，对于两个训练集，答案是相同的。

熵$=-0.2 \times \log_2 0.2 - 0.3 \times \log_2 0.3 - 0.25 \times \log_2 0.25 - 0.25 \times \log_2 0.25 \approx 1.985$

问题 2

最好问一个可将人群分为大致相同的两部分的问题。一个显而易见的问题是"这个人是男性吗？"这在餐馆、剧院等场所很合适，但不适用于一种性别占多数的群体，例如一场足球比赛。此时，可问"眼睛是否为棕色？"可能更好，甚至可问"住在奇数房间或公寓吗？"

第 11 章

为便于参考，下面复制了图 4.3 给出的 degrees 数据集。

SoftEng	ARIN	HCI	CSA	Project	类别
A	B	A	B	B	SECOND
A	B	B	B	A	FIRST
A	A	A	B	B	SECOND
B	A	A	B	B	SECOND
A	A	B	B	A	FIRST
B	A	A	B	B	SECOND
A	B	B	B	B	SECOND
A	B	B	B	B	SECOND
A	A	A	A	A	FIRST
B	A	A	B	B	SECOND
B	A	A	B	B	SECOND
A	B	B	A	B	SECOND
B	B	B	B	A	SECOND
A	A	B	A	B	FIRST
B	B	B	B	A	SECOND
A	A	B	B	B	SECOND
B	B	B	B	B	SECOND
A	A	B	A	A	FIRST
B	B	B	A	A	SECOND
B	B	A	A	B	SECOND
B	B	B	B	A	SECOND
B	A	B	B	B	SECOND
A	B	B	B	A	FIRST
A	B	A	B	B	SECOND
B	A	B	B	B	SECOND
A	B	B	B	B	SECOND

Prism 算法首先构造一个表，显示在包含 26 个实例的整个训练集中，每个属性/值对的"class=FIRST"的概率。

属性/值	类别频率=FIRST	总频率(源于26个实例)	概率
SoftEng = A	6	14	0.429
SoftEng = B	0	12	0
ARIN = A	4	12	0.333
ARIN = B	2	14	0.143
HCI = A	1	9	0.111
HCI = B	5	17	0.294
CSA = A	3	7	0.429
CSA = B	3	19	0.158
Project = A	5	9	0.556
Project = B	1	17	0.059

当 Project = A 时概率最大。

到目前为止，归纳的不完整规则是：IF Project = A THEN class = FIRST。

此不完整规则涵盖的训练集的子集是：

SoftEng	ARIN	HCI	CSA	Project	类别
A	B	B	B	A	FIRST
A	A	B	B	A	FIRST
A	A	A	A	A	FIRST
B	B	B	B	A	SECOND
B	B	B	B	A	SECOND
A	A	B	A	A	FIRST
B	B	B	A	A	SECOND
B	B	B	B	A	SECOND
A	B	B	B	A	FIRST

下表显示该子集的每个属性/值对(不含属性 Project)的 class = FIRST 的概率。

属性/值	类别频率=FIRST	总频率(源于9个实例)	概率
SoftEng = A	5	5	1.0
SoftEng = B	0	4	0
ARIN = A	3	3	1.0
ARIN = B	2	6	0.333
HCI = A	1	1	1.0
HCI = B	4	8	0.5
CSA = A	2	3	0.667
CSA = B	3	6	0.5

有 3 个属性/值组合给出的概率为 1.0。其中 SoftEng = A 基于大多数实例，因此可能被子集优先算法所选择。

到目前为止，归纳的不完整规则是：IF Project = A AND SoftEng = A THEN class = FIRST。

此不完整规则涵盖的训练集的子集是：

SoftEng	ARIN	HCI	CSA	Project	类别
A	B	B	B	A	FIRST
A	A	B	B	A	FIRST
A	A	A	A	A	FIRST
A	A	B	A	A	FIRST
A	B	B	B	A	FIRST

这个子集包含只有一个分类的实例，因此规则是完整的。

最终归纳的规则是：

IF Project = A, SoftEng = A THEN class = FIRST

第 12 章

真正例率是正确预测为正例的实例数量除以实际为正例的实例数量。

假正例率是错误预测为正例的实例数量除以实际为负例的实例数量。

		预测的类别	
		+	−
实际类别	+	50	10
	−	10	30

针对上表，值分别为：

真正例率 50 / 60 = 0.833

假正例率 10 / 40 = 0.25

欧几里得距离定义为： $Euc = \sqrt{fprate^2 + (1 - tprate)^2}$

对于该表，$\sqrt{(0.25)^2 + (1 - 0.833)^2} = 0.300$。

对于练习中指定的其他 3 个表，值如下。

第二个表

真正例率：55 / 60 ≈ 0.917

假正例率：5 / 40 = 0.125

Euc = 0.150

第三个表

真正例率：40 / 60 = 0.667

假正例率：1 / 40 = 0.025

Euc = 0.334

第四个表

真正例率：60 / 60 = 1.0

假正例率：20 / 40 = 0.5

Euc = 0.500

以下 ROC 图显示了 4 个分类器以及(0, 0)，(1, 0)，(0, 1)和(1, 1)中的 4 个假设分类器。

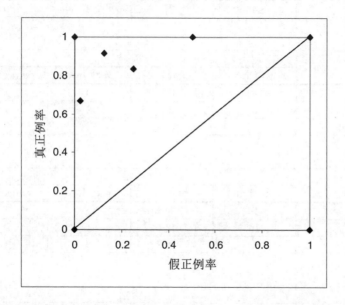

如果我们同样关心避免假正例和假负例的分类，那么应该选择练习中第二个表给出的分类器，它的真正例率是 0.917，假正例率是 0.125。这是 ROC 图中最接近(0, 1)完美分类器的分类器。

第 13 章

问题 1

下面首先给出 4 个属性的频率表，然后是类别频率表。第(2)部分所需的属性值用粗体显示。

属性	类别			
day	on time	late	very late	cancelled
weekday	**12**	**2**	**5**	**1**
saturday	3	1	0	1
sunday	2	0	0	0
holiday	3	0	0	0

属性	类别			
season	on time	late	very late	cancelled
spring	4	0	0	1
summer	**10**	**1**	**1**	**1**
autumn	2	0	1	0
winter	4	2	3	0

属性	类别			
wind	on time	late	very late	cancelled
none	8	0	0	1
high	**5**	**2**	**2**	**1**
normal	7	1	3	0

属性	类别			
rain	on time	late	very late	cancelled
none	9	1	1	1
slight	10	0	1	0
heavy	**1**	**2**	**3**	**1**

	类别			
	on time	late	very late	cancelled
总计	20	3	5	2

问题 2

为方便起见，可将 4 个属性频率表中以粗体显示的行放在一个表中，并通过相应的类别频率和概率进行扩充。

	类别			
	on time	late	very late	cancelled
weekday	$12/20 = 0.60$	$2/3 = 0.67$	$5/5 = 1.0$	$1/2 = 0.50$
summer	$10/20 = 0.50$	$1/3 = 0.33$	$1/5 = 0.20$	$1/2 = 0.50$
high	$5/20 = 0.25$	$2/3 = 0.67$	$2/5 = 0.40$	$1/2 = 0.50$
heavy	$1/20 = 0.05$	$2/3 = 0.67$	$3/5 = 0.60$	$1/2 = 0.50$

还可使用总频率(30)作为分母，通过类别频率表构建先验概率表。

	类别			
	on time	late	very late	cancelled
先验概率	$20/30 = 0.67$	$3/30 = 0.10$	$5/30 = 0.17$	$2/30 = 0.07$

现在可计算每个可能分类的分数，如下：

class = on time $0.67 * 0.60 * 0.50 * 0.25 * 0.05 \approx 0.0025$

class = late $0.10 * 0.67 * 0.33 * 0.67 * 0.67 \approx 0.0099$

class = very late $0.17 * 1.0 * 0.20 * 0.40 * 0.60 \approx 0.0082$

class = cancelled $0.07 * 0.50 * 0.50 * 0.50 * 0.50 \approx 0.0044$

选择得分最高的类别，此时 class = late。

第 14 章

问题 1

将阈值设置为 0.5 可清除分类器 4 和 5，从而生成一个简化后的表，如下所示。

分类器	预测的类别	类别投票			总计
		A	B	C	
1	A	0.80	0.05	0.15	1.0
2	B	0.10	0.80	0.10	1.0
3	A	0.75	0.20	0.05	1.0
6	C	0.05	0.05	0.90	1.0
7	C	0.10	0.10	0.80	1.0
8	A	0.75	0.20	0.05	1.0
9	C	0.10	0.00	0.90	1.0
10	B	0.10	0.80	0.10	1.0
总计		2.75	2.20	3.05	8.0

最终获胜的类别是 C。

问题 2

将阈值提高到 0.8，会进一步清除分类器 3 和 8，从而得到一个进一步简化的表。

分类器	预测的类别	类别投票			总计
		A	B	C	
1	A	0.80	0.05	0.15	1.0
2	B	0.10	0.80	0.10	1.0
6	C	0.05	0.05	0.90	1.0
7	C	0.10	0.10	0.80	1.0
9	C	0.10	0.00	0.90	1.0
10	B	0.10	0.80	0.10	1.0
总计		1.25	1.80	2.95	6.0

最终获胜的又是类别 C，但这次的差距要大得多。

第 15 章

问题 1

B - A 的平均值是 2.8。

问题 2

标准差为 1.237，t 值为 2.264。

问题 3

对于 19 自由度，t 值大于图 4 中 0.05 列的值，即 2.093，因此可以说分类器 B 的性能与 5%级别的分类器 A 的性能显著不同。由于问题 1 的答案是正值，因此可以说分类器 B 在 5%水平上明显优于分类器 A。

问题 4

分类器 B 对分类器 A 的改进的 95%置信区间为 2.8 ± (2.093 * 1.237) ≈ 2.8 ± 2.589，即可 95%确定预测精度的真实平均改进在 0.211%和 5.389%之间。

第 16 章

问题 1

通过使用第 16 章给出的置信度、完整度、支持度、区分度和 RI 的公式，可计算 5 个规则的值,如下表所示。

规则	置信度	完整度	支持度	区分度	RI
1	0.972	0.875	0.7	0.9	124.0
2	0.933	0.215	0.157	0.958	30.4
3	1.0	0.5	0.415	1.0	170.8
4	0.5	0.8	0.289	0.548	55.5
5	0.983	0.421	0.361	0.957	38.0

问题 2

假设属性 w 具有 3 个值 w1、w2 和 w3,并且对于属性 x、y 和 z 也有类似的值。

如果任意选择属性 w 在每条规则的右侧,则有 3 种可能的规则类型:

IF… THEN w = w1

IF… THEN w = w2

IF… THEN w = w3

接下来选择其中一条规则,如第一条,并计算有多少种可能的左侧。

左侧的 "attribute = value" 项的数量可以是一个、两个或三个。下面分别考虑每种情况。

左侧有一个条件

有 3 个可能的项:x、y 和 z。每项都有 3 个可能的值,因此有 3 × 3 = 9 种可能的左侧,例如:

IF x = x1

左侧有两个条件

有 3 种方法可在左侧显示两个属性的组合(它们出现的顺序无关紧要):x 和 y,x 和 z,以及 y 和 z。每个属性都有 3 个值,因此对于每对属性,有 3 × 3 = 9 个可能的左侧项,例如:

IF x = x1 和 y = y1

共有 3 对可能的属性组合,因此可能的左侧项的总数是 3 × 9 = 27。

左侧有 3 个条件

3 个属性 x、y 和 z 都必须位于左侧(它们出现的顺序无关紧要)。每个属性都有 3 个值,因此有 3 × 3 × 3 = 27 个可能的左侧项,忽略了属性出现的顺序,例如:

IF x = x1 AND y = y1 AND z = z1

因此,对于右侧的 3 个可能的'w =值'项中的每一个,具有一个、两个或三个项的左侧的总数是 9 + 27 + 27 = 63。因此有 3 × 63 = 189 个可能的规则,右侧有属性 w。

右侧的属性可是 4 种可能性中的任何一种(w、x、y 和 z)，而不仅是 w。所以规则总数可能是 $4 \times 189 = 756$。

第 17 章

问题 1

在 Apriori-gen 算法的连接步骤中，将每个成员(集合)与其他成员进行比较。如果两个成员的所有元素除了最右边的成员之外是相同的(即如果练习中指定的三元素集合的前两个元素是相同的)，则将两个集合的并集放入 $C4$ 中。

对于 L_3 的成员，以下 4 个元素的集合被放入 C_4：$\{a, b, c, d\}$、$\{b, c, d, w\}$、$\{b, c, d, x\}$、$\{b, c, w, x\}$、$\{p, q, r, s\}$、$\{p, q, r, t\}$和$\{p, q, s, t\}$。

在算法的剪枝步骤中，对 C_4 的每个成员进行检查，以查看其 3 个元素的所有子集是不是 L_3 的成员。

此时的结果如下所示。

C_4中的项目集	子集都是L_3的成员？
$\{a, b, c, d\}$	是
$\{b, c, d, w\}$	否，$\{b, d, w\}$和$\{c, d, w\}$不是L_3的成员
$\{b, c, d, x\}$	否，$\{b, d, x\}$和$\{c, d, x\}$不是L_3的成员
$\{b, c, w, x\}$	否，$\{b, w, x\}$和$\{c, w, x\}$不是L_3的成员
$\{p, q, r, s\}$	是
$\{p, q, r, t\}$	否，$\{p, r, t\}$和$\{q, r, t\}$不是L_3的成员
$\{p, q, s, t\}$	否，$\{p, s, t\}$和$\{q, s, t\}$不是L_3的成员

所以$\{b, c, d, w\}$、$\{b, c, d, x\}$、$\{b, c, w, x\}$、$\{p, q, r, t\}$和$\{p, q, s, t\}$通过剪枝步骤被删除，C_4 最终为$\{\{a, b, c, d\}, \{p, q, r, s\}\}$。

问题 2

对于包含 5000 个事务的数据库来说，支持度、置信度、提升度和杠杆率的相关公式为：

$\text{support}(L \rightarrow R) = \text{support}(L \cup R) = \text{count}(L \cup R) / 5000 = 3000 / 5000 = 0.6$

$\text{confidence}(L \rightarrow R) = \text{count}(L \cup R) / \text{count}(L) = 3000 / 3400 \approx 0.882$

$\text{lift}(L \rightarrow R) = 5000 \times \text{confidence}(L \rightarrow R)/\text{count}(R) = 5000 \times 0.882 / 4000 \approx 1.103$

$\text{leverage}(L \rightarrow R) = \text{support}(L \cup R) - \text{support}(L) \times \text{support}(R) = \text{count}(L \cup R) / 5000 - (\text{count}(L) / 5000) \times (\text{count}(R) / 5000) \approx 0.056$

第 18 章

问题 1

项目集 {c} 的条件 FP-tree 如下所示：

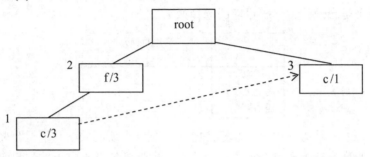

问题 2

通过连接两个 c 节点并将与每个节点相关联的支持计数相加，可确定支持度计数。总的支持度计数是 3 + 1 = 4。

问题 3

由于支持度计数大于或等于 3，因此项目集 {c} 是频繁的。

问题 4

下面给出与项目集 c 的条件 FP-tree 对应的 4 个数组的内容。

index	itemname	count	linkto	parent
1	c	3	3	2
2	f	3		
3	c	1		

nodes2数组

oldindex
1
2
9

oldindex

index	startlink2	lastlink
p		
m		
a		
c	1	3
f	2	2
b		

单维数组

第 19 章

问题 1

首先选择 3 个实例形成初始质心。可通过许多方式实现，但选择相距很远的 3 个实例似乎是合理的。一种可能的选择如下。

	初始质心	
	x	y
质心1	2.3	8.4
质心2	8.4	12.6
质心3	17.1	17.2

在下表中，列 $d1$、$d2$ 和 $d3$ 表示 16 个点到 3 个质心的欧几里得距离。而标题为"簇"的列表示距离每个点最近的质心，也就是每个点应该被分配到的簇。

	x	y	$d1$	$d2$	$d3$	簇
1	10.9	12.6	9.6	2.5	7.7	2
2	2.3	8.4	0.0	7.4	17.2	1
3	8.4	12.6	7.4	0.0	9.8	2
4	12.1	16.2	12.5	5.2	5.1	3
5	7.3	8.9	5.0	3.9	12.8	2
6	23.4	11.3	21.3	15.1	8.6	3
7	19.7	18.5	20.1	12.7	2.9	3
8	17.1	17.2	17.2	9.8	0.0	3
9	3.2	3.4	5.1	10.6	19.6	1
10	1.3	22.8	14.4	12.4	16.8	2
11	2.4	6.9	1.5	8.3	17.9	1
12	2.4	7.1	1.3	8.1	17.8	1
13	3.1	8.3	0.8	6.8	16.6	1
14	2.9	6.9	1.6	7.9	17.5	1
15	11.2	4.4	9.8	8.7	14.1	2
16	8.3	8.7	6.0	3.9	12.2	2

现将所有对象重新分配给它们最接近的簇，并重新计算每个簇的质心。新质心如下所示。

	第一次迭代后	
	x	y
质心1	2.717	6.833
质心2	7.9	11.667
质心3	18.075	15.8

接下来计算每个点与 3 个新质心的距离。与之前一样，标题为"簇"的列表示离每个点最近的质心，也就是每个点应该被分配到的簇。

x	y	$d1$	$d2$	$d3$	簇
10.9	12.6	10.0	3.1	7.9	2
2.3	8.4	1.6	6.5	17.4	1
8.4	12.6	8.1	1.1	10.2	2
12.1	16.2	13.3	6.2	6.0	3
7.3	8.9	5.0	2.8	12.8	2
23.4	11.3	21.2	15.5	7.0	3
19.7	18.5	20.6	13.6	3.2	3
17.1	17.2	17.7	10.7	1.7	3
3.2	3.4	3.5	9.5	19.4	1
1.3	22.8	16.0	12.9	18.2	2
2.4	6.9	0.3	7.3	18.0	1
2.4	7.1	0.4	7.1	17.9	1
3.1	8.3	1.5	5.9	16.7	1
2.9	6.9	0.2	6.9	17.6	1
11.2	4.4	8.8	8.0	13.3	2
8.3	8.7	5.9	3.0	12.1	2

现在再次将所有对象重新分配给它们最接近的簇，并重新计算每个簇的质心。新质心如下所示。

	第一次迭代后	
	x	y
质心1	2.717	6.833
质心2	7.9	11.667
质心3	18.075	15.8

这些新质心的位置与第一次迭代中的位置相同，因此该过程终止。最后三个簇中的对象如下。

簇 1：2, 9, 11, 12, 13, 14

簇 2：1, 3, 5, 10, 15, 16

簇 3：4, 6, 7, 8

问题 2

在 19.3.1 节中，6 个对象 a、b、c、d、e 和 f 之间的初始距离矩阵如下所示。

	a	b	c	d	e	f
a	0	12	6	3	25	4
b	12	0	19	8	14	15
c	6	19	0	12	5	18
d	3	8	12	0	11	9
e	25	14	5	11	0	7
f	4	15	18	9	7	0

最接近的对象是表中具有最小非零距离值的对象。此时是距离值为 3 的对象 a 和 d。将它们组合成一个由两个对象组成的簇，称之为 ad。然后可以重写距离矩阵，其中行 a 和 d 由单行 ad 替换，对于相应的列也同样处理。

如 5.3.1 节所述，矩阵中 b、c、e 和 f 之间不同距离的元素显然保持不变，但应该如何计算行和列 ad 中的条目呢？

	ad	b	c	e	f
ad	0	?	?	?	?
b	?	0	19	14	15
c	?	19	0	5	18
e	?	14	5	0	7
f	?	15	18	7	0

该问题指出应使用完整的链接簇。对于这种方法，两个簇之间的距离被认为是从一个簇的任何成员到另一个簇的任何成员的最长距离。基于此，从 ad 到 b 的距离是 12，比原始距离矩阵中从 a 到 b(12)以及从 d 到 b(8)的距离更长。从 ad 到 c 的距离也是 12，比原始距离矩阵中从 a 到 c(6)以及从 d 到 c(12)的距离更长。第一次合并后的完整距离矩阵如下所示。

	ad	b	c	e	f
ad	0	12	12	25	9
b	12	0	19	14	15
c	12	19	0	5	18
e	25	14	5	0	7
f	9	15	18	7	0

此表中最小的非零值现在为 5，因此合并 c 和 e，得到 ce。
距离矩阵现在变为：

	ad	b	ce	f
ad	0	12	25	9
b	12	0	19	15
ce	25	19	0	18
f	9	15	18	0

从 ad 到 ce 的距离是 25，比上一个距离矩阵中从 c 到 ad(12)以及从 e 到 ad(25)
的距离更长。其他值以相同方式计算。

现在，此距离矩阵中的最小非零值为 9，因此 ad 和 f 合并，得到 adf。第三次
合并后的距离矩阵如下所示。

	adf	b	ce
adf	0	15	25
b	15	0	19
ce	25	19	0

第 20 章

问题 1

TFIDF 的值是两个值 t_j 和 $\log_2(n/n_j)$的乘积，其中 t_j 是当前文档中术语的频率，
n_j 是包含术语的文档数，n 是文档总数。

对于术语 dog，TFIDF 的值是 $2 \times \log_2(1000 / 800) \approx 0.64$

对于术语 cat，TFIDF 的值是 $10 \times \log_2(1000 / 700) \approx 5.15$

对于术语 man，TFIDF 的值为 $50 \times \log_2(1000 / 2) \approx 448.29$

对于术语 woman，TFIDF 的值是 $6 \times \log_2(1000 / 30) \approx 30.35$

包含 man 一词的文档数量很少，因此 TFIDF 的值很高。

问题 2

为标准化向量，需要将每个元素除以其长度，该长度是所有元素的平方和的平
方根。对于向量(20, 10, 8, 12, 56)，长度是 $20^2 + 10^2 + 8^2 + 12^2 + 56^2$ 的平方根$= \sqrt{3844} =$
62。因此标准化向量是(20 / 62, 10 / 62, 8 / 62, 12 / 62, 56 / 62)，即(0.323, 0.161, 0.129,
0.194, 0.903)。

对于向量(0, 15, 12, 8, 0)，长度为 $\sqrt{433} \approx 20.809$。标准化形式为(0, 0.721, 0.577,
0.384, 0)。

两个标准化向量之间的距离可用点积公式作为相应值对的乘积和来计算，即
$0.323 \times 0 + 0.161 \times 0.721 + 0.129 \times 0.577 + 0.194 \times 0.384 + 0.903 \times 0 \approx 0.265$。

第 21 章

问题 1

TDIDT 算法依赖于在构建决策树时可重复使用所有数据。当每个节点在一个属性上分裂时，必须重新扫描数据，以便为每个后代节点构造频率表。

问题 2

Hoeffding 边界的使用旨在使算法在分裂属性时做出更谨慎的决定。一旦一个节点在一个属性上被分裂，它就不能取消分裂或重新分裂，因此务必避免在分裂时做出错误决定。即使冒着偶尔做出错误决定的风险。

问题 3

在节点上对属性进行分裂后，算法为每个子代节点的当前属性数组中的每个属性创建一个空的频率表，因为它无法重新扫描数据来构造具有正确值的表(请参阅问题 1 的解决方案)。如果存在大量数据，并且假设基础模型没有改变，那么新到达的记录应该在频率表中累积值，这些值与频率表的比例大致相同(数据已存储)。

问题 4

分裂的候选属性是 att3，因为它具有最大的信息增益值。该值与第二大值(对应于属性 att4)之间的差值为 1.3286 - 1.0213 = 0.3073。

Hoeffding 边界的公式在 21.5 节给出：

$$R*\sqrt{\frac{\ln(1/\delta)}{2*\text{nrec}}}$$

在该公式中，nrec 是排序到给定节点的记录数，它是 classtotals[Z]数组中值的总和，即 100。

希腊字母 δ 用于表示 1-Prob 的值。从图 21.12 可以看出，$\ln(1/\delta)$ 的值是 6.9078。

值 R 对应于信息增益在节点 Z 处可采用的值范围，我们假设该值与节点处的"初始熵"相同。可使用 classtotals 数组中的值来计算。它们与 21.4 节示例中的值具有相同比例，因此给出相同的结果，即 1.4855(到小数点后 4 位)。

将这些值放入Hoeffding 边界的公式中，可得到值 $1.4855 \times \sqrt{6.9078/200} = 0.2761$。IG(att3)和IG(att4)之间的差值是0.3073，大于Hoeffding 边界的值，因此，决定在节点Z上对属性att3进行分裂。

第 22 章

问题 1

测试阶段旨在确定主树中的任何内部节点是否可被其中一个备用节点替换，因此如果没有内部节点具有备用节点，则测试阶段肯定无效。除了不必要地测试记录外，这没有任何害处。系统可通过维护分配给主树中内部节点的备用节点的计数来避免这种情况，如果计数为正，则仅进入测试阶段。当内部节点被其中一个备用节点替换时，计数需要减去该节点的可能大于 1 的替换总数。

问题 2

hitcount 和 acvCounts 数组在每个节点递增，每个传入记录在其路径上从根节点传递到叶节点，因此存在多个记录计数。相比之下，classtotals 数组对于当前滑动窗口中的每条记录正好有一个条目(在处理时排序的叶节点上；叶节点可能已在一个属性上分裂，成为一个内部节点)。

第 23 章

问题 1

隐藏节点 hid1, hid2 和 hid3 到输出节点 out2 的链接权值分别为 -0.4、0.4 和 0.5。来自输出偏置节点的链路权值为 0.1。因此，out2 的加权和由如下公式给出：

Wout2 $= 0.9 \times (-0.4) + 0.65 \times 0.4 + 0.1 \times 0.5 + 0.1 = 0.05$.

转换值 Tout2 为 sigmoid(0.05) $= 0.5125$(小数点后四位小数)。

转换值 Tout1 计算为 sigmoid(Wout1)。如果不了解输入节点的值，就无法知道 Wout1 的值是什么。但是不管它是什么，sigmoid 函数都会将它转换为 0~1 的值。

问题 2

这些值不是概率，加起来也不一定等于 1。在热编码系统下，最好将输出节点的计算出的转换值看作该节点对应的分类的估计。最大的值将决定预测分类。